ΑΡΙΣΤΟΤΕΛΟΥΣ
ΠΕΡΙ ΤΑ ΖΩΑ ΙΣΤΟΡΙΑΙ

ARISTOTELIS
HISTORIA
de Animalibus

동물지

세계 최초의 동물 백과사전 동물지

초판 1쇄 발행·2023년 1월 5일

원작자 · 아리스토텔레스
옮긴이 · 서경주
펴낸이 · 이춘원
펴낸곳 · 노마드
기 획 · 강영길
편 집 · 온현정
디자인 · 블루
마케팅 · 강영길

주 소·경기도 고양시 일산동구 무궁화로120번길 40-14(정발산동)
전 화·(031) 911-8017
팩 스·(031) 911-8018
이메일·bookvillagekr@hanmail.net
등록일·2005년 4월 20일
등록번호·제2014-000023호

ISBN 979-11-86288-60-3(93490)

세계 최초의 동물 백과사전

ARISTOTELIS

동물지

Τῶν περὶ τὰ ζῷα ἱστοριῶν

아리스토텔레스 / 원작
다시 웬트워스 톰슨 / 영역
서경주 / 옮김
김대웅 / 해설

nomad
노마드

일러두기

* 이 책의 텍스트는 옥스퍼드대학 세인트존스칼리지 출신 리처드 헨리 크레스웰(Richard Henry Creswell)이 독일의 고전학자이자 박물학자인 요한 고틀로프 슈나이더(Johann Gottlob Schneider)의 라틴어판을 영역한 *Aristotle's History of Animals: In Ten Books*(1862)와 영국의 생물학자이자 고전학자인 다시 웬트워스 톰슨(D'Arcy Wentworth Thompson)이 영역한 *History of Animals*(1910)를 대조하면서 번역했다.
* 본문의 소제목들은 톰슨의 영역본을 주로 참조해서 달았다.
* 크레스웰과 톰슨이 사용한 용어와 개념이 서로 다를 뿐만 아니라 우리나라에 적합한 용어가 없어서 번역하는 데 어려움을 겪었다. 따라서 국내 독자들의 이해를 돕기 위해 각주를 달아 설명할 수밖에 없었다.
* 본문의 각주는 크레스웰과 톰슨의 영역본에 있는 주석 가운데 취합하여 보충 설명하기 위해서, 그리고 옮긴이가 따로 주석을 달 필요가 있다고 판단하여 정리했다. 이는 두 개의 텍스트를 대조 번역하는 과정에서 발생할 수밖에 없는 조치였다. 물론 옮긴이의 그리스어와 라틴어에 대한 해석이 짧은 탓이 가장 컸고, 또 이 어마어마한 저서를 소개하고자 하는 무모함 탓이리라. 하지만 아리스토텔레스의 『동물지』를 국내에 번역·소개하여 이 분야의 학문에 밑거름이 되길 바라는 간절한 마음으로 번역했다. 이 점 독자 여러분의 양해를 구한다. 옮긴이로서는 당연히 이후에 후학 제현들의 좀 더 정확한 번역이 이루어지길 바라마지 않는다.
* 본문의 그림은 대부분 콘라트 게스너(Conrad Gesner)가 펴낸 『동물지(Historia animalium)』(Zurich, 1551~1558 and 1587)에서 뽑아 실었다.
* 각주에 등장하는 그리스어는 독자가 읽기 쉽도록 괄호 안에 로마자 알파벳 음을 표기했다.
* 본문에서 책은 『 』, 논문이나 시는 「 」, 연극·그림 등은 〈 〉로 표시했다.

『동물지』의 탄생과 그 영향

고대 그리스에서는 동물에 대해 지적인 관심이 높았다. 특히 플라톤의 아카데미아에서 공부하던 아리스토텔레스(기원전 384~322)는 생물에 많은 관심을 가졌고 서양 과학에서 '생물학' 분야의 기초를 놓았다. 그것의 산물이 바로『동물지』다. 그리스어로는 Τῶν περὶ τὰ ζῷα ἱστοριῶν(Ton peri ta zoia historion), 라틴어로는 Historia de Animalium, 영어로 Inquiries on Animals라고 한다. 그리스어 ἱστοριῶν은 이야기(story), 탐구(inquiry), 연구(investigation) 등의 개념으로 쓰였는데, 여기서는 '탐구'라는 개념이 적절하므로 '동물지'라고 하는 게 무난할 것이다.

아리스토텔레스는『동물지』뿐만 아니라『동물의 부분에 대하여(Περὶ ζῴων μορίων)』,『동물의 생식에 대하여(Περὶ ζῴων γενέσεως)』,『동물의 운동에 대하여(Περὶ ζῴων κινήσεως)』,『호흡에 대하여(Περὶ ἀναπνοῆς)』등 동물 관련 소책자들을 저술했다. 이 책들에는 아리스토텔레스의 '형상(eidos, form)'과 '질료(hyle, matter)'라는 자연철학이 바탕에 깔려 있다. 암컷은 재료 즉 질료를, 수컷은 계획 즉 형상을 제공하는데, 생물이 성장하면서 형상이 완성된다는 관점에서 해부학적 구조와 발생학적인 기관 발달을 연구한 결과물이 바로 『동물지』다.

기원전 357년 올륀토스의 함락*으로 아테네와 마케도니아는 정치적 긴장 상태에 있었다. 마케도니아 힐키디키반도의 스타게이라(Stageira) 출신인 아리스토텔레스는 집안이 마케도니아 왕가와 아주 가까운 사이였

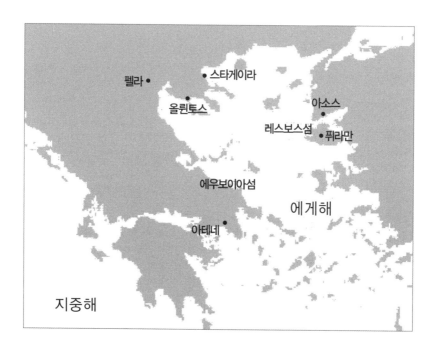

---

* 기원전 357년 마케도니아와 아테네 사이에 전쟁이 터지자 필리포스 2세가 이끄는 마케도니아의 세력이 날로 커지는 것을 두려워한 올륀토스는 마케도니아 대신 아테네와 동맹을 맺었다. 이후 올륀토스는 필리포스 2세에 의해 완전히 파괴되었다.

으므로* 친(親)마케도니아 세력으로 몰려 정치적 소용돌이에 휘말리게 되었다. 그는 레스보스섬 출신의 제자 테오프라스토스(Theophrastos)**의 알선으로 기원전 348년 또는 347년에 아소스(Assos)로 떠났는데, 그곳은 플라톤이 세운 아카데미아에서 동문수학했던 아타르네우스(Atarneus) 왕국의 헤르미아스(Hermias)가 통치하고 있었다. 아리스토텔레스는 기원전 345년 레스보스로 떠날 때까지 그곳에 머물면서 아카데미아 분교를 설치하기도 했다.

레스보스는 아소스 밑에 있는 섬으로 지금의 튀르키예 남서부 지역 지중해에 있다. 동성애자였던 그리스의 여류 시인 사포(Sappho)의 고향이라서 섬의 이름을 따 '레즈비언'이라는 용어가 탄생하기도 했으며, 또 사도 바울이 선교하면서 들른 적도 있다. 레스보스섬 동남부의 미틸리니에 정착한 아리스토텔레스는 그곳에서 헤르미아스의 수양딸 피티아스(Pythias)와 결혼해 딸을 낳기도 했으며, 주로 물고기와 철새를 관찰하고 기록하면서 지냈다. 그의 이런 연구에 의사인 아버지에게서 어렸을 적에 배운 생물학과 해부학 등의 지식이 크게 도움이 되었을 것이다. 이런 기록들이 후에『동물지』안에서 집대성되어 레스보스는 '서양 생물학의 탄생지'로 널리 알려지게 되었다.

이후 기원전 343년에 아리스토텔레스는 필리포스 2세의 부름을 받고 13살 소년 알렉산드로스(기원전 356~323)를 가르치기 위해 마케도니아의

---

*   아리스토텔레스의 아버지 니코마코스는 알렉산드로스 대왕의 할아버지 아민타스 3세(Amyntas III)의 주치의였다.

**   그는 나중에 『식물 탐구(Historia plantarum)』(『식물지』)를 펴냈다.

펠라(Pella)로 떠났다. 필리포스 2세는 펠라에서 조금 떨어져 있는 미에자(Mieza, '님프의 사원'이라는 뜻)를 왕실 학교로 내주었고, 아리스토텔레스는 그곳에서 알렉산드로스를 가르쳤다.

『동물지』에는 레스보스뿐만 아니라 이후 여러 곳에서 관찰한 어류 120종과 곤충 60종을 포함해 무려 520여 종 동물의 차이점과 속성이 기록되어 있으며, 그 이전의 연구뿐만 아니라 동방 원정을 다녀온 알렉산드로스 대왕의 기증물*과 아리스토텔레스가 직접 관찰하고 해부한 내용이 다수 포함되어 있다. 동물을 크게 '무혈동물(무척추동물, anaima)'과 '유혈동물(척추동물, enaima)' 그리고 '인간'으로 구분한 『동물지』는 아리스토텔레스가 직접 관찰하고 얻은 견해와 기존의 학설 및 거기에 대한 반론 등을 종합적으로 해설하고 있으며, 동물의 내부·외부 기관, 생식 방식, 행동

레스보스섬의 아리스토텔레스 두상. 기단에는 다음과 같이 적혀 있다. "기원전 345년부터 기원전 342년까지 여기 퓌라만(灣)에서 위대한 철학자가 생물학 연구에 매진했다."

---

*　　이 책의 부록으로 실린 요한 고틀로프 슈나이더의 글 참조.

등에 관한 상세한 기록을 담고 있다.

아리스토텔레스는 『동물지』를 '사실'로서의 동물이 지닌 차이점과 속성을 파악하기 위한 준비 작업으로 활용했으며, 그다음 단계로 이 속성들의 원리와 인과관계를 연구했다. 그는 이런 특성들을 바탕으로 생물에 대한 지식을 유혈동물의 기관, 유혈동물의 조직, 무혈동물의 기관, 무혈동물의 조직 등 네 분류로 구분했다. 아리스토텔레스가 제시하고 있는 이러한 개념은 명확한 분류의 틀이라기보다는 개념적이고 이론적인 전제(前提)에 가깝다. 따라서 그의 동물 분류는 현대 생물학에서의 분류와 반드시 일치하지는 않는다.

오늘날 동물은 크게 무혈동물과 유혈동물로 나뉘며, 무혈동물은 유각류·곤충류·갑각류·연체류로, 유혈동물은 어류-파충류와 양서류·조류·포유류 등 네 종류로 구성된다. 원전의 용어를 고려하여 설명하면 아리스토텔레스의 분류 체계는 다음과 같다.

enaima(에나이마): 유혈동물

ikthues(이크투에스): 어류(fish)

tetrapoda e apoda ootokounta(테트라포다 에 아포다 오토코운타): 파충류(reptile), 양서류(amphibian)

ornithes(오르니테스): 조류(bird)

zootokounta en autois(주토코운타 엔 아우토이스): 포유류(mammal)

anaima(아나이마)**: 무혈동물**

ostrakoderma(오스트라코데르마. 껍질이 있는 것): 갑주어류(甲冑魚類, armored
   fishes)

entoma(엔토마. 마디가 있는 것): 곤충류(insect)

malakostraka(말라코스트라카. 부드러운 껍질이 있는 것): 갑각류(crustacean)

malakia(말라키아. 부드러운 것): 연체류(mollusk)

아리스토텔레스는 동물 생태계를 분석하여 발생학적 근거에 입각한
기본 질서를 11개의 '자연 사다리(scala naturae)'로 제시하고 인간을 맨 꼭대
기에 두었다. 인간은 고유한 능력 즉 논리와 이성을 뜻하는 '로고스(logos)'
를 지녔기 때문이다. 이것은 진화론의 창시자인 찰스 다윈(Charles Darwin)
에게도 영향을 미쳐 그가 '생명의 나무(tree of life)'를 제시하기까지 오랫동
안 생명계의 질서를 해석하는 지침서로 활용되었다. 스웨덴의 식물분류학
자 칼 폰 린네(Carl von Linné)도 어렸을 때 『동물지』를 끼고 살았다고 한다.
이렇듯 『동물지』는 생물학과 의학 그리고 수의학을 연구하는 사람들의 고
전으로 간주되어왔다.

미국의 고생물학자 벤 와고너(Ben Waggoner)는 아리스토텔레스와 그의
『동물지』를 다음과 같이 평가했다.

아리스토텔레스의 동물학 연구는, 오류가 없는 것은 아니지만 그
것은 당시의 가장 위대한 생물학적 종합이었으며, 그가 죽은 뒤 수 세
기 동안 최고의 권위로 남았다. 문어, 오징어, 갑각류, 그리고 여러 해

아리스토텔레스는 「동물지」에서 생명계의 기본 질서를 발생학적인 기준에 근거하여 '자연의 사다리'로 제시했다. 스위스의 철학자이자 박물학자 샤를 보네(Charles Bonnet)가 그린 〈자연 계단(Scala Naturae)〉(1781).

양 무척추동물의 해부학적 구조에 대한 그의 관찰은 놀라울 정도로 정확하며, 그것은 직접 해부했을 때만 가능하다. 아리스토텔레스는 병아리의 발생학 발달을 묘사했으며, 고래와 돌고래를 물고기와 구별했고, 반추동물의 난잡한 위와 벌의 사회적 조직을 묘사했다. 또 그는 어떤 상어들은 새끼를 낳는다는 사실도 알았다. 아리스토텔레스의 동물에 관한 책들은 그러한 관찰들로 가득 차 있으며, 그중 일부는 수 세기가 지나서야 겨우 증명되기도 했다.*

아리스토텔레스는 모든 종류의 수컷은 암컷보다 치아가 더 많다고 기록하기도 했다(제2책 1장). 당시 여성이 남성보다 영양상태가 부실했다면 이러한 명백한 오류는 경험론적으로는 맞는 관찰일 수도 있다. 그러나 이것은 다른 종에서도 마찬가지로 사실이 아니다. 더구나 아리스토텔레스는 어류 중에는 교미 등을 거치지 않고 갑자기 물밑의 토양 등에서 발생하는 것도 있다고 추정했는데(당시 수중 관찰은 거의 불가능했다), 이는 생명이 없는 것부터 동물적 생명을 향해 조금씩 나아가는 것으로 파악했기 때문에 그 과정에 있는 많은 생물에는 어떤 분류에 속하는지 명백하지 않은 생물이 있다고 주장한 것이다. 또 무생물 상위에 식물을, 그 상위에 동물을 위치시켰으며, 해양생물 중에는 식물인지 동물인지 모호한 생물이 수두룩하다고도 했다. 이처럼 『동물지』에 기록된 내용 중에는 오늘날 자연발생설뿐만 아니라 오류로 밝혀진 주장도 많으며, 19·20세기에야 새롭게 확인된 것도 적지 않다.

특히 제8책은 동물의 습성(전반부)과 질병(후반부)을 다루고 있다. 그런데 질병에 대한 치료법이나 원인에 대해서는 체계적인 설명이 없는데, 실용적인 목적에서만 해석한다면 수의학적 수준은 그리 높은 편은 아니다. 더구나 중세까지 지속된 아리스토텔레스의 권위로 인해 이 책에 근거하여 질병의 원인·발생·전파에 대한 잘못된 지식을 맹신했다는 점은 종종

---

*   Ben Waggoner, "Aristotle(384-322 B.C.E.)." University of California Museum of Paleontology.

『동물지』제8책에 언급된 동물의 질병과 그 묘사의 예

동물	질병	증상과 관련된 설명
돼지	branchos	호흡기·턱·발굽 등에 염증(붉게 부어오름), 설사, 치명적
	kraura/krauros	머리가 무거움, 설사 동반하면 치료 불가능(3~4일 만에 폐사)
	chalazai	살이 물처럼 무름
개	lytta	개가 물어서 옮김(광견병)
	kynanche	혀를 입 밖으로 늘어뜨림(호흡기 염증)
	podagra	발 관절에 염증
소	podagra	발굽이 부어오름
	krauros	고열, 식욕 상실, 폐 손상
말	podagra	발굽이 떨어져 나감
	eilos	산통, 치료 불가능하거나 저절로 나음
	tetanos	심한 경직, 치료 불가능하거나 저절로 나음
	krithian(krithiasis)	구개가 물러지고 호흡이 뜨거움, 치료 불가능
	nymphian	정신이 나간 것처럼 보임(회선병)
	kardian algese	심통, 옆구리 함몰, 치료 불가능
	kysis metaste	방광 탈출, 오줌을 눌 수 없음, 치료 불가능
	staphylinon	일종의 기생충, 치료 불가능
당나귀	melida	마비저로 추측, 치료 불가능

출처: 「천명선의 인문수의학②: 동물을 통한 궁극적 지식의 탐구 」(https:// www.dailyvet.co.kr/opinion/ chun_column/27505)

비판의 대상이 되기도 한다. 하지만 이 책이 아리스토텔레스 이전의 고대 이집트나 메소포타미아의 수의학적 지식에 관한 경험적인 사례 등을 포괄하고 있는 점을 고려하면 '동물의 질병에 대한 사실'은 동물의 구분을 명확하게 하는 데 필요한 수많은 자료 중 일부로 보는 게 타당할 것이다. 이것은 자연과 생명을 이해하는 궁극적인 지식을 이루는 데 필요한 정보들이기 때문이다.

* * *

아리스토텔레스의 『동물지』는 여러 언어로 번역되어 읽혔다. 우선 아랍어 번역본이 처음 선보였다. 논문 형식의 19책으로 구성된 알 자히즈 (Al-Jahiz, 776~868)의 『동물서(Kitāb al-Hayawān)』에 실린 글 중에서 10책까지가 아리스토텔레스의 『동물지』다. 이것이 아랍의 철학자이자 과학자인 알 킨디(Al-Kindī, 850년경)에게 알려졌고, 아리스토텔레스 연구로 명성을 날린 중세 최고의 철학자이자 의사인 이븐 시나(Ibn-Sīnā, 또는 아비센나[Avicenna], 980~1037)가 이를 풀어쓰고 평을 달아 백과사전 격인 『치유의 서(Kitāb al-Shifā)』에 싣기도 했다.

그 뒤 1217년경에 스코틀랜드 출신의 수학자이자 고전학자인 마이클 스콧(Michael Scot)이 이슬람 종교철학자 이븐루시드(Ibn Rushd, 또는 아베로에스[Averroes], 1126~1198)의 해설을 곁들여 라틴어로 번역했으며(De Animalibus), 르네상스 이후에는 그리스 원전을 번역하거나 주석을 달아 출판함으로써 많은 연구자의 관심을 끌었다.

알 자히즈의 「동물서」에 실린 기린의 도판

이후 이탈리아의 학자이자 의사인 율리우스 카이사르 스칼리제르(Julius Caesar Scaliger)가 라틴어판을 펴냈다. 근대에 들어 선보인 또 다른 라틴어판으로는 독일의 고전학자이자 박물학자 요한 고틀로프 슈나이더(Johann Gottlob Schneider, 1750~1822)가 번역해 프랑스의 박물학자 조르주 퀴비에(Georges Cuvier)에게 헌정한 1811년 판이 있다. 4권으로 된 이 저작물은 9책까지는 스칼리제르의 1619년 판에 주석을 달았고, 10책은 마이클 스콧의 라틴어본에 주석을 달아 증보한 것이다.

영어판은 신플라톤주의자 토머스 테일러(Thomas Taylor, 1758~1835)가 1809년 『아리스토텔레스의 동물지와 그의 골상학 논문(Histoy of Animals of Aristotle and his Treatise on Physiognomy)』이라는 제목으로 처음 번역했다(9책). 50여 년 후인 1862년에는 옥스퍼드대학 세인트존스 칼리지 석사였던 리처드 헨리 크레스웰(Richard Henry Cresswell)이 요한 고틀로프 슈나이더의 라틴어판을 텍스트로 삼아 10책으로 번역했다.

이후 1910년에 다시 웬트워스 톰슨(D'Arcy Wentworth Thompson, 1860~1948)이 그리스어판을 영역하여 출판했는데(*History of Animals*), 크레스웰의 번역본과는 달리 9책으로 구성되었고 각 책의 장(章)마다 소제목을 달았다. 에든버러 출신의 생물학자이자 수학자이며 고전철학자

다시 웬트워스 톰슨

인 그는 이론생물학의 문제 해결에 수학과 물리를 적용하는 수리생물학(mathematical biology)의 선구자로 『성장과 형태에 대하여(On Growth and Form)』(1917. 1942년에 무려 1,116페이지로 개정)를 펴낸 석학이다. 그 후 1965년에는 케임브리지대학 크라이스트스 칼리지의 연구원이었던 아서 레슬리 펙(Arthur Leslie Peck, 1902~1974)이 전 3권(제1권 I~III책, 제2권 IV~VI책, 제3권 VII~X책)으로 된 신판을 펴내기도 했다.

프랑스어로는 프랑스 혁명 이후 국민의회를 이끌던 변호사 출신 아르망 가스통 카뮈(Armand Gaston Camus, 1740~1804)가 1783년 그리스어판을 두 권짜리 『아리스토텔레스의 동물지(Histoire des animaux d'Aristote)』라는 제목으로 번역하여 첫선을 보였다. 이것은 근대적 비평과 해석을 곁들인

아르망 카뮈의 프랑스어판 『아리스토텔레스의
동물지』(1783) 속표지

최초의 번역서로 평가받는다. 그리고 한 세기가 뒤인 1883년, 철학자이자 언론인인 쥘 바르텔미 생틸레르(Jules Barthélemy-Saint-Hilaire, 1805~1895)가 똑같은 제목으로 번역했다(3권 9책). 이후 1957년에는 철학자이자 고전 번역가인 쥘 트리코(Jules Tricot)가 다시 웬트워스 톰슨의 영역본을 텍스트로 삼은 2권(10책)으로 된 프랑스어 번역본을 내놓았다.

　독일어로는 뒤셀도르프대학의 자연사와 고대어 담당 교수였던 프리드리히 슈트라크(Friedrich Strack, 1784~1852)가 1816년 『아리스토텔레스, 동물의 자연사(Aristoteles, Naturgeschichte der Thiere)』라는 제목으로 출간했다(9책). 이후 1856~1857년 필리프 헤드비히 퀼프(Philipp Hedwig Külb, 1806~1869)가 10책으로 독일어판을 펴냈으며, 1866년 곤충학자이자 해부학자인 페르디난트 안톤 카르슈(Ferdinand Anton Karsch, 1822~1892)가 슈트라크의 번역본과 같은 제목으로 8책(3권)까지 번역했다. 10책까지의 완역본은 1949년(2판은 1957년)에 그리스 고전 연구자인 파울 골케(Paul Gohlke)가 펴냈다.

＊　＊　＊

　끝으로 크레스웰의 영역본에 차례 대신 실려 있는 각 책의 간추린 내용(10책으로 구성되어 있으며, 본문에는 소제목이 없고 번호만 매겨져 있다)은 다음과 같다.

제1책

제1책은 동물계 전반을 개략적으로 살펴보고, 동물의 외형이나 생태에 따른 동물군의 자연적 분류, 그리고 동물 집단 간의 비교와 습성에 대한 몇 가지 예시로 시작한다. 이어서 아리스토텔레스는 인간이 가장 잘 알고 있는 인간의 신체를 다른 동물과의 비교·설명에서 하나의 기준으로 소개한다. 제1책의 마지막 부분은 인체의 여러 장기와 외부 기관을 묘사하는 장들로 이뤄져 있다.

제2책

제2책에서는 동물을 종류별로 설명한다. 동물은 태생과 난생의 네발 짐승, 물고기, 파충류, 조류 등으로 구분된다. 제2책에서 설명하는 동물은 모두 붉은 피가 있는 동물이다. 나머지 동물은 제4책에서 설명한다. 이 동물들의 내장 기관에 대해서도 기술되어 있다. 제2권에서는 특히 유인원, 코끼리, 카멜레온 같은 동물을 자세히 설명하고 있다.

제3책

제3책은 생식기 관계를 비롯하여 동물의 장기를 설명하는 것으로 시작한다. 책의 상당 부분이 혈관에 대한 설명으로 채워져 있다. 아리스토텔레스는 자신이 관찰한 결과를 언급할 뿐만 아니라 다른 저자들의 기록도 인용한다. 이어서 그는 힘줄, 근육의 섬유질, 뼈, 골수, 연골, 손톱, 발톱, 발굽, 뿔, 새의 부리, 털, 비늘, 막, 살, 지방, 혈액, 젖, 정액 등 신체의 다른 구성 요소에 관해 기술하고 있다.

제4책

제4책에서는 무혈동물, 그중에서도 우선 두족류를 기술하고 있다. 이어서 갑각류, 유각류(有殼類), 성게과 동물, 해초속(海鞘屬) 동물, 말미잘 무리, 소라게, 곤충 같은 동물에 관해 기술한다. 제4책 8장에서는 감각기관을 고찰하고 난 뒤 동물들의 목소리, 잠, 나이 그리고 성에 따른 차이에 관해 설명하고 있다.

제5책

제4책까지는 주로 동물의 몇몇 부위를 설명하지만, 제5책에서는 동물을 전체적으로 특히 동물의 번식 방법을 집중적으로 다루고 있다. 아리스토텔레스는 우선 동물의 자연발생적인 번식을 다루며 이어서 유성생식에 관해 설명하고, 더 나아가 유각류·갑각류·곤충류 등의 번식 방법에 대해 자세히 기술한다. 그리고 벌과 벌들의 생태에 관해 장황하게 설명하는 것으로 끝을 맺는다.

제6책

제6책에서는 새, 물고기 그리고 네발짐승에 대해 다룬다. 동물의 번식에 관한 기술에는 계절, 기후 그리고 동물의 나이 그리고 이런 요소들이 번식에 얼마나 영향을 미치는지에 대한 고찰이 포함되어 있다.

제7책

제7책은 인간의 번식을 다루는 데 전체 분량을 할애하고 있으며, 인간의 탄생에서부터 죽음까지를 기술하고 있다. 제7책은 느닷없이 끝나 미완성으로 끝났을 가능성이 있다.

제8책

제8책은 『동물지』의 가장 흥미로운 부분이라고 할 수 있다. 아리스토텔레스가 알고 있는 모든 동물의 특성과 생태를 기술하고 있다. 그가 이런 주제에 대해 수집하고 정리한 방대하고 상세한 기록들이 가장 흥미를 끈다. 그는 우선 동물의 먹이, 이동, 건강과 질병, 기후가 동물에게 미치는 영향 등에 관해 기술하고 있다.

제9책

제9책은 동물이 서로 맺고 있는 관계, 특히 서로 다른 종들 사이의 우호적 관계와 적대적 관계에 관해 기술하고 있다. 그리고 이런 관계를 먹이의 종류와 먹이를 만드는 방식과 관련지어 설명하고 하고 있다. 어류에 관한 기술은 다른 동물에 비해 많지 않은데, 아무래도 관찰하기 어려운 데 기인하는 것으로 보인다. 제9책의 결론 부분에서는 벌과 그 아류들에 관해 상당히 길게 기술하고 있다.

제10책

아리스토텔레스가 쓴 것으로 잘못 알려졌을 개연성이 매우 높다. 제10책에서는 인간의 불임과 그 원인을 고찰한다. 제10책은 차라리 느닷없이 끝난 책의 연장이라고 생각된다. 하지만 아리스토텔레스가 직접 쓴 것이 아니므로 맨 마지막에 놓인 것은 당연하다. (이런 이유로 한국어판에서는 제외했다.)

_김대웅(번역가)

차례

해설 『동물지』의 탄생과 그 영향(김대웅) _5
서문 1 리처드 크레스웰의 영역본(1862) _28
서문 2 다시 웬트워스 톰슨의 영역본(1910) _33

제1책

제1장 같음과 다름 _39
제2장 먹이의 섭취와 배설 _49
제3장 촉각, 수분, 혈액과 혈관 _51
제4장 태생동물, 난생동물 _53
제5장 다리, 지느러미, 날개 등의 이동기관 _55
제6장 동물의 분류와 연구 방법 _60
제7장 인체 부위 _64
제8장 얼굴과 이마, 눈과 눈썹 _66
제9장 귀, 코, 혀 _69
제10장 목과 흉곽, 자궁과 음경 _73
제11장 팔과 다리 _76
제12장 인간의 신체 부위 _78
제13장 뇌, 기관지와 폐, 식도, 위, 장 _80
제14장 심장과 기타 내장 _84

제2책

제1장 동물의 기관 _91
제2장 동물의 털, 뿔, 발 _95
제3장 유방과 생식기 그리고 이빨 _102
제4장 하마 _108
제5장 유인원과 원숭이 _109
제6장 악어 _112
제7장 카멜레온 _114
제8장 조류의 특성 _117
제9장 어류, 돌고래 _121
제10장 뱀과 바다뱀, 갯지렁이 등 _125
제11장 동물의 내장 기관 _127
제12장 콩팥과 방광, 심장과 간, 반추위(反芻胃), 뱀의 해부, 어류와 조류의 내장 _131

제 **3** 책

제1장 물고기, 새, 뱀 그리고 태생동물의 생식기관 _143
제2장 쉬엔네시스와 아폴로니아의 디오게네스의 혈관에 대한 설명 _152
제3장 혈관의 특성과 기능 _158
제4장 혈관계의 실체 _165
제5장 힘줄 _169
제6장 섬유조직과 응혈(凝血) _172
제7장 뼈 _173
제8장 연골 _177
제9장 뿔, 손발톱, 발굽 _178
제10장 털과 피부, 깃털 _180
제11장 뼈와 뇌의 막, 막으로 이루어진 부위 _187
제12장 살 _189
제13장 물기름과 굳기름 _190
제14장 건강한 피와 병든 피 _193
제15장 골수 _196
제16장 젖과 정액 _197
제17장 동물의 정액 _202

제 **4** 책

제1장 무혈동물에 속하는 동물 _207
제2장 갑각류 I _217
제3장 갑각류 II _226
제4장 유각류 _229
제5장 성게 _238
제6장 우렁쉥이, 말미잘 _241
제7장 곤충과 진기한 해양동물 _244
제8장 감각기관 _248
제9장 음성과 소리 _256
제10장 수면 그리고 꿈 _261
제11장 암컷과 수컷의 특징 _265

제 **5** 책

제1장 동물의 번식 방법 _271
제2장 조류와 태생 네발짐승의 짝짓기와 교미 _274
제3장 난생 네발짐승과 발이 없고 몸이 긴 동물의 교미 _277
제4장 물고기의 교미와 자고새의 기이한 생식 _279
제5장 연체동물 또는 오징어의 짝짓기와 교미 _283

제6장   갑각류의 짝짓기와 교미 _285

제7장   곤충의 짝짓기 _287

제8장   짝짓기 시기 _289

제9장   어류의 산란기 _292

제10장   연체동물과 오징어 그리고 유각류의 번식기 _296

제11장   야생 조류와 가금류의 번식기 _298

제12장   네발짐승의 나이와 성숙 그리고 짝짓기 _300

제13장   유각류 그리고 불가사리와 소라게의 번식 _308

제14장   말미잘과 해면의 자연적 발생 _315

제15장   갑각류의 번식 _319

제16장   연체동물의 번식 _322

제17장   곤충의 번식 _325

제18장   벌의 번식 습성 _332

제19장   벌과 꿀의 종류 _334

제20장   말벌의 번식 _338

제21장   뒤영벌, 개미, 전갈의 번식 _340

제22장   거미의 번식 _342

제23장   메뚜기와 벼메뚜기의 번식 _344

제24장   매미와 쓰름매미의 번식 _346

제25장   저절로 생기는 곤충과 물고기의 기생충 _349

제26장   극미동물 _352

제27장   거북, 도마뱀 그리고 악어의 번식 _355

제28장   뱀과 살무사의 번식 _357

제6책

제1장   조류의 짝짓기와 집짓기 _361

제2장   알의 색, 형태, 성숙 그리고 무정란 _364

제3장   달걀의 구조와 병아리의 발생 _370

제4장   비둘기들의 번식 _375

제5장   큰독수리와 제비 새끼 _377

제6장   독수리 그리고 독수리가 새끼를 키우는 법 _379

제7장   뻐꾸기와 탁란 _382

제8장   비둘기, 까마귀 그리고 자고새의 새끼 키우기 _384

제9장   공작새의 습성 _386

제10장   연골어류와 상어의 번식 _388

제11장   돌고래, 고래 그리고 물개의 번식 _394

제12장   난생 어류의 번식 _397

제13장　잉어, 메기 그리고 기타 민물고기 _401
제14장　자연발생적으로 번식하는 물고기 _405
제15장　뱀장어의 기이한 번식 _409
제16장　어류의 산란기 _411
제17장　네발짐승의 짝짓기 _416
제18장　사육 돼지의 짝짓기 _422
제19장　양과 염소의 짝짓기 _424
제20장　개의 짝짓기 _426
제21장　소의 짝짓기 _429
제22장　말의 짝짓기와 히포마네스 _432
제23장　당나귀의 짝짓기 _437
제24장　노새의 짝짓기 _440
제25장　낙타, 코끼리, 야생 돼지 등의 짝짓기 _442
제26장　사슴의 짝짓기 _444
제27장　곰의 짝짓기 _447
제28장　사자, 하이에나, 토끼 등의 짝짓기 _449
제29장　여우, 늑대, 족제비, 몽구스, 자칼 등의 짝짓기 _453
제30장　쥐의 짝짓기 _456

제1장　사춘기의 징표 _461
제2장　월경 _465
제3장　임신의 징후 그리고 유산 _468
제4장　임신기의 특징 I _471
제5장　임신기의 특징 II _475
제6장　가임기, 기형 등 _478
제7장　임신과 태아의 발달 _482
제8장　출산 _485
제9장　분만과 신생아 _487
제10장　젖과 젖몸살 _490
제11장　신생아의 경기와 다른 질병들 _492

제1장　동물의 마음, 생물체의 연속성 그리고 식물과 동물의 정의 _495
제2장　동물을 구분하는 여러 가지 특징 _498
제3장　갑각류와 연체동물의 먹이 _502
제4장　물고기의 먹이 _506

제5장   조류의 먹이와 습성 _511
제6장   도마뱀과 뱀의 먹이 및 습성 _517
제7장   야생 네발짐승의 먹이와 습성 _519
제8장   동물의 물 마시기 그리고 돼지 살찌우기 _522
제9장   소의 사료와 비육 _524
제10장   말, 노새, 당나귀 등의 먹이 _526
제11장   코끼리와 낙타의 수명 _527
제12장   양과 염소의 먹이 _528
제13장   곤충의 먹이 _530
제14장   새들의 이동 _531
제15장   어류의 이동 _535
제16장   동물의 이동 _540
제17장   유혈동물과 어류의 휴면과 동면 _542
제18장   조류의 동면 _545
제19장   동물의 동면 그리고 탈각, 탈피 _547
제20장   동물의 생태와 기후 _551
제21장   돼지의 질병 _558
제22장   개, 소 등의 질병 _561
제23장   말의 질병 _563
제24장   당나귀의 질병 _567
제25장   코끼리의 질병 _568
제26장   곤충 그리고 천적 _569
제27장   서식지가 동물의 특성에 미치는 영향 _571
제28장   서식지가 동물의 습성에 미치는 영향 _576
제29장   해양동물의 생태와 계절 _578

제1장   동물의 성격과 성향 I _583
제2장   동물의 성격과 성향 II _586
제3장   무리를 이루는 물고기와 서로 적대적인 물고기 _594
제4장   양과 염소의 습성과 지능 _596
제5장   소와 말의 습성과 지능 _598
제6장   사슴의 습성과 지능 _599
제7장   동물의 자가 치료법 _602
제8장   제비의 집짓기와 짝짓기 _607
제9장   조류의 양육 방식 _610
제10장   딱따구리 _613

제 **9** 책

제11장 두루미와 펠리컨 _615

제12장 야생 조류의 생활방식 _616

제13장 물가에 사는 새, 산에 사는 새 _619

제14장 어치, 황새, 딱새 _622

제15장 물총새 _624

제16장 개개비, 동고비, 나무발바리 _626

제17장 해오라기, 포윙스 _629

제18장 찌르레기, 바다직박구리 _631

제19장 꾀꼬리, 갈까마귀, 따오기 _633

제20장 뻐꾸기 _636

제21장 칼새, 쏙독새 _638

제22장 독수리 _640

제23장 수염수리, 물수리 _644

제24장 매 _647

제25장 어류의 생존 방식 _649

제26장 거미 _657

제27장 벌 _660

제28장 말벌 _674

제29장 땅벌 _678

제30장 호박벌 _680

제31장 동물의 기질 _681

제32장 들소 _684

제33장 코끼리 _686

제34장 낙타, 말 _687

제35장 돌고래 _688

제36장 특이한 기질을 지닌 조류 _690

제37장 동물의 특이한 변화 _694

부록   『동물지』 편찬에 이용했거나 이용했다고 알려진 문헌 및 재원(財源)에 관한 논고
        _요한 슈나이더의 라틴어판에서 _701

서문 1[*]

    이 번역본은 요한 고틀로프 슈나이더의 라틴어본을 텍스트로 삼았다. 상당히 까다로운 책이라 오류를 완전히 피하기는 어려울 것이다. 다만 그 수가 많지 않고 중요한 것이 아니길 바랄 뿐이다. 슈나이더의 주를 모두 참고했으며, 이해하기 어려운 것은 토머스 테일러(Thomas Taylor)의 영어본, 아르망 가스통 카뮈(Armand Gaston Camus)의 프랑스어본, 프리드리히 슈트라크(Friedrich Strack)의 독일어본 등을 참고했다.

    아리스토텔레스의 『동물지(Τῶν περὶ τὰ ζῷα ἱστοριῶν)』는 그 자체로 가장 오래되고 가장 저명한 과학적 기여라 할 만하다. 아리스토텔레스가 이 책을 쓸 당시에 접근할 수 있었던 관찰 수단을 고려하면 이보다 더 정확한 관찰이 담긴 저작물을 상상하기란 거의 불가능하다. 같은 분야에 관

---

[*]   Richard Cresswell, "Preface," *Aristotle's History of Animals: In Ten Books*(1862).

해 서술한 선배들의 경험을 활용하고 오류를 바로잡기 위해 끌어다 쓴 숱한 인용문으로 미루어볼 때 아리스토텔레스가 세월이 흐르면서 사라진 수많은 저작을 그 누구보다도 폭넓게 섭렵하고 있었음은 의심의 여지가 없는 듯하다.

이 번역판의 부록*에는 아리스토텔레스가 묘사한 동물들에 관한 지식을 어디서 얻었는지 그 출전을 밝히는 슈나이더의 글이 소개되어 있다. 아리스토텔레스 자신의 정밀한 관찰과 더불어 이러한 출전들이야말로 이 책에 열거된 동물들의 역사에 관한 지식이 얼마나 정확한지를 설명하는 데 전혀 부족함이 없다.

윌리엄 스미스(William Smith)가 『그리스·로마의 전기와 신화 사전』**에서 『동물지』가 아리스토텔레스의 제자였던 알렉산드로스 대왕의 '기증물' 덕분에 세상에 나온 측면이 있다고 지적한 것은 맞는 말일 것이다. 아리스토텔레스는 마케도니아 궁정에 머물 때 접했던 새로운 자료들을 자신의 저작에 실었고, 동방 원정길에서 알렉산드로스가 잇달아 승리를 거두면서 확보한 자료들이 저작에 담길 만한 시간에 도착했다면 그것들 역시 즐거운 마음으로 저작물에 담았을 것이다.

하지만 이미 확보한 선배들의 저작물에 실린 자료들을 먼저 활용하는 것은 너무도 자연스러운 일이다. 그리고 그런 자료들이 적지 않았다. 그가 묘사하고 있는 동물들은 주로 그리스나 그리스와 상업적으로 빈번히 교류했던 나라들에 서식하는 것이었다. 아리스토텔레스는 아시아와 인도

---

*   이 책의 부록으로 실려 있다.

**   William Smith, *Dictionary of Greek and Roman Biography and Mythology*(1849).

내륙의 동물에 대해서 거의 언급하지 않았으며 혹시 언급하더라도 매우 조심스럽게 묘사했다. 누군가 이 대가의 저작 중 일부를 자유롭게 인용하려 할 때 그는 큰 어려움 없이 그 정보의 출전을 알 수 있었을 것이다.

동물에 관한 연구, 아니면 적어도 동물을 분류하고자 하는 시도가 인류 역사의 초창기부터 이미 신중하게 이루어졌던 것으로 보인다. 현재까지 전해지는 가장 오래된 기록들에는 동물들이 지닌 특징을 관찰한 흔적이 풍부하게 담겨 있다. 특히 모세의 율법에는 그런 내용이 가득하다. 율법은 부정한 동물과 부정하지 않은 동물을 여러모로 구분하고 있는데, 그것이 그런 구분의 첫 사례는 아니지만 오랜 고대의 사례로 손꼽을 만하다. 실제로 농업과 사냥에 종사하는 사람들은 자신에게 해로운 동물뿐만 아니라 이로운 동물의 습성까지 관찰했을 것이다.

이렇듯 일상의 필요에서 시작된 동물에 대한 관찰은 마침내 그 자체를 목적으로 하는 전문 연구로 발전했다. 적지 않은 사람이 자신이 관찰한 다양한 현상을 연구하고 가능하면 기록했다. 우리는 이집트의 회화와 아시리아의 조각을 통해 당시 사람들이 동물과 식물을 얼마나 솜씨 있게 묘사했고 그들의 외양을 얼마나 세밀하게 파악하고 있었는지 알 수 있다. 이렇듯 고대 문명의 중심지에서 습득된 지식은 다른 지역 나라들과의 교류를 통해 널리 퍼졌고 그 양도 늘어났다.

호메로스의 저작은 인간 신체 구조에 관한 지식이 이미 상당한 수준에 이르렀음을 보여준다. 제물로 바친 동물들을 정밀하게 검사하는 등의 과정에서 그 동물의 내력에 관한 일반적인 지식이 추가되었을 것이다. 그로부터 한 세기 후의 저작인 헤시오도스의 시들은 농경을 권장하는 내용을 담고 있다. 기원전 7세기 사람인 피타고라스는 비록 아무런 저작도 남기지 않았을지 모르지만 우리는 그가 자연현상을 끊임없이 탐구하고 설명하려 했던 탁월한 인물이었음을 알고 있다.

아리스토텔레스는 피타고라스와 비슷한 시대에 활동했던 알크마이온*을 특별히 언급한다. 알크마이온은 추종자들에게 해부 실습을 권했던 것으로 알려진 최초의 인물로 자연철학자 사이에서 걸출한 존재다. 고대 그리스의 철학자 엠페도클레스**는 자연현상에 관한 저작을 남겼는데 그중 일부가 전해지고 있다.

자연사(natural history) 분야에서 비록 세부적인 내용까지 파고들지는 못했지만, 사물의 성질을 개괄적으로 연구함으로써 훗날 그 주제를 세밀하게 연구할 후배들에게 새로운 지평을 열어준 사람들도 있었다. 페르시아 제국은 여전히 그 위력을 뽐내면서 동방의 문명을 서방 전역으로 퍼뜨리는 데 일조했다. 그 대표적 예로 크테시아스***는 여러 위대한 저작을 남겼지만 안타깝게도 현존하는 것은 몇 되지 않는다. 그는 자신이 살던 시대의 역사뿐만 아니라 페르시아와 인도의 자연사도 기술했는데 그 정확성은 일반적인 수준을 훨씬 뛰어넘는다. 크테시아스는 인도를 직접 방

---

*   Alcmaeon of Croton. 기원전 5세기에 이탈리아반도 남단 크로톤에서 활동한 그리스 철학자이자 의
     학자로 천문학과 기상학에도 조예가 깊었다고 한다.
**   Empedocles. 기원전 5세기경 활동한 시칠리아 아그리젠토 출신의 고대 그리스 철학자이자 정치가,
     시인, 종교 교사, 의학자로 세상 만물이 근원 물질인 물, 공기, 불, 흙 등 4원소로 이루어졌다고 주장
     했다.
*** Ctesias. 카리아(Caria. 지금의 튀르키예 남서부 지중해 연안) 크니도스 출신의 고대 그리스 의사이자
     역사가로 기원전 5세기에 주로 페르시아에서 활동했다. 대표적인 저작으로 아시리아와 페르시아의
     역사를 다룬 총 23권의 『페르시카(Persica)』와 페르시아의 인도관을 엿볼 수 있는 『인디카(Indica)』가
     있다.

문한 적이 없었으므로 다른 사람들이 전하는 정보를 바탕으로 인도를 기술했는데, 이는 역설적으로 자연물에 관해 연구한 사람이 크테시아스만이 아니었음을 보여준다.

아리스토텔레스의 예리한 관찰력과 더불어 이러한 선배들이 있었기에 그가 동식물 연구가들이 경탄해 마지않는 『동물지』를 저술한 것은 놀랄 일이 아니며, 앞으로도 『동물지』는 동식물 연구가의 지침서로서 오래도록 높은 평가를 받을 것이다.

1862년 4월 30일
리처드 크레스웰

서문 2[*]

나는 이 책에서 지리와 관련한 주석을 거의 달지 않았다. 하지만 아리스토텔레스가 『동물지』뿐만 아니라 다른 저작에서 레스보스섬과 인근 지역 그리고 레스보스의 여러 장소를 자주 언급했던 사실에 주목할 필요가 있다. 예를 들어 아리스토텔레스는 안티사(Antissa), 아르기누사이(Arginusae), 렉톰(Lectum), 뮈틸레네(Mytilene), 포르도셀레네(Pordoselene), 프로콘네소스(Prokonnesos), 퓌라(Pyrrha), 퓌라만 등의 지역을 언급하고 있다. 그리고 말레아(Μαλέα)는 말리아(Μαλία)일 것이다.

아리스토텔레스는 마흔 살 무렵에 뮈틸레네에서 2년간 생활했다. 그 시점은 플라톤이 사망한 지 3년이 지난 즈음이고 아리스토텔레스가 에게해 연안 아타르네우스(Atarneus)에서 헤르미아스와 함께 생활한 직후다.[**]

---

[*]   D'Arcy Wentworth Thompson, *History of Animals*(1910).

[**]   37살의 아리스토텔레스는 그곳에서 3년 동안 머물렀다.

이후 아리스토텔레스는 뮈틸레네에서의 생활을 접고 필리포스의 궁전에서 생활한다. 그리고 그로부터 10년 후 아리스토텔레스는 아테네로 돌아와 리케이온(Lykeion)에서 학생을 가르치기 시작했다. 그런데 자연사(natural history) 전반에 걸쳐 그리스의 지명은 거의 찾아볼 수 없는 반면에 마케도니아의 지명이나 보스포루스 해협에서 카리아 해안까지 소아시아(지금의 튀르키예) 해안의 지명은 비교적 자주 등장한다. 이는 아리스토텔레스의 자연사 연구가 대체로 중년에, 그러니까 그가 아테네에 거주하던

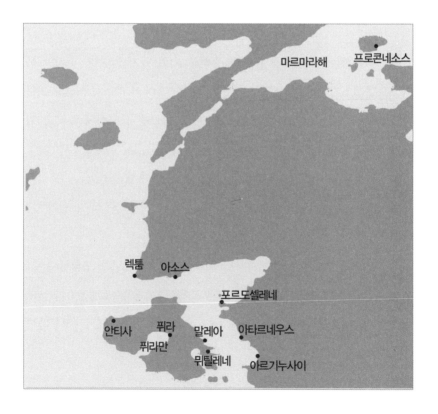

두 번의 시기 사이에 이루어졌음을 보여준다. 또 육지로 둘러싸여 잔잔한 퓌라의 석호(潟湖)가 그가 동물 연구를 위해 즐겨 찾던 곳 가운데 하나라는 사실도 이를 통해 알 수 있다. 아리스토텔레스는 말년에 에우보이아(Euboea)섬*에도 머물렀지만, 그 섬에서의 체류는 동물학 관련 저작에 거의 영향을 미치지 않았다.

이로 미루어볼 때 자연사에 관한 아리스토텔레스의 연구는 좀 더 철학적인 것에 집중된 저작들보다 앞서 있었음을 알 수 있다. 따라서 우리가 아리스토텔레스의 자연사 관련 연구를 바탕으로 그의 철학을 해석하는 일이 타당할 수도 있다. 플라톤의 제자이자 아카데미아 원장이었던 스페우시포스(Speusippos) 역시 동식물 연구자였음을 돌이켜보면, 아리스토텔레스와 후대의 아카데미아가 플라톤의 교리를 수정할 때 자연사 탐구가 적지 않은 원인으로 작용했음을 충분히 추론할 수 있다.

1910년

다시 웬트워스 톰슨

---

* 기원전 323년 알렉산드로스 대왕이 세상을 떠난 뒤 아테네에서는 마케도니아에 반발하는 기류가 형성되었다. 아리스토텔레스는 마케도니아와 오랫동안 인연이 있었고 아테네를 섭정한 마케도니아 장군 안티파트로스와도 친했기 때문에 신변의 위협을 느껴 아테네를 떠나 에우보이아섬의 칼키스에 있는 어머니의 영지로 피신했다. 그리고 위장병을 얻은 그는 이듬해 그곳에서 62세를 일기로 세상을 떠났다.

제 **1** 책

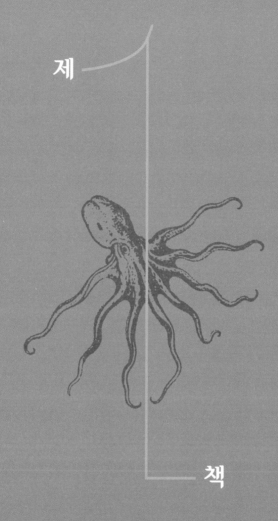

제 1 책

제1장

갈음과 다름

종(種)과 유(類),
그리고 형태·성격·습관의 차이

1 동물의 기관 중에서 어떤 것은 단순하다. 즉 그런 기관은 그 자체로 균일하다. 예를 들어 동물의 살은 나누어도 결국 살이다. 하지만 어떤 기관은 복합적이다. 그런 기관은 균일하지 않은 부분들로 나뉜다. 예를 들면 손을 나눈다고 여러 개의 손이 되지 않고 얼굴을 나눈다고 여러 개의 얼굴이 되지 않는다. 이런 기관들 가운데 어떤 것은 단순히 기관이라 하지 않고 팔이나 다리처럼 일정한 명칭을 갖고 있다. 이런 기관은 그 자체로서 완전체인 동시에 그 안에 다른 여러 기관을 가지고 있다. 예를 들어 머리, 다리, 손, 팔, 가슴 등은 그 자체로 하나의 완전한 기관이지만 다양한 기관으로 이루어져 있다.

2 그 자체로 균일하지 않은 기관은 세분된 여러 기관으로 구성된다. 예를 들어 손은 살, 힘줄, 뼈 등으로 구성된다. 동물 가운데 어떤 것

들은 모든 기관이 서로 닮았지만, 기관이 서로 닮지 않은 것들도 있다. 때때로 기관들은 형태 또는 구성에서 동일하다. 예를 들어, 인간의 눈코는 다른 인간의 눈코와 닮았고 살은 살대로, 뼈는 뼈대로 닮았다. 말도 그러하고, 우리가 하나의 동일 종이라 여기는 다른 동물들도 그러하다. 전체가 전체끼리 일치하듯이 각 기관도 서로 그러하다. 또 어떤 경우에는 기관들이 과하고 부족함에 따른 차이점을 제외하고는 모두 동일하다. 하나의 같은 속(屬, Genus)에 있는 동물들이 그런 사례다. 여기에서 '속'이란, 예를 들어 새나 물고기처럼 분류되는 것으로 그것들은 서로 생김새 자체가 전혀 다르다. 그리고 새와 물고기라는 속 안에는 많은 종(種, Species)의 새와 물고기가 있다.

3 같은 속의 동물끼리는 일반적으로 기관의 색깔과 모양 같은 외적인 특성의 비교에서 차이가 있고, 개수가 많거나 적거나 크기가 크거나 작거나 등과 같은 과함과 부족함에서도 차이가 있다. 따라서 살의 질감이 부드러운 동물도 있고 단단한 동물도 있다. 부리가 긴 종도 있고 짧은 종도 있으며, 깃털이 풍부한 종이 있는가 하면 엉성한 종도 있다. 나아가 다른 종들에게는 없는 기관을 가진 종도 있다. 예를 들어 어떤 종에는 며느리발톱이 달려 있고 어떤 종에는 없으며, 볏이 있는 종이 있는가 하면 없는 종이 있다. 하지만 그들의 주요 부분과 몸의 대부분을 구성하는 요소는 과함과 부족함에서 약간의 차이만 보일 뿐 대체로 같다.

4 '과함' 또는 '부족함'은 '더 많음' 또는 '더 적음'의 다른 말이다. 서로의 기관이 형태에서 같지 않으며 과함과 부족함의 차이를 넘어 아예 비슷한 면을 찾아볼 수조차 없지만, 그것이 동일한 기관이라는 사실을 유추할 수 있는 사례도 놓치지 않아야 한다. 예를 들어 곰의 뼈와 물고기의 뼈(가시), 손톱·발톱과 발굽, 사람의 손과 게의 집게발, 물고기의 비늘과 새의 깃털 등은 서로 유사하다. 새의 깃털과 물고기의 비늘은 같은 의미를 지닌다. 동물이 각각 가지고 있는 기관은 앞에서 묘사한 것처럼 형태상으로 다르거나 같을 뿐만 아니라 그것이 붙어 있는 위치도 다르거나 같다. 즉 같은 기관이 다른 위치에 있는 경우도 많다. 젖꼭지가 가슴에 있는 동물도 있지만 넓적다리 가까이에 있는 동물도 있다. 같은(또는 균질의) 성분으로 구성된 물질 중에서도 어떤 것은 부드럽고 촉촉하지만 어떤 것은 건조하고 단단하다.

5 부드럽고 촉촉한 물질은 전적으로 그러한 것도 있고 자연 상태에 있을 때 그러한 것도 있다. 후자에 속하는 것은 피, 장액(漿液), 지방, 골수, 정액, 담즙, 젖, 살 등이다. 이와는 조금 다른 똥이나 오줌, 가래 같은 배설물도 후자에 속한다. 한편 건조하고 단단한 물질은 힘줄, 피부, 정맥, 머리카락, 뼈, 연골, 손톱, 발톱, 뿔(그 형상에 근거해서 싸잡아 뿔이라는 명칭을 붙였기 때문에 그 기관에 이 용어를 적용할 때 모호한 구석이 있다), 그리고 이와 유사한 기관들이 있다.

6 동물은 생존 양식과 행동, 습관, 구성 기관 등에서 서로 다르다. 이러한 차이점에 대해 먼저 포괄적이고 일반적인 방식으로 접근할 것이며 그런 연후에 특정한 속에 관해 면밀하게 고찰할 것이다. 다시 말하지만, 동물은 생존 양식과 습관, 행동 등에서 차이를 보인다. 예를 들어 어떤 동물은 물에서 살고 어떤 동물은 육지에서 산다. 또 물에서 사는 동물이라도 사는 방식은 저마다 다르다. 어떤 것은 물속에서 살며 그곳에서 영양을 섭취하며, 물을 삼키고 내뱉으며 호흡하기 때문에 물 없이는 살아갈 수 없다. 절대다수의 물고기가 여기에 속한다. 하지만 어떤 수중생물은 물에서 생활하며 먹을거리를 조달하더라도 물속에 오래 머물지 않고 공기로 호흡하며 물속에 새끼를 낳지도 않는다. 여기에 속하는 동물은 대부분 수달·비버*·악어처럼 발이 있다. 하지만 잠수하는 물새나 논병아리처럼 날개가 달린 것도 있고, 물뱀처럼 발이 없는 것도 있다. 또 해파리**와 굴처럼 물을 떠나서는 한시도 살 수 없으면서도 공기나 물 어느 것도 흡수하지 않는 것도 있다.

7 물에서 사는 동물 가운데 어떤 것은 바다에서 살고 또 어떤 것은 강에서 살지만 개중에는 호수에서 살기도 하고 개구리와 도롱뇽처럼 습지에서 살기도 한다. 한편 육지에 사는 동물은 공기를 삼키고 내뱉는다. 이런 작용을 흔히 '들숨'과 '날숨' 현상이라 일컫는데, 인간을 포함해서 허파가 있는 모든 육상동물은 이런 호흡작용으로 생명을 유지한다. 그

---

*   Beaver, Castor fiber.

**   해파리(Medusa)나 말미잘(Actinia) 또는 양쪽 모두.

런가 하면 공기를 흡입하지 않고 마른 땅에서 생명 유지를 위한 자양분을 찾아 살아가는 동물도 있다. 말벌·꿀벌을 비롯한 모든 곤충*이 여기에 속하는데, '곤충'이란 배 또는 등과 배 양쪽에 새김눈을 갖는 모든 동물을 말한다. 많은 육상동물은 알려진 대로 생명 유지를 위한 자양분을 물에서 얻는다. 하지만 물에 살며 물을 흡입하는 동물 중 육지에서 생명의 자양분을 얻는 동물은 단 하나도 없다. 동물 가운데는 처음에는 물에서 살다가 점차 몸의 형체가 변하면서 물 밖으로 나와 사는 것도 있다. 등에**의 애벌레가 바로 그런 경우다.

8 그뿐만 아니라 어떤 동물은 붙박이로 살아가는 반면 어떤 동물은 끊임없이 이동하며 살아간다. 붙박이 동물은 물속에서 발견되며 육상에서는 발견되지 않는다. 몇 종류의 굴처럼 물속에는 외부의 물체에 찰싹 달라붙어 살아가는 동물이 많다. 그런데 이런 동물의 해면(sponge)에는 나름의 감각이 있는 듯하다. 이 동물을 달라붙어 있는 물체로부터 떼어내려 할 때 은밀하게 시도하지 않으면 떼어내기가 더 어렵다고 한다. 어떤 물체에 찰싹 달라붙어 있다가도 때에 따라 그 물체에서 떨어져 나와 활동하는 동물도 있다. 해파리 종이 그렇다. 해파리 종 가운데 일부는 밤이 되면 물체에 느슨히 붙은 상태로 또는 아예 물체에서 떨어져 나와 먹이를 구한다. 그런가 하면 무언가에 붙어 있지 않으면서도 움직임이 없는 동물도 많다. 굴과 해삼류***가 그렇다. 이런 동물 중 일부는 물고기, 연

---

* ἔντομα(éntoma).

** œstrum. Tabanus, gad-fly.

*** holothuria. 아마도 식충류(Zoophyte)의 어떤 종.

체동물,* 그리고 가재와 같은 연갑류(軟甲類, malacostraca)처럼 헤엄을 칠 수 있다. 하지만 게처럼 갑각류 중 일부는 걸어서 이동한다. 물속에서 살고 있지만 걸어서 움직이는 것이 그 동물의 본성이기 때문이다.

9 육상동물 가운데 일부는 새나 꿀벌처럼 날개가 달려 있는데, 이것들은 서로 다르다. 발이 달린 어떤 종은 걷고, 어떤 종은 기기도 하며 어떤 종은 꿈틀거리며 이동한다. 하지만 오로지 헤엄쳐 이동하는 물고기와 달리 오로지 날아서 이동하는 육상동물은 없다. 피부가 팽창해서 날개가 된 동물은 걸을 수 있고, 박쥐는 발을 갖고 있고, 물개는 불완전한 발을 갖고 있기 때문이다. 몇몇 새는 매우 불완전한 발을 가지고 있어 무족류(無足類, apodes)라고 부른다. 그러나 이 새들은 강력한 날개를 갖고 있다. 이런 부류의 새들은 대체로 제비와 꿀먹이새(drepanis)**처럼 불완전한 발과 강한 날개를 가지고 있다. 이런 새들은 습성과 날개의 구조가 비슷하고 전체 모양도 비슷해서 제대로 구분하지 못하는 일이 자주 발생한다. 칼새***는 사계절 내내 관찰되지만 꿀먹이새는 여름철 비 온 뒤에만 눈에 띈다. 꿀먹이새는 희귀조에 속하지만, 이때만큼은 관찰과 포획이 가능하다.

---

10 그러나 많은 육상동물은 걷고 헤엄을 칠 수 있다. 육상동물은
생활방식과 행동에서 명백한 차이를 보인다. 발을 갖고 있든, 날
개를 갖고 있든, 지느러미가 있든 그들 중 몇몇 부류는 군서 생활을 하고
몇몇 부류는 단독 생활을 한다. 그리고 어떤 동물은 양쪽의 특성 즉 단
독 생활과 군서 생활에 알맞은 특성을 모두 지니고 있다. 군서 생활을 하
는 동물 가운데 어떤 종류는 집단을 위해 힘을 합치는 경향을 보이고 어
떤 부류는 자기 자신만을 위해 각자 살아간다. 비둘기, 학, 백조 등과 같
은 새는 군서 생활을 하지만, 갈고리발톱을 가진 새들은 군서 생활을 하
지 않는다. 물속에서 사는 동물 중에서 드로마스(dromas),* 다랑어, 가다
랑어, 아미아(amia)** 같은 물고기는 군서 생활을 한다.

11 한편 인간은 두 가지 특성—군서 생활과 단독 생활—이 혼합된 양상
을 보인다. 사회적 동물은 마음속에 어떤 공통된 목적 같은 것을
갖는다. 이러한 속성은 군서 생활을 하는 모든 동물에게 공통된 것은 아
니다. 사회적 동물로는 인간, 꿀벌, 말벌, 개미, 학 등이 있다. 또 이러한
사회적 동물 가운데 어떤 부류는 그 집단의 우두머리에게 복종하지만,
어떤 지배력에도 복종하지 않는 부류도 있다. 예를 들어 학과 몇 종의 꿀
벌은 우두머리에게 복종하지만, 개미와 다른 수많은 동물은 모두 자기 자
신이 주인이다. 또한 군서 생활을 하는 동물과 단독 생활을 하는 동물 중
에는 정해진 집에서 생활하는 부류가 있는가 하면 일정한 서식지 없이 떠

---

* 회유어(回遊魚) 중 하나.
** Les Bonitons(참다랑어).

도는 부류가 있다. 어떤 동물은 육식성이고 어떤 동물은 초식성이며 또 어떤 동물은 잡식성이다. 꿀벌이나 거미처럼 특별한 먹이를 주식으로 하는 동물이 있는데, 꿀벌은 꿀 또는 다른 달콤한 것을 먹고 산다. 거미는 파리를 잡아먹으며 살고, 어떤 동물은 물고기를 주식으로 한다. 또 어떤 동물은 자기 먹이를 포획하고 어떤 동물은 먹이를 저장하지만, 이도 저도 하지 않는 동물도 있다. 동물 중에는 주거지를 마련해서 사는 부류가 있는가 하면 주거지 없이 그냥 사는 부류도 있다. 두더지·생쥐·개미·꿀벌이 전자에 속하고, 여러 곤충과 네발짐승이 후자에 속한다.

12 동물의 서식지도 각기 다르다. 어떤 동물은 도마뱀이나 뱀처럼 땅 밑에서 살고, 어떤 동물은 말이나 개처럼 땅 위에 서식지를 두고 있다. 또 홀로 굴을 파고 사는 부류가 있는가 하면 그렇지 않은 것도 있다. 올빼미와 박쥐처럼 야행성 동물도 있고 주간에 활동하는 동물도 있다. 그뿐만 아니라 길들여진 동물이 있는가 하면 야생동물도 있다. 인간이나 노새처럼 길들여진 상태에 있는 동물이 있고, 표범이나 늑대처럼 야생에서만 살아가는 동물이 있으며, 코끼리처럼 쉽게 길들일 수 있는 동물도 있다. 그런데 가축화되어 있으면서 동시에 야생 상태에서 존재하는 동물도 있다. 말, 소, 돼지, 양, 염소, 개 등과 같이 길들여진 모든 동물이 야생에서도 발견되기 때문이다.

13 어떤 동물은 큰 울음소리를 내지만 아무런 소리를 내지 않는 동물도 있고, 어떤 동물은 발음기관으로 소리를 내기도 한다. 발

음기관으로 소리를 내는 동물 중 어떤 부류는 뚜렷하게 언어를 구사하지만 어떤 부류는 발음이 뚜렷하지 못하다. 또 어떤 동물은 끊임없이 재잘대고 지저귀는가 하면 어떤 부류는 소리를 내지 않는다. 그러니까 음악적인 동물이 있고 그렇지 않은 동물이 있는 셈이다. 하지만 동물은 주로 번식기에 예외 없이 시끄럽다. 흙비둘기처럼 들판을 서식지로 삼는 동물이 있는가 하면 후투티처럼 산악지대를 서식지로 삼는 동물이 있으며 비둘기(pigeon)처럼 흔히 인간의 주거지에 함께 사는 동물도 있다. 또 자고새와 닭을 비롯한 가금류처럼 유난히 음탕한 부류가 있는가 하면 정조를 지키는 부류도 있다. 예를 들어 까마귀류는 교접에 탐닉하는 경우가 드물다. 해양동물 중 몇몇은 먼바다에서 살고 몇몇은 해안 가까이에서 서식하며, 몇몇은 바위에 붙어 산다.

14 그뿐만 아니라 호전적인 동물이 있고 늘 방어 태세를 갖추고 있는 동물이 있다. 호전적인 동물은 다른 동물에 대해 공격하는 자세를 취하거나 부당한 상황에 처했을 때 앙갚음하는 부류이고, 방어 태세의 동물은 다른 동물의 공격에 맞서 자신을 보호할 몇 가지 수단만 있는 부류이다.

15 동물 또한 타고난 기질에서 많은 차이가 있다. 소처럼 성격이 온순하고 둔하며 흉포한 모습을 거의 보이지 않는 동물이 있는가 하면, 멧돼지처럼 성질이 급하고 흉포하며 길들이기 쉽지 않은 동물도 있다. 수사슴이나 토끼처럼 총명하고 겁이 많은 동물이 있고, 뱀처럼 비

열하고 음흉한 동물이 있다. 사자처럼 기품 있고 용맹하며 고귀한 혈통(high-bred)의 동물이 있고 늑대처럼 순수혈통(thorough-bred)에 거칠고 음흉한 동물이 있다. 어떤 동물이 고결한 피를 타고났다면 그 동물은 고귀한 혈통이고 어떤 동물이 종으로서 갖는 특질에서 벗어나지 않았다면 그 동물은 순수혈통이라 할 수 있다.

16 게다가 여우처럼 꾀가 많고 짓궂은 동물이 있는가 하면 개처럼 활발하고 다정하며 애교가 많은 동물도 있고, 코끼리처럼 다루기 편하고 쉽게 길들일 수 있는 동물도 있다. 또 거위처럼 조심스럽고 경계심이 강한 동물이 있는가 하면 공작처럼 시샘이 많고 자부심이 강한 동물도 있다. 모든 동물 가운데 오로지 인간만이 '추론'할 수 있지만, 다른 많은 동물에게도 기억력과 가르침을 받아들일 능력이 있다. 하지만 인간들 이외에는 어떤 동물도 과거를 자유자재로 회상할 수 없다. 뒤에서 몇 가지 동물 속(屬)과 관련해서 그들의 특이한 생활 습성과 생존 방식에 관해 자세히 논의할 것이다.

제 2 장

먹이의
섭취와 배설

1 모든 동물이 공통으로 먹이를 먹는 기관과 섭취하는 기관을 가지고 있다. 그리고 이것들은 몸의 다른 기관과 마찬가지로 서로 같거나, 생김새나 크기 또는 몸에서 차지하는 비율이나 위치가 서로 다르다. 대다수 동물은 공통으로 먹이의 찌꺼기를 배출하는 기관을 가지고 있다. 그러나 모든 동물이 그렇지는 않다. 그런데 먹이를 먹는 기관을 입, 먹이를 섭취하는 기관을 위라고 한다. 소화기 계통의 나머지 기관들은 매우 다양한 이름을 가지고 있다.

2 먹고 남은 찌꺼기는 액체와 고형물, 이렇게 두 가지 종류다. 액상 배설물을 배출하는 기관이 있는 동물은 한결같이 고형 배설물을 배출하는 기관도 지니고 있다. 하지만 고형 찌꺼기를 받아 처리하는 기관이 있는 동물에게 반드시 액상 찌꺼기를 수용하는 기관이 있는 것은 아

니다. 다시 말하면, 방광을 가지고 있는 동물은 반드시 위와 장을 가지고 있지만 위와 장은 있지만 방광이 없는 동물이 있다. 나는 여기서 액상 찌꺼기를 수용하는 기관을 '방광'이라 하고 고형 찌꺼기를 받아들이는 기관을 '위장' 또는 '내장'이라고 명명한다.

3 동물 가운데 대다수는 앞에서 언급한 기관들 이외에 정액을 배출하는 기관을 가지고 있다. 생식능력을 가진 동물은 한 개체가 다른 개체에 사정하고 그렇지 않은 동물은 자기 자신에게 사정한다. 정액을 받는 개체를 '암컷'이라 하고 사정하는 개체를 '수컷'이라 한다. 그러나 몇몇 동물은 암수의 구별이 없다. 당연히 이러한 기능과 관련된 기관의 형태는 다양하다. 어떤 동물은 자궁을 가지고 있고 어떤 동물은 자궁과 비슷한 기관을 가지고 있다. 이러한 기관은 동물에게 가장 필수적인 부분이다. 모든 동물은 예외 없이 이런 기관들 가운데 일부를 가지고 있으며, 동물 대부분은 이런 기관들을 지니고 있어야 한다.

제3장

촉각, 수분,
혈액과 혈관

1 모든 동물이 가지고 있는 감각은 촉각이다. 따라서 이런 촉각기관을
가리키는 특별한 명칭은 없다. 어떤 부류의 동물은 동일한 촉각기관
을 가지고 있고 또 다른 부류의 동물은 비슷한 기능의 기관을 가지고 있
기 때문이다.

2 모든 동물은 수분을 함유하고 있다. 자연적인 원인이나 인위적인 방
법으로 수분을 공급받지 못하면 죽음에 이른다. 그러나 수분을 어
느 부분에 저장하는지는 다르다. 어떤 동물은 피와 혈관에 수분을 저장
하며 어떤 동물은 이에 상응하는 부분에 수분을 저장한다. 그러나 후자
는 섬유소와 혈청 또는 림프액으로만 이뤄져 불완전하다.* 촉각은 살이나

---

*   혈액과 혈관을 가진 동물과 비교해 붉은 피가 없는 동물의 순환을 말하기 위해 섬유소와 혈청을 언
급했다.

살 비슷한 균질한 부분에, 그리고 일반적으로 피를 가지고 있는 부분에, 적어도 피를 가지고 있는 동물에게 있다. 어떤 동물은 혈액이 흐르는 곳과 유사한 부위에서 촉각을 느낀다. 그러나 어떤 경우든 질감이 균질한 부분에서 촉각을 느낀다.

3 반대로 움직이는 기능은 이질적인 부분이 담당한다. 먹이에 대비한 행위는 입이 담당하고, 운동은 발과 날개 또는 이와 비슷한 기관이 맡는다. 어떤 동물은 사람이나 말처럼 피가 흐르고, 성체가 되었을 때 발이 없거나 두 개 또는 네 개의 발을 갖게 된다. 벌이나 말벌 그리고 해양 동물 가운데 오징어나 가재 같은 동물은 피가 없고 네 개 이상의 발을 가지고 있다.

제 4 장

태생동물, 난생동물

1 어떤 동물은 태생(胎生)이고 어떤 동물은 난생(卵生)이며, 또 어떤 동물은 벌레나 애벌레로 태어난다. 인간, 말, 물개 그리고 모피를 가지고 있는 다른 동물들은 모두 태생이며 해양동물 가운데 돌고래 같은 고래목 동물과 이른바 연골어류(軟骨魚類, cartilaginous fish)*는 태생이다. 우리가 알이라고 부르는 것은 수정이 완전히 이루어진 결과물이며, 알의 초생 배아에 관해 말하자면 배아는 알의 일부에서 발생하고 나머지 부분은 배아가 발달하는 과정에서 먹이가 된다. 반면에 애벌레의 경우는 변태와 성장을 통해 완전한 성체가 된다.

---

* 돌고래나 고래와 같은 동물은 튜브 같은 기도가 있고 아가미가 없다. 돌고래는 기도가 등에 있고 고래는 이마에 있다. 다른 해양동물은 연골어류인 상어나 가오리처럼 뚜껑이 없는 아가미를 가지고 있다.

2 태생동물 가운데 일부는 상어류처럼 배 속에서 알을 깨고 나온다. 인간과 말 같은 다른 동물은 배 속에 살아 있는 태아를 만든다. 수정이 완전히 이루어지면 어떤 동물은 살아 있는 새끼를 낳고 어떤 동물은 알을 낳고 어떤 동물은 애벌레를 낳는다. 어떤 동물의 알은 껍데기가 있는데, 새알처럼 두 가지 색깔로 되어 있는 것도 있고 상어알처럼 한 가지 색깔에 물렁물렁한 것도 있다. 어떤 애벌레는 처음부터 움직일 수 있고 어떤 애벌레는 움직이지 못한다. 이러한 생태 현상에 대해서는 나중에 생식을 다룰 때 자세히 언급할 것이다.

제 5 장

다리, 지느러미, 날개 등의 이동기관

1 어떤 동물은 다리가 있고 어떤 동물은 다리가 없다. 다리가 달린 동물 가운데 어떤 동물은 사람이나 새처럼 다리가 두 개고 어떤 동물은 도마뱀이나 개처럼 다리가 네 개다. 어떤 동물은 지네나 벌처럼 더 많은 다리를 가지고 있다. 어떤 동물이든 다리가 달린 동물의 다리 수는 짝수다.

2 다리가 없고 헤엄치는 동물 가운데 어떤 동물은 물고기처럼 작은 날개나 지느러미를 가지고 있다. 이런 동물 가운데 감성돔과 농어 같은 물고기는 지느러미가 네 개다. 두 개는 등에, 두 개는 배에 달려 있다. 어떤 물고기는 지느러미가 두 개밖에 없다. 더 정확히 말하면, 유난히 길고 미끄러운 뱀장어와 붕장어가 그렇다. 어떤 물고기는 곰치같이 아예 지느러미가 없다. 그러나 이런 물고기는 뱀이 땅 위에서 움직이듯 바다에서

움직인다. 여담이지만 뱀은 물에서도 땅에서와 같은 방법으로 헤엄친다. 상어 종류 중에는 가오리와 홍어처럼 납작한 몸통에 긴 꼬리를 갖고 있으면서 지느러미가 없는 것이 있다. 그러나 이런 물고기는 납작한 몸통을 물결 모양으로 움직여 헤엄친다. 그러나 아귀는 지느러미가 있다. 가장자리로 갈수록 납작한 몸통이 얇아지지 않는 물고기는 지느러미를 가지고 있다.

3 헤엄치는 동물 가운데는 연체동물처럼 다리를 가지고 있는 것처럼 보이는 것이 있다. 이 동물들은 지느러미뿐만 아니라 다리를 이용해 헤엄친다. 그리고 오징어와 갑오징어처럼 머리 반대 방향으로 빠르게 헤엄친다. 여담이지만, 낙지나 문어는 발로 걷는데 오징어는 걷지 못한다. 바닷가재같이 껍데기가 딱딱한 동물 또는 갑각류 동물은 꼬리 부분을 이용해 헤엄친다. 바닷가재는 꼬리를 주로 이용하고 거기에 달린 지느러미의 도움을 받아 빠르게 헤엄친다. 도롱뇽은 다리와 꼬리를 이용하여 헤엄친다. 크기에는 차이가 있지만 도롱뇽의 꼬리는 메기의 그것과 비슷하다.

 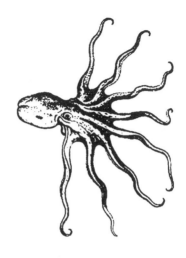

왼쪽은 유실된 아리스토텔레스의 오징어 도판을 영국의 진화발생생물학자 아르망 르로이(Armand Leroi)가 복원한 그림이고, 오른쪽은 스위스의 박물학자 콘라트 게스너(Conrad Gessner, 1516~1565)의 문어 도판이다.

4 날 수 있는 동물 가운데 어떤 것은 독수리와 매처럼 깃털이 있는 날개를 달고 있다. 어떤 것은 벌과 왕풍뎅이같이 얇은 막으로 된 날개를 가지고 있다. 어떤 것은 큰박쥐와 박쥐같이 피부로 된 날개를 달고 있다. 혈액이 있는 모든 날짐승은 깃털날개나 피부날개를 가지고 있다. 무혈동물은 곤충같이 막으로 된 날개를 가지고 있다. 깃털날개나 피부날개를 가진 동물은 두 다리를 갖고 있거나 아예 다리가 없다. 에티오피아에는 날아다니는 뱀이 있는데 다리가 없다고 한다.

5 깃털날개를 가진 동물은 '조류'로 분류된다. 피부날개와 피막날개를 가진 동물을 아우르는 명칭은 없다. 날 수 있지만 피가 없는 동물 가운데 어떤 것은 초시류(鞘翅類, 갑충) 또는 딱정벌레류라고 한다. 이 동물들의 날개는 왕풍뎅이나 소똥구리처럼 등껍질 속에 들어 있거나 여러 쪽으로 나뉘어 있기 때문이다. 날개가 여러 쪽으로 되어 있는 동물 가운데 어떤 것은 쌍시목(雙翅目, 두 날개)이며 어떤 것은 사시목(四翅目, 네 날개)이다. 사시목 동물은 상대적으로 크고 꼬리에 침을 가지고 있다. 쌍시목은 상대적으로 작고 주둥이에 독침이 있다. 딱정벌레류는 예외 없이 침이 없다. 쌍시목은 파리, 쇠등에, 쇠파리, 각다귀 등과 같이 주둥이에 침이 있다.

6 피가 없는 동물은 일반적으로 피가 있는 동물에 비해 몸집이 작다. 그런데 바다에서는 몇몇 연체동물처럼 예외적으로 큰 무혈동물이 발견된다. 무혈동물 가운데 기후가 온화한 곳에 서식하는 것들이 가장 크다. 그리고 바다에 서식하는 것이 육지나 민물에 사는 것보다 더 크다. 움직일 수 있는 모든 동물은 네 개 이상의 운동 부위가 있다. 유혈동물은 네 개의 운동 부위를 가지고 있다. 예를 들면 사람은 손과 발이 각각 두 개다. 새는 날개와 다리가 두 개씩이고, 네발짐승과 물고기는 다리와 지느러미가 각각 네 개다. 두 개의 작은 날개 또는 지느러미를 가진 동물이나 뱀처럼 아예 아무것도 없는 동물도 네 개 이상의 운동 부위로 움직인다. 움직일 때 몸이 동시에 네 군데 이상 구부러지거나 두 군데가 구부러지면서 지느러미도 움직이기 때문이다.

7 피가 없고 날개나 다리가 달린 동물 가운데 다리가 많은 동물은 네 군데 이상의 운동 부위로 움직인다. 예를 들면 하루살이는 네 다리와 네 개의 날개로 이동한다. 내가 무심코 관찰한 바로는 하루살이는 그 이름이 연유한 수명뿐만 아니라 다리가 네 개이고 날개가 달렸다는 점에서도 특이한 동물이다. 다리가 네 개든 또는 그 이상이든 모든 동물은 같은 방식으로 이동한다. 즉 동물은 몸통의 길이 방향으로 움직인다. 그리고 동물 대부분은 일반적으로 앞다리가 두 개다. 게만 유일하게 앞다리가 네 개다.

제 6 장

동물의 분류와 연구 방법

1 매우 광범위한 동물류에는 많은 하위 종이 있는데 거기에 속하는 것들은 다음과 같다. 조류, 어류, 고래류 등이 있고 이런 종류의 동물의 몸에는 모두 붉은 혈액이 흐른다. 그리고 굴 같은 경갑류(硬甲類), 한 가지 이름으로 부르지는 않지만 딱정벌레 등, 여러 종류의 게와 가재 같은 연골류가 있다. 그리고 다른 연체동물로는 오징어와 갑오징어 이렇게 두 가지 종류가 있다. 그리고 다른 종류로는 곤충이 있다. 곤충은 모두 피가 없고, 다리가 달린 것은 다리가 여러 개다. 그리고 곤충 가운데 어떤 것은 다리뿐만 아니라 날개도 있다. 다른 동물들의 종류는 그리 폭넓지 않다. 왜냐하면 한 가지 형태를 취하면서 많은 종류를 아우르는 동물이 많지 않기 때문이다. 인간은 한 가지 종류로 차이가 없다. 반면에 인간이 아닌 다른 동물들은 차이가 있지만 형태에 따른 별도의 이름이 있는 것은 아니다.

2 예를 들면 다리가 네 개에 날개가 없는 동물은 예외 없이 피가 있다. 그러나 그 가운데 어떤 것은 태생이며 어떤 것은 난생이다. 태생동물은 털이 나 있으며, 난생동물은 조각조각 분절된 각질로 덮여 있다. 말하자면 이 조각들은 물고기의 비늘이 있는 자리에 덮여 있다. 피가 흐르고 육상에서 이동하지만 태어날 때부터 다리가 없는 동물은 파충류에 속한다. 파충류에 속하는 동물은 각질로 된 작은 비늘이 뒤덮고 있다. 뱀은 일반적으로 난생이다. 살무사만 예외적으로 태생이다. 따라서 모든 태생동물이 털로 덮여 있는 것은 아니다. 물고기 중에는 태생동물도 있다. 그러나 털로 덮여 있는 동물은 모두 태생이다. 그런데 고슴도치와 호저(豪猪, 아프리카 바늘두더지)같이 가시털을 가진 동물도 털이 있는 동물로 간주해야만 한다. 이런 가시털도 성계의 유사한 부위와는 달리 다리가 아니라 털의 기능을 하기 때문이다.

고슴도치와 비슷한 호저는 멧돼지 갈기처럼 생긴 가시 때문에 붙여진 이름으로, 영어로 Crested porcupine, 우리말로 '산미치광이'라고 한다.

3 네발 달린 태생동물을 아우르는 항목에는 많은 종류가 있지만, 그
에 대한 통칭은 없다. 사람, 사자, 사슴, 개 등처럼 나름대로 다른 이
름이 있을 뿐이다. 하지만 말, 당나귀, 노새, 조랑말 그리고 외관상으로는
노새를 닮았어도 엄밀히 말해 노새와는 다른 종인 시리아의 헤미오누스*
처럼 숱이 많은 갈기와 꼬리를 가진 동물을 아우르는 분류 항목은 있다.
그들은 서로 짝짓기를 해 새끼를 낳기는 하지만 그렇다고 해서 같은 종류
는 아니다. 이런 이유로 우리는 동물을 종류별로 하나하나 살피면서 각
동물이 나름대로 지닌 특성을 논해야만 한다.

4 지금까지 서술한 내용은 대체로 우리가 각 동물의 독특한 습성과
공통적인 속성을 명확히 이해하기 위해 고려해야만 할 대상과 특성
중에서 맛보기용으로 제시한 것이다. 앞으로 이런 문제들을 좀 더 상세히
논할 것이다. 그런 다음 원인을 논하는 것으로 넘어갈 것이다. 구체적인
사실에 대한 조사가 완료되었을 때 원인을 논하는 것이 타당하고 자연스
러운 방법일 뿐만 아니라, 그렇게 함으로써 나중에 우리가 주장하는 것과
그 전제가 분명히 드러나기 때문이다.

5 우선 동물의 몸체를 구성하는 부분에 대해 알아볼 필요가 있다. 동
물의 전체 모습이 서로 다른 것은 무엇보다도 전체를 구성하는 부분
들과 어느 정도 관련이 있다. 동물에 따라 특정 부위가 있거나 없다. 또는
그런 부위가 있는 위치와 배치방식이 다르다. 또는 앞서 언급했듯이 형태,

크기, 몸체와의 비율, 부수적인 성질 등이 나름대로 모두 다르다.

먼저 인간의 신체 부위를 살펴보자. 가치를 계산할 때 가장 친숙한 화폐로 환산하는 버릇이 있는데, 다른 문제를 다룰 때도 그렇게 할 필요가 있다. 인간인 우리는 인간에게 친숙하다. 인간의 신체 부위에 대해서는 누구나 상식적으로 잘 알고 있다. 그러나 정해진 순서와 배치를 생각하고 신체 부위에 대해 알고 있는 것을 합리적인 개념과 연관해보면서 신체 부위를 상술할 것이다. 장기들을 먼저 다루고 다음으로는 단순하거나 복합적이지 않은 부분들을 다룰 것이다.

제 7 장

인체 부위

두개골과 봉합

1 인체의 주요 부분은 머리, 목, 몸통(목에서 음부까지) 그리고 두 팔과 두
다리다. 머리에서 머리카락으로 덮여 있는 부분이 두개골이다. 두개
골의 앞부분이 태어난 다음에 발달하는 '전두골(前頭骨)'이다. 이 뼈는 인
체의 모든 뼈 가운데 가장 나중에 단단해진다. 머리의 뒷부분은 '후두골
(後頭骨)'*이다. 전두골과 후두골 사이에 있는 부분을 '정수리'라고 한다. 뇌
는 전두골의 밑에 위치한다. 후두골 아래는 비어 있다. 두개골은 전체가
얇은 뼈로 이루어져 있으며 공 모양으로 살이 없는 피부로 덮여 있다. 두
개골에는 봉합선이 있다. 여성은 원형을 이루고 있으며, 남성은 일반적으
로 세 개의 봉합선이 한곳에서 만난다. 봉합선이 하나도 없는 남성의 두

---

*   현대 의학에서는 두개골 앞면의 전두골, 두개골 뒷면의 위를 덮고 있는 좌우 두정골(頭頂骨), 두개골
         뒷면의 아랫부분인 후두골로 나눈다.

개골도 있는 것으로 알려져 있다. 머리 한가운데를 정수리 또는 가마라고 한다. 가마가 두 개인 사람도 있는데, 두개골의 정수리 부분 뼈가 두 개 있는 것이 아니라 머리카락이 돌며 자라나는 중심이 두 개인 것이다.

제 8 장

얼굴과 이마,
눈과 눈썹

1 두개골 아랫부분을 '얼굴'이라고 한다. 그러나 사람의 경우만 얼굴이
라고 하고, 물고기나 소의 경우는 얼굴이라고 하지 않는다. 얼굴에서
전두골 아래와 두 눈 사이를 이마라고 한다. 이마가 큰 사람은 동작이 느
리다. 이마가 작은 사람은 변덕스럽다. 이마가 넓은 사람은 정신이 산란하
다. 이마가 둥글고 튀어나온 사람은 화를 잘 낸다.

2 이미 밑에는 두 개의 눈썹이 있다. 눈썹이 반듯하면 성격이 온순하
다는 징표다. 눈썹이 코를 향해 굽으면 근엄한 성격이라는 증거다.
눈썹이 관자놀이 쪽으로 올라가 있으면 익살스럽고 의뭉한 성격이다. 반
대로 눈썹이 아래로 처지면 시기와 질투심이 강한 사람이라는 표시다. 눈
썹 밑에는 눈이 있다. 눈은 본래 두 개다. 눈 안에는 윗눈꺼풀과 아랫눈
꺼풀이 있는데, 눈꺼풀의 가장자리에는 털이 나 있다. 우리가 사물을 보

66

는 촉촉한 부위는 동공이라고 한다. 동그란 홍채가 있고 그것을 흰자위가 싸고 있다. 눈의 양쪽 끝에서 위와 아래의 눈꺼풀이 합쳐진다. 한쪽은 코 쪽에 있고 다른 한쪽은 관자놀이 쪽에 있다. 관자놀이 쪽 눈꺼풀이 합쳐지는 곳이 긴 사람은 못된 성격을 가졌다. 코에 가까운 눈꺼풀이 만나는 곳에 살이 많고 도톰하면 사악하다는 증거다.

3 일반적으로 조개류와 불완전한 동물을 제외하면 모든 동물에게는 눈이 있다. 그리고 두더지를 제외한 모든 태생동물도 눈을 가지고 있다. 두더지는 온전한 의미의 눈이 없어 확실히 볼 수 없다. 그러나 피부를 벗겨내면 거기에 눈을 대신하는 부위가 있으며 원래 체외로 노출되어 있어야 할 곳에 홍채가 있다. 마치 태어날 때 눈을 다쳐 그 위를 피부가 덮은 것 같다.

4 눈의 흰자위는 일반적으로 모든 동물이 같다. 그러나 홍채는 매우 다르다. 어떤 동물은 홍채가 검은색이며 어떤 동물은 푸른색, 어떤 동물은 회청색, 어떤 동물은 녹색이다. 녹색 눈을 가진 동물은 성격이 가장 온순하고 시력이 예민하다. 인간은 눈 색깔이 다양한 유일한 동물이다. 인간을 제외한 동물의 눈의 색깔은 한 가지다. 하지만 말 종류 가운데 어떤 말은 푸른 눈을 가지고 있다.

5 어떤 사람은 눈이 크고 어떤 사람은 눈이 작다. 또 어떤 사람은 그 중간 크기다. 중간 크기가 가장 좋다. 어떤 눈은 튀어나왔고 어떤 눈은 움푹 꺼졌다. 그리고 어떤 눈은 튀어나오지도 들어가지도 않고 적당하다. 동물의 눈 중에서는 움푹 꺼진 눈이 시력이 가장 좋다. 튀어나오지도 들어가지도 않은 눈은 성격이 가장 좋다는 징표다. 눈을 바라보면 어떤 눈은 깜빡거리고 어떤 눈은 뚫어지게 응시하고 어떤 눈은 깜빡거리지도 응시하지도 않는다. 깜박거리지도 응시하지도 않는 눈이 가장 좋다. 멍하니 바라보는 눈은 경박함을 나타내고 깜빡거리는 눈은 우유부단함의 징표다.

제 9 장

귀, 코, 혀

1 머리에 있는 기관 중에 듣기는 하지만 호흡하는 데는 쓸 수 없는 귀가 있다. 알크마이온은 염소가 귀로 호흡한다고 잘못 이해했다. 귀의 한 부분은 이름이 없고 다른 부분은 귓바퀴라고 한다. 이 부분은 연골과 살로 이루어져 있다. 귀의 내부는 나팔고둥 형태를 하고 있는데, 가장 안쪽에 있는 뼈는 귀의 형태와 비슷하게 생겼다. 소리가 마지막에 도착하는 곳은, 비유하자면 항아리의 바닥에 해당하는 부분이다. 귀에서 뇌로 이어지는 통로는 없지만, 입천장으로는 구멍이 뚫려 있다. 그리고 뇌에서 양쪽 귀로 혈관이 이어져 있다. 눈 역시 뇌와 연결되어 있는데, 눈은 가는 혈관의 끝에 달려 있다.

2 귀를 가진 동물 중에서 인간만이 유일하게 귀를 움직일 수 없다. 듣는 기능을 지닌 동물 가운데 어떤 동물은 귀가 있고, 날짐승이나 비

늘이 있는 짐승같이 귀가 없는 동물도 있다. 이런 동물들은 머리에 열린 구멍이 있다. 물개와 돌고래를 비롯한 고래류를 제외한 모든 태생동물은 귀가 있다. 연골어류인 상어도 태생이다. 물개에게는 기공이 있으며 그것으로 소리를 듣는다. 돌고래는 소리를 듣지만 귀가 없다. 다른 모든 동물은 귀를 움직이는데, 인간은 유일하게 귀를 움직일 수 없다.

3 사람의 귀는 일부 네발짐승처럼 눈 위쪽에 있지 않고 눈과 수평면 상에 있다. 귀는 부드럽거나 털이 나 있거나 그 중간의 질감을 가지고 있다. 중간의 질감을 가진 귀의 청력이 가장 우수하다. 그러나 귀의 질감에 따라 성격이 다르지는 않다. 귀는 크거나 작거나 그 중간이다. 그리고 귀는 밖으로 돌출해 있거나 얼굴에 납작하게 붙어 있거나 또는 적당히 돌출해 있다. 적당히 돌출한 귀를 가진 사람의 성격이 가장 좋다. 크고 쫑긋한 귀를 가진 사람은 말에 조리가 없고 수다스럽다. 머리에서 눈과 귀 사이의 부위를 관자놀이라고 한다.

4 얼굴 한복판에는 코가 있다. 코는 숨을 쉬는 통로다. 동물은 코로 호흡하고 재채기도 한다. 재채기는 숨을 참았다가 한꺼번에 내뱉는 것이다. 재채기는 불길한 징조나 불가사의한 것으로 여겨진다. 호흡은 가슴으로 공기가 드나드는 것이다. 호흡은 기도를 따라 가슴으로 공기가 드나드는 것이며, 머리로 들어갔다 나오는 것이 아니므로 콧구멍만으로는 호흡할 수 없다. 그러나 콧구멍을 통해 호흡하지 않고도 살 수 있다. 냄새는 코로 감지한다. 냄새를 맡는 일은 코에서 이루어진다. 후각은 냄새를

민감하게 구분한다. 콧구멍은 귀처럼 고정되어 있지 않아서 쉽게 움직일 수 있다.

5 코의 한 부분, 다시 말해 두 콧구멍의 경계를 이루는 벽(비중격)은 연골이다. 그러나 구멍은 비어 있다. 코는 두 부분으로 이루어져 있다. 코끼리의 콧구멍은 매우 길고 튼튼하다. 코끼리는 코를 손처럼 사용한다. 코를 뻗어 축축하거나 마른 먹이를 잡아 입으로 가져간다. 코끼리는 코를 그런 용도로 사용할 수 있는 유일한 동물이다.

6 턱은 위턱과 아래턱 두 개로 이루어져 있다. 강에 사는 악어를 제외한 모든 동물은 아래턱을 움직인다. 악어는 위턱을 움직인다. 코 밑에는 두 입술이 있다. 입술의 살은 자유자재로 움직일 수 있다. 입은 턱과 입술의 한 가운데에 있다. 입안의 윗부분은 구개(口蓋), 끝부분은 인두(咽頭)라고 한다. 혀는 맛을 보는 기관이다. 맛을 보는 감각은 혀끝에 있다. 그래서 음식이 혀의 넓은 부위에 있으면 맛을 덜 민감하게 느낀다. 혀는 맛뿐만 아니라 다른 피부와 마찬가지로 아프고 뜨겁고 차가운 것 같은 모든 감각을 느낀다.

7 혀는 때에 따라 그 폭이 넓어지거나 좁아지거나 중간 크기가 된다. 혀의 폭이 중간일 때 그 기능을 가장 잘 발휘하는데, 그때 발음이 가장 정확하다. 말을 더듬고 발음이 불분명한 사람은 혀가 너무 늘어지거나 굳어 있다. 혀의 살은 다공성(多孔性) 해면 구조다. 후두개(喉頭蓋)는 혀

의 일부분이다. 편도는 입의 일부로 두 개로 나뉘어 있다. 여러 개로 나눠 진 잇몸은 살로 되어 있고 거기에 치아가 고정되어 있다. 입안에는 또 다른 부위가 있는데, 그것은 기둥 모양에 핏줄이 가득 들어 있는 목젖이다. 목젖이 쇠약해져 부어오르면 포도송이같이 되어 숨이 막힌다.

제 10 장

목과 흉곽,
자궁과 음경

1 머리와 몸통 사이의 부위는 목이다. 목의 앞부분에는 후두가 있고 뒷
부분에는 식도가 있다. 목소리와 호흡은 목의 앞쪽에 있는 기도를 통
해 이루어진다. 기도는 연골로 되어 있다. 하지만 식도는 살로 되어 있으
며 목의 더 깊은 곳 즉 경추(頸椎) 가까이 있다. 목의 뒷면은 에포미스* 또
는 삼각근이라고 한다. 삼각근은 흉부와 신체의 앞부분에서 흉갑(胸甲)과
이어진다. 흉갑의 일부는 몸의 전면에 일부는 등에 있다. 목 밑에는 두 개
의 유방이 있는 가슴이 있다. 유방에는 젖꼭지가 두 개 있다. 이것을 통
해 여성의 젖이 나온다. 유방은 다공질이다. 남성의 유방에도 젖이 들어
있다. 남성의 유방은 살로 꽉 차 있으며 여성의 유방은 부드럽고 해면과
같은 다공질이다.

---

*   ἐπωμίς(epomis). 톰슨은 이 부위를 삼각근(shoulder-point, deltoid muscle)으로 설명하고 있다.

2 신체의 앞부분에서 흉갑의 밑에는 배가 있다. 배의 중심은 배꼽이다. 배꼽 밑의 양 측면을 장골(腸骨) 부위 또는 옆구리라고 한다. 배꼽의 바로 아랫부분은 하복부라고 한다. 하복부의 하단부는 치골부라고 한다. 배꼽의 바로 윗부분은 상복부 또는 하륵부(下肋部)라고 한다. 상복부와 옆구리 그리고 요추 사이에는 복강(腹腔)이 있다.

3 등을 지지하고 있는 부분은 골반이다. 모양이 대칭으로 생겨서 오스푸스(ὀσφύς)라는 이름을 얻었다. 의자에 앉을 때 사용하는 중심부는 엉덩이라고 한다. 자리에 앉을 때 사용하는 중앙 부분이다. 여기서 허벅지가 떡잎처럼 뻗어 있다. 여성에게 고유한 특별 장기는 자궁이다. 남성은 음경을 가지고 있다. 음경은 외부로 돌출되어 있으며 맨 끝부분은 둘로 갈라져 있다. 윗부분은 살로 되어 있으며 부드럽다. 그곳을 귀두라고 한다. 귀두는 특별한 이름이 없는 피부로 덮여 있다. 이 포피를 잘라내면 다시 자라지 않는다. 볼이나 눈꺼풀도 마찬가지다.

4 포피와 귀두를 연결하고 있는 것은 포피계대(包皮繫帶)다. 나머지 부분은 쉽게 커지고 고양잇과동물과는 반대로 나왔다 들어갔다 한다. 음경 밑에는 음낭이라는 피부에 둘러싸인 두 개의 고환이 있다. 고환은 살로 이루어져 있지 않다. 살과는 물성이 다르다. 앞으로 이런 부분에 대해서는 더 상세히 다룰 것이다.

5 여성의 음부는 남성의 그것과는 반대다. 남성의 음경처럼 돌출되어 있지 않고 치골 밑으로 움푹 꺼져 있다. 그리고 요도는 자궁 바깥쪽에 있다. 남성의 요도는 정액과 액체 배설물 즉 소변을 내보내는 통로다. 목에서 가슴으로 이어지는 신체 부위를 인후(咽喉)라고 한다. 옆구리와 팔 그리고 어깨는 겨드랑이로 이어진다. 허벅지와 하복부 사이는 서혜부(鼠蹊部) 즉 사타구니라고 한다. 몸 안에서 허벅지와 엉덩이로 이어지는 부위는 회음부다. 몸 밖에서 이 두 부위가 만나는 곳은 하둔근(下臀筋)*이라고 한다.

6 지금까지 몸통의 앞부분을 열거했다. 가슴의 뒷부분은 등이라고 한다. 등에는 두 개의 견갑골(肩胛骨, 어깨뼈)과 척추가 있다. 흉곽의 하부와 수평면상에 옆구리가 있다. 갈비는 몸통의 앞과 뒤에 있으며 한쪽이 여덟 개로 이루어져 있다. 리구리아인**은 갈비뼈가 일곱 개라고 하는데 믿을 만한 증거는 없다.

제11장

팔과 다리

1 인간의 몸은 상반신과 하반신, 전면부와 후면부, 오른쪽 부위와 왼쪽 부위 등으로 나눌 수 있다. 몸의 왼쪽과 오른쪽은 왼쪽이 약하다는 것을 제외하면 생김새를 비롯해 모든 면에서 같다. 그러나 전면부와 후면부는 다르며 하반신과 상반신도 다르다. 상반신과 하반신에서 서로 닮았다고 할 수 있는 점은, 예외적인 경우를 제외하고는 얼굴이 통통하면 하복부도 통통하고 얼굴이 마르면 하복부도 그만큼 말랐다는 것이다. 팔과 다리도 서로 비례한다. 상완골이 짧은 사람은 일반적으로 대퇴골이 짧다. 또한 발이 작은 사람은 손도 작다.

2 두 개가 한 쌍인 신체 부위 중 하나로 팔이 있다. 팔은 어깨, 상완(上腕), 팔꿈치, 전완(前腕) 그리고 손으로 이루어져 있다. 손에는 손바닥과 다섯 개의 손가락이 있다. 손가락의 관절 부위는 과상돌기(顆狀突起)*이

76

며 관절이 아닌 부분은 지골(指骨)이다. 엄지는 관절이 하나다. 나머지 다른 손가락은 모두 관절이 두 개다. 팔과 손가락은 언제나 안쪽으로 굽는다. 팔은 팔꿈치 부위에서 굽혀진다. 손의 안쪽은 손바닥이라고 한다. 손바닥은 살로 되어 있고 손금이 뚜렷하게 그어져 있다. 장수하는 사람은 한 개 또는 두 개의 손금이 손바닥을 관통한다. 손과 팔의 연결 부위는 팔목이다. 손의 바깥쪽에는 힘줄이 많다. 별도의 명칭은 없다.

3 둘이 한 쌍인 다른 신체 부위는 다리다. 다리에서 두 개의 과상돌기가 있는 뼈를 대퇴골이라고 한다. 움직이는 부분은 슬개골이다. 다리뼈는 두 개로 이루어져 있다. 앞의 것은 정강뼈고 뒤에 있는 것은 종아리뼈다. 종아리의 근육에는 힘줄과 혈관이 빼곡하다. 엉덩이가 큰 사람은 근육이 무릎 뒤편의 움푹한 곳을 향해 위쪽으로 몰려 있고 엉덩이가 작은 사람은 아래쪽으로 몰려 있다. 정강이의 맨 아래쪽에는 발목이 있다. 각 다리의 발목뼈는 한 쌍으로 이루어져 있다. 다리에서 많은 뼈로 이루어진 부분을 발이라고 한다. 발의 뒷부분은 발꿈치다. 발의 앞부분은 다섯 개의 발가락이다. 살로 이루어져 있는 발의 아랫부분은 발바닥이라고 한다. 힘줄로 이루어져 있는 윗부분은 별도의 이름이 없다. 발가락의 한 부분은 발톱이고 다른 부분은 관절이다. 발톱은 발가락 맨 끝에 있다. 발가락은 안으로 굽는다. 발바닥이 두툼하고 공간이 없는 사람은 발바닥 전체로 걷는데 성격이 악랄하다. 넓적다리와 정강이를 잇는 관절이 무릎이다.

---

* κόνδυλος(kondylos). 절굿공이처럼 둥근 형태의 돌출 부위.

제12장

인간의 신체 부위

1 지금까지 서술한 신체 부위들은 남녀가 공통으로 가지고 있다. 외부로 드러나 있는 신체 부위의 위치는 한번 보면 위아래, 앞뒤, 좌우를 알 수 있다. 하지만 그것들을 다시 열거하는 이유는 신체 부위에는 정해진 위치와 배열에 순서가 있다는 것을 알려주고 그렇게 함으로써 사람과 다른 동물의 신체 부위는 차이가 있다는 것을 최대한 놓치지 않도록 하기 위해서다.

2 인간의 신체 부위는 다른 동물에 비해 훨씬 자연스럽게 상반신과 하반신으로 구분된다. 인간의 모든 신체 부위는 상하로 자연스럽게 배열되어 있으며, 앞뒤와 좌우도 마찬가지로 조화를 이루고 있다. 그러나 다른 동물의 일부 신체 부위는 상하·전후·좌우의 구분이 없거나 인간보다 훨씬 모호하다. 모든 동물이 몸통 위에 머리가 달려 있지만 인간만이

유일하게 물질계의 원리에 부합하게 머리가 자리하고 있다.

3 머리의 밑에는 목이 있고 그 밑에는 가슴과 등이 있다. 가슴은 앞에, 등은 뒤에 있다. 각 부위는 다음과 같은 순서로 이루어져 있다. 배, 허리, 음부, 둔부, 허벅지, 다리 그리고 마지막에 발이 있다. 다리에는 앞으로 굽혀지는 관절이 있는데 그래서 앞으로 걷는다. 발도 앞쪽을 향하고 있는데, 가장 잘 움직이고 굽혀지는 부위다. 뒤꿈치는 뒤에 있다. 복사뼈는 귀처럼 옆에 붙어 있다. 오른쪽과 왼쪽에는 팔이 있다. 팔은 안으로 굽는다. 특히 인간의 팔과 다리에서 굽혀지는 부분은 서로 마주 보고 대칭을 이룬다.

4 눈, 코, 혀 같은 감각기관은 몸의 전면부에 있다. 하지만 청각기관인 귀는 측면이자 눈과 같은 원주선상에 있다. 인간의 두 눈은 크기를 감안할 때 다른 동물에 비해 가까운 거리에 있다. 촉각은 인간의 감각 중에서 가장 예민하다. 그리고 다음으로 예민한 것이 미각이다. 나머지 감각에서는 다른 동물들이 훨씬 뛰어나다.

제13장

뇌, 기관지와 폐, 식도, 위, 장

1 신체의 외부 기관은 앞에서 서술한 것과 같은 방식으로 구성되어 있으며, 대부분은 기관에 따라 별도의 이름이 있다. 이런 부위의 이름은 일상적으로 사용하기 때문에 잘 알려져 있다. 하지만 인체의 내부 기관에 대해서 무지하다. 그래서 인체의 내부 기관을 설명하기 위해 가장 근사하게 생긴 동물의 같은 기관과 비교해서 설명할 필요가 있다.

2 우선, 뇌. 뇌는 머리의 앞부분에 있으며 피가 흐른다. 동물 대부분과 두족류는 모두 머리 앞부분에 뇌가 있다. 몸의 크기에 대한 비율로 볼 때 인간은 모든 동물 가운데 가장 뇌가 크고 축축하다. 두 개의 막이 뇌를 감싸고 있다. 두 개의 막 중에서 두개골에 붙어 있는 막은 두껍고 질기며 안쪽의 막은 그보다 얇다. 모든 동물의 뇌는 두 쪽으로 구분되어 있다. 뇌의 바로 뒷부분에 소뇌가 있는데, 이것은 질감과 외관이 우리가 알고 있는 뇌와는 다르다.

3 모든 동물은 크기가 크건 작건 일정 비율로 머리 뒷부분의 일부가
비어 움푹 꺼져 있다. 왜냐하면 얼굴이 둥근 동물은 머리는 크지만
머리 밑에 있는 얼굴이 작고, 갈기와 꼬리가 있는 동물은 예외 없이 머리
는 작고 얼굴은 길쭉하기 때문이다. 동물의 뇌에는 피가 흐르지 않고 혈
관도 없어서 만지면 차갑게 느껴진다. 대다수의 동물은 뇌의 중심에 작은
공동(空洞)이 있다. 뇌막에는 혈관이 그물처럼 얽혀 있는데, 피부처럼 생긴
이 막은 뇌를 단단히 감싸고 있다. 뇌 위에는 두개골에서 가장 부드럽고
얇은 뼈가 있는데, 그것을 대천문(大泉門)*이라고 한다.

4 눈과 뇌 사이에는 세 쌍의 통로가 있다. 가장 큰 것과 중간 크기의 관
은 소뇌로 이어지고, 가장 작은 것은 뇌로 이어진다. 가장 작은 관은
비공(鼻孔)에 가장 가까이 있다. 두 개의 큰 관은 평행으로 있어서 서로 교
차하지 않는다. 그러나 중간 크기의 관은 교차한다. 이런 형태는 물고기를
보면 가장 분명히 알 수 있다. 그리고 중간 크기 관은 큰 관보다 뇌에 가깝
게 있다. 가장 작은 관은 서로 떨어져 있으면서 교차하지 않는다.

5 목의 내부에는 가늘고 긴 모양의 식도**와 기도가 있다. 허파로 호
흡하는 모든 동물은 기도가 식도의 앞에 있다. 기도는 그 물성이 연

---

* βρέγμα(bregma). 두개골에서 세 개의 봉합선이 만나는 지점.
** oesophagus는 그리스어 οἰσοφάγος(oisophágos)에서 온 단어로 '가져오다', '나르다'라는 뜻의 동사
φέρω(phérō)의 미래형 οἴσω와 '먹는 사람'을 뜻하는 φάγος의 합성어다. 크레스웰의 영역본에는 식도
(oesophagus)의 형태가 지협(isthmus)를 닮아 이와 같은 이름이 붙었다고 되어 있으나, 톰슨의 영역
본에는 '지협'이라는 언급이 없다.

골질이다. 그리고 여기에는 피가 별로 없으며 여러 개의 모세혈관이 환상으로 뻗어 있다. 기도는 부드러운 고리 형태의 많은 연골로 이루어져 있으며, 윗부분은 입으로 이어지며 콧구멍이 입과 이어진 곳 밑에 있다. 그런 까닭으로 음료를 마실 때 액체가 기도로 들어오면 그것은 입에서 코를 통해 배출된다.

6 입에 나 있는 식도와 기도의 두 구멍 사이에는 후두개(喉頭蓋)가 있다. 이것으로 입으로 나 있는 기도의 입구를 덮을 수 있다. 후두개는 혀뿌리에 연결되어 있다. 기도의 다른 끝은 허파(폐)의 중심부에 있으며 여기서 두 갈래로 나뉘어 양쪽 허파로 들어간다. 허파가 있는 모든 동물은 대개 허파 하나가 두 겹이다. 그러나 태생동물은 다른 종류의 동물에 비해 그 구분이 뚜렷하지 않다. 특히 인간의 허파가 그렇다. 인간의 허파는 일부 태생동물처럼 여러 개의 폐엽(肺葉)으로 나뉘어 있지도 않고 매끈하지도 않다.

7 새와 네발 달린 난생동물은 허파의 폐엽들이 멀리 떨어져 있어서 허파가 두 쌍인 것처럼 보인다. 하지만 기도는 하나고 이것이 갈라져 각각의 폐엽으로 들어간다. 허파는 대동맥이라는 굵은 혈관과 연결되어 있다. 기도에 공기가 가득 차면 그 공기는 허파의 빈 공간으로 들어간다. 그 공간은 끝이 뾰족하며 연골로 이루어진 더 작은 공간들로 나뉘어 있으며, 이 작은 공간들은 허파 전체에 걸쳐 점점 가늘게 갈라지는 관으로 이어져 있다.

8 심장도 지방과 연골 그리고 힘줄에 의해 기도와 연결되어 있다. 그리고 결절을 이루는 곳에 공동이 있다. 어떤 동물은 기도에 공기가 찼을 때 심장으로 들어가는 공동이 잘 나타나지 않을 수도 있다. 그러나 큰 동물에서는 공기가 들어가면 공동이 확연히 드러난다. 기도의 형태는 이러하며 숨을 들이쉬고 내쉬는 기능만 한다. 고체나 액체가 기도로 들어가면 기침을 해서 뱉어낼 때까지 통증을 느낀다.

9 식도는 맨 윗부분이 입과 연결되며 인대막(靭帶膜)으로 척추와 기도에 붙어 있다. 식도는 횡격막을 지나 위로 이어져 있다. 식도는 근육질과 같은 것으로 되어 있고 신축성이 있어서 길이와 폭이 늘어난다. 사람의 위는 개의 위와 같다. 위는 창자보다 그리 크지 않고 폭이 넓은 창자 같다. 위 다음에는 창자가 있다. 창자는 적당한 굵기로 구불구불하게 하나로 이어져 있다. 창자의 아랫부분은 돼지의 창자와 같다. 그곳에서부터 엉덩이로 이어지는 창자는 짧고 굵다.

10 대망막(大網膜) 또는 장막(腸膜)은 배 한복판에서 위장을 감싸고 있다. 장막은 위장이 하나에 양악 치아가 있는 다른 동물과 마찬가지로 지방질 막으로 이루어져 있다. 장간막(腸間膜)은 창자를 감싸고 있다. 그것 역시 지방질 막이며 폭이 넓다. 장간막에는 대정맥과 대동맥이 붙어 있다. 장간막을 통해 여러 개의 혈관이 다발을 이루며 위아래로 지나간다. 식도와 기도 그리고 위와 창자의 속성에 관해서는 이 정도 하기로 하자.

제14장

심장과 기타 내장

폐와 횡격막, 간과 비장,
콩팥과 방광

1 심장에는 세 개의 공동이 있다. 심장은 폐의 위쪽 기도가 갈라지는 곳에 있다. 심장은 지방과 두꺼운 막으로 되어 있고 여기에 대정맥과 대동맥이 연결되어 있다. 대동맥은 심장이 좁아지는 맨 꼭대기 부분에 연결되어 있다. 가슴이 있는 모든 동물은 심장의 정점이 같은 위치에 있다. 해부할 때는 위치가 바뀌어 모르고 지나치기도 하지만 가슴이 있든 없든 모든 동물은 심장의 정점이 전면을 향해 있고, 심장의 볼록한 면은 위를 향해 있다. 심장의 윗부분은 일반적으로 근육질이며 조직이 조밀하다. 그리고 심장의 공동에는 힘줄이 있다.

2 가슴이 있는 모든 동물의 심장은 가슴의 한복판에 있다. 인간의 심장은 젖가슴이 갈라지는 곳에서 약간 치우쳐 왼쪽 젖가슴의 윗부분에 있다. 심장은 그리 크지 않으며 생김새는 길지 않고 위아래 끝부분이

뾰족한 것을 제외하면 전체적으로 둥근 편이다. 이미 서술했듯이 심장에는 세 개의 공동이 있다. 가장 큰 공동은 오른쪽에 있고 가장 작은 것은 왼쪽에 있으며 중간 크기의 공동은 가운데 있다. 세 개의 공동은 모두 허파와 혈관으로 연결되어 있다. 그리고 이러한 사실은 공동 가운데 아래쪽에 있는 공동에서 혈관의 연결 부위를 보면 잘 나타난다.

3 가장 큰 공동에는 대정맥이 연결되어 있고, 대정맥은 장간막과도 연결되어 있다. 그리고 가운데 있는 공동은 대동맥과 연결되어 있다. 허파에서 심장으로 혈관이 연결되어 있는데, 이 혈관은 허파 전체에 걸쳐 기도와 마찬가지 형태로 갈라진다. 그리고 심장에서 나오는 혈관은 맨 위에 있다. 심장과 허파 양쪽으로 오가는 혈관은 없다. 그러나 정맥과 동맥의 조합으로 공기를 받아들여 그것을 심장으로 전달한다. 하나는 오른쪽 공동으로 가고, 다른 혈관은 왼쪽 공동으로 간다. 대정맥과 대동맥에 대해서는 뒤에서 다시 설명할 것이다.

4 태생이든 난태생이든 허파가 있는 모든 동물은 신체의 다른 부위에 있는 피를 합친 것보다 더 많은 피를 허파에 가지고 있다. 허파는 전체적으로 해면체이며, 각각의 폐포에 큰 핏줄에서 갈라져 나온 가는 핏줄들이 지나간다. 폐가 비었다고 말하는 사람들은 해부한 동물의 폐에서 피가 모두 빠져나간 것을 보고 오해한 것이다. 모든 내장 기관 가운데 피가 들어 있는 것은 심장이 유일하다. 허파에 있는 피는 허파 자체가 아니라 허파를 뚫고 지나가는 혈관에 들어 있는 것이다. 심장의 세 공동에는 피

가 들어 있는데 그중에서 중간 크기의 공동에 들어 있는 피가 가장 묽다.

5 허파 밑에는 몸통을 구분하는 횡격막이라는 칸막이가 있다. 횡격막
은 늑골과 늑골 하부 그리고 척추와 붙어 있다. 가운데가 부드러운
막으로 혈관들이 그곳을 관통한다. 인간의 혈관은 몸의 크기에 비해서는
굵은 편이다. 몇몇 네발짐승을 관찰해보면 기형적으로 생긴 동물에서 순
서가 바뀐 경우를 제외하면 이러한 장기를 가지고 있는 모든 동물은 횡격
막의 오른쪽 아랫부분에 간이 있고 왼쪽에 지라가 있다. 그 장기들은 복
막 근처에서 위장과 연결된다.

6 인간의 지라는 돼지의 지라와 마찬가지로 길쭉하게 생겼다. 일반적으
로 동물 대부분은 간에 쓸개가 없고, 일부 동물에만 쓸개가 있다.*
인간의 간은 소의 간과 유사하게 둥그렇게 생겼다. 그런데 간에 쓸개가 없
는 것은 때로 점괘로 해석되기도 한다. 예를 들면 에우보이아섬의 칼키
스**에는 쓸개 없는 양이 있었고, 낙소스섬***에서는 제물을 바치면서 동
물의 쓸개가 유난히 큰 것을 보고 해괴한 일이 일어날 조짐으로 보고 경
악했다고 한다. 간에는 큰 정맥이 연결되어 있는데 그 혈관은 대동맥과는
이어져 있지 않다. 큰 혈관은 간을 지나가며 간문(肝門)에서 여러 개의 혈

---

* 이것은 사실과 정반대라고 할 수 있다. 동물 대부분은 쓸개가 있고 몇몇 동물에만 쓸개가 없다.
** 그리스 동부에 있는 에우보이아(Euboea, Εὔβοια)는 그리스에서 크레타 다음으로 큰 섬이다. 그리스
본토와 마주 보는 에우보이아의 칼키스(Χαλκίς, Chalcis)는 아리스토텔레스가 사망한 곳이기도 하다.
*** Naxos(Νάξος). 그리스 남부에 있는 섬. 디오니소스 신앙의 중심지였다.

관으로 갈라진다. 지라도 역시 대정맥으로만 연결되어 있다. 대정맥에서 갈라져 나온 혈관이 지라로 들어간다.

7 이 장기들 다음에 신장(콩팥)이 있다. 신장은 척추 가까운 곳에 있다. 사람의 신장은 그 속성이 소의 신장과 비슷하다. 신장이 있는 모든 동물은 오른쪽 신장이 왼쪽 신장보다 위쪽에 있으며, 오른쪽 신장에는 지방이 별로 없고 오른쪽 신장이 왼쪽 신장에 비해 덜 무르다. 이런 점은 모든 동물에서 같다. 물개를 제외한 모든 동물은 신장에 공동이 있는데 동물에 따라 그 크기가 다르다. 물개의 신장은 소의 신장과 비슷하게 생겼지만, 우리가 아는 어떤 동물의 신장보다 단단하다. 신장으로 들어가는 혈관은 잘게 나누어져 신장 자체를 이룬다. 그런데 혈관은 신장을 관류하지 않으며, 살아 있는 동물의 신장에는 피가 없고 죽었을 때도 신장이 응고하지 않는다. 두 개의 신장에 있는 공동에서 두 개의 관 또는 수뇨관이 방광으로 이어지며 두 개의 혈관*이 대동맥으로 이어진다.

8 각 신장의 중간에는 척추에서 나온 가는 혈관들이 합쳐져 힘줄 같이 생긴 혈관이 붙어 있는데, 이 혈관은 둔부 쪽으로 들어갔다가 옆구리 쪽으로 다시 나온다. 이 혈관에서 갈라져 나온 혈관이 방광으로 간다. 방광은 모든 장기 중에서 가장 밑에 있으며 신장에서 나온 관과 연결되어 있고 요도로 이어진다. 신장은 흉부의 횡격막과 비슷하게 생긴 부드

---

* 　　두 개의 혈관은 각각 외장골동맥(external iliac artery)과 내장골동맥(internal iliac artery)이다.

러운 근육질 막으로 둘러싸여 있다.

9 인간의 방광은 그 크기가 신체의 크기에 비교해볼 때 적당하다. 방광의 잘록한 부분에는 체외로 통하는 관과 연결된 음부가 있다. 힘줄과 연골로 이루어진 방광 밑의 또 다른 가는 관은 고환에 연결되어 있다. 성기의 조직은 힘줄과 연골이며, 남성의 성기는 고환에 연결되어 있다. 성기의 특성은 성기를 별도로 설명하는 장에서 다룰 것이다. 이런 장기들은 여성도 같으며 자궁을 제외하고는 체내의 기관들이 다르지 않다. 이런 기관들의 생김새에 대해서는 '해부학' 책에 있는 그림을 참고했으면 한다. 자궁은 몸속 깊은 곳에 있다. 자궁 위에는 방광이 있다. 앞으로 모든 동물의 자궁에 대해서 전체적으로 다룰 것이다. 동물 암컷의 자궁은 동물마다 생김새와 국부적인 특성이 다르다.

인간의 몸 안팎에 있는 기관은 이런 것들이며 지금까지 설명한 것이 그 기관들의 본질이자 국부적 특성이다.

제

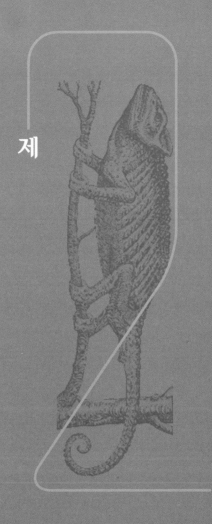

책

제 2 책

제 1 장

동물의 기관

1 앞서 언급했듯이 동물의 기관 가운데 어떤 것은 모든 동물에게 공통적이고, 어떤 것은 특정 종류의 동물에게만 있다.* 그리고 여러 차례 서술했듯이 동물의 기관은 같기도 하고 다르기도 하다. 거의 모든 동물의 기관은 종류가 다르고 형태도 다르다. 어떤 동물은 부분적으로 비슷할 뿐이지만 종류가 다르고, 어떤 동물은 종류가 다를 뿐만 아니라 형태도 다르다. 그리고 많은 기관이 어떤 동물에게는 있고 어떤 동물에게는 없다. 태생의 네발짐승은 머리와 목이 있으며 머리에 속한 모든 기관이 있다. 그러나 기관의 형태는 서로 다르다. 사자는 목뼈가 하나이며 척추가 없으며, 해부하면 모든 내장이 개와 같다.

---

* 톰슨은 제2책을 시작하면서 다음과 같이 덧붙이고 있다. "제2책의 주제는 삽화적으로 다양한 동물의 구체적인 사례를 설명하면서 유혈동물, 태생동물, 난생동물 가운데 네발짐승, 조류, 어류 등의 종류를 정의하는 것이다. 도입부의 문장들은 제1책의 문장들과 마찬가지로 매우 짧아서 당혹감을 준다. 두 동물 사이의 속차(屬差)는 다른 많은 동물 종 간의 차이뿐만 아니라 동물의 기관에 대한 차이를 수반한다. 그러나 같은 종의 동물은 기관도 같고 속도 유사하지만, 종이 다른 동물은 그 기관들이 같은 속에 속하는 동물끼리는 유사하지만 같은 종의 동물끼리는 다소 다르다는 것은 두말할 나위가 없다."

2 태생의 네발짐승은 팔 대신에 앞다리가 달려서 다리가 모두 네 개
다. 모든 네발짐승이 마찬가지인데, 다만 손과 유사하게 발가락이
있는 동물은 앞발을 손처럼 사용한다. 인간 중에 왼손잡이가 있고 오른
손잡이가 있는 것과는 달리 좌우 수족의 운동능력이 인간처럼 차이가 나
지 않는다. 그리고 네발짐승은 정도의 차이는 있지만 앞다리를 사람의 손
처럼 사용한다. 코끼리는 예외다. 코끼리는 발가락이 발달하지 않았으며,
앞다리가 뒷다리에 비해 훨씬 크다. 코끼리의 발가락은 다섯 개인데 뒷다
리의 발목은 짧다. 그러나 코끼리는 코의 기능과 크기가 대단해서 손 대
신 사용할 수 있다. 코끼리는 코를 사용해 입으로 물과 먹이를 가져간다.
코끼리는 코로 물건을 나르고 나무를 뽑을 뿐만 아니라 물을 건널 때 코
로 물을 뿜어 올린다. 코끼리는 코끝을 구부리거나 둥글게 감을 수 있지
만, 연골이기 때문에 관절은 없다.

3 인간은 양손을 자유자재로 쓰는 유일한 동물이다. 모든 동물은 인
간의 가슴과 유사한 부위가 있지만, 인간의 가슴과는 다르다. 인간
은 가슴이 널찍하지만 다른 동물은 가슴이 좁다. 젖가슴을 가진 것은 인
간이 유일하다. 코끼리는 유방이 두 개이지만 가슴에 있는 것이 아니라
가슴 가까운 곳에 있다.

4 코끼리를 제외한 다른 동물은 앞다리와 뒷다리를 구부리는 방향이
반대다. 인간이 사지를 구부리는 방향과도 반대다. 코끼리를 제외한
네발짐승의 앞다리 관절은 앞으로 구부러지고 뒷다리 관절은 뒤로 구부

러진다. 다시 말하자면 두 쌍의 다리에 있는 오목한 부분이 서로 마주 보고 있다. 코끼리는 일부 사람들이 주장하는 것처럼 선 채로 잠을 자지 않는다. 코끼리는 다리를 굽혀 앉는다. 앞뒤의 다리를 동시에 굽힐 수 없는 것은 오로지 체중이 무겁기 때문이다. 코끼리는 오른쪽이나 왼쪽으로 몸을 눕혀서 잠을 자지만, 뒷다리는 인간의 다리처럼 구부러져 있다.

5 악어, 도마뱀 등 난생(卵生, ovipara)의 네발짐승은 앞다리와 뒷다리가 모두 앞으로 구부러지는데 약간 한쪽으로 기울어져 있다. 다리가 구부러지는 것은 다족류(多足類)와 비슷하다. 다만 다족류의 맨 끝에 있는 다리 한 쌍은 앞뒤가 아니라 옆으로 구부러진다. 인간의 팔과 다리는 각각 같은 방향으로 구부러지는데, 팔과 다리는 서로 반대로 구부러진다. 즉 팔의 바깥쪽을 안쪽으로 틀어서 옆으로 구부리는 것을 제외하면, 팔은 뒤로 구부리고 다리는 앞으로 구부린다.

6 앞다리와 뒷다리의 관절을 모두 뒤로 구부리는 동물은 없다. 모든 동물의 팔꿈치와 앞다리 굴절부는 어깨 관절의 굴절부와는 방향이 반대다. 그리고 무릎과 고관절의 굴절부도 서로 방향이 반대다. 그러나 인간은 관절을 다른 동물들과는 반대로 굽히기 때문에 인간과 같은 관절을 가진 동물은 많은 동물과는 반대 방향으로 관절을 굽힌다. 새는 관절을 네발짐승들과 비슷하게 굽힌다. 새는 두발짐승이기 때문에 다리를 뒤로 굽히고 팔이나 앞다리 대신 가지고 있는 날개를 앞으로 굽힌다.

7 물개는 다리가 기형인 네발짐승이다. 물개의 발은 견갑골 바로 밑에 있으며, 곰의 발처럼 생겼다. 다섯 개의 발가락은 마디가 세 개이고, 발에는 시원찮은 갈고리발톱이 있다. 뒷발도 발가락이 다섯 개이고 발가락 마디 그리고 갈고리발톱이 앞발과 같다. 물개의 갈고리발톱은 물고기의 꼬리지느러미처럼 생겼다.

8 동물은 다리가 네 개 또는 그 이상인 경우에도 몸의 길이 방향으로 움직인다. 멈춰 서 있을 때도 길이 방향으로 선다. 그리고 항상 몸의 오른쪽부터 먼저 움직인다. 사자와 낙타(단봉낙타와 쌍봉낙타 모두)는 같은 쪽의 앞발을 따라 뒷발로 걷는다. 즉 오른발이 왼발 앞으로 나가는 것이 아니라 뒷발이 앞발을 따라간다.

제 2 장

동물의 털, 뿔, 발

1 인간이 신체의 앞부분에 가지고 있는 것들을 네발짐승은 몸의 아랫
부분에 가지고 있다. 인간이 신체의 뒷부분에 가지고 있는 것들을 네
발짐승은 등에 가지고 있다. 대다수 동물은 꼬리가 달렸다. 물개의 꼬리
는 사슴의 꼬리와 마찬가지로 아주 작다. 영장류 꼬리의 특징에 대해서는
차차 알아보기로 하자.

2 모든 태생(胎生, vivipara)의 네발짐승은 털이 나 있다. 인간은 머리를
제외하고는 털이 별로 없지만, 머리에 국한하면 인간은 어떤 동물보
다 털이 무성하다. 그런데 털로 덮인 동물은 배보다는 등에 털이 많다. 배
에는 털이 성글거나 아예 없다. 인간은 반대다. 인간은 눈 아래위로 눈썹
이 있고 겨드랑이와 치골(恥骨)에도 털이 있다. 다른 동물들은 그런 부분
어디에도 털이 없거나 아래쪽 눈꺼풀에만 몇 가닥 되지 않는 눈썹이 있다.

3 그러나 털이 있는 네발짐승 가운데 돼지, 곰 그리고 개 등은 온몸에 털이 나 있다. 갈기가 있는 동물 가운데 사자는 목에 가장 털이 많다. 말과 노새는 머리에서 어깨에 이르는 목 부위에 가장 털이 많고, 뿔 달린 동물 가운데는 야생 들소가 그렇다. 히펠라포스*는 어깨의 돌출부에 갈기가 있다. 파르디온**은 머리부터 어깨의 돌출부까지 성긴 갈기가 있고 히펠라포스는 특이하게도 목의 앞부분에 수염이 있다.

4 이 두 동물은 모두 뿔이 있고 발굽이 갈라졌다. 암컷 히펠라포스는 뿔이 없으며 크기는 사슴만 하다. 아라코시아***에는 히펠라포스와 물소들이 산다. 야생 소와 순치된 소는 멧돼지가 집돼지와 다른 것만큼이나 서로 차이가 많다. 야생 소는 검은색이고 힘이 세다. 이 소의 주둥이는 독수리 부리처럼 휘어졌으며 뿔은 뒤로 구부러져 있다. 히펠라포스의 뿔은 도르카스****의 뿔과 매우 비슷하게 생겼다. 코끼리는 모든 네발짐승 중에서 가장 털이 적다. 동물의 꼬리털이 거칠거나 부드러운 정도는 일반적으로 몸에 난 털과 비슷하며, 몸집의 크기에 비례하는 꼬리를 가진 동물도 있다. 하지만 어떤 동물은 꼬리가 매우 짧다.

---

* hipellaphus. 아리스토텔레스가 어떤 동물을 '히펠라포스'라고 지칭했는지 명확하지 않다. 톰슨과 크레스웰은 이 동물이 '푸른 황소'로 알려진 닐가이영양(Nylghau)으로 추정했다. 또는 붉은사슴 수컷(stag)인 듯도 하다.

** pardion. 일부 필사본에는 이파르디온(ιππρδιον)으로 표기되어 있다. 독일의 고전학자 요한 고틀로프 슈나이더(Johann Gottlob Schneider, 1750~1822)와 스웨덴의 동물학자 칼 순데발(Carl Jakob Sundeval, 1801~1875)은 이 동물을 기린으로 보았다.

*** Αραχωσία(Arachosia). 오늘날 아프가니스탄 남동부와 파키스탄 중북부에 걸쳐 있던 고대 왕국.

**** 도르카스(Δορκάς)는 그리스어로 영양 또는 사슴이라는 뜻이다.

쌍봉낙타

5 낙타는 특유의 부위를 갖고 있다. 등에 있는 혹이다. 박트리아 낙타
는 아라비아 낙타와 다르다. 박트리아 낙타는 혹이 두 개고 아라비
아 낙타는 혹이 하나다. 그런데 배에 혹이 하나 더 있다. 무릎을 꿇고 주
저앉을 때 이 혹에 체중을 싣는다. 낙타는 소와 마찬가지로 젖꼭지가 네
개다. 꼬리는 당나귀 꼬리처럼 생겼다. 외음부는 뒤쪽을 향해 있다. 낙타
는 각 다리에 관절이 하나뿐이며, 몇몇 사람이 말하는 것처럼 관절이 많
지는 않다. 낙타의 좌골(坐骨)은 소의 좌골과 같지만, 소에 비해서 빈약하
고 작은 편이다.

6 낙타의 발굽은 갈라져 있고, 아래턱과 위턱에는 이빨이 없다. 낙타
의 우제(偶蹄) 즉 갈라진 발굽의 발바닥 쪽은 발가락 두 번째 마디까
지 갈라졌지만, 발등 부분은 발가락 첫 번째 마디까지 네 개로 갈라졌다.

그리고 거위처럼 갈라진 부분을 이어주는 막이 있다. 낙타의 발바닥에는 곰의 발바닥처럼 살이 많다. 그래서 낙타를 몰고 전쟁에 나갔을 때 발바닥에 염증이 생기면 낙타 몰이 병사는 발에 가죽 신발*을 신겼다. 모든 네발짐승의 다리는 뼈가 굵고 힘줄이 많으며 살이 별로 없다. 사실 인간을 제외하고는 발이 달린 동물은 모두 다리가 그렇게 생겼다. 그리고 네발짐승은 엉덩이가 없다. 이런 모습은 특히 조류에게서 두드러지게 나타난다. 반면에 인간의 엉덩이, 허벅지 그리고 다리에는 몸의 어떤 부위보다도 살이 많이 붙어 있다. 심지어는 장딴지에도 살이 많다.

7 일부 유혈·태생 네발짐승은 인간의 손과 발처럼 발가락이 여러 개다. 사자, 개, 검은표범 같은 동물이 여기에 해당한다. 이와는 다르게 양, 염소, 사슴 그리고 하마** 같은 우제류 동물은 발톱 대신에 발굽이 있고, 어떤 동물은 발굽이 갈라지지 않았다. 말이나 노새 같은 단제(單蹄) 동물이 그렇다. 돼지에는 우제류와 단제류 두 종류가 있다. 일뤼리아,*** 파이오니아**** 등지에 사는 돼지는 단제류다. 우제류 돼지는 앞뒤 발굽이 각각 두 개로 나뉘고, 단제류 돼지는 발굽이 하나로 붙어 있다.

---

8 어떤 동물은 뿔이 있고 어떤 동물은 뿔이 없다. 뿔 달린 동물 대부분은 소, 사슴 그리고 염소 같은 우제류다. 단제류 동물 중 뿔이 두 개 있는 동물은 보지 못했으며, 뿔이 하나 달린 동물도 그리 많지 않은데 인도당나귀*나 오릭스**를 들 수 있다. 단제류 동물 중 유일하게 인도당나귀가 좌골을 가지고 있다. 앞에서 서술했듯이, 돼지는 우제류와 단제류 두 종류가 있는데 복사뼈가 발달하지 않았다.

유럽 들소의 조상 격인 보나수스(bonassus)는 보나콘(bonnacon)이라고도 한다. 이 야생 소는 안쪽으로 굽은 뿔과 말의 갈기를 가지고 있다.

---

*   톰슨은 이 동물이 인도코뿔소라고 확신한다.
**   톰슨은 고대 이집트 벽화에 등장하는 아라비아오릭스(*Oryx leucoryx*)나 아프리카오릭스(*Oryx beisa*)
       라고 여겼다. 그러나 두 동물은 뿔이 두 개다.

9 많은 우제류 동물은 목말뼈*가 있다. 발가락이 있는 동물에게는 목 말뼈가 없다. 인간도 마찬가지다. 스라소니는 반쪽짜리 목말뼈를 가 지고 있다. 사자의 목말뼈는 조각가가 빚어놓은 '미로'처럼 복잡하게 생겼 다. 동물의 목말뼈는 모두 뒷다리에 있으며 발목관절 바로 위에 있다. 목 말뼈의 하단은 바깥쪽으로 기울어져 있고 상단은 안쪽으로 기울어져 있 다. 코아** 부분은 안쪽을 향해 기울어져 있고 키아는 바깥쪽으로 기울 어져 있는데, 돌출된 부분은 위를 향해 있다. 목말뼈를 가진 모든 동물은 모두 이런 식으로 배치되어 있다. 어떤 동물은 파이오니아와 메디아*** 사이에 서식하는 보나수스처럼 우제와 갈기 그리고 안쪽으로 굽은 두 개 의 뿔을 가지고 있다.

10 은유적으로 또는 비유적으로 뿔이 달렸다고 하는 경우를 제외 하면, 뿔이 달린 동물은 모두 네발짐승이다. 이집트의 테베에서 는 뱀에 붙어 있는 돌기에 불과한 것을 뿔이라고 부른다.**** 사슴은 속 이 꽉 찬 뿔을 가진 유일한 동물이다. 다른 동물의 뿔은 속이 비어 있고 맨 끝부분만 속이 차 있다. 속이 빈 부분은 주로 피부가 변해서 형성된 것이고, 소의 뿔에서 보듯이 뿔 둘레를 단단한 것이 감싸고 있다. 사슴은

뿔 갈이를 하는 유일한 동물이다. 사슴은 태어난 지 두 해가 지난 후부터 뿔이 있는 자리에서 새로운 뿔이 나온다. 다른 동물들은 사고로 뿔이 떨어져 나가지 않는 한 죽을 때까지 뿔 갈이를 하지 않는다.

제 3 장

2 유방과 생식기 그리고 이빨

1 유방과 생식기 역시 인간과 다른 동물이 다르다. 인간이나 코끼리는 유방이 몸의 앞부분, 가슴 가까운 곳에 있다. 유방이 두 개, 젖꼭지도 두 개다. 코끼리는 겨드랑이 부근에 두 개의 유방이 있다. 암코끼리의 유방은 체구에 걸맞지 않게 작아서 잘 보이지 않는다. 암컷뿐만 아니라 수컷도 유방을 가지고 있지만 크기가 매우 작다.

2 암곰은 유방이 네 개다. 어떤 동물은 유방이 두 개인데 허벅지 근처에 있으며, 양처럼 젖꼭지가 두 개인 동물도 있고 소처럼 네 개인 동물도 있다. 어떤 동물은 젖꼭지가 가슴이 아니라 배에 있다. 개나 돼지가 그렇다. 개나 돼지는 젖꼭지가 많은데 크기가 다르다. 젖꼭지가 두 개 이상인 동물 중 암표범은 배에 네 개의 유방이 있다. 암사자는 배에 유방이 두 개 있고, 낙타는 소와 마찬가지로 유방이 두 개에 젖꼭지는 네 개다.

3 어미를 닮은 몇몇 말들을 제외하고, 단제류 동물의 수컷은 유방이 없다. 어떤 수컷은 인간이나 말처럼 음경이 밖으로 나와 있고 어떤 수컷은 돌고래처럼 몸 안에 묻혀 있다. 음경이 밖으로 돌출해 있는 동물 가운데 일부는 음경이 몸의 앞쪽에 있다. 그런 동물 가운데 인간처럼 음경과 고환이 몸에서 떨어져 있는 동물이 있고 그런 기관들이 배에 붙어 있는 동물도 있다. 어떤 동물은 음경이 바짝 붙어 있고 어떤 동물은 느슨하게 붙어 있다. 멧돼지나 말은 음경과 고환이 분리되어 있지 않다.

4 코끼리의 음경은 말과 비슷하게 생겼지만, 몸집에 어울리지 않게 작다. 그리고 고환은 밖으로 나와 있는 것이 아니라 몸속 콩팥 근처에 있다. 그런 이유 때문인지 코끼리의 교미는 빨리 끝난다. 암코끼리의 생식기는 양의 유방과 같은 곳에 있다. 암컷이 발정하면 수컷은 교미하기 좋게 생식기를 밖으로 드러낸다. 암컷 생식기의 구멍은 상당히 크다. 대부분 동물의 생식기 위치는 앞에서 설명한 바와 같다. 그러나 스라소니, 사자, 낙타, 토끼 등은 뒤쪽으로 오줌을 싼다. 수컷은 동물에 따라 생식기의 방향이 다르다. 하지만 모든 암컷은 뒤쪽으로 오줌을 싼다. 심지어는 생식기가 허벅지 밑에 있는 암코끼리조차 다른 동물과 마찬가지로 뒤로 오줌을 싼다.

5 수컷의 성기는 동물에 따라 각양각색이다. 어떤 동물은 인간처럼 음경이 연골과 살로 되어 있다. 살로 된 부분은 팽창하지 않지만 연골로 된 부분은 빳빳하게 팽창한다. 낙타와 사슴 등은 음경이 섬유조직

으로 이루어져 있다. 여우, 늑대, 족제비 그리고 담비는 음경이 뼈로 되어 있다.

6 인간은 성인이 되면 상반신이 하반신보다 작다. 다른 유혈동물은 그 반대다. 보통 머리에서 항문까지를 상반신이라고 하고, 그 이하를 하반신이라고 한다. 인간의 몸집과 비교해볼 때 발이 있는 동물은 뒷다리가 하반신에 속한다. 다리가 없는 동물은 꼬리와 꼬리에 상응하는 것들이 하반신에 해당한다. 성체가 된 동물의 몸은 그 모습이 앞에서 언급한 바와 같다. 그러나 성장 과정에서 나타나는 모습은 서로 다르다. 예를 들면 인간은 어려서는 상체가 하체보다 크지만 나이가 들면서 역전된다. 그리고 인간은 어렸을 때와 성장했을 때의 움직이는 방식이 다른 유일한 동물이다. 어린아이는 처음에는 네발짐승처럼 기어 다닌다.

7 어떤 동물은 상체와 하체가 같은 비율로 성장한다. 개가 그렇다. 다른 동물들은 태어날 때는 하체가 상체보다 크지만 성장하면서 상체가 커진다. 말처럼 꼬리에 긴 털이 있는 동물이 그렇다. 그런 동물은 태어난 뒤에 발굽에서 엉덩이까지는 거의 성장하지 않는다.

8 동물의 이빨은 큰 차이가 있으며, 인간의 치아와도 다르다. 태생이면서 유혈인 모든 네발짐승은 이빨이 있다. 어떤 동물은 상하 양쪽턱에 이빨이 있고 어떤 동물은 한쪽 턱에만 이빨이 있다. 이것이 첫 번째차이다. 뿔 달린 동물은 양쪽 턱에 이빨이 없다. 위턱에 앞니가 없다. 낙

타는 뿔이 없지만 위턱에 이빨이 없다.

9 멧돼지 등은 엄니가 있지만 다른 동물은 없다. 사자, 표범 그리고 개는 이빨 끝이 뾰족하다. 소나 말은 이빨 끝이 평평하다. 뾰족한 이빨을 가진 동물은 이빨이 서로 맞물린다. 이빨의 형태와 상관없이 뿔과 엄니를 동시에 가지고 있는 동물은 없다. 말이나 소 등은 이빨 끝이 평평한데 위아래 치관(齒冠)이 서로 맞닿는다. 모든 동물은 앞니가 날카롭고 어금니는 뭉툭하다. 물개의 이빨은 물고기의 이빨과 비슷하게 끝이 모두 날카롭다. 모든 물고기는 이빨이 날카롭다.

10 치열이 이중인 동물은 없다. 그러나 크테시아스*의 말을 믿는다면, 치열이 중첩된 특수한 동물이 있다. 그의 기록에 따르면, 인도에 사는 마르티코라스는 아래턱과 위턱의 치열이 삼중으로 되어 있다. 크고 난폭하기가 사자와 같고 귀와 얼굴은 인간의 모습을 하고 있는 이 동물은 눈이 푸른색이며 몸이 붉은색이다. 또한 꼬리는 전갈처럼 생겼는데 끝에는 침이 있으며 털 대신 꼬리를 덮고 있는 가시를 화살처럼 쏠 수 있다.** 그리고 피리와 트럼펫 소리를 섞어 놓은 것 같은 소리를 낸다. 사슴보다 빨리 달리지는 못하지만 사납고 사람을 잡아먹는다.

---

*   Ctesias. 기원전 5세기에 활약한 고대 그리스의 의사, 역사가.

**   호랑이를 뜻하는 tiger는 고대 페르시아어로 예리하고 뾰족한 것을 뜻하는 ﹏(tigra)에서 왔으며 조로아스터 경전에 나오는 아베스타(Avesta)어 tighri는 화살을 의미한다.

마르티코라스(μαρτιχόρας, martichoras)의 목판화(Edward Topsell, *The Historie of Foure-footed Beasts*, 1607에 실려 있다). 톰슨은 이 동물을 호랑이로 추정했다.

11 인간의 치아는 빠지고 새로 난다. 말, 노새, 당나귀 등도 그렇다. 인간은 앞니가 빠지면 새로 나는데, 어떤 동물도 어금니가 빠지지 않는다. 돼지는 어떤 이빨도 빠지지 않는다. 개에 관해서는 석연찮은 부분이 있다. 어떤 사람은 개는 전혀 이빨이 빠지지 않는다고 생각하는 반면에 또 다른 사람은 송곳니가 빠진다고 생각한다. 하지만 관찰된 바에 따르면, 개도 이빨이 빠진다. 개가 이빨을 가는 것을 쉽게 관찰할 수 없는데, 그 이유는 잇몸에서 대체할 다른 이빨이 날 때까지 이빨을 갈지 않기 때문이다.

12 같은 현상이 다른 야생동물에서도 있을 것 같지만, 송곳니만 가는 것으로 알려져 있다. 개의 나이는 이빨을 보면 알 수 있다. 어린 개는 이빨이 날카롭고 희지만 늙은 개는 이빨이 검고 뭉툭하다. 말

은 그런 점에서 다른 동물과 다르다. 왜냐하면 다른 동물은 나이가 들면 이빨 색깔이 짙어지는데 말은 나이가 들수록 이빨이 하얘지기 때문이다.

13 송곳니는 앞니와 어금니 사이에 있으며 앞니와 어금니의 특성을 모두 가지고 있다. 송곳니는 뿌리 부분이 굵고 윗부분이 뾰족하다. 인간, 양, 염소 그리고 돼지는 암컷이 수컷보다 이빨의 수가 많다. 다른 동물에 대해서 조사된 것은 아직 없다. 치아가 많은 사람이 장수한다. 치아가 고르지 못하고 작은 데다가 듬성듬성 난 사람은 단명한다.

14 맨 끝에 있는 어금니를 사랑니라고 하는데, 남녀 모두 스무 살 정도 되면 난다. 여성 중에는 거의 죽을 때가 됐다고 할 수 있는 여든 살이 넘어서 사랑니가 나는 사람이 있는데, 극심한 고통을 느낀다. 물론 남성 중에도 그런 사람이 있다. 젊어서 제때 사랑니가 나지 않는 사람들에게 이런 일이 일어난다.

15 코끼리는 위쪽과 아래쪽에 각각 네 개의 이빨이 있다. 이것을 맷돌처럼 사용해 먹이를 잘게 부순다. 그것들 외에도 코끼리는 두 개의 엄니를 가지고 있다. 수컷의 엄니는 크고 위를 향해 뻗어 있고, 암컷의 엄니는 작고 아래쪽으로 구부러져 있다. 코끼리는 태어나면서부터 이빨이 있다. 그러나 어린 코끼리의 엄니는 작아서 처음엔 눈에 잘 띄지 않는다. 코끼리는 입안에 혀가 있는데 작고 입의 뒤쪽에 있어서 잘 보이지 않는다.

제 4 장

하마

1 동물의 입은 크기가 저마다 다르다. 개, 사자 같은 동물은 입이 크게
벌어지며 날카로운 이빨을 가지고 있다. 인간은 입이 작고, 돼지는 입
의 크기가 중간이다. 이집트의 하마는 말처럼 갈기가 있고 소처럼 발굽이
갈라졌으며, 얼굴은 밋밋하다. 목말뼈는 다른 우제류처럼 생겼고 이빨은
툭 튀어나와 있다. 꼬리는 돼지 같고 말이 우는 소리를 낸다. 크기는 당나
귀만 하고 가죽은 두꺼워서 그것으로 방패를 만든다. 내장은 말이나 당
나귀의 내장과 같다.

제 5 장

2

유인원과 원숭이

1 유인원, 원숭이 그리고 개코원숭이(비비)는 인간과 네발짐승의 특성
을 복합적으로 가지고 있다. 원숭이는 꼬리가 달린 유인원이다. 개
코원숭이는 유인원과 같은 모습인데 크고 힘이 세며, 얼굴이 개처럼 생
겼다. 개코원숭이는 타고난 성질이 사납고 이빨이 개 이빨처럼 생겼고
강하다.

2 유인원은 등에 털이 많다는 점에서 네발짐승과 닮았다. 그리고 인간
처럼 생긴 복부에도 털이 있다. 앞서 서술했지만, 이 점에서 인간과
네발짐승은 차이가 있다. 유인원의 털은 뻣뻣한데 등과 배가 모두 이런
털로 덮여 있다. 유인원의 얼굴은 여러 가지 면에서 인간의 얼굴을 닮았
다. 다시 말해 유인원은 인간과 비슷한 콧구멍과 귀 그리고 앞니와 어금
니를 가지고 있다. 그리고 다른 동물들은 속눈썹이 없지만, 유인원은 위

아래 눈꺼풀에 속눈썹이 있다. 특히 아래 속눈썹은 매우 성기게 나 있다. 사실 보잘것없다. 그러나 다른 네발짐승은 속눈썹이 아예 없다는 점을 유념할 필요가 있다.

3 유인원의 가슴에는 젖꼭지가 두 개 달린 두 개의 유방이 있다. 팔은 인간의 팔처럼 생겼지만 털이 나 있다. 팔다리는 인간의 팔다리처럼 구부러진다. 팔다리의 굴절부는 서로 마주 보고 있다. 게다가 유인원은 인간과 비슷한 손·손가락·손톱을 가지고 있다. 그러한 것들을 제외하면 동물에 가깝다. 유인원의 발은 특이하게도 커다란 손처럼 생겼다. 발가락은 손가락과 비슷한데 가운뎃발가락이 가장 길다. 발바닥은 길다는 점 말고는 손바닥과 같다. 발바닥도 손바닥같이 끝까지 펴진다. 발바닥의 뒤쪽 끝은 일반적으로 딱딱한데, 어설퍼도 발굽에 해당한다고 볼 수 있다.

4 발은 손과 발, 두 가지 용도로 사용하며 손처럼 움켜쥘 수 있다. 상박부와 대퇴부는 하박부와 정강이에 비해 짧은 편이다. 배꼽은 눈에 잘 띄지 않는다. 다만 배꼽이 있는 부위가 단단할 뿐이다. 네발짐승처럼 상반신이 하반신에 비해 훨씬 더 크다. 비율로 따지면, 5대3 정도다. 유인원은 발이 손처럼 생겼고 손과 발을 다 이용하는데, 발꿈치는 발로 이용하고 나머지 부분은 손으로 사용한다. 그리고 손가락에는 손바닥 같은 것이 있다.

5 유인원은 이족보행(二足步行)보다 사족보행을 더 많이 한다. 유인원은 사족보행을 하므로 엉덩이가 없고 이족보행도 하므로 꼬리가 없다. 아주 작은 꼬리에 상응하는 부분이 있을 뿐이다. 암컷 유인원의 성기는 인간 여성의 음부를 닮았다. 하지만 수컷의 성기는 인간 남성보다는 개를 더 닮았다. 앞서 이야기했듯이 원숭이는 꼬리가 있으며, 해부해보면 신체 내부의 모든 장기가 인간의 장기와 같다. 기관의 이런 특징들은 새끼들에게도 그대로 전해진다.

제 6 장

2 악어

1 난생(卵生)의 네발짐승인 유혈동물—네발짐승이 아니거나 발이 없는 동물 가운데 유혈 육생(陸生)동물은 없지만—은 머리, 목, 등, 상반신, 하반신, 앞다리와 뒷다리, 가슴에 해당하는 것으로 이루어져 있다. 태생의 네발짐승과 마찬가지로 모든 난생 네발짐승은 꼬리가 있는데, 대부분은 꼬리가 크지만 특별히 꼬리가 짧은 것도 있다. 그리고 이 동물은 발가락이 여러 개이고 어떤 발가락의 끝은 갈라져 있다. 그뿐만 아니라 나일악어를 제외하고는 오감을 느끼는 감각기관과 혀를 가지고 있다. 나일악어는 어떤 면에서는 물고기를 닮았다. 왜냐하면 물고기는 일반적으로 혀에 가시가 있고 혀를 마음대로 움직일 수 없기 때문이다. 물고기의 입을 크게 벌려 자세히 살펴보면 혀가 있어야 할 자리에 아무런 특징도 없는 밋밋한 조직을 가진 물고기도 있다.

2 악어는 귀가 없고 소리를 듣는 청음관(聽音管)이 있을 뿐이다. 유방은 없고 음경과 고환은 밖으로 나와 있지 않고 몸 안에 있다. 악어는 털이 없고 비늘로 덮여 있으며 날카로운 이빨을 가지고 있다. 눈은 돼지 같고 이빨은 몹시 날카로우며 억센 발톱과 빈틈없는 편갑(片甲)을 가지고 있다. 물속에서는 시력이 좋지 않지만, 육상에서는 매우 좋다. 악어는 낮에는 대부분 육지에서 지내다 밤이 되면 물속으로 들어간다. 기온이 내려가면 견딜 수 없기 때문이다.

제 7 장

카멜레온

1 카멜레온은 몸 전체가 도마뱀처럼 생겼다. 아래로 향해 있는 갈비뼈
는 물고기 갈비뼈처럼 복부에서 만난다. 등뼈 역시 물고기처럼 위로
불쑥 솟아 있다. 얼굴은 개코원숭이*를 닮았다. 카멜레온은 꼬리가 매우
길다. 꼬리 끝은 뾰족하며 가죽 채찍처럼 감겨 있다. 카멜레온은 도마뱀
보다 긴 다리로 땅을 딛고 일어선다. 다리의 관절은 도마뱀과 같은 방향
으로 구부러진다.

2 카멜레온의 발은 두 부분으로 나뉘는데, 인간의 손을 엄지손가락과
나머지 부분으로 나눈 것 같은 형태다. 두 부분은 짧게 벌어지는 발
가락으로 구분된다. 앞다리의 안쪽 부분에는 발가락이 세 개 있고 바깥
쪽 부분에는 발가락이 두 개 있다. 반대로 뒷발의 안쪽 부분에는 발가락

---

*   choeropithecus. 크레스웰은 '주둥이가 튀어나온 원숭이' 또는 개코원숭이라고 설명하고 있다.

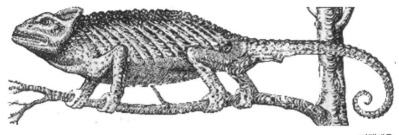

이 두 개 있고 바깥쪽 부분에는 세 개의 발가락이 있다. 모든 발가락 끝에는 맹금류같이 갈고리발톱이 있다. 카멜레온의 몸은 전체가 악어처럼 매끈하지 않고 거칠다.

3 움푹 꺼진 안와(眼窩, orbit)에 들어 있는 눈은 매우 크고 둥글며 몸의 다른 부분과 마찬가지로 피부로 덮여 있고, 가운데에 내다볼 수 있는 작은 구멍이 있다. 카멜레온은 눈을 완전히 한 바퀴 돌릴 수 있어서 사방을 다 관찰할 수 있고 보고 싶은 곳은 어디든지 볼 수 있다. 피부색의 변화는 피부에 공기가 들어가 일어난다. 악어처럼 거무죽죽한 색이 될 수도 있고 도마뱀처럼 황토색이 되기도 하며 표범처럼 검은 무늬 점박이가 될 때도 있다. 이런 변화는 몸 전체에 일어난다. 눈도 몸의 다른 부분과 마찬가지로 색이 변하고 꼬리 역시 색이 변한다.

4 카멜레온은 거북이처럼 느리다. 죽을 때 황토색으로 변하는데, 죽은 뒤 그 색을 그대로 유지한다. 카멜레온의 식도와 기도는 도마뱀

의 그것들과 비슷하다. 또 머리와 볼 그리고 꼬리 끝에 조금 붙은 것을 제외하고는 살이 없다. 심장 부위와 눈과 심첨(心尖) 그리고 여기와 연결된 혈관을 제외하면 피가 흐르지 않으며 그 부분들에도 피가 매우 적다.

5 뇌는 눈보다 좀 위에 있으며 눈과 연결되어 있다. 그리고 눈 바깥 부분의 피부를 벗겨내면 마치 구리반지처럼 밝게 빛나는 부분이 있다. 몸 전체에 매우 질긴 막이 펼쳐져 있는데, 다른 동물이 가지고 있는 막에 비해 매우 질기다. 카멜레온은 전신을 세로로 해부한 뒤에도 한동안 숨을 쉰다. 그리고 미약하나마 심장도 박동한다. 해부하면 옆구리 부분에서 수축 현상이 나타나는데, 다른 부위에서도 비슷한 현상을 관찰할 수 있다. 카멜레온은 지라(비장)라고 할 만한 기관을 갖고 있지 않다. 카멜레온은 도마뱀처럼 바위틈에 몸을 숨기고 산다.

제 8 장

조류의 특성

개미핥기새

1 새의 몇몇 기관은 앞에 언급한 동물들과 비슷하다. 모든 새에게는 머리, 목, 등과 배 그리고 가슴에 해당하는 부분이 있다. 다리가 두 개라는 점에서는 다른 동물보다는 인간과 비슷하지만, 관절이 뒤로 구부러지는 점은 네발짐승과 비슷하다. 새들은 손이나 앞발이 없고 날개가 있다. 날개가 있다는 점에서 새는 다른 동물들과 다르다. 새의 요골은 대퇴골처럼 길쭉해서 복부 중심까지 뻗어 있으므로 다른 부분과 분리해서 보면 대퇴골처럼 보인다. 하지만 다리로 이어져 있는 대퇴골이 그 사이에 있다. 새 중에서 갈고리발톱을 가진 새들이 가장 큰 대퇴골을 가지고 있으며 다른 새들보다 가슴이 크다.

2 모든 새는 발톱을 가지고 있고 발이 여러 개의 부분으로 이루어져 있다. 새는 대부분 서로 떨어진 발가락을 가지고 있다. 하지만 헤엄

개미핥기새

치는 새의 발가락은 물갈퀴로 이어져 있다. 그러나 이런 새들도 분리되고 관절이 있는 발가락을 가지고 있다. 하늘을 나는 새들은 네 개의 발가락을 가지고 있다. 일반적으로 발가락 네 개 가운데 세 개는 앞에 있고 하나는 마치 뒤꿈치처럼 뒤에 붙어 있다. 새 가운데 일부는 개미핥기새*처럼 발가락 두 개는 앞에 두 개는 뒤에 있다. 이 새는 되새**보다 조금 크고 외관은 얼룩덜룩하다. 발가락의 생김새가 독특하고 혀는 특이하게 뱀의 혀를 닮았는데 손가락 네 개 넓이만큼 입에서 돌출했다 다시 들어간다. 뱀처럼 몸을 움직이지 않고 고개만 돌릴 수 있다. 몸집에 비해 발톱이 크고 딱따구리처럼 생겼으며 높은 소리로 짹짹거린다.

---

*　　　wryneck. 딱따구리의 일종으로 개미를 주로 먹는다.

**　　chaffinch. 학명은 *Fringilla coelebs*.

3 새의 입은 좀 특이하게 생겼다. 입에는 입술도 없고 이빨도 없고 부리만 있다. 귀나 콧구멍은 없고 그런 기관에 해당하는 구멍이 있을 뿐이다. 귀는 머릿속에 들어 있다. 다른 동물들과 마찬가지로 눈은 두 개 있는데 속눈썹은 없다. 순계류(鶉鷄類)* 중 몸집이 큰 새는 아래쪽 눈꺼풀을 움직여 눈을 감고 잠을 잔다. 모든 새는 눈꺼풀을 가지고 있어서 그것을 눈 안쪽에서 확대해 눈을 깜박거린다. 올빼미 같은 새는 위쪽 눈꺼풀을 이용해 눈을 감는다. 도마뱀과 그 아류처럼 각질의 비늘이 있는 동물에서도 같은 현상이 관찰되는데, 그 동물들은 예외 없이 아래 눈꺼풀을 이용해 눈을 감지만 새들처럼 눈을 깜박거리지는 않는다. 또 새는 비늘이나 털이 아니라 깃털을 가지고 있다. 모든 깃털에는 우간(羽幹), 즉 깃이 있다.

4 새들은 꼬리가 없고 꽁지깃털이 있는 꽁무니**가 있다. 새의 다리는 길거나 물갈퀴를 지니고 있다. 다리가 길거나 물갈퀴가 있는 새들은 꽁무니 부분이 작고 다른 새들은 꽁무니 부분이 크다. 꽁무니 부분이 큰 새는 날 때 다리를 배에 바짝 붙이지만 다른 새들은 뒤로 뻗는다. 모든 새는 혀를 가지고 있지만 생김새는 각양각색이다. 어떤 새는 혀가 크고 어떤 새는 작다. 어떤 새는 인간 말고는 어떤 동물에게도 뒤지지 않을 정도로 분절된 소리를 낸다. 특히 혀가 넓은 새들이 그렇다. 난생동물은 기

---

*   학명 *Galliformes*. 닭목이라고도 한다. 몸집이 크고 땅에 있는 모이를 주워 먹는다. 닭, 꿩, 뇌조 등이 여기에 속한다.

**   크레스웰과 톰슨은 οὐροπύγιον(ouropūgion)을 rump로 번역했는데, 이 말은 엉덩이뿐만 아니라 꽁지깃털을 포함한 새의 후미(後尾) 부분 전체를 일컫는 말로 해석된다.

도에 후두개(喉頭蓋)가 없지만, 고형물이 기도를 통해 폐로 들어가지 못하도록 기도를 여닫을 수 있다.

5 어떤 새는 며느리발톱을 가지고 있다. 갈고리발톱을 가진 새에게는 며느리발톱이 없다. 갈고리발톱을 가진 새는 비행 기술이 뛰고, 며느리발톱을 가진 새는 몸집이 크다.

6 어떤 새에게는 볏이 있다. 일반적으로 볏은 꼿꼿이 서 있으며 깃털로 이루어져 있다. 가금류는 특이하게도 볏이 살도 아닌 뭐라고 말할 수 없는 것으로 되어 있다.

제 9 장

2 어류, 돌고래

1 수생동물 가운데 어류는 나머지 수생동물과 구분되는 하나의 큰
강(綱, Class)을 이룬다. 어류는 머리, 등, 배로 이루어져 있으며 배에
는 위와 창자가 들어 있다. 그리고 마디가 없이 몸과 일체로 된 꼬리가 있
다. 물고기는 팔다리가 없고 체내와 체외에 고환도 없고 유방도 없다. 유
방이 없다는 점은 태생이 아닌 동물을 규정하는 속성이다. 그러나 사실
태생동물 가운데서도 처음부터 태생인 동물만 유방을 가지고 있으며, 모
든 난생동물은 유방이 없다. 돌고래는 태생동물이기 때문에 두 개의 젖
이 있는데, 가슴 쪽이 아니라 생식기 근처에 있다. 젖꼭지는 보이지 않
지만 두 개의 구멍이 있어 여기서 젖이 흘러나오면 새끼들은 어미를 따라다
니며 젖을 빨아 먹는다. 이런 모습을 몇몇 사람이 직접 목격했다.

2 그러나 물고기는 젖도 없고 외부로 보이는 생식기도 없다. 물고기는 아가미에 독특한 기관을 가지고 있는데, 그곳을 통해 입으로 빨아 들인 물을 밖으로 내보낸다. 그리고 물고기는 지느러미를 가지고 있는데, 대부분은 지느러미가 네 개다. 하지만 뱀장어같이 기다란 물고기는 지느러미가 아가미 부근에 두 개밖에 없다. 그런 점에서 시파이*의 호수에 사는 회색 숭어는 뱀장어와 비슷하다. 타이니아**라는 물고기도 이와 비슷하다. 몸통이 기다란 물고기 가운데 어떤 것은 곰치처럼 지느러미가 없으며 다른 물고기와는 달리 분리된 아가미를 가지고 있지도 않다.

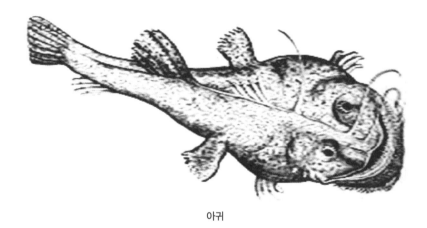

아귀

* Σίφαι(Siphai). 고대 보이오티아에 있는 코린토스만의 소도시. 티파(Τίφα)라고도 한다.
** ταινία(tainia). '타이니아'는 그리스어로 테이프같이 생긴 긴 띠를 의미한다. 따라서 몸통이 긴 물고기 를 가리키는 것으로 보인다. 톰슨은 이 물고기가 라틴어로 cobitis taenia 즉 미꾸릿과에 속하는 기름 종개로 번역되었다고 밝히고 있다. 또한 플라톤의 조카인 그리스 철학자 스페우시포스(Speusippos) 의 기록을 인용하면서 가자밋과에 속하는 물고기일 수도 있다고 보았다.

3 아가미가 있는 물고기 가운데 어떤 것은 아가미를 덮는 아감딱지(아 가미덮개)가 있다. 그러나 모든 연골어류는 아가미가 드러나 있다. 아 감딱지가 있는 물고기는 아가미가 측면에 있다. 연골어류 가운데 전기가 오리나 가오리처럼 몸통이 넓적한 것은 몸통 바닥 쪽에 아가미가 있고 돔 발상어같이 길고 유연하게 움직이는 것은 아가미가 매우 길게 측면에 있 다. 아귀는 아가미가 몸 측면에 있기는 하지만 뼈가 있는 아감딱지가 아니 라 연골어류가 아닌 물고기들처럼 가죽 같은 피부로 덮여 있다.

4 물고기의 아가미는 한 쪽이거나 여러 쪽이다. 하지만 몸 쪽에 붙는 아가미는 모두 한 쪽으로 되어 있다. 어떤 물고기는 아가미가 적고 어떤 물고기는 아가미가 많다. 그러나 좌우 양쪽에 있는 아가미의 숫자는 서로 같다. 아가미가 가장 적은 물고기는 아가미를 양쪽에 한 개씩만 가 지고 있다. 병치돔은 두 겹으로 된 아가미를 가지고 있다. 붕장어와 비늘 돔 같은 물고기는 양쪽에 두 개씩 아가미를 가지고 있는데, 아가미 중 하 나는 한 쪽이고 다른 하나는 두 쪽이다. 엘롭스,* 시나그리스,** 곰치 그 리고 뱀장어 같은 물고기는 양쪽에 한 쪽으로 된 아가미를 네 개씩 가지 고 있다. 놀래기, 농어, 유럽산 큰메기, 잉어 등은 맨 안쪽의 아가미를 제 외하고는 모두 두 쪽으로 된 네 개의 아가미를 양쪽에 가지고 있다. 상어 는 두 쪽으로 된 아가미를 양쪽에 다섯 개씩 가지고 있다. 황새치는 두 쪽

*   elops. 톰슨은 철갑상어나 큰다랑어로, 크레스웰은 철갑상어 아니면 황새치일 것으로 추정했다. 린네 의 분류학 명칭과는 다른 것으로 보인다. 라틴어로 엘롭스(hēlops)는 철갑상어다.
**   synagris. 그리스어 συναγρίσα(synagrida)를 영어로 음역한 것이다. synagrida는 붉은 도미를 뜻하 지만, 이 물고기의 실체는 명확하지 않다.

으로 된 아가미를 한 쪽에 네 개씩 여덟 개 가지고 있다. 물고기의 아가미 개수에 대해서는 이쯤 하기로 하자.

5 물고기는 아가미 이외에도 여러 가지 면에서 다른 동물들과 다르다. 물고기는 태생동물 같은 털도 없고 난생의 네발짐승 같은 편갑도 없으며 새들이 가지고 있는 깃털도 없다. 어류 가운데 대다수는 비늘로 덮여 있다. 어떤 물고기는 거친 가죽으로 덮여 있으며 극히 일부는 부드러운 피부를 가지고 있다. 연골어류 가운데는 거친 피부를 가진 물고기도 있고 부드러운 피부를 가진 물고기도 있다. 붕장어, 뱀장어, 다랑어 등은 부드러운 피부를 가지고 있다. 비늘돔을 제외한 모든 물고기는 송곳 같은 이빨을 가지고 있으며, 그 이빨은 예외 없이 예리하다. 몇몇 물고기의 이빨은 여러 열로 되어 있으며 어떤 물고기는 혀에 이빨이 나 있다. 물고기는 단단하고 꺼끌꺼끌한 혀를 가지고 있는데, 입안에 바짝 붙어 있어서 때로는 혀가 없는 것처럼 보인다.

6 어떤 물고기는 태생의 네발짐승만큼이나 입이 크다. 물고기는 눈을 제외하고는 외부에 감각기관이 없으며 냄새를 맡고 소리를 듣는 감각기관도 없다. 그러나 모든 물고기는 눈꺼풀이 없고 물렁물렁한 눈을 가지고 있다. 모든 물고기는 혈액이 있다. 물고기 가운데는 태생도 있고 난생도 있다. 비늘이 있는 물고기는 모두 난생이다. 아귀를 제외한 모든 연골어류는 태생이다.

제10장

뱀과 바다뱀,
갯지렁이 등

1 피가 있는 유혈동물 가운데 아직 다루지 않은 것은 뱀이다. 뱀은 육
지에 사는 것도 있고 물에 사는 것도 있다. 대다수의 뱀 종류는 육지
에 서식한다. 수생 뱀의 일부는 강에 서식한다. 바다에 사는 뱀은 붕장어
를 닮은 머리를 제외하고는 육생 뱀과 닮았다. 바다에 사는 뱀에는 여러
가지 종류가 있으며 색깔도 여러 가지다. 그러나 심해에는 살지 않는다.
뱀은 물고기와 마찬가지로 다리가 없다.

2 바다지네*도 있는데, 생김새는 땅에 사는 지네와 매우 흡사하지만
크기가 작다. 바다지네는 바위가 있는 곳에 서식한다. 바다지네는
땅에 사는 지네보다 더 붉은색을 띤다. 다리는 땅에 사는 지네보다 더 많

---

* σκολόπενδρα(skolopendra). 갯지네에 해당한다고 할 수 있는데, 톰슨은 sea-scolopendras로 번역
하고 고대 문헌을 인용하여 환형동물(annelid worm)일 수도 있다고 주를 달았다.

지만 더 가늘다. 바다지네도 뱀과 마찬가지로 심해에는 살지 않는다.

3 바위틈에 사는 빨판상어*라는 작은 물고기가 있다. 어떤 사람들은
이 물고기를 재판과 연애에서 일종의 부적으로 사용한다. 이 물고기
는 식용으로는 적합하지 않다. 어떤 사람들은 이 물고기에 발이 달렸다고
말하지만 그것은 사실과 다르다. 지느러미가 발처럼 생겨 그렇게 보일 뿐
이다.

유혈동물의 외부 기관, 그 기관들의 개수와 특성 그리고 그들 간의 상
이점에 대해서는 이 정도로 해두자.

---

*   Echeneis. 선체 하부에 붙어 항해를 방해하기 때문에 그리스어로 εχεναις(ekhenais) 즉 '배를 붙잡
는 것(ship-holder)'이라는 뜻이 있다.

제11장

동물의 내장 기관

식도, 심장, 허파, 간, 쓸개

1 내장 기관에 대해서는 무엇보다도 먼저 피가 흐르는 동물의 내장 기
관을 설명할 필요가 있다. 동물의 주요 속(屬, Genus)에는 유혈동물과
무혈동물이 있다. 인간, 태생동물, 난생 네발짐승, 조류, 어류 그리고 고래
는 유혈동물이다. 그리고 속명은 없지만 뱀이나 악어같이 하나의 종을 이
루는 다른 유혈동물도 있다.

2 모든 태생 네발짐승은 인간이 그렇듯이 식도와 기도가 있다. 형태에
는 좀 차이가 있지만 난생의 네발짐승과 조류에게도 식도와 기도가
있다. 공기를 들이쉬고 내쉬며 숨 쉬는 모든 동물은 허파, 기도 그리고 식
도를 가지고 있다. 식도와 기도는 위치에는 별 차이가 없지만 그 기능에
는 차이가 있으며, 허파는 위치와 기능 두 가지 모두 다르다.

3 모든 유혈동물은 심장과 횡격막을 가지고 있다. 하지만 체구가 작은 동물은 횡격막이 너무 얇고 작아서 눈에 잘 띄지 않는다. 심장에 관해서 이야기하자면, 소의 심장에서는 특이한 현상이 관찰된다. 모든 종류의 소가 다 그런 것은 아니지만 어떤 소는 심장에 뼈가 있으며 심장에 뼈가 있는 말도 있다.

4 모든 동물이 허파를 가지고 있는 것은 아니다. 물고기를 비롯해 아가미가 있는 동물은 허파가 없다. 모든 유혈동물은 간을 가지고 있으며 대개는 지라도 있다. 하지만 대부분의 태생이 아닌 난생동물은 지라가 너무 작아 거의 보이지 않을 정도인데, 비둘기, 솔개, 매, 올빼미를 비롯한 조류 대부분이 그렇다. 수리부엉이*는 지라가 아예 없다. 난생 네발짐승의 특성도 비슷하다. 육지거북, 민물거북, 두꺼비, 도마뱀, 악어, 개구리 같은 난생동물의 지라는 매우 작다.

5 어떤 동물은 간 위에 쓸개가 있다. 어떤 동물은 쓸개가 없다. 태생 네발짐승 가운데 사슴, 노루, 말, 노새, 당나귀, 물개 등은 쓸개가 없고, 몇몇 종류의 돼지는 쓸개가 없다. 사슴 가운데 아카이아**는 꼬리에 쓸개가 있는 것처럼 보지만, 그 기관은 색깔은 쓸개 같지만 액체로 되어 있지 않고 내부 조직은 오히려 지라와 비슷하다.

---

* αιγοκέφαλος(aigokephalos). aegocephalus. 톰슨은 수리부엉이(horned owl), 크레스웰은 칡부엉이
(stryx otus)로 추정했다.
** Ἀχαΐα(Akhaïa). Achaea. 그리스 펠로폰네소스반도 북쪽 해안을 일컫는 지명인데, 여기에 서식하는
사슴으로 추정된다.

6 하지만 살아 있는 모든 사슴의 머릿속에는 애벌레*가 살고 있다. 이
　벌레들은 머리와 이어져 있는 혀뿌리 근처 척추 가까운 곳에 서식한
다. 스무 마리가 넘는 애벌레가 무리를 이루고 있으며 크기는 커다란 구
더기만 하다. 관찰된 바에 따르면 사슴은 쓸개가 없다. 내장은 맛이 매우
써서 개들도 사슴이 살이 많으면 내장은 먹으려 들지 않는다.

7 코끼리도 역시 간에 쓸개가 없다. 그러나 다른 동물에서 쓸개가 있
　을 만한 부위를 자르면 담즙 같은 액체가 흘러나오는데 그 양이 자
못 적지 않다. 바닷물을 흡입하며 허파가 있는 동물 가운데 돌고래는 쓸
개가 없다. 모든 조류와 어류는 쓸개가 있으며, 모든 난생 네발짐승은 크
든 작든 쓸개가 있다. 그러나 돔발상어, 메기, 전자리상어,** 가오리*** 같
은 물고기는 간에 쓸개가 붙어 있다. 그리고 몸이 길고 흐느적거리는 물
고기 가운데서는 뱀장어, 실고기,**** 귀상어***** 등이 그렇다. 동갈양
태******는 쓸개가 간 위에 있는데, 몸 전체에서 차지하는 비중으로 볼 때

---

*　　　톰슨과 크레스웰은 쇠파리(gadfly)의 애벌레(유충)라고 추정했다.

**　　크레스웰은 이 물고기를 rine으로 표기하고 주를 달아 Squalus squatina 즉 angelshark(전자리상어)
　　　라고 보았다.

***　크레스웰은 이 물고기를 leiobatus라고 표기하고 라틴어로 가오리를 뜻하는 Raia batos라고 주를 달
　　　았다. 반면에 톰슨은 smooth skate 즉 '비늘이 없는 가오리'로 표기했다. 어쨌든 아리스토텔레스의
　　　원전에 나와 있는 물고기가 가오리나 홍어 종류인 것은 틀림없다.

****　크레스웰은 이 물고기를 belone 즉 그리스어로 바늘을 뜻하는 βελόνα(verona)를 음역하여 표기했
　　　다. 그러나 톰슨은 pipefish 즉 실고기로 번역했다.

*****　크레스웰은 zygaena로 표기했다. 이 말의 어원은 '멍에'를 뜻하는 그리스어 ζυγός(zugós)다. 그리
　　　스인은 이 상어가 멍에를 짊어지고 있는 것으로 보았다는 것을 알 수 있다. 영어로는 hammerhead
　　　shark 즉 망치대가리상어다.

******　callionymus. 톰슨에 따르면 프랑스의 동물학자 조르주 퀴비에(Georges Cuvier)는 이것을 동갈양태
　　　(Uranoscopus scaber)로 보았다고 한다.

쓸개가 어떤 물고기보다도 크다. 다른 물고기들의 쓸개는 창자 가까운 곳에 있는데, 몇 개의 매우 가느다란 관으로 간과 연결되어 있다. 다랑어는 창자 위에 쓸개가 있는데, 그 길이가 창자와 같거나 두 배에 달하기도 한다. 아귀,* 엘롭스, 시나그리스, 곰치, 황새치 같은 물고기는 창자 위에 쓸개가 있는데 어떤 것은 좀 떨어져 있고 어떤 것은 가깝게 붙어 있다.

8 또 붕장어처럼 같은 종류의 물고기라고 해도 개체에 따라 쓸개가 다른 부위에 있는 것도 있다. 쓸개가 간에 바짝 붙어 있는 것도 있고 간에 매달려 밑으로 처진 것도 있다. 조류에서도 같은 구조가 관찰된다. 비둘기, 까마귀, 뜸부기, 제비, 참새 같은 새는 같은 종류라도 어떤 것은 쓸개가 위에 붙어 있고 어떤 것은 창자에 붙어 있다. 수리부엉이 중에도 쓸개가 간에 붙어 있는 것도 있고 위에 붙어 있는 것도 있다. 매와 솔개 중에는 쓸개가 간에 붙어 있는 것도 있고 창자에 붙어 있는 것도 있다.

---

*   βάτραχος(bátrakhos). batrachus.

제12장

2

콩팥과 방광, 심장과 간, 반추위(反芻胃), 뱀의 해부, 어류와 조류의 내장

1 태생의 네발짐승은 모두 콩팥과 방광을 가지고 있다. 그러나 난생의 네발짐승이 아닌 조류나 어류에서는 콩팥이나 방광이 발견되지 않는다. 난생 네발짐승 가운데 바다거북이 유일하게 다른 장기의 크기에 비례하는 콩팥과 방광을 가지고 있다. 바다거북의 콩팥은 소의 콩팥처럼 생겼다. 즉 여러 개의 작은 콩팥이 모여 하나의 군체를 이루고 있다. 들소*의 내장은 소와 똑같이 생겼다.

2 이런 장기들이 동물의 신체에서 차지하고 있는 위치는 비슷하다. 인간을 제외한 모든 동물은 심장이 몸의 중심에 있다. 인간의 심장은 왼쪽으로 조금 치우쳐 있다. 동물의 심장은 심첨(心尖, apex cordis)이 전방을 향하고 있다. 물고기만 유일하게 그 부분이 가슴 쪽이 아니라 입과 머

---

*   βόνασος(bónāsos). bonasus.

리 쪽을 향하고 있다. 그리고 좌우 아가미가 만나는 곳에서 혈관으로 연결되어 있으며 심장에서 나와 아가미로 연결된 다른 혈관들도 있다. 굵은 혈관은 큰 아가미에 연결되어 있고 가는 혈관은 작은 아가미에 연결되어 있다. 몸집이 큰 물고기는 심첨에서 희고 굵은 혈관으로 이어져 있다.

3 붕장어와 뱀장어 같은 몇몇 물고기에게는 식도가 있다. 하지만 이런 물고기의 식도는 매우 가늘다. 어떤 물고기의 간은 간엽(肝葉)으로 분할되지 않고 통으로 되어 있는데 몸의 오른쪽에 있다. 그런데 간이 하나지만 두 쪽으로 갈라진 물고기는 큰 쪽이 오른쪽에 있다. 돔발상어 같은 물고기는 간이 아예 두 개로 분리되어 있다. 볼비 호수* 인근 지역에 사는 토끼는 간엽이 새의 두 허파를 이어주는 관과 같은 긴 관으로 연결되어 있어서 간이 두 개라고 할 수 있다.

4 모든 동물의 지라는 정상적이라면 몸의 왼쪽에 있다. 콩팥이 있는 동물은 같은 위치에 콩팥을 가지고 있다.** 그런데 어떤 동물을 해부해서 지라가 오른쪽에 간이 왼쪽에 있으면 불길한 징조로 여긴다. 모든 동물의 기도는 허파로 이어져 있다. 그 형태에 대해서는 나중에 설명할 것이다. 식도가 있는 동물은 식도가 횡격막을 통과해 위로 이어진다. 그러나 물고기 대부분은 식도가 없고 위가 입과 바로 이어져 있다. 그래서

---

*   Λίμνη Βόλβη(Límni Vólvi). 마케도니아 힐키디키반도에 있는 호수.
**   톰슨은 이 문장은 잘못되었거나 위치가 바뀐 것으로 간주했으며, 크레스웰은 번역본에서 이 문장을 생략했다.

큰 물고기가 작은 물고기를 잡아먹으려고 할 때 위가 입으로 밀려 나오는 일이 종종 벌어진다.*

5 앞에서 언급한 동물들은 모두 비슷한 위치에 위가 있는데, 대개는 횡격막 밑에 있다. 그리고 그 밑에 창자가 있고 그 끝에 먹은 것의 찌꺼기를 내보내는 항문**이 있다. 그러나 동물의 종류에 따라 위장의 구조는 다양하다. 우선 위아래 이빨이 대칭을 이루지 않는 태생의 뿔 달린 네발짐승은 위가 네 개다. 이런 동물은 되새김질을 한다. 입에서 시작되는 식도는 허파 밑으로 내려가 횡격막을 지나고 반추위(rumen)로 연결된다.

6 반추위의 내부는 매끄럽지 않고 주름이 격벽(隔壁)을 이루고 있다. 반추위는 식도로 이어지는 근처에서 벌집 모양처럼 생긴 두 번째 위(벌집위)로 이어진다. 벌집위는 반추위에 비해 매우 작다. 그다음에는 겹주름위로 연결된다. 겹주름위(처녑)에는 돌기가 있고 주름 조직이 많아서 이런 이름을 얻었다. 겹주름위는 벌집위와 크기가 비슷하다. 겹주름위 다음에는 주름위가 있다. 주름위는 겹주름위보다 크고 길며 내부에는 크고 부드러운 주름이 많이 있다. 그다음 창자로 이어진다.

---

* 톰슨은 입으로 밀려 나오는 것은 위가 아니라 물고기가 깊은 곳에서 갑자기 위로 올라오면서 부레가 뒤집히는 것이라고 설명한다.

** πρωκτός(prōktós). 톰슨은 직장(rectum)으로 번역했다.

7 여기까지 이야기한 내용이 뿔이 있고 치열이 상하 비대칭인 네발짐
승의 위가 가진 특성이다. 그러나 이 동물들이 가진 위의 형태와 크
기는 서로 다르다. 그리고 식도가 어떤 동물은 위의 중앙으로 연결되어
있고 어떤 동물은 측면으로 연결되어 있다. 인간, 개, 곰, 사자, 늑대 등과
같이 치열이 상하 대칭인 동물은 위가 하나다. 토스*는 창자가 늑대와 비
슷하다. 이런 동물들은 모두 위가 하나뿐이고 여기에 창자가 연결되어 있
다. 그중 돼지나 곰 같은 동물은 위가 몸집에 비해 상대적으로 크다. 돼
지 위에는 몇 개의 부드러운 주름이 있다. 개, 사자, 인간 등의 위는 상대
적으로 작고 창자에 비해서도 크지 않다. 다른 동물의 내장은 개를 닮은
것과 돼지를 닮은 것, 이렇게 두 가지 부류로 크게 나뉜다. 체구가 큰 동
물이든 작은 동물이든 마찬가지다. 동물의 위는 크기, 형태, 두껍고 얇음,
식도와 연결되는 지점 등 여러 가지 면에서 서로 다르다.

늑대

---

*   Thos. 톰슨은 사향고양이(viverra civetta)로, 크레스웰은 재규어(felis onza)나 황금늑대(canis
aureus)로 추정했다.

8 치열이 상하 비대칭인 동물과 상하 대칭인 동물은 창자의 크기, 두께, 주름 등에서 서로 차이가 있다. 반추동물은 체구도 크지만 내장도 크다. 물론 반추동물 중에 작은 동물도 몇몇 있지만 뿔이 달린 반추동물에는 체구가 아주 작은 것은 없다. 어떤 동물은 창자에 맹장*이 붙어 있다. 그러나 상하 치열에 송곳니가 없는 동물은 직장이 없다. 코끼리는 창자가 팽창하여 위가 네 개 있는 것처럼 보인다. 코끼리는 창자에 먹이를 넣어두지만 이것 말고는 먹이를 담아두는 장기가 따로 없다. 코끼리 내장은 간이 소에 비해 네 배나 크지만, 나머지는 돼지 내장과 비슷하다. 또 코끼리의 지라는 비교적 작지만 다른 장기들은 몸집에 걸맞게 크다.

9 육지거북과 바다거북, 도마뱀 그리고 두 종류의 악어** 등과 같은 난생 네발짐승의 위와 장의 특성도 비슷할 것으로 보인다. 이 동물들은 위를 하나만 가지고 있는데, 어떤 것은 돼지의 위를 닮았고 어떤 것은 개의 위를 닮았다.

10 뱀은 몸의 거의 모든 부분이 도마뱀과 닮았다. 도마뱀은 다리가 있고 난생인데, 도마뱀을 길게 늘이고 다리를 떼어낸 모습이 뱀이라고 할 수 있다. 뱀은 비늘로 덮여 있고 등과 배는 도마뱀을 닮았다. 하지만 물고기와 마찬가지로 고환이 없고 하나로 합쳐지는 두 개의 관이

---

*   τυφλόν ἔντερον(typhlón énteron). intestīnum caecum.
**   육생악어와 수생악어. 육생악어는 나일왕도마뱀(Varanus niloticus), 수생악어는 나일악어(Crocodylus niloticus)일 것이다.

있고 자궁은 크고 둘로 나뉘어 있다. 그러나 뱀의 내장이 체형대로 길고 가늘다는 것을 제외하면 다른 점에서 구분하기 어려울 정도로 도마뱀의 내장과 생김새가 비슷하다.

11 뱀의 기도는 매우 길고 식도는 더 길다. 기도가 입에 바짝 붙어서 마치 혀가 기도 밑에 있는 것처럼 보인다. 기도가 혀 위에 있는 것처럼 보이는 것은, 다른 동물들처럼 혀가 한자리에 그대로 있는 것이 아니라 혀를 뒤로 집어넣을 수 있기 때문이다. 혀는 길고 가늘며 검은색이고 입 밖으로 길게 내밀 수 있다. 뱀과 도마뱀의 혀끝은 둘로 갈라져 있다는 점에서 다른 동물과 다르다. 이런 점은 특히 뱀에서 두드러지게 나타나는데, 뱀의 혀끝은 머리카락처럼 가늘다. 그런데 물개도 끝이 갈라진 혀를 가지고 있다. 뱀의 위는 폭이 넓은 창자같이 생겼는데, 개의 위와 비슷하다. 위 다음에는 매우 길고 가는 창자가 같은 형태로 끝까지 이어져 있다.

12 뱀의 인두(咽頭) 뒤에는 콩팥같이 생긴 심장이 있다. 그래서 심첨이 가슴 쪽을 향하고 있는 것으로 보이지 않는다. 심장 다음에는 하나로 된 허파가 있는데, 막으로 이루어진 관으로 이어져 있으나 심장에서는 상당히 떨어진 부위에 있다. 간은 길고 간엽이 없이 통으로 되어 있다. 지라는 도마뱀의 지라와 마찬가지로 공같이 생겼는데 작다. 쓸개는 물고기의 쓸개와 비슷하다. 물뱀은 쓸개가 간 옆에 있고 다른 뱀들은 창자 옆에 있다. 뱀은 모두 뾰족한 이빨을 가지고 있으며, 갈비뼈는 한

달의 날 수, 즉 서른 개다. 혹자는 제비 새끼에서 볼 수 있는 현상이 뱀에서도 나타난다고 주장한다. 다시 말해 뱀의 눈알을 예리한 도구로 찌르면 다시 눈알이 자라난다는 것이다. 뱀이나 도마뱀의 꼬리는 잘리면 다시 자라난다.

13 물고기의 위와 장의 특성은 비슷하다. 물고기는 위가 하나밖에 없지만, 생김새는 종류에 따라 각양각색이다. 비늘돔* 종류의 물고기는 위가 창자 같은 모양을 하고 있다. 이 물고기는 되새김하는 유일한 물고기인 것 같다. 그러나 이 물고기의 창자는 전체적으로 단순하게 생겼다. 겹치거나 굴곡진 곳이 있다가도 다시 곧게 펴진다. 물고기 대부분이나 새는 창자에 맹장이 있다는 것이 특이한 점이다. 새의 맹장은 창자 끝부분에 있으며 몇 개밖에 안 된다. 모샘치,** 돔발상어, 농어, 살살치,*** 넙치, 노랑촉수,**** 도미***** 등은 위와 가까운 부위에 여러 개의 맹장을 가지고 있다. 그러나 숭어는 위의 한쪽에는 여러 개의 맹장이 붙어 있고 다른 쪽에는 한 개만 붙어 있다. 검은쥐치, 고조모샘치****** 같은 물고기는 맹장이 몇 개밖에 없다. 도미는 맹장이 여러 개 있는데 개체에 따라 그 수가 다르다. 귀족도미는 맹장이 많고 어떤 참돔은 몇 개밖

---

* σκαρους(skaros).
** γυφτόψαρο(gyftópsaro), gobius.
*** σκορπιούς(skorpiós).
**** trigla. 두 개의 촉수가 있는 농어목 물고기.
***** σπάρος(spáros), sparus.
****** γλαῦκος(glaukós). 크레스웰은 고조 모샘치(gobio gozo)라고 추정했다.

에 없다. 맹장이 없는 물고기도 있는데, 연골어류 대부분이 그렇다. 나머지 물고기들은 맹장이 있는데, 어떤 것은 맹장이 몇 개밖에 없고 어떤 것은 대단히 많다. 그러나 어떤 경우든 물고기의 맹장은 위와 가깝게 붙어 있다.

14 새의 내장 기관은 네발짐승이나 어류와 다를 뿐만 아니라 새들끼리도 종류에 따라 다르다. 닭, 멧비둘기, 집비둘기, 자고새 등은 위 앞에 모래주머니가 있다. 먹이를 먹으면 일단 그곳으로 들어가 소화되지 않고 머문다. 그런 다음 좁았다가 넓어지고 다시 좁아지는 식도를 통해 먹이가 모래주머니보다 작은 위로 들어가게 된다.

15 대개 새들은 두꺼운 근육질의 모래주머니를 가지고 있다. 모래주머니의 안쪽에는 근육질과 분리된 질긴 막이 있다. 갈까마귀, 큰까마귀, 까마귀 같은 새는 모래주머니가 없고 그 대신에 굵고 널찍한 식도가 있다. 메추라기는 식도의 아랫부분이 넓다. 수리부엉이와 올빼미는 식도가 짧지만 굵다. 오리, 거위, 갈매기, 큰도적갈매기,* 느시** 등은 굵고 널찍한 식도를 가지고 있다. 대다수의 다른 조류도 이와 비슷하다.

138

쇠물닭

16 황조롱이*는 위가 모래주머니와 비슷하다. 식도도 없고 큰 모래
주머니도 없는 새들도 있다. 제비나 참새 같은 작은 새들이 그렇
다. 쇠물닭** 같은 새는 모래주머니가 없고 식도는 좁지만 긴 편이다. 이
런 새들은 대부분 다른 새들보다 배설물이 묽다.

17 메추라기의 소화기관은 다른 새들과 비교해 조금 특이하다. 즉
메추라기는 모래주머니, 큰 위장 그리고 넓은 식도를 가지고 있
는데, 작은 몸집에 비해 모래주머니가 위장에서 멀리 떨어져 있다. 새는
대부분 창자가 짧은데 펼쳐보면 단순하다.*** 이미 언급한 바와 같이 새

---

* κεγχρίς(kenchris), kestrel.
** πορφυρίων(porphyrion). 톰슨은 플라밍고라고 추정했다.
*** 톰슨은 무슨 뜻인지 불분명하다고 밝히고 있다.

의 맹장은 몇 개 되지 않는다. 맹장은 물고기처럼 위쪽에 붙어 있지 않고 창자 끝에 있다. 모든 새가 맹장을 가지고 있지는 않지만 닭, 자고새, 오리, 올빼미,* 느시, 부엉이 등과 같은 조류 대부분은 맹장을 가지고 있다. 참새같이 작은 새도 일부 맹장을 가지고 있지만 아주 작다.

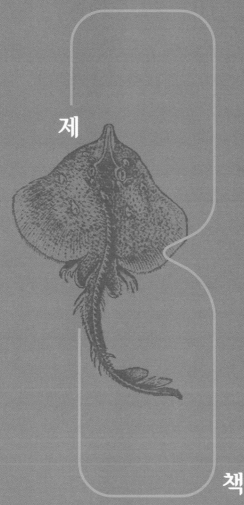

제

책

제 3 책

제1장

물고기, 새, 뱀 그리고 태생동물의 생식기관

1 지금까지 동물들의 내장 기관의 크기와 특징 그리고 다른 장기들과의 상대적 차이 등을 알아보았다. 이제부터는 생식에 연관된 기관에 대해 알아볼 것이다. 암컷의 생식기관은 모두 체내에 있다. 그러나 수컷의 생식기관은 상당히 다양하다. 유혈동물 중에서 어떤 동물은 고환이 아예 없다. 어떤 동물은 고환이 체내에 있다. 체내에 고환이 있는 동물 가운데 어떤 것은 고환이 콩팥 근처 옆구리에 있고 어떤 것은 하복부 가까운 쪽에 있다. 고환이 밖으로 나와 있는 동물도 있다. 고환이 몸 밖으로 나와 있는 동물의 음경은 어떤 경우는 배에 붙어 있고 어떤 경우는 고환과 마찬가지로 하복부에 매달려 있다. 그러나 오줌을 앞으로 누느냐 또는 뒤로 누느냐에 따라 하복부에 음경에 달린 양상은 다르다. 물고기나 아가미가 있는 동물 그리고 뱀 종류는 고환이 없다. 체내에서부터 태생인

동물*을 제외하고 발이 없는 동물은 고환이 없다.

2 조류는 고환이 있다. 하지만 체내의 옆구리에 있다. 도마뱀, 거북, 악어 같은 난생의 네발짐승도 체내의 옆구리 쪽에 고환을 가지고 있다. 이런 형태로 고환을 가지고 있는 태생동물로는 고슴도치가 있다. 태생동물 가운데 발이 없는 돌고래는 고환이 체내의 상복부 쪽에 자리하고 있다. 다른 동물들의 고환은 몸 밖으로 나와 있다. 앞에서 언급했듯이 고환이 배에 매달려 있는 위치와 형태는 다양하다. 돼지 같은 동물은 늘어져 있지 않고 배에 붙어 있으며, 어떤 동물은 인간처럼 밑으로 늘어져 있다.

3 관찰된 바에 따르면 물고기나 뱀은 고환이 없다. 그러나 그것들에는 횡격막에서 척추를 따라 양쪽으로 내려오는 관이 있는데, 두 개의 관이 항문 바로 위 척추 부근에서 하나로 합쳐진다. 발정기가 되면 그 관에는 정액이 가득 차고 관에 압력을 가하면 하얀 정액이 뿜어져 나온다. 다양한 종류의 수컷 물고기 간의 차이를 알아보려면 해부학**을 참고할 필요가 있다. 물고기 종류별 특성에 대해서는 나중에 다시 설명할 것이다.

---

*   체내에서부터 태생이지만 발이 없는 동물은 고래나 돌고래 같은 고래목(κῆτος, 라틴어로 cetus)이다.
**   아리스토텔레스는 『동물지』에서 '해부학(ανατομαί, 라틴어로 anatomia)'을 자주 언급하는데, 소실된 문헌을 가리키는 것으로 보인다. 『동물지』의 이 단어를 단순히 '해부'로 번역할 것인지는 미해결 과제다.

4 두발짐승이든 네발짐승이든 모든 난생동물은 횡격막 밑 음부 쪽에 고환이 있다. 어떤 동물은 고환의 색깔이 희고 어떤 것은 누렇다. 그러나 색깔에 상관없이 모든 고환은 모세혈관으로 에워싸여 있다. 고환마다 관이 이어져 있는데 물고기들에서 보듯이 그것은 나중에 항문 근처에서 하나로 합쳐진다. 그것이 음경이다. 작은 동물들의 음경은 눈에 잘 띄지 않는다. 그러나 거위처럼 몸집이 큰 난생동물의 경우 교미가 끝난 직후에는 음경이 잘 보인다.

5 물고기와 난생의 두발짐승과 네발짐승은 정관(精管)이 위와 창자 그리고 대정맥 사이를 지나 옆구리에 붙어 있다. 대정맥에서 갈라져 나온 혈관은 각각의 콩팥으로 이어져 있다. 물고기와 마찬가지로 정관에는 정액이 들어 있으며 발정기에는 정관이 분명히 드러난다. 그리고 발정기가 끝나면 정관이 보이지 않는다. 그런 현상은 새들의 고환에서도 나타난다. 번식기가 되기 전에는 새의 고환은 아주 작거나 아예 보이지 않는다. 그러나 번식기에는 고환이 대단히 커진다. 그런 현상은 특히 비둘기와 자고새에서 두드러진다. 그래서 어떤 사람은 그 새들은 겨울에는 고환이 없어진다고 생각했다.

6 고환이 앞쪽에 있는 동물 가운데 돌고래는 고환이 체내의 복강에 있고 다른 동물은 하복부 맨 아래쪽에 몸 밖으로 나와 있다. 고환이 몸 밖으로 나와 있는 동물은 다른 점에서는 비슷하지만, 어떤 동물은 고환이 드러나 있고 어떤 동물은 고환이 음낭에 들어 있다는 점에서 차

이가 있다.

7 발 달린 태생동물의 고환은 다음과 같은 특성이 있다. 대동맥에서
혈관이 갈라져 나와 고환의 첨두 부위로 연결된다. 그리고 콩팥에서
나온 두 개의 혈관도 고환으로 연결된다. 콩팥에서 나온 혈관에는 피가
가득 들어 있다.* 대동맥에서 나오는 두 개의 혈관에는 피가 없다. 각 고
환의 머리에 연결된 관이 있는데, 앞서 언급한 관들보다 굵고 실팍하다.
그 관은 고환 끝으로 이어져 있으며, 다시 고환의 머리 쪽으로 들어간다.
그리고 다시 각 고환의 위쪽에서 관이 나와서 음경의 시작 부분에서 하나
로 합쳐진다.

8 구부러져 다시 고환으로 들어가는 두 개의 관을 고환과 함께 고환
초막(睾丸鞘膜)**이 덮고 있다. 그래서 막을 제거하지 않으면 분리되지
않은 한 개의 관으로 보인다. 고환에 연결된 그 관에는 피가 섞인 액체가
들어 있다. 하지만 동맥보다는 양이 많지 않다. 그러나 음경 쪽으로 구부
러져 나온 관에는 흰색의 액체가 들어 있다. 방광에서도 관이 하나 나와
그 관의 윗부분과 연결된다. 그 관은 칼집 모양으로 된 음경에 에워싸여
있다.

---

* 왼쪽 고환정맥(睾丸靜脈)은 콩팥 가까운 곳에서 콩팥정맥과 이어지며 오른쪽 고환정맥은 콩팥정맥
근처의 하대정맥(下大靜脈)과 이어진다.

** tunica vaginalis. 고환 주변의 구불구불한 관으로 이뤄진 장막. 고환과 부고환의 앞면과 측면을 덮고
있다.

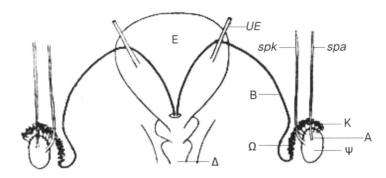

Δ: 음경 E: 방광 Ψ: 고환 A: 대동맥에서 나온 관의 출발점 K: 고환의 머리 부분과 그곳에 연결된 관
Ω: 고환에서 뻗어 나온 관들 B: 고환에서 다리 뒤쪽으로 돌아가며 흰색의 체액이 차 있는 관

9 　고환이 잘려 나가거나 손상되면 고환 위에 연결된 관은 말려 올라간
　다. 어린 동물을 거세할 때는 고환에 상처를 내고 나이 든 동물은
고환을 적출해낸다. 수소를 거세한 직후에 암소와 교미시켜도 새끼를 배
게 된다. 수컷 동물의 고환에 대해서는 이 정도 해두자.

10 　암컷에게는 자궁이 있는데, 자궁은 동물마다 특성과 형태가 다
　르다. 특히 태생동물과 난생동물의 자궁 사이에는 큰 차이가 있
다. 외부로 드러나 있는 생식기 근처에 자궁이 있는 모든 동물의 자궁은
좌우 두 개의 자궁각(子宮角)*으로 되어 있으며, 자궁경관(子宮頸管)은 하나
다. 근육과 연골로 이루어진 자궁경관의 안쪽 부분을 위스테라** 또는 델

*　　κεράτια(keratia). 뿔이라는 의미로 자궁 중심에서 나팔관으로 이어지는 부분.
**　　ύστέρα, hystera. 크레스웰은 이것을 uterus(자궁)라 영역했다.

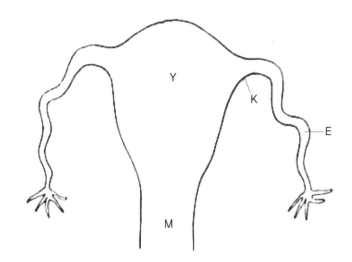

Y: 위스테라 또는 델퓌스   M: 자궁경관   K: 자궁각   E: 나팔관

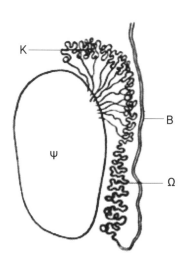

Ψ: 고환(정소)   K: 부고환 머리   Ω: 부고환 몸통   B: 정관(精管)

퓌스*라고 하고, 자궁경관은 메트라**라고 한다.

11 두발짐승이든 네발짐승이든 모든 태생동물의 자궁은 횡격막 아래에 있다. 그리고 뿔이 달린 짐승도 마찬가지다. 자궁의 끝부분에는 뿔같이 생긴 자궁각(케라티아)이 있다. 체외로 알을 낳는 난생동물은 자궁의 위치가 제각각이다. 어떤 새는 자궁이 횡격막 가까이에 있고 어떤 물고기는 태생 두발짐승이나 네발짐승과 마찬가지로 몸 아래쪽에 있다. 물고기의 자궁은 얇은 막으로 이루어져 있어서 두 갈래로 갈라진 알주머니가 각각 하나의 알처럼 보인다. 특히 작은 물고기의 알은 두 개로 보이지만 사실은 각각의 알주머니에 수많은 알이 들어 있다. 그래서 알주머니가 해체되면 수많은 알이 나오게 된다.

12 조류의 질(膣)은 자궁 아래쪽에 있으며 질긴 근육으로 이루어져 있다. 그러나 횡격막 가까이 있는 부분은 매우 얇은 막으로 이루어져 있어서 마치 알이 자궁 밖에 있는 것처럼 보인다. 큰 새는 이 막이 더 두드러져 보이는데 부풀어 오르면 질을 통해 밖으로 불거져 나오기도 한다. 작은 새는 자궁이 잘 보이지 않는다. 거북, 도마뱀, 개구리 등 난생 네발짐승의 자궁은 자궁경관이 근육으로 되어 있으며 아래쪽에 있고, 두 개의 난소로 갈라지는 부분은 위쪽의 횡격막 부근에 있다.

---

*   델퓌스(δελφύς, delphys)는 '이중의' 또는 '형제'라는 뜻의 아델포스(αδελφός)에서 유래했다.

**   μήτρα(metra).

13 발이 없는 난태생동물 가운데 상어를 비롯한 연골어류(발이 없고 아가미가 있는 태생동물)는 자궁이 조류와 마찬가지로 두 부위로 나뉘어 있는데 밑에서 시작해서 횡격막 근처까지 이어져 있다. 두 자궁각 사이 그리고 횡격막 가까운 곳에 난소가 있으며, 여기에서 알이 나온다. 그리고 넓은 곳으로 내려가 알에서 새끼가 태어난다.

14 난태생 물고기와 난생 물고기의 자궁이 다른 점은 해부된 그림을 통해 더 정확히 알아볼 수 있을 것이다. 뱀의 자궁은 서로 다를 뿐만 아니라 다른 동물과 비교할 때 큰 차이가 있다. 살무사를 제외한 모든 뱀은 난생이다. 살무사는 태생이다. 살무사는 체내에서 처음에는 난생이지만 체외로 분만할 때는 태생이다. 이런 특성으로 볼 때 살무사의 자궁은 연골어류의 자궁과 유사하다. 뱀의 자궁은 몸에 걸맞게 길다. 몸 아래쪽에서 시작하여 척추 양쪽으로 횡격막까지 이어져 있어서 두 개의 관이 별도로 있는 것처럼 보인다. 여기서 알이 하나씩 따로따로 만들어지는 것이 아니라 띠처럼 이어져 있는 형태로 만들어진다.

15 체내·체외에서 태생인 동물은 자궁이 하복부 위에 있고 모든 난생동물은 자궁이 하복부 밑에 음부와 가까운 곳에 있다. 체외로 분만할 때는 태생이지만 체내에서는 난생인 동물 즉 난태생 동물의 자궁은 두 가지 특성을 다 가지고 있다. 알을 담고 있는 부분은 아래쪽 생식기와 가까운 곳에 있고 알을 낳는 부분은 창자 위에 있다. 동물의 자궁을 서로 비교하면 다음과 같은 차이도 있다. 뿔이 있고 치열이 상하 대칭

이 아닌 토끼, 쥐, 박쥐 같은 동물은 임신하게 되면 자궁에 태반엽구(胎盤葉丘)*가 만들어진다. 상하로 맞물리는 이빨이 있고 발이 있는 태생동물은 부드러운 자궁을 가지고 있으며 수정란은 태반엽구가 아니라 자궁 자체에 착상한다.

종류가 다른 여러 동물의 체내·체외 기관은 지금까지 설명한 바와 같은 특성을 지니고 있다.

---

*   κοτυληδών(kotylēdōn). 융모막 표면의 곳곳에 융모가 총모(叢毛, 엄지발가락 발톱 뒤 피부에 난 털)처럼 둥근 모양으로 밀집한 영역. 작은 사발이나 컵을 뜻하는 코튈레(κοτυλη)의 형상을 차용한 용어다.

제 2 장

쉬엔네시스*와
아폴로니아의 디오게네스**의
혈관에 대한 설명

1 유혈동물이 가지고 있는 동질적인 조직 가운데 가장 일반적인 것이
혈액이다. 그리고 피를 담고 있는 혈관도 마찬가지다. 그다음으로 공
통으로 가지고 있는 것은 혈액과 상사기관(相似器官)인 장액과 섬유조직이
다. 동물의 몸을 형성하는 것은 주로 근육과 근육의 상사기관, 뼈와 뼈의
상사기관, 가시와 연골이다. 그다음에는 피부, 점막, 털, 손톱·발톱 등과
그 상사기관이다. 이런 것들 다음에는 체지방과 지방, 분비물, 배설물이
다. 배설물에는 똥, 가래, 그리고 황색과 흑색의 담즙이 있다.

---

*   Συέννεσις(Syennesis). 기원전 4세기 이전에 활동한 키프로스 출신의 의사. 『히포크라테스 전집 (Corpus Hippocraticum)』에 그가 쓴 것으로 알려진 논문 「뼈의 구조에 대하여(De Ossium Natura)」의 일부가 전해진다.

**   Διογένης ὁἈπολλωνιάτης(Diogenes of Apollonia). 기원전 5세기경에 활동한 밀레투스 출신의 철학자. 그의 저서 『자연에 관하여(ΠερὶΦύσεως, Peri Physeo)』 일부가 전해지고 있다.

152

2 혈액과 혈관의 특성을 먼저 다룰 필요가 있다. 왜냐하면 혈액과 혈
관은 기본적으로 중요할 뿐만 아니라 이전의 저자들이 기록해 놓은
설명이 매우 불충분하기 때문이다. 혈관과 혈액에 대해 무지한 원인은 혈
관과 혈액의 관찰이 어렵다는 데 있다. 죽은 동물에서는 주요 혈관의 특
성을 관찰하는 것이 불가능하다. 왜냐하면 일단 피가 빠져나가면 혈관
은 수축하기 때문이다. 그릇에서 물이 빠져나가듯 혈관에서 피가 빠져나
가면 심장에 조금 들어 있는 것을 제외하고 다른 곳에는 피가 없다. 살이
있는 동물에서는 그것이 몸 안에 있어 보이지 않기 때문에 그 특성을 알
수 없다. 그리고 죽은 동물을 해부하여 혈관을 관찰한 사람은 혈관의 주
요 혈류를 알 수 없다. 그러나 일부 학자들은 혈관이 밖으로 드러나 보일
정도로 깡마른 사람을 관찰하여 혈관의 혈류를 알아냈다.*

3 이런 방법을 사용한 연구자들 가운데 한 사람인 키프로스 출신의
의사 쉬엔네시스는 다음과 같이 기록하고 있다. "혈관은 다음과 같
은 방식으로 뻗어 있다. 혈관은 배꼽에서 옆구리를 가로질러 하흉부에 있
는 허파를 지나간다.** 한편은 왼쪽에서 오른쪽으로 가고 다른 한편은 오
른쪽에서 왼쪽으로 간다. 왼쪽에서 시작한 혈관은 간을 지나 콩팥과 고
환으로 간다. 오른쪽에서 시작된 혈관은 지라와 콩팥을 지나 고환으로
가고 거기서 다시 음경으로 간다."

---

*   실제로 그리스의 의사이자 철학자인 클라우디오스 갈레노스(Claudius Galenus, 129~216)는 늑간근
      을 설명하면서 이런 방법을 언급했다.
**   발생학적으로 볼 때 배꼽(ὀμφαλός, omphalos)을 혈관의 근원으로 보는 것은 명백한 오류다.

4 아폴로니아의 디오게네스는 다음과 같이 기록하고 있다. "인간의 혈관은 다음과 같다. 두 개의 매우 굵은 혈관이 있다. 이 혈관은 척추를 따라 배를 관통한다. 하나는 오른쪽으로 지나가고 다른 하나는 왼쪽으로 지나간다. 두 혈관은 각각 가까운 쪽에 있는 다리로 내려간다. 위로는 쇄골을 비켜 목을 통과한다. 오른쪽 혈관에서는 몸의 오른쪽으로 왼쪽 혈관에서는 몸의 왼쪽으로, 이 두 혈관에서 다른 혈관들이 온몸으로 퍼져나간다. 이렇게 갈라져나간 혈관 가운데 큰 혈관은 두 개가 있는데 척추를 감돌아 심장으로 이어진다. 다른 혈관들은 조금 더 위에 있으며 겨드랑이 밑의 가슴을 지나 좌우 양손으로 간다.* 하나는 비장혈관이고 다른 하나는 간혈관이다."**

5 "이 혈관들의 끝은 다시 나뉘는데, 하나는 엄지손가락으로 가고 다른 하나는 손바닥으로 간다. 여기서 다시 여러 개의 가는 혈관들이 갈라져 나와 손가락과 손의 다른 부위로 간다. 가장 큰 혈관에서 갈라져 나온 혈관 중에서 오른쪽에 있는 혈관은 간으로 가고 왼쪽에 있는 혈관은 비장과 신장으로 간다. 다리로 내려간 혈관은 고관절에서 갈라져 대퇴부 전체로 퍼져나간다. 그러나 이 혈관들 가운데 가장 굵은 혈관***은 대퇴부 뒤쪽으로 간다. 이 혈관은 굵어서 눈으로 볼 수 있으며 그 경로를

---

*   쇄골하동맥을 뜻하는 것으로 보인다.

**   각각 splenitis vein과 hepatitis vein으로 영역되어 비장혈관과 간혈관으로 번역했다. 하지만 오늘날 해부학에서 말하는 간과 비장의 위치와는 전혀 관계가 없다. 해부학 사전을 보면, 이 두 정맥을 venae basilicae 즉 척골측피정맥(尺骨側皮靜脈)으로 명명한다. 이는 상완부 안쪽에 있는 가장 굵은 정맥을 가리킨다.

***   femoral artery. 고동맥(股動脈).

추적할 수 있다. 이보다 조금 가는 다른 혈관*은 대퇴부 내부를 지나간다. 그리고 무릎을 지나 정강이와 발로 뻗어나간다. 그리고 손에 있는 혈관들과 마찬가지로 발바닥과 발가락으로 퍼져나간다."

6 "굵은 혈관에서 여러 개의 가는 혈관이 갈라져 나와 위와 늑골 부위로 들어간다. 목을 지나 머리로 올라가는 혈관**은 굵기 때문에 목 부위에서 눈으로 볼 수 있다. 이 혈관의 말단에서 많은 혈관이 머리로 퍼져나간다. 혈관 가운데 일부는 오른쪽에서 왼쪽으로, 나머지는 왼쪽에서 오른쪽으로 뻗어나가 귀 근처에서 끝난다. 목의 좌우 양쪽에는 조금 더 가는 다른 한 쌍의 혈관이 앞에서 언급한 큰 혈관과 나란히 지나간다. 머리에 있는 혈관들은 대부분 이 한 쌍의 혈관과 이어져 있다. 이 혈관들은 몸 안쪽으로 들어가 목구멍을 지나간다. 여기서 혈관들이 가지를 치고 견갑골***을 밑을 지나 양손으로 내려간다.**** 이 혈관들은 굵기는 조금 가늘지만 비장혈관 및 간혈관과 나란히 있다.***** 피부에 통증이 있을 때 의사들은 후자의 두 개 혈관을 절개한다. 그러나 체내의 위장에 통증이 있을 때는 비장혈관과 간혈관을 절개한다."

---

*   saphenous vein. 복재정맥(伏在靜脈). 대퇴부 내부를 지나가는 하지 정맥.
**   jugular vein. 경정맥(頸靜脈).
***   spurascapula. 상견갑골(上肩甲骨).
****   venae brachiocephalicae. 완두정맥(腕頭靜脈).
***** 톰슨은 이 문장의 의미를 이해하기 힘들다고 밝히고 있다.

7 "여기서 갈라져 나온 다른 혈관들이 젖가슴 밑으로 내려간다. 그리고 또 다른 한 쌍의 가늘고 얇은 혈관이 척수를 타고 내려가 고환으로 이어진다. 다른 혈관들은 피부밑의 살* 속을 통과해 콩팥으로 이어진다. 남성은 이 혈관들이 고환에서 끝나고 여성은 자궁에서 끝난다. 이 혈관을 정계정맥(精系靜脈)이라고 한다. 위에서 나온 혈관들은 처음에는 비교적 굵지만 혈관이 오른쪽에서 왼쪽으로, 왼쪽에서 오른쪽으로 엇갈리는 곳에 가서는 가늘어진다. 피가 살에 퍼져 있을 때는 진하고, 위에 언급한 기관들을 지나갈 때는 맑고 따뜻하고 거품이 있다." 여기까지가 쉬엔네시스와 디오게네스의 혈관에 관한 설명이다.

8 폴뤼보스**는 이렇게 설명한다. "네 쌍의 혈관이 있는데 한 쌍은 후두부에서 목을 거쳐 바깥쪽으로 나와 척추의 좌우 양쪽을 따라 대퇴부와 정강이까지 내려온다. 그다음에는 정강이를 지나 발목으로 가고 거기서 바깥쪽으로 나와 발로 간다. 등과 대퇴부에 통증이 있으면 외과의사들은 허벅다리 뒤쪽이나 발목 바깥쪽 부위에서 사혈(瀉血)한다.*** 그리고 다른 한 쌍의 혈관은 머리에서 귀를 거쳐 목에 이른다. 이 혈관을 경정맥(頸靜脈)이라고 한다. 이 혈관은 몸 안쪽으로 들어가 척추를 따라 요근(腰筋)을 지나 고환에 이르며 계속해서 대퇴부로 간다. 그리고 대퇴근

---

*　　　이것은 인체에서 피부와 뼈를 제외하고 지방을 포함한 피하조직과 근육을 뜻하는 것으로 볼 수 있다.

**　　Πόλυβος(Pólybos). 기원전 4세기경 그리스 코스(Κως, Kos)섬에서 활동한 의사. 히포크라테스의 제자이자 사위로 알려져 있다.

***　"허벅다리 뒤쪽과 발목 바깥쪽 '사이'"일 수도 있다.

의 안쪽을 지나 정강이를 거쳐 발목의 안쪽을 거쳐 발로 내려간다. 그런 까닭으로 외과 의사들은 허리와 고환이 아프면 오금과 발목 안쪽에 사혈한다."

9 "세 번째 혈관 한 쌍은 관자놀이에서 목을 거쳐 견갑골 밑으로 들어가 허파에 이른다. 오른쪽에서 왼쪽으로 가는 혈관들은 젖가슴 밑을 지나 비장과 신장으로 가고, 왼쪽에서 오른쪽으로 가는 혈관들은 허파에서 젖가슴 밑을 지나 간과 신장으로 간다. 그리고 두 개의 혈관 모두 고환에서 끝난다. 네 번째 혈관 한 쌍은 머리의 전두부와 눈에서 나와 목과 쇄골 밑을 통과한다. 그다음에는 상박부를 지나 팔꿈치로 간다. 그리고 하박부를 지나 손목과 손가락 마디들로 간다. 그리고 다시 하박부를 지나 겨드랑이로 가고 늑골 위를 지나게 된다. 이어서 혈관 하나는 멀리 비장까지 가고 다른 하나는 간으로 간다. 그다음에 이 한 쌍의 혈관은 위를 거쳐 음부에서 끝난다."

제 3 장

3

혈관의
특성과 기능

1 이와 같은 혈관에 관한 서술은 지금까지의 기록을 잘 요약하고 있다. 혈관에 관하여 정확한 용어로 기록하려고 시도조차 하지 못한 생리학자들도 있다. 하지만 그들은 하나같이 혈관이 머리와 두뇌에서 시작된다고 보았다.* 이런 견해는 틀린 것이다. 앞에서 언급했지만, 혈관의 경로를 포착하는 데는 많은 어려움이 있다. 이 문제에 대해 탐구심이 지극한 사람이 선택할 수 있는 가장 좋은 방법은 동물을 굶겨 피골이 상접하게 한 다음 순식간에 목을 조르고 죽자마자 조사하는 것이다. 이제 혈관**의 특성과 기능에 대해 자세히 설명할 차례다. 흉부 안쪽 척추 가까운 곳

---

* 톰슨은 이 부분에서 다음과 같은 주를 달았다. "쉬엔네시스나 아폴로니아의 디오게네스는 이런 주장을 하지 않았으며 아리스토텔레스나 플라톤의 이론도 마찬가지다. 혈관이 머리와 뇌에서 시작한다는 이론은 히포크라테스 학파의 일반적인 주장으로 보인다."

** 아리스토텔레스는 이 책에서 혈관에 조응하는 말로 φλέψ(phleps)라는 어휘를 정맥과 동맥을 구분하지 않고 사용했다. 그러나 그는 『호흡에 대하여』에서는 동맥을 ἀρτηρίαι(artēriāi)로 표기했다. 히포크라테스 학파는 동맥과 정맥을 확실히 구분했다.

에는 두 개의 혈관이 있다. 이 가운데 굵은 것은 앞에 있고 가는 것은 뒤에 있다. 굵은 혈관은 몸의 오른쪽으로, 가는 혈관은 왼쪽으로 치우쳐 있다. 몇몇 학자는 이 혈관이 죽은 상태에서도 공기로 부풀어 오른 것을 볼 수 있어서 대동맥*이라고 한다.

2 이 혈관은 심장에서 시작된다.** 이 혈관은 내장 기관 전체를 돌면서도 혈관의 특성을 그대로 유지한다. 대동맥은 심장을 중간에 두고 위아래로 이어져 있으므로 말하자면 심장도 혈관의 일부라고 할 수 있다(두 개의 혈관 가운데 전면에 있는 굵은 혈관이 특히 그렇다). 모든 동물의 심장에는 내부에 공동(空洞)이 있다.*** 아주 작은 동물의 심장에서는 가장 큰 공동도 식별하기 어렵다. 중간 크기 동물의 심장에서도 두 번째로 큰 공동은 잘 보이지 않는다. 그러나 체구가 큰 동물의 심장에서는 세 개의 공동이 모두 뚜렷하게 드러난다. 이미 알아본 바와 같이 심첨이 전방을 향하고 있을 때 가장 큰 공동은 오른쪽에 있으며 가장 작은 공동이 왼쪽에 있고, 그 사이에 중간 크기의 공동이 있다. 세 개의 공동 가운데 가장 큰 공동은 나머지 두 개에 비해 현저하게 크다.

---

* ἀορτή(aortē). 그리스어로 '들어 올리다'라는 뜻의 ἀείρω(aeirō)에서 파생했다. 아리스토텔레스는 대동맥을 가리키는 데 이 어휘를 썼다.

** 플라톤 역시 『대화』의 '티마이오스(Τίμαιος)' 편에서 대동맥이 심장에서 시작된다고 보았다. 베네치아 공화국의 저명한 의사 니콜로 마사에(Nicolo Massae)가 1563년에 펴낸 『갈리아 지방의 질병에 관하여(De Morbo Gallicos)』에는 히포크라테스도 대동맥이 심장에서 시작되는 것으로 보았다는 내용이 있다.

*** 로마 시대에 활동한 그리스 출신의 의사이자 해부학의 시조인 클라우디오스 갈레노스(Claudius Galenus)는 그의 저서 『인체 각 부위의 유용함에 대하여(De Usu Partium Corporis Humani)』에서 이 같은 내용을 전하고 있다.

3 이 세 개의 공동은 폐 쪽으로 가는 혈관들과 연결되어 있다. 하지만 혈관 하나*를 제외하고는 매우 미세하므로 식별하기 어렵다. 가장 큰 공동에서 굵은 혈관이 나와 오른쪽 아래로 매달려 있다. 이 혈관에는 마치 공동의 한 부분인 것처럼 피가 고여 있다. 대동맥은 중간 공동에서 나오지만, 정맥과는 다른 방식으로 매우 가는 혈관들로 심장과 연결되어 있다. 대정맥은 심장을 관통하며 심장에서 나와 대동맥으로 연결된다.** 대정맥은 피부 또는 막으로 이루어진 것처럼 보인다. 그러나 대동맥은 정맥에 비해 좁지만 매우 실팍하다. 동맥은 머리와 하체로 계속 이어지면서 대단히 좁아지고 힘줄처럼 질겨진다.

4 대정맥의 일부는 먼저 심장에서 폐로 올라가 동맥으로 연결된다. 이 정맥은 하나로 되어 있으며 매우 굵다. 여기서 정맥은 둘로 갈라진다. 하나는 폐로 들어가고 다른 하나는 척추와 경추의 가장 아랫부분으로 들어간다.*** 폐로 들어가는 혈관은 처음에는 폐엽(肺葉)이 두 개이기 때문에 두 개로 나뉘고, 나중에는 기도의 크기에 따라 큰 혈관은 큰 기도로, 작은 혈관은 작은 기도로 계속해서 갈라져나가 기도와 혈관이 없는 곳을 발견하기 어려울 정도로 퍼져나간다. 최종적으로는 혈관은 너무 미세해 보이지 않고 폐가 혈액으로 가득 차 있는 것처럼 보인다.

---

* 폐동맥.

** 톰슨은 이 부분이 아리스토텔레스의 혈관계 설명 전체에 혼란을 가져오고 있다고 밝히고 있다.

*** 톰슨은 아리스토텔레스는 폐에 혈액이 공급된다는 것은 알았지만 폐혈관계에 대해서는 제대로 알고 있지 못했다고 단언하면서, 원문의 문장을 교정하지 않고 그대로 번역한다고 밝히고 있다.

5 폐정맥에서 갈라져 나온 가는 혈관들은 기도에서 갈라져 나온 기관지들 위에 있다. 경추와 척추로 이어져 있는 정맥은 호메로스가 쓴 대로 다시 척추를 따라 내려간다. "안틸로코스(Antílokhos)는 기회를 엿보다 툰(Thóōn)이 등을 돌리자 뛰어 올라타 창을 찔러 척추를 따라 목으로 가는 핏줄을 단번에 끊어놓았다."* 그리고 이 혈관에서 갈라져 나온 혈관들이 갈비뼈와 척추뼈로 간다. 그러나 신장 가까이에 있는 척추뼈로 가는 혈관은 둘로 갈라진다. 큰 혈관에서 분기된 혈관들도 이런 식으로 다시 갈라진다.

6 그러나 이 혈관들 가운데서도 특히 심장에서 나온 혈관에서 갈라져 나온 혈관은 둘로 나뉘어** 하나는 옆으로 뻗어 쇄골로 향한다. 인간의 경우 나중에 겨드랑이를 거쳐 팔로 간다. 그러나 네발짐승은 앞다리로, 새는 날개로, 물고기는 가슴지느러미로 간다. 이 지혈관(枝血管)들이 갈라져 나온 줄기를 경정맥***이라고 한다. 여기서 갈라져 나온 혈관들은 폐의 기관지를 따라 간다. 경정맥을 외부에서 압박하면 숨은 쉬지만 의식을 잃고 눈을 감은 채 쓰러진다.

7 이런 식으로 기도를 따라 혈관이 뻗어나가 하악골이 두개골과 이어지는 귀에 이르게 된다. 여기서 다시 혈관이 네 개의 지혈관으로 나

---

*   호메로스, 『일리아스(Ilias)』 13권 546행.
**   무명정맥과 쇄골하정맥.
***   근대 해부학에서는 internal jugular vein 즉 내경정맥(內頸靜脈)이라고 한다.

뉘진다. 양쪽에 각 두 개씩 있는 혈관 가운데 하나는 다시 굽어져 목을 지나 어깨로 내려가며 팔꿈치 부근에서 이전에 갈라져 나온 다른 혈관과 합류한다. 다른 혈관 하나는 손과 손가락에서 끝난다. 그리고 귀 부위에서 또 다른 혈관이 머리로 올라가 여러 갈래의 가는 혈관으로 갈라져 뇌막 또는 뇌를 감싸고 있는 막으로 퍼져나간다.

8 모든 동물의 뇌 자체에는 피가 없고 크든 작든 뇌로 들어가는 혈관도 없다. 그러나 내경정맥에서 갈라져 나온 혈관 가운데 일부는 뇌를 감싸고 다른 혈관은 모세혈관으로 갈라져 감각기관과 치근(齒根)으로 가서 끝난다. 같은 양상으로 대동맥으로 명명된 혈관도 둘로 갈라져 대정맥과 나란히 뻗어나간다. 그러나 대동맥은 대정맥에 비해 가늘고 갈라져 나온 혈관도 많지 않다.

톰슨은 아리스토텔레스의 혈관에 대한 설명 부분에 장황한 주석을 달았다.
"혈관계(血管系)에 대한 아리스토텔레스의 설명은 세부적 묘사가 풍부하고 상세한 사실에 대해서는 정확하지만 너무 모호하다는 점에서 눈여겨볼 만하다. 그런 점은 당연히 철저하게 탐구했다는 분명한 증거이다. 하지만 본 것을 제대로 기억하지 못했거나 관찰한 사실들이 고정관념과 충돌했다고 보일 정도로 여기저기 사실과 동떨어진 내용들도 있다. 이미 폐기되고 오류가 증명된 폴뤼보스 및 디오게네스의 설명, 그리고 (모호하기는 하지만) 쉬엔네시스의 설명 등에 근거를 둔 왼팔과 간 그리고 오른팔과 비장을 연결하는 혈관에 관한 기술은 아리스토텔레스가 신비주의적 또는 미신적 믿음을 가지고 있었다는 것을 잘 보여주고 있다. 심장에 공동이 세 개라고 한 것 역시 플라톤이 말한 육체의 세 가지 기능과 마찬가지로 관습이나 신비주의의 영향을 받은 것으로 보인다. 아리스토텔레스의 혈관계에 대한 설명은 갈레노스(Claudios Galenos), 폰 할러(Albrecht von Haller),

호프만(Friedrich Albin Hoffmann), 필립손(Ludwig Philippson), 슈나이더(Johann Gottlob Theaenus Schneider), 리트레(Émile Littré), 아우베르트(Hermann Rudolph Aubert), 빔머(Christian Friedrich Heinrich Wimmer), 헉슬리(Thomas Henry Huxley), 푸셰(Félix Archimède Pouchet), 오글(John William Ogle) 등에 의해 거론되었으며 다양하게 해석되었다.

아리스토텔레스의 설명 전체를 해석하는 데 가장 큰 난제는 폐동맥에 대한 정확한 언급이 없기 때문이다. 앞에 언급된 다른 중요한 설명들에 따르면 우리는 굵기가 같은 두 개의 실팍한 혈관이 심장의 양 측면에서 나와 나란히 이어져 있다고 생각할 수밖에 없다. 하지만 심장과 이어진 두 개의 큰 혈관 중 하나는 대동맥이고 다른 하나는 대정맥이라는 것은 의심의 여지가 없다. 폐동맥은 이 두 개의 혈관 가운데 어느 하나에 포함되거나 연결되어야만 한다. 우리는 한편으로 (헉슬리 등이 주장한 것처럼) 아리스토텔레스가 폐동맥이 다른 혈관들과 마찬가지로 그 자체로 심장의 오른쪽에 연결되었다고 생각한 것으로 볼 수도 있다. 그래서 아리스토텔레스가 주장한 대혈관(great blood-vessel)이 우심방과 연결된 상대정맥과 하대정맥에 해당하며, 아리스토텔레스가 주장한 '큰 공동(largest chamber)'이 우심실이고 "강물이 호수에 이르러 강폭을 넓히듯이 피가 심실에 이르러 혈관을 넓히고 폐동맥은 혈관에서 다시 혈관이 나온 것"으로 볼 수 있다. 더 나아가 '심장을 관통하는 큰 혈관이 심장에서 대동맥으로 들어간다'는 아리스토텔레스의 설명을 인정한다면 (특별히 아리스토텔레스가 해부한 태아의 심장이라는 것을 가정한다면) 폐동맥과 대동맥을 이어주는 동맥관(ductus arteriosus)을 가리킨다는 것을 알 수 있다.

이렇게 번역하면 아리스토텔레스의 설명은 사실과 면밀히 부합한다. 그렇지만 다음과 같은 이유로 이런 번역을 인정하기 어렵다. ① 아리스토텔레스가 대정맥과 폐동맥이 가깝게 연결되어 있다는 것을 알거나 믿었고 또는 인체의 정맥 순환계가 직접 심장을 관통해 폐의 순환계와 이어져 있다는 사실을 알았다고 보기 어렵다. ② 폐동맥을 아리스토텔레스의 혈관 목록에 포함하면 동맥은 근육질로 되어 있고 정맥은 막으로 이루어져 있다고 분명히 구분한 그의 주장이 힘을 잃게 된다. ③ 대동맥은 폐동맥에 비해 크게 가늘지 않고 거의 같은 굵기다. ④ 대동맥과 거기서 갈라져 나온 동맥들은 전체적으로 정맥들이 지나는 경로를 따라가며 폐로 이어진 혈관도 예외가 아니라는 사실이 나중에 알려졌다. ⑤ 내가 보기에 아리스토텔레스가 동맥관을 해부하거나 인지했을 것 같지 않다. 내 생각에는 동물의 사체에서 피가 빠져나가면 폐동맥과 대동맥은 조직이 서로 비슷해 정맥과는 명확히 다르므로 그냥 싸잡아 '대동맥'으로, 다시 말하면 동맥혈관계로 명명했을 가능성이 훨씬 크다. 하지만 이런 가정은 아리스토텔레스가 이 두 혈관이 심장의 서로 다른 쪽과 연결되어 있다는 사실을 조사하지 않았다는 것을 인정할 수밖에 없도록 만든다. 갈레노스도 이러한 해석을 지지했다.

이 견해에 따르면 심장을 관통해 큰 혈관으로 계속 이어지는 혈관은 대정맥이고, 이 대정맥의 상부와 하부가 일종의 혈액저장소라고 할 수 있는 우심방에서 만나며 거기서 심장의 공동 가운데 가장 큰 우심실로 이어진다. 심장 위에 있는 대정맥에는 폐정맥이 있다(폐정맥과 상대정맥의 차별성과 폐정맥이 다른 심방으로 연결되어 있는 점은 간과되었다). 그리고 폐정맥은 폐로 들어가 그 끝에서 폐동맥과 이어진다. 반면에 대정맥의 다른 부분, 즉 상대정맥은 척추 쪽으로 뻗어나가 두 개의 무명정맥으로 갈라지고 여기서 경정맥과 쇄골하정맥이 갈라져 나온다. 동맥계, 폐동맥 그리고 대동맥에서 분기된 동맥들은 정맥계와 짝을 이루어 뻗어 있다. (트로이 전쟁 당시 그리스 동맹군의 장군) 안틸로코스(Antílokhos)가 트로이 장수 툰(Thóōn)의 등을 후려쳐 갈라놓은 큰 혈관은 상대정맥과 하대정맥의 큰 줄기다. (아리스토텔레스는) 심장 하부의 대동맥과 하대정맥의 경로는 대체로 정확하게 설명하고 있다. 요컨대 우리에게 전해진 아리스토텔레스의 기록을 볼 때 해부학적 사실과 부합하지 않는 한 가지 약점은 심장 자체와 주요 혈관들과 심장을 연결하는 구멍에 관한 설명이다.

이러한 약점은 불완전한 해부 또는 기록의 오역이나 소실, 아니면 고대부터 내려오는 이런 주요 기관에 대한 전통적 견해를 따르려는 경향에서 비롯되었다고 볼 수 있다. 히포크라테스 학파의 학자들은 두 개의 심방이 있다는 것을 정확히 알고 있었던 것으로 보인다(히포크라테스 『심장에 관하여(De Corde)』). 나중에 와서야 비로소 심방들은 부속된 혈관과 구별되었다(갈레노스, 책2권 624장). 갈레노스는 아리스토텔레스가 말한 세 번째 또는 중간에 있는 공동은 우심실의 일부일 것이라고 설명한다. 나는 이러한 가정이 아리스토텔레스가 기록한 내용의 모호함을 풀어주는 한 가지 해답이라고 생각하고, 이것이 두 개로 분기가 일어나는 중간에 있는 공동이며 이제는 그곳으로 들어가는 폐동맥으로 알려진 대동맥 또는 동맥계의 한 부분으로 생각하고 싶다. 다른 곳에서는 대동맥이 분명히 보이지만 폐동맥이 두드러져 보이는 심장 바로 근처에서는 대동맥이 폐동맥에 가려져 잘 보이지 않는다. 아리스토파네스(Aristophanes of Byzantium)의 『발췌본(Epitome)』 책2권 21장에 언급된 것은 의심할 여지 없이 폐동맥이다.

아리스토텔레스가 『수면과 불면에 관하여(Περὶ ὕπνου καὶ ἐγρηγόρσεως)』에서 언급한 내용은 흥미롭다. 이 책에서는 세 개의 공동에 관해 다른 책에서와 같은 이름을 붙이거나 순서를 정하지도 않았으며 또 세 개의 공동 가운데 하나, 즉 가운데 공동을 해부학상 매우 부수적인 것으로 취급하고 있다. 결론적으로 아리스토텔레스와 가장 적절하게 비교할 만한 히포크라테스의 『몸에 관하여(Περί σαρκών)』에 있는 정맥에 대한 설명에 의하면 폐동맥이 정맥계와 연결된다고 생각할 여지는 전혀 없다. 폐동맥이 동맥이 정맥과 쉽게 구별될 수 있는 것처럼 자연스럽게 대동맥과 연결되지 않는다면 정맥은 간에서 나오고 동맥은 심장에서 나온다는 견해도 있을 수 없다는 것을 덧붙일 수 있다.

제 4 장

혈관계의 실체

1 심장 위쪽 부위에 있는 정맥들에 대해서는 이쯤 하기로 하자. 심장 아래쪽의 대정맥은 횡격막의 한가운데를 관통한다. 그리고 탄력 없이 늘어진 막의 형태로 대동맥과 척추와 연결된다. 여기서 짧고 굵은 혈관*이 간을 관통하면서 여기서 많은 혈관이 갈려져 나와 간 전체로 퍼져나가 사라진다. 하대정맥은 두 갈래인데, 하나는 프라에코르디아** 즉 횡격막에서 끝나고, 또 다른 하나는 겨드랑이를 거쳐 오른팔로 가서*** 팔꿈치 내부에서 다른 정맥과 연결된다. 이런 까닭으로 외과 의사들은 특정 간질환을 치료할 때 팔뚝에 있는 이 혈관을 뚫어 사혈(瀉血)한다.

---

*   hepatic portal vein. 간문맥(肝門脈).

**   praecordia. prae(before) + cordia(heart)는 횡격막을 뜻한다.

***   이러한 정맥은 존재하지 않는다. vena azygos 즉 기정맥(奇靜脈)을 제대로 알지 못하고 이런 설명을 한 것으로 보인다.

2 이 혈관의 오른쪽에서 짧고 굵은 혈관이 나와서 비장으로 간다. 그리고 이 정맥에서 갈라져 나온 지혈관들은 비장에서 사라진다. 또다른 혈관이 같은 방식으로 대정맥의 왼쪽에서 갈라져 나와 비슷한 경로를 따라 왼팔로 올라간다.* 앞서 언급한 위로 올라가는 정맥이 간을 관통한다면 이 정맥은 비장을 관통한다. 대정맥에서 또 다른 혈관들이 갈라져 나오는데, 하나는 장막(腸膜)으로 가고 다른 하나는 췌장으로 간다. 여기서 혈관이 여럿 갈라져 나와 장간막(腸間膜)을 지나 창자와 위장을 거쳐 식도에 이르는 큰 정맥과 합류한다. 이런 장기들의 주변에는 많은 지혈관이 나뭇가지 모양으로 퍼져 있다.

3 나머지 대동맥과 대정맥은 가지를 치지 않은 채 각각 하나의 혈관으로 신장까지 이어진다. 이 지점에서부터 이 혈관들은 척추와 더욱 근접하게 뻗어나가며 각각 그리스 문자 람다(λ)처럼 갈라지는데 대정맥이 대동맥의 뒤쪽을 지나간다. 대동맥은 심장 부근에서는 척추와 가깝게 붙어 내려가며 가늘고 질긴 혈관에 의해 척추와 이어진다.

4 대동맥은 심장에서 시작할 때는 상당히 굵지만, 심장에서 멀어질수록 좁아지면서 힘줄같이 질겨진다. 대정맥에서 갈라져 나온 혈관들이 그렇듯이 대동맥에서도 혈관들이 갈라져 나와 장간막으로 간다.** 그러나 크기는 정맥에 비해 훨씬 작다. 왜냐하면 동맥은 좁지만 탄력성 있

---

*   오른쪽 위로 가는 기정맥을 가리키는 것으로 보인다.
**   복강동맥과 장간동맥.

는 근섬유(筋纖維)로 되어 있기 때문이다. 동맥은 결국 섬유조직 같은 모세혈관으로 끝난다. 대동맥에서 간과 비장으로 갈라져 들어가는 혈관은 없다. 하지만 대정맥과 대동맥에서 갈라져 나온 혈관은 양쪽 옆구리로 간다.* 이 두 혈관은 뼈에 단단히 붙어 있다. 대정맥과 대동맥에서 나온 혈관들은 신장으로 간다. 하지만 신장의 빈 공간으로 혈관이 들어가는 것이 아니라 혈관이 잘게 분기하여 신장의 본체를 이루게 된다.

5 대동맥에서 나온 두 개의 다른 혈관은 방광으로 간다.** 이 혈관들은 질기고 결절이 없다. 신장에서 나오는 다른 혈관들은 대정맥과 연결되지 않는다. 양쪽 신장의 중심에서 각각 한 개의 굵고 질긴 혈관이 나와 척추를 따라 허리에 이른다. 이 혈관들은 처음에는 양쪽 둔부로 들어가 보이지 않다가 분기되어 다시 나타나며 그 단말은 남성의 음경에, 여성의 자궁에 이른다. 대정맥에서 갈라져 나온 혈관은 자궁으로 들어가지 않는다. 그러나 대동맥에서는 여러 개의 굵은 혈관이 분기되어 자궁으로 들어간다.

6 대동맥과 대정맥은 분기점에 이르러 여러 혈관으로 갈라진다. 이 혈관 중에 일부는 사타구니 쪽으로 가는데, 처음에는 크고 굵지만*** 결국 다리를 지나 발과 발가락에서 끝난다. 그리고 다른 혈관들

---

*   총장골정맥(總腸骨靜脈)과 총장골동맥(總腸骨動脈).

**   대동맥에서 나와 방광으로 간다고 하는 혈관은 어떤 것인지 특정하기 쉽지 않다. 아마도 spermatic vein 즉 정계정맥(精系靜脈)을 말하는 것 같다.

***   총장골정맥과 총장골동맥에서 갈라져 나온 지혈관을 가리킨다.

은 사타구니와 넓적다리를 좌우로 교차하며 통과하면서 다른 혈관들과 연결된다.*

7 지금까지의 설명은 혈관의 시작과 그 경로를 알려주고 있다. 모든 유혈동물에서 주요 혈관의 시작과 경로는 여기에서 설명한 바와 같다. 그러나 모든 유혈동물의 전체적인 혈관계가 같은 것은 아니다. 실제로 모든 유혈동물의 신체 기관이 같은 부위에 있는 것도 아니며 게다가 어떤 동물은 다른 동물에게는 없는 기관을 가지고 있기도 하다. 그리고 모든 동물이 하나같이 혈관이 분명히 드러나 있는 것도 아니다. 피가 많이 흐르고 체구가 큰 동물의 혈관은 분명히 드러난다. 하지만 체구가 작고 기질적으로 또는 지방이 지나치게 많아 피가 적게 흐르는 동물의 혈관은 실개천이 진흙 바닥에 이르러 자취가 사라지듯 경로가 모호해 조사하기가 쉽지 않다. 그리고 어떤 동물은 혈관 대신 미세한 섬유조직을 가지고 있다. 대정맥은 모든 유혈동물, 심지어는 아주 작은 동물에서도 두드러진다.

---

* 양쪽 다리에서 일어나는 saphenous vein 즉 복재정맥(伏在靜脈)의 연결 과정을 설명하는 것으로 보인다.

제 5 장

힘줄

1 동물의 힘줄은 다음과 같은 특성을 가지고 있다. 힘줄이 시작하는 곳은 심장이다. 왜냐하면 심장의 주요 공동(空洞)에는 힘줄이 있기 때문이고, 대동맥이라는 것도 힘줄이 있는 정맥이기 때문이다. 그리고 대동맥의 단말(끄트머리)에 있는 힘줄은 뼈가 구부러질 때 생기는 힘줄처럼 속이 비어 있지 않고 신축성이 있다. 힘줄은 혈관과는 달리 한 개의 근원에서 끊이지 않고 계속 이어지지 않는다. 혈관은 마치 인체 윤곽*의 선묘(線描)처럼 몸 전체에 퍼져 있어서 살찐 동물의 몸은 살로 채워진 것처럼 보이는 반면 야윈 동물의 몸은 혈관으로 채워진 것처럼 보인다.

2 힘줄은 뼈의 연결 부위와 굴절 부위에 모여 있는데, 만약 힘줄이 연속적이라면 그 모습은 야윈 사람에게서 분명히 드러날 것이다. 허벅

---

* κ αναβος(Kanabos). 원래 의미는 조각품의 뼈대를 뜻한다.

다리 뒤쪽이나 뛰어오를 때 주로 작용하는 신체 부위에 있는 힘줄은 힘
줄 중에서도 중요한 힘줄이다. 이 힘줄을 슬와*라고 한다. 또 다른 힘줄은
한 쌍으로 되어 있는데 텐던**이라고 한다. 다른 힘줄들은 육체적인 힘을
쓸 때 사용되는 것으로 인대*** 또는 버팀줄 그리고 어깨 힘줄이 있다. 관
절 주위에 있는 다른 힘줄들은 별도의 이름이 없다. 왜냐하면 모든 뼈는
힘줄****로 연결되기 때문이다.

3 모든 뼈 주위에는 힘줄이 많이 있다. 머리에는 힘줄이 없지만 두개
골은 봉합선으로 잘 맞물려 있다. 힘줄은 결을 따라서 세로로는 잘
찢기지만 가로로는 쉽게 끊어지지 않는다. 힘줄은 매우 신축성이 있다.
힘줄이 붙어 있는 곳에는 흰 아교질의 점액이 있다. 이 점액에서 영양분
을 얻어 힘줄이 만들어지는 것으로 보인다. 혈관은 소작(燒灼)해도 형태가
변하지 않지만, 힘줄은 열을 가하면 쪼그라든다. 힘줄은 절단되면 다시
붙지 않는다.

4 힘줄*****이 없는 부위는 통증을 느끼지 않는다. 힘줄은 손과 발, 그
리고 늑골과 견갑골, 목과 팔 둘레에 가장 많다. 모든 유혈동물에는

---

* 　　크레스웰은 이것을 슬와(膝窩) 즉 poples로 번역했으나, 톰슨은 명기하지 않았다. 뛸 때 사용한다는
　　점으로 볼 때 무릎 뒤에 있는 슬와근을 뜻하는 게 분명하다.

** 　　tendon(τένον). 목에 있는 힘줄이나 아킬레스건(tendo Achillis)을 뜻하는 것으로 해석된다.

*** 　　επίτονος(epitonos). 그리스어로 팽팽하게 당겨진 줄을 뜻한다.

**** 　　갈레노스는 이것을 δελτοειδής(deltoeides) 즉 삼각근으로 표기했다.

***** 　　νεύρα(neura). 원래 '끈'이라는 뜻이다. 아리스토텔레스는 힘줄과 인대를 신경에 포함시켜 혼용했다.

힘줄이 있다. 그러나 사지에 관절이 없고 발과 손이 없는 동물은 힘줄이 작고 눈에 잘 띄지 않는다. 또한 물고기에서는 지느러미 근처에서 힘줄을 가장 뚜렷하게 볼 수 있다.

제 6 장

3

섬유조직과
응혈(凝血)

1 힘줄과 혈관 사이에는 섬유조직*이 있다. 이 조직의 일부는 혈장에
젖어 있고 힘줄에서 혈관으로 또 혈관에서 힘줄로 이어져 있다.** 또
다른 섬유조직이 있다. 혈액에서 이 물질을 제거하면 피가 응고하지 않는
다. 그러나 이것을 제거하지 않으면 피가 응고한다. 이 물질은 대다수 동
물의 혈액에는 들어 있는데 그렇지 않은 동물도 있다. 예를 들면 사슴, 노
루, 영양*** 등의 혈액에는 이 물질이 없다. 그래서 그들의 피는 다른 동
물들처럼 응고하지 않는다. 사슴의 피는 토끼의 피와 같은 정도로만 응고
한다. 이 두 동물의 피는 응고하기는 하지만 다른 동물들처럼 굳게 응고하
지 않고 응고제를 첨가하지 않은 우유처럼 흐물흐물하다. 영양의 피는 좀
더 진하게 응고하는데, 양의 피보다 농도가 약간 묽은 정도다.

여기까지가 혈관과 힘줄 그리고 섬유조직의 특성에 대한 설명이다.

---

*   ινες(ines). fibers. 톰슨은 섬유질의 연결 세포라고 설명했다.
**   톰슨은 이 문장이 무슨 의미인지 불확실하다고 밝히고 있다.
***   βούβαλος(boubalos). 고대 그리스어에서는 영양을 의미하지만, 라틴어 bubalus는 들소를 뜻한다.

제 7 장

뼈

1 뼈는 혈관과 마찬가지로 하나의 골격을 이루며 서로 연결되어 있다. 별도로 동떨어져 있는 뼈는 없다. 뼈를 가진 모든 동물에서 척추는 뼈의 근본을 이룬다. 척추는 여러 개의 척추골로 이루어져 있으며 머리에서 음부까지 이어져 있다. 모든 척추에는 구멍이 뚫려 있다. 머리 윗부분은 마지막 척추골에 연결되어 있으며, 이를 두개골이라고 한다. 두개골의 톱니처럼 생긴 이음매를 봉합선이라고 한다.

2 모든 동물의 두개골 모습이 한결같은 것은 아니다. 개의 두개골은 통으로 되어 있고, 인간처럼 여러 개 뼈의 조합으로 두개골이 이루어진 동물도 있다. 여성은 원형으로 된 하나의 봉합선이 있고 남성은 봉합선이 세 개다.* 이 봉합선들은 정수리에서 삼각형을 이루며 만난다. 인간

---

* 남녀 간에 두개골의 봉합선에 차이가 있다고 아리스토텔레스가 설명한 부분은 수수께끼다. 톰슨은 17세기 프랑스의 고전학자 장 아르두앙(Jean Hardouin)과 마찬가지로 아리스토텔레스가 머리의 가르마를 보고 그런 생각을 했을 것으로 추정했다.

의 두개골 중 봉합선이 없는 경우도 알려져 있다. 두개골은 네 개가 아니라 여섯 개의 뼈로 이루어져 있으며, 그중 두 개는 귀 위쪽에 하나씩 있고 다른 뼈에 비해 크기가 작다.

3 머리 아래쪽에는 턱뼈가 있다. 모든 동물은 하악골(아래턱뼈)을 움직이며 오로지 나일악어만 위턱뼈를 움직인다. 턱에는 이빨이 나 있다. 이빨은 뼈로 이루어져 있으며 그중 일부는 속이 비어 있고 일부는 속이 차 있다. 이빨은 너무 단단해서 조각할 수 없는 유일한 뼈다.

4 척추의 위쪽 부분에는 쇄골과 늑골이 이어져 있다. 젖가슴은 늑골 위에 있다. 젖가슴 부위의 늑골은 서로 연결되지만 다른 늑골들은 분리되어 있다. 위장 부위에 뼈가 있는 동물은 없다. 어깨에는 어깨뼈 또는 견갑골이 있고, 이것이 팔로 그리고 거기서 다시 손으로 이어진다. 그리고 다리가 네 개인 모든 동물에서 앞다리의 골격계는 사람의 팔을 닮았다.

5 척추의 맨 하단에는 천골(薦骨)이 있고 그다음에는 좌골(坐骨)이 있다. 그다음에 다리뼈가 있는데, 다리뼈는 기둥*이라고 하는 대퇴골(大腿骨)과 경골(脛骨)**로 이루어져 있다. 다리에는 발목이 있고 발목이 있

---

*　　κολώνες(kolones).

**　　정강뼈.

는 모든 동물은 발뒤꿈치 돌기*가 있다. 이 뼈들은 발에 있는 뼈와 이어진다. 다리가 달린 유혈 태생동물은 골격계에서 큰 차이가 없다. 다만 뼈의 크기, 경도와 유연성에서 상대적으로 차이가 있을 뿐이다.

6 같은 종류의 동물이라고 할지라도 어떤 뼈에는 골수가 있고 어떤 뼈에는 골수가 없다는 점에서 차이가 있다. 어떤 동물은 뼈에 골수가 전혀 없는 것 같다. 사자가 그렇다. 극히 일부 뼈에만 골수가 들어 있으며 그것도 극히 양이 적고 묽어서 없는 것처럼 보인다. 사자는 대퇴골과 전완골에만 골수가 들어 있다. 사자의 뼈는 유난히 단단하다. 부싯돌처럼 매우 단단해서 뼈와 뼈를 서로 힘을 가해 문지르면 불꽃이 튈 정도다. 돌고래는 뼈는 있지만 물고기처럼 가시는 없다. 조류와 같은 일부 유혈동물의 뼈는 이와는 좀 차이가 있다. 물고기 같은 다른 동물들은 골격계가 유사하다. 상어 같은 태생 물고기는 연골로 된 가시를 가지고 있고 난생 물고기는 척추를 가지고 있는데 이것은 네발짐승의 척추에 해당한다.

7 어류의 특징이라고 할 수 있는 점은 어떤 물고기들은 살 속에 따로 떨어져 있는 가시를 가지고 있다는 것이다. 뱀은 물고기와 비슷하다. 뱀의 척추에는 가시가 많다. 난생 네발짐승 가운데 체구가 큰 것들은 골격이 거의 뼈로 이루어졌지만 작은 것은 거의 가시로 이루어져 있다.

---

*   πλῆκτρα(plēktra). 크레스웰은 이것을 영어로 spur 즉 며느리발톱으로 번역했다.

8 모든 유혈동물은 뼈 아니면 가시로 이루어진 척추를 가지고 있다. 나머지 뼈들은 몇몇 동물에는 있지만 몇몇 동물에는 없다. 당연한 이야기지만 해당하는 신체 부위가 있으면 거기에 따른 뼈가 있고 없으면 뼈도 없다. 팔다리가 없는 동물은 그것에 해당하는 뼈가 있을 수 없다. 마찬가지로 같은 기관을 가지고 있다고 하더라도 형태가 다르면 그에 따라 뼈의 크기와 몸 전체에서 차지하는 비중이 다르다.

동물의 골격계에 대해서는 이쯤 해두기로 하자.

제 8 장

연골

1 연골은 뼈와 같은 속성을 가지
고 있지만 다소 다른 점이 있
다. 뼈와 마찬가지로 연골도 잘려
나가면 재생되지 않는다. 땅에 사는
유혈 태생동물의 연골에는 구멍이
없고 뼈와는 같은 골수가 들어 있
지 않다. 하지만 연골어류 중 가오
리 종류는 뼈와 유사한 연골로 된
척추를 가지고 있으며, 여기에 골수
와 비슷한 액체가 들어 있다. 다리
가 달린 태생동물은 귀와 코 그리
고 뼈의 끝부분에 연골이 있다.

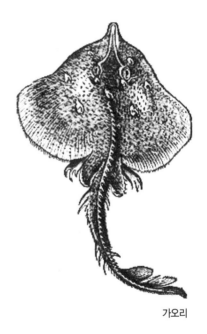

가오리

제 9 장

뿔, 손발톱, 발굽

1 전체적으로 볼 때 지금까지 살펴본 기관과 같지는 않지만 그렇다고 전혀 다르지도 않은 손톱, 발굽, 갈고리발톱, 뿔 그리고 새의 부리 등이 있다. 이런 기관들은 탄력성이 있고 잘 갈라진다. 그러나 뼈는 유연하거나 갈라지지도 않고 부러진다. 피부색이 검거나 희거나 또는 중간색이냐에 따라 뿔, 갈고리발톱, 발굽도 비슷한 색깔을 띤다. 손톱도 마찬가지다.

2 그러나 이빨은 뼈와 색깔이 비슷하다. 그 때문에 에티오피아의 흑인은 치아와 뼈가 하얗지만 손톱은 피부와 같이 검다. 모든 동물의 뿔은 밑동 가운데가 비어서 그 안으로 머리뼈의 돌기가 들어와 있다. 하지만 뿔의 끝부분은 단단하고 속이 차 있다. 사슴의 뿔은 전체가 단단하고 나뭇가지처럼 분기되어 있다. 사슴은 유일하게 뿔 갈이를 한다. 거세하지 않으면 매년 한 번씩 뿔을 간다. 거세가 동물에게 미치는 영향은 나중에

더 자세히 설명할 것이다.

3 뿔은 뼈에 붙어 있다기보다는 피부에 붙어 있다. 그래서 프리기아*
등지에는 마치 귀를 움직이듯 뿔을 마음대로 움직이는 황소가 살고
있다.** 발가락이 갈라져 있지 않고 발톱이 없는 코끼리를 제외하고는 발
이 달린 모든 동물은 발가락이 있고 발가락이 있는 모든 동물은 발톱이
있다. 발톱을 가진 동물 가운데는 인간같이 발톱이 곧은 동물도 있고 발
톱이 구부러진 동물도 있다. 길짐승 중에는 사자가, 날짐승 중에는 독수
리가 갈고리발톱을 가지고 있다.

제 10 장

털과 피부, 깃털

1 이제부터는 털과 털의 상사기관 그리고 피부의 특성에 관한 설명이
다. 발이 달린 모든 태생동물은 털이 있다. 발이 달린 모든 난생동물
은 편갑(片甲)을 가지고 있다. 깨지기 쉬운 알을 낳는 물고기들만 비늘로
덮여 있다. 길이가 긴 물고기 가운데 붕장어와 곰치의 알은 그렇게 생기지
않았다. 뱀장어는 아예 알이 없다. 털은 몸에 난 위치와 피부의 특성에 따
라 굵기와 곱기 그리고 길이가 다르다. 일반적으로 피부가 두꺼우면 털은
더 억세고 굵다. 몸의 오목한 곳이나 축축한 곳에 난 털은 더 굵고 길다.

2 비늘이나 편갑으로 뒤덮인 동물도 비슷하다. 털이 부드러운 동물도
잘 먹으면 털이 억세지고 반대로 털이 억세거나 무성한 동물도 잘
먹지 못하면 털이 힘이 없고 성기게 된다. 서식지가 온난한지 또는 차가운
지에 따라서도 상대적으로 차이가 난다. 인간의 경우 온난한 지역에 사는

인간의 털은 뻣뻣하고 추운 지역에 사는 인간의 털은 부드럽다. 그리고 직모(直毛)는 부드럽고 축모(縮毛)는 억센 경향이 있다.

3 털은 갈라지는 특성이 있다. 동물에 따라 갈라지는 정도가 다르다. 고슴도치 같은 동물은 털이 점점 단단해져 강모가 되는데, 털이라기보다는 가시 같다. 그 점에서는 손톱도 비슷하다. 어떤 동물의 손톱은 그 단단하기가 뼈와 다를 바 없다.

4 인간은 몸집에 비해 가장 연약한 피부를 가지고 있다. 동물의 피부나 가죽에는 점액질 또는 아교질의 체액이 들어 있다. 어떤 동물은 점액이 적고 어떤 동물은 점액이 많다. 소의 가죽에는 점액이 많다. 이것으로 접착제를 만든다. 그리고 어떤 경우에는 물고기로 접착제를 만들기도 한다. 가죽을 벗겨내면 감각이 없다. 머리에는 피부와 뼈 사이에 살이 없으므로 특히 그렇다. 볼, 포피(包皮), 눈꺼풀 등과 같이 살이 없는 부위의 피부는 절개되면 다시 붙지 않는다. 모든 동물의 피부는 하나로 이어져 있다. 다만 태어나면서 만들어진 배설관과 입 그리고 손톱·발톱이 있는 곳에만 피부가 없다. 모든 유혈동물이 피부는 가지고 있지만 앞에서 설명한 경우를 제외하고 모든 동물이 다 털이 있는 것은 아니다.

5 동물은 나이가 들면 털 색깔이 변한다. 인간의 털은 흰색이나 회색으로 변한다. 일반적으로 이런 변화는 다른 동물들도 다를 바가 없다. 그러나 말은 털 색깔이 별로 바뀌지 않는다. 털 색깔의 변화는 털의

끝에서 시작해서 모근 쪽으로 진행된다. 그러나 대부분의 흰색 털 동물은 태어나면서부터 흰색이다. 몇몇 사람들이 생각하듯 수척하거나 노쇠해서 그런 것이 아니다. 태어나면서부터 수척하거나 노쇠한 기관은 없다. 백반증이라는 발진성 질병에 걸리면 모든 털이 회백색으로 센다. 이 병에 걸린 동물은 털이 다 빠지고 회복되면 제 색깔의 털이 다시 난다. 털은 밖으로 노출되었을 때보다 덮여 있을 때 더 쉽게 센다. 인간의 털은 관자놀이 부분이 가장 먼저 세고 그다음에는 머리의 앞부분, 이어서 뒷부분이 센다. 마지막으로 음모가 센다.

6 어떤 털은 태어나면서부터 있고 어떤 털은 나중에 난다. 인간은 유일하게 태어나면서부터 머리털 그리고 눈썹과 속눈썹이 있다. 그다음으로는 음부, 겨드랑이, 턱 순으로 털이 난다. 매우 특이하게도 태어나면서부터 털이 있는 곳과 나중에 털이 나는 부위의 숫자가 같다. 나이가 들면 머리털이 성글어지고 가장 먼저 빠진다. 그러나 이런 현상은 머리 앞부분에서만 일어나며 뒤통수 부분의 머리가 빠지는 사람은 없다. 정수리 부근의 탈모 현상을 대머리라고 한다. 그러나 눈썹의 탈모는 '앞머리 대머리'*라고 한다. 이 두 현상은 성적으로 성숙하기 전**에는 일어나지 않는다.

---

*   αποτρίχωση(apotrichōsē). 톰슨은 'forehead baldness'로, 크레스웰은 'depilation'으로 번역했다.

**   성년을 뜻하는 εφηβεία(ephēbeía)는 '수염'이라는 뜻도 가지고 있다.

7 어린이와 여성 그리고 환관은 결코 대머리가 되지 않는다. 성년이 되기 전에 거세하면 털이 나지 않는다. 그리고 성년이 된 이후에 거세하면 후천적으로 나는 털 가운데 음모를 제외한 다른 털들은 빠진다. 폐경한 여성 가운데 일부와 카리아의 여성 사제*를 제외하고는 여성은 턱에 수염이 나지 않는다. 여성 사제에게 수염이 나면 그것은 불길한 일이 일어날 징조다. 여성에게는 다른 털도 나지만 별로 많지 않고 성글다. 남녀를 불문하고 간혹 선천적**으로 또는 체질적으로 성인이 되어도 나야 할 털이 나지 않는 사람이 있다. 성인이 되어도 음모가 나지 않는 사람은 체질적으로 성 불능이다.

8 일반적으로 털은 나이가 들면 거기에 비례해 조금씩 길어진다. 머리털이 가장 길게 자라고 그다음에 수염이 길게 자란다. 가느다란 털이 가장 길게 자란다. 어떤 사람은 나이가 들면 솎아내야 할 정도로 눈썹이 무성해진다. 눈썹이 무성해지는 이유는 눈썹이 뼈의 접합부에 있는데 노년이 되면 이 접합부가 벌어져 그 사이로 수분이나 분비물이 더 많이 나오기 때문이다. 속눈썹은 더 자라지 않고 사춘기가 되어 성적으로 성숙해지면 빠진다. 성욕이 강하면 속눈썹이 빨리 빠진다. 속눈썹은 가장 나중에 센다. 성장기에는 털이 빠지면 다시 난다. 그러나 나이가 들어 성장이 멈추면 빠진 털은 다시 나지 않는다.

---

*   헤로도토스는 『역사』 8권 104장에 카리아 지방 페다소스(Πήδασος)의 아테네 신전에서는 재난이 닥치면 여성 사제들이 수염을 길렀다고 전하고 있다.

**   '유전적'이라고 해야 마땅하지만, 아리스토텔레스가 살던 시대에는 유전에 관한 인식이 없었다.

9 모근에는 점액질의 수분이 있다. 털을 뽑은 직후에 모근에 묻어 있는 점액에 가벼운 물건을 달라붙게 하면 들어 올릴 수 있다. 점박이 동물의 경우 그 점은 털과 가죽 그리고 혓바닥에도 있다. 남성 가운데 어떤 사람은 위턱과 아래턱에 수염이 무성하고 어떤 사람은 턱에는 수염이 별로 없고 뺨에 수염이 난다. 턱에 수염이 별로 없는 사람은 대머리가 될 가능성이 매우 적다. 폐병 같은 특정 질병에 걸렸을 때, 고령이 되었을 때, 그리고 죽었을 때 털이 더 자라는 경향이 있다. 그 경우에 자라는 털은 자라면서 뻣뻣해진다. 똑같은 현상이 손톱·발톱에서도 나타난다. 성욕이 강한 사람은 태어나면서 가지고 있던 털은 줄어드는 반면 성인이 되어서 난 털은 무성해진다.

10 정맥류가 있는 사람은 대머리가 될 가능성이 적다. 대머리가 된 이후에 정맥류가 생기면 머리가 다시 난다. 털을 잘라내면 잘린 곳에서 다시 자라는 것이 아니라 모근에서 다시 자라나 길어진다. 물고기는 나이가 들면서 비늘이 두껍고 단단해진다. 물고기가 쇠약해지거나 늙으면 비늘은 더욱 단단해진다. 네발짐승은 나이가 들면 털 색깔은 짙어지지만 양은 줄어든다. 그리고 나이가 들면서 발굽과 갈고리발톱도 자란다. 새는 부리가 자란다. 갈고리발톱은 손톱과 마찬가지로 자란다.

11 새와 같이 깃털이 있는 동물은 학을 제외하고는 나이에 따라 색깔이 변하지 않는다. 학의 날개는 처음에는 잿빛이지만 나이가

들면서 검은색으로 변한다. 기후의 영향으로 심한 추위가 닥치면 때때로 새들의 색깔이 바뀌는 것을 볼 수 있다. 까마귀, 참새, 제비 등과 같이 거무스레하거나 검은색 깃털을 가진 새들은 흰색이나 회색이 된다. 그러나 흰색 깃털을 가진 새가 검게 되는 경우는 아직 알려진 바가 없다. 일 년 중 계절이 바뀔 때마다 많은 새가 색깔을 바꾸는데, 그런 습성을 알지 못하는 사람들이 어떤 새인지 알아보지 못할 정도다.

12 많은 동물은 마시는 물이 바뀌면 털의 색깔이 바뀐다. 그래서 서식지에 따라 이곳에서는 검은색이었던 새가 저곳으로 가면 흰색이 된다. 이와 같은 현상은 교미기에도 일어난다. 숫양이 교미하기 전에 트라키아*의 할키디키반도** 아쉬리티스***에 있는 프쉬크로스****강에서 특정 성분을 가진 물을 마시면 검은색 양이 태어난다. 안탄드로스*****에는 강이 두 개 흐르는데 하나는 양을 희게 만들고 다른 하나는 양을 검게 만든다. 스카만드로스******강은 양을 황금색으로 변하게 하는 것 같다.

---

*   Θράκη(Thrāikē). 고대 마케도니아 왕국의 동쪽 지방.
**   Χαλκιδική(Chalkidike). 그리스 북동부 해안 테살로니키와 인접한 반도.
***   Ἀσσυρῖτις(Assyritis). 헤로도토스가 『역사』 7권 122장에서 언급한 아토스반도에 크세르크세스 1세가 기원전 5세기 페르시아 전쟁 당시 건설한 운하 근처에 있었던 '아사(Ἄσσα)'가 아리스토텔레스의 시대에는 '아쉬리티스'로 불렸다. 플리니우스에 따르면, 로마제국 초기에는 '카세라(Cassera)'라고 했다. 그러나 운하가 없어진 현재의 지형으로 볼 때 여기에 차가운 물이 흐르는 강이나 시내가 있었을 가능성은 희박하다.
****   ψυχρός(psychros). '차갑다'라는 뜻으로, 강물이 차가워서 유래했다.
*****   Ἄντανδρος(Antandrus). 아나톨리아반도 북서쪽 연안에 있었던 고대 도시.
****** Σκάμανδρος(Skamandros), Scamandrus. 아나톨리아반도 동북쪽 해안 지역을 가로질러 흐르는 강. 호메로스에 따르면 여기서 트로이 전쟁이 벌어졌다.

토끼

어떤 사람은 그래서 호메로스가 스카만드로스강을 크산토스*강이라고 불렀다고 생각한다.

13 동물은 일반적으로 등에 털이 있고 몸 안이나 발바닥에는 털이 없다. 토끼가 유일하게 볼 안과 발바닥에 털이 있다고 알려져 있고, 수염고래**는 입안에 이빨이 없고 대신에 돼지털같이 생긴 털이 있다. 그 털은 잘리면 잘린 부위가 아니라 밑동에서 자란다. 깃털은 잘리면 위든 아래든 다시 자라지 않고 빠진다. 벌은 날개를 뽑으면 다시 자라지 않는다. 날개가 달린 다른 동물도 마찬가지다. 벌은 침을 쏘고 나면 다시 자라지 않고 벌이 죽는다.

---

* Ξάνθος(Xanthos). 그리스어로 누런 황금색을 뜻한다. 『일리아스』 22권 74장.

** μυστόκητος(mastakitos). 크레스웰은 mysticetus(mouse-whale)로 번역했으나, 톰슨은 μυστακόκητος(mystakoketos) 즉 moustache-whale(baleen whale)의 오기라고 거의 확신하고 있다.

제11장

3

뼈와 뇌의 막,
막으로 이루어진 부위

1 모든 유혈동물에게는 막이 있다. 막은 조밀하고 얇은 피부 같지만, 성질이 다르다. 나눌 수도 없고 늘릴 수도 없다. 동물의 체구가 크든 작든 모든 뼈와 내장의 주위에는 막이 있다. 작은 동물에서는 막이 대단히 얇고 미세해서 잘 보이지 않는다. 가장 큰 막은 두 개다. 하나는 뇌를 둘러싼 막이고, 다른 하나는 두개골의 내벽을 두르고 있는 막이다. 두개골 내부의 막이 뇌를 둘러싼 막보다 훨씬 질기고 두껍다.* 그리고 심장을 둘러싼 막이 그다음으로 크다. 얇은 막은 한번 떨어져 나가거나 잘리면 재생되지 않는다. 막이 없어지면 뼈에는 염증이 생긴다.

2 장막 또는 대망막도 막이다. 모든 유혈동물에는 장막이 있다. 어떤 동물의 장막에는 지방이 끼어 있고 어떤 동물은 그렇지 않다. 양악

---

* 　뇌경막(dura mater)과 뇌연막(pia mater)에 대한 설명이다.

에 앞니가 있는 태생동물의 장막은 위장의 봉합선이 있는 것처럼 보이는 중심부에서 시작되어 여기에 매달려 있다. 양악에 앞니가 없는 반추동물은 가장 큰 위인 반추위에 같은 방식으로 양막이 매달려 있다.

3 방광도 막으로 되어 있다. 그러나 성질이 다르다. 방광의 막은 신축성이 있다. 모든 동물에게 방광이 있는 것은 아니지만 태생동물에게는 예외 없이 방광이 있다. 난생동물 중에는 거북이 유일하게 방광을 가지고 있다. 방광도 다른 막들과 마찬가지로 요도가 시작되는 곳을 제외하고는 한번 잘리면 붙지 않는다. 매우 드물기는 하지만 이런 일이 간혹 일어나는 것으로 알려져 있다. 죽은 뒤 방광에서는 액체 배설물이 나오지 않는다. 살아 있는 인간의 방광에서는 정상적인 액체 배설물뿐만 아니라 돌로 변한 고체 배설물도 나오는데, 이러한 병에 걸리면 고통을 받는다. 실제로 조가비가 만들어지는 것과 매우 유사하게 방광결석이 생기는 사례들이 알려져 있다.

여기까지가 혈관, 힘줄, 피부, 근육, 막, 털, 손톱, 갈고리발톱, 발굽, 치아, 부리, 연골, 뼈 등의 특성에 대한 설명이다.

제12장

살

1 모든 유혈동물의 뼈 또는 뼈의 상사기관과 피부 사이에는 살과 살의
상사조직이 있다. 뼈와 척추를 가진 동물에서 척추와 뼈가 짝을 이루
듯이 살과 살의 상사기관도 하나의 짝을 이룬다. 살은 결에 따라 갈라지
는 힘줄이나 혈관과는 달리 사방으로 잘 갈라진다. 동물은 살이 빠져 야
위게 되면 혈관과 근섬유가 드러난다. 양질의 먹이를 많이 먹으면 살 대신
에 지방이 낀다.

2 혈관이 가늘고 혈액이 유난히 붉은 동물은 살이 많다. 이런 동물은
창자와 위가 매우 작다. 그러나 혈관이 굵고 혈액이 약간 검은색을
띠고 창자와 위가 큰 동물은 살이 별로 없다. 위가 작은 동물은 살이 찌
는 경향이 있다.

제 13 장

3

물기름과 굳기름

1 물기름과 굳기름은 서로 다르다.* 굳기름은 항상 부서지고 차갑게 하면 응고하지만, 물기름은 액체 상태이며 응고하지 않는다. 말고기나 돼지고기처럼 물기름이 들어 있는 살로 육수를 만들면 엉기거나 굳지 않는다. 그러나 양고기나 염소고기처럼 굳기름이 있는 살로 육수를 만들면 엉긴다. 이 두 가지 기름은 있는 곳도 각각 다르다. 물기름은 피부와 살 사이에 있지만, 굳기름은 살의 끝부분에만 있다. 물기름이 많은 동물의 장막에는 물기름이 끼어 있고, 굳기름이 많은 동물의 장막에는 굳기름이 끼어 있다. 양악에 앞니가 있는 동물은 물기름이 많고 앞니가 없는 동물은 굳기름이 많다.

---

* 영어에서 체지방은 adeps, fat, suet, lard 등 특성과 부위에 따라 다양하게 구분하지만, 우리말에는 이에 조응하는 어휘가 마땅치 않아 불가피하게 물기름과 굳기름으로 번역했다. 그리고 그런 속성을 고려하지 않은 체지방은 그냥 '지방'으로 표기했다. 크레스웰은 adeps를 물기름, fat를 굳기름으로 번역했고, 톰슨은 fat를 지방, suet를 굳기름으로 번역했다.

2 연골어류 같은 동물은 내장 기관 가운데 하나인 간에 지방이 차 있다. 그래서 간을 녹여 기름을 얻는다. 연골어류는 살이나 위에는 지방이 없다. 물고기 지방은 불포화지방으로 엉기거나 굳지 않는다. 어떤 동물은 지방이 살 속에 포함되어 있고 어떤 동물은 살과 분리되어 있다. 뱀장어처럼 지방이 살 속에 들어 있는 동물은 위와 장막에 지방이 별로 없다. 그래서 뱀장어 장막에는 지방이 끼어 있지 않다. 모든 동물은 배에 지방이 낀다. 특히 운동을 별로 하지 않는 동물이 그렇다.

3 돼지같이 물기름이 많은 동물의 뇌는 기름이 번드르르하다.* 그러나 굳기름이 많은 동물은 뇌가 메마르다. 모든 동물의 내장 기관에서 지방이 많이 모이는 곳은 신장이다. 오른쪽 신장은 왼쪽 신장에 비해 항상 지방이 적다. 신장이 지방으로 넘쳐도 두 신장 사이에는 언제나 공간이 있다. 굳기름이 많은 동물도 주로 신장 주변에 굳기름이 많이 낀다. 양이 유난히 그러한데, 양은 가끔 신장이 굳기름에 막혀 죽기도 한다. 시칠리아의 레온티니**에서 볼 수 있듯이 지방이 많이 끼는 것은 너무 많이 먹이는 것이 원인이다. 그런 까닭에 이 지역에서는 양이 목초지에서 풀을 뜯는 시간을 줄이기 위해 해가 중천에 뜨면 비로소 양들을 목초지로 몰고 나간다.

---

* 아리스토텔레스는 『동물의 부분에 대하여』에서 뇌가 아니라 골수에 기름이 흐른다고 기록하고 있다.
** Λεοντίνοι(Leontinoi). 시칠리아섬 시라쿠사 지방의 마을. 기원전 8세기경 그리스 낙소스(Naxos)와 할키스의 사람들이 이주해 식민지를 건설했다.

4 모든 동물의 눈동자 주위에는 지방이 있다. 갑각류의 눈을 제외하고 눈동자 주위는 굳기름과 비슷하다. 비만한 동물은 암수를 불문하고 불임이 될 가능성이 크다. 젊었을 때보다는 늙었을 때 쉽게 살이 찐다. 몸의 키와 크기가 완전히 성장하면 안으로 살이 찌기 시작한다.

제14장

3

건강한 피와
병든 피

1 이제 혈액에 대해 살펴보자. 혈액은 모든 유혈동물에게 필수적이자 공통된 요소이며, 후천적으로 우연히 생겨난 것이 아니다. 혈액은 부패하거나 죽어가는 동물이 아니면 균질적으로 존재한다. 혈액은 혈관계, 더 정확히 말하면 혈관에 있으며 심장을 제외하고는 체내의 어떤 곳에도 없다. 모든 동물의 혈액은 위장의 배설물과 마찬가지로 촉각이 없다. 뇌나 골수도 다르지 않다. 동물이 살아 있고 살이 괴저(壞疽) 상태가 아니면 피가 흘러나온다. 건강한 상태의 피는 맛이 달고 색이 붉다. 선천적으로 나쁘거나 병든 피는 검은색을 띤다. 선천적으로 또는 병에 의해 상하지 않은 최상의 피는 걸쭉하거나 멀겋지 않다.

2 살아 있는 동물의 피는 항상 따뜻하고 유동적이다. 그러나 사슴과 노루 같은 동물을 제외한 다른 동물의 피는 일단 몸에서 빠져나오면

엉긴다. 일반적으로 피에서 섬유질을 제거하지 않으면 다른 모든 동물의 피는 응고한다. 황소의 피는 다른 어떤 동물의 피보다 빨리 응고한다. 유혈동물 가운데 태생과 난태생동물은 난생동물보다 피가 많다. 선천적으로 또는 후천적으로 건강한 상태에 있는 동물은 물을 마시고 나서 체내에 액체가 많은 동물처럼 피가 남지도 않고 지나치게 비만한 동물들처럼 피가 부족하지도 않다. 비만한 동물은 순수한 피를 가지고 있지만 그 양이 적다. 비만해지면 질수록 피는 그만큼 줄어든다. 지방은 썩지 않지만, 피와 피를 포함하는 기관은 잘 썩는다. 이런 기관 중에서도 뼈 주위의 혈관들이 가장 쉽게 썩는다.

3 인간의 피는 가장 묽고 가장 순수하다. 모든 태생동물 가운데 소와 당나귀의 피가 가장 진하고 색이 검다. 동물의 상체보다는 하체에 있는 피가 더 진하고 검다.* 모든 동물은 전신에 있는 혈관에서 피가 동시에 맥동한다. 피는 살아 있는 동물의 전신에 빠짐없이 퍼져 잠시도 멈추지 않고 흐르는 유일한 액체다. 피는 우선 심장에 모여 있다가 몸 전체로 퍼져나간다. 피가 부족하면 정신을 잃거나 졸도하고 출혈이 심하면 죽는다. 피가 지나치게 묽어지면 병에 걸린다. 피가 묽어지면 혈장같이 되어 피부에 난 구멍을 통해 땀처럼 흘러나오게 된다. 어떤 경우는 몸에서 흘러나온 피가 응고하지 않고 흩어진다.

---

* 톰슨은 "몸의 위아래에 있는 피가 몸 중앙에 있는 피보다 더 진하고 검붉다"고 번역했다.

4 동물이 잠자는 동안에는 신체의 바깥 피부 쪽으로는 피가 충분히 공급되지 않기 때문에 잠자는 동물을 침으로 찔러도 깨어 있을 때만큼 피가 잘 흘러나오지 않는다. 피는 장액(漿液, 또는 혈청)으로부터 생성되고 지방은 피로부터 만들어진다. 피가 병들면 치질에 걸린다. 치질은 비공(鼻孔)이나 항문에 나타날 수 있다. 그리고 정맥류에도 걸린다. 피가 몸에서 썩으면 고름이 되고 고름이 굳어 딱지가 된다. 여성의 피는 남성의 피와 다른데, 같은 나이와 건강 상태의 여성이 남성보다 피가 더 진하고 색이 짙다. 또한 몸 전체에 들어 있는 피의 양은 여성이 남성보다 적지만 몸 안쪽에 들어 있는 피는 여성이 많다. 모든 동물의 암컷 가운데 인간의 여성이 가장 많은 피를 가지고 있고 생리 때 출혈량도 어떤 동물보다 많다.

5 이러한 여성의 피가 병에 걸리면 멈추지 않고 계속 하혈하게 된다. 그러나 이를 제외하고 여성은 남성에 비해 다른 병에 걸리지 않는다. 여성은 정맥류, 치질 그리고 코피 같은 질병에 잘 걸리지 않는다. 생리 중에 이런 병에 걸리면 생리혈이 줄어든다. 나이에 따라 피의 양이나 색깔에 차이가 난다. 젊었을 때는 피가 혈청처럼 맑고 양이 많다. 늙으면 피가 진하고 검은데 양은 적다. 중년의 피는 그 중간이다. 노인은 피가 몸 안팎에서 빨리 엉긴다. 그러나 젊은이들은 이런 일이 없다. 혈청은 불완전한 피다. 그것은 아직 덜됐거나 피에서 분리된 것이다.

제15장

골수

1 이제 몇몇 유혈동물에게 존재하는 골수의 속성에 대해 알아보기로
하자. 체내에 있는 모든 액체는 담겨 있는 곳이 따로 있다. 피는 혈관
에 있고 골수는 뼛속에 있으며, 다른 체액들은 막과 피부 그리고 공동(空
洞)에 들어 있다. 어린 동물의 골수에는 피가 대단히 많이 섞여 있다. 그
러나 나이가 들면 물기름이 있는 동물은 골수가 물기름으로 변하고 굳기
름이 있는 동물의 골수는 굳기름이 된다. 모든 뼈에 다 골수가 들어 있는
것은 아니다. 속이 비어 있는 뼈에 골수가 들어 있는데 속이 비었다고 모
두 골수가 들어 있는 것은 아니다. 사자는 일부 뼈에는 골수가 아예 없고
골수가 들어 있는 뼈에도 조금밖에 없다. 그래서 앞서 서술했듯이 어떤
사람은 사자에게는 골수가 없다고 말한다. 돼지는 골수가 매우 적은데 어
떤 돼지는 골수가 아예 없다.

제16장

3

젖과 정액

1 이런 체액들은 선천적으로 가지고 태어나지만, 젖과 정액은 나중에 생긴다. 젖은 그것을 가지고 있는 동물에게서 분비된다. 반면에 정액은 모든 동물에게서 분비되지 않는다. 몇몇 물고기에서와 같이 어백(魚白)*을 가지고 있다. 젖이 있는 모든 동물은 젖가슴에 젖이 들어 있다. 모든 태생동물은 젖가슴을 가지고 있다. 인간과 말처럼 털이 있는 동물, 그리고 고래류에 속하는 돌고래, 물개, 고래 등이 여기에 해당한다. 이런 동물들은 젖이 나오는 젖가슴을 가지고 있다.

2 모든 물고기나 새 같은 난태생동물과 난생동물은 젖가슴이 없고 젖도 나오지 않는다. 모든 젖은 수분이 많은 유장과 응유(凝乳)라는 고

---

* θοροί(thoroí). 요한 슈나이더는 이것이 물고기의 젖이라고 말할 수 있다고 했다. 톰슨은 슈나이더의 견해에 동의하면서 이것을 원문 그대로 쓰고 번역하지 않았다. 하지만 크레스웰은 이것을 어백 또는 이리를 뜻하는 milt의 고어인 melt로 번역했다.

형물로 이루어져 있다. 걸쭉한 젖에는 응유가 많이 들어 있다. 양악에 앞니가 없는 동물의 젖은 응고한다. 그래서 그런 동물을 사육해 그 젖으로 치즈를 만든다. 양악에 앞니가 있는 동물의 젖과 유지방은 엉기지 않는다. 이런 동물의 젖은 묽고 달다. 젖 중에서는 낙타젖이 가장 묽고 그다음 말젖, 당나귀젖 순이다. 소의 젖인 우유가 가장 진하다.

3 젖을 차가운 곳에 두면 엉기지 않고 액체 상태로 있으며, 열을 가하면 뻑뻑하게 엉긴다. 일반적으로 동물은 임신하기 전에는 젖이 나오지 않는다. 그러나 임신하면 젖이 만들어진다. 첫 번째와 마지막에 나오는 젖*은 쓸모가 없다. 때때로 새끼가 없는 동물에게 특별한 먹이를 먹이면 젖이 나오기도 한다. 그리고 나이가 든 노파들도 젖을 빨리면 아이를 먹일 만큼 젖이 나온 사례도 알려져 있다. 오이테산** 주변에 사는 목동들은 암염소들이 숫염소와 교미를 거부하면 쐐기풀로 암염소의 젖통에 상처를 내 고통을 준다. 처음에는 피가 섞인 젖이 나온 다음에 고름이 섞인 젖이 나오고 마침내 새끼를 기르는 염소들과 똑같은 젖이 나온다.

4 일반적으로 인간이나 다른 동물의 수컷에서는 젖이 나지 않는다. 하지만 간혹 수컷에게도 젖이 나온다. 예를 들면 렘노스섬***에 사는 어떤 숫염소는 음경 옆에 두 개의 젖꼭지가 있는데 젖이 많이 나와 그 젖

---

*   첫 번째 젖은 영양소와 면역물질이 많이 들어 있는 초유(初乳)와는 다르게 매우 묽은 젖이다.

**   Οἴτη(Oitē). 그리스 중부 핀도스산맥에 있는 산.

*** Λῆμνος(Lemnos). 에게해에 있는 섬.

으로 치즈를 만들 정도였고, 그 새끼들한테도 같은 현상이 나타났다. 그러나 이런 일은 초자연적 현상이자 미래에 일어날 일의 전조로 여겨진다. 실제로 그 염소의 주인이 렘노스의 신에게 신탁을 구했을 때 신은 앞으로 가축들을 더 얻게 될 것이라고 예언했다. 사춘기가 지나 젖가슴을 쥐어짜면 젖이 나오는 남성도 있다. 어떤 남성은 젖꼭지를 빨면 젖이 대단히 많이 나온다.

5 젖에는 지방분이 들어 있는데 우유가 엉기면 물기름이 된다. 시칠리아 같은 곳에서는 염소젖을 양젖과 섞는다. 가장 응고가 잘되는 젖은 응유가 많이 들어 있을 뿐만 아니라 마른* 젖이다. 어떤 동물은 새끼들을 키우고 남을 정도로 젖이 많이 난다. 이런 젖을 이용해 치즈를 만들어 저장해 둔다. 가장 좋은 치즈는 양젖과 염소젖으로 만든 것이다. 우유로 만든 치즈를 그다음으로 꼽는다. 말젖이나 당나귀젖은 프리기아 치즈를 만드는 데 섞는다. 우유에는 염소젖보다 치즈를 만드는 성분이 많이들어 있다. 목축업자들의 말에 따르면, 염소젖 한 통으로는 1오볼**짜리치즈 19덩이를 만들고 우유 한 통으로는 30덩이를 만든다고 한다. 다른 동물들은 새끼를 키울 만큼만 젖이 나기 때문에 치즈를 만들 만한 여분이 없다. 젖통과 젖꼭지가 두 개 이상인 동물도 젖이 남아돌지 않거나 치즈를 만드는 데 적합하지 않은 경우가 다반사다.

---

* αὐχμηρότατον. 톰슨은 '마른'을 '지방이 가장 적은'으로 해석했다.
** ὀβολός(obolos). 고대 그리스의 은화로 은 0.72그램에 해당한다.

6 젖을 응고시키기 위해서 무화과즙과 레닛*을 첨가한다. 먼저 양털 위에 무화과즙을 놓고 그것을 소량의 젖에 넣어 즙을 섞으면 젖이 엉긴다. 레닛은 일종의 젖으로 어미의 젖을 먹는 동물의 위 안에 들어 있다. 레닛에는 체온의 의해 응고된 치즈가 들어 있다. 모든 반추동물은 몸에 레닛을 지니고 있다. 양악에 앞니가 있는 동물 중에서는 토끼가 레닛을 가지고 있다. 레닛은 몸속에서 오래된 것일수록 질이 좋다. 오래된 소의 레닛과 토끼의 레닛은 설사에 특효가 있다. 레닛 중에서는 새끼 사슴의 레닛이 최상급이다.

7 젖이 나는 동물은 체구와 먹는 풀의 종류에 따라 생산되는 젖의 양에 차이가 있다. 예를 들면 파시스**에는 체구가 작은 소들이 사는데 우유를 많이 생산한다. 에페이로스***에 서식하는 큰 소는 두 개의 젖통에서 각각 한 통 반의 우유를 생산한다. 앉아서는 젖에 손이 닿지 않기 때문에 사람들은 서거나 기댄 채로 젖을 짠다. 당나귀를 제외하고는 에페이로스의 다른 동물들도 체구가 크다. 그러나 가장 체구가 큰 동물은 소와 개다. 이렇게 큰 동물들은 풀을 많이 먹는데, 그곳에는 사시사철 바꿔가며 풀을 뜯을 수 있는 좋은 목초지가 널렸다. 소들은 체구가 더할 수 없이 크고, 퓌로스**** 왕에서 이름을 따온 퓌로스종 양도 마찬가지다.

---

*   rennet. 어린 송아지의 주름위(abomasum)에서 추출한 효소.
**   Φᾶσις(Phásis). 흑해 동부 연안의 그리스 식민도시. 현재 조지아의 포티(Poti).
***   Ἤπειρος(Épeiros). 핀도스산맥과 이오니아해 사이에 있는 지역으로, 오늘날 그리스와 알바니아의 접경지역.
****   Πύρρος(Púrrhos). 그리스 신화에 나오는 전사 아킬레우스의 아들로 에페이로스 왕국을 창시한 왕. 그는 본문 제8책 9장에 다시 등장한다.

8 개자리* 같은 풀을 먹으면 젖이 마른다. 특히 반추동물이 그렇다. 양골담초와 살갈퀴는 젖이 많이 나게 한다. 그러나 꽃이 핀 양골담초는 염증을 일으키는 특성이 있으므로 건강을 해친다. 살갈퀴는 분만을 어렵게 만들기 때문에 새끼를 밴 암소에게는 맞지 않는다. 하지만 좋은 먹이를 충분히 먹을 수 있는 동물은 거기서 힘을 얻어 분만을 잘하고 영양분을 충분히 섭취하므로 젖도 많이 생산한다. 콩과식물 가운데 어떤 것을 암양, 암염소, 암소, 작은 염소** 등에게 먹이면 젖이 많이 나게 한다. 이런 먹이들이 젖통을 확대하기 때문이다. 분만 전에 젖통이 밑으로 처지면 젖이 많이 날 징조다.

9 교미하지 않고 먹이를 제대로 먹으면 젖이 나오는 기간이 오래 지속된다. 네발짐승 가운데 양이 특히 그렇다. 양은 여덟 달 동안 젖이 나온다. 반추동물은 젖도 많이 생산하지만 그 젖으로 치즈를 만들기도 좋다. 토로네*** 지방의 소들은 새끼를 낳기 전 며칠 동안 젖이 나오지 않지만, 이후로는 계속 젖이 나온다. 여성의 젖 중에서 색깔이 짙은 것이 흰색 젖보다 아이들에게 좋다. 살결이 흰 여성보다 검은 여성이 더 좋은 젖을 만들어낸다. 응유가 많은 젖에 영양분이 가장 많이 들어 있지만, 유아들에게는 응유가 적은 젖이 좋다.

---

* medic grass. 알팔파 종류의 풀.
** χίμαιρα(Chimaira). 크레스웰은 이 동물이 어떤 동물인지 확실히 모른다고 하면서 가축으로 키우는 염소로 추정했다. 반면, 톰슨은 '작은 암컷 양'으로 번역했다.
*** Τορώνη(Torone). 고대 에페이로스 왕국의 도시. 오늘날 그리스 이오니아 해안의 파르가(Parga).

제17장

3

동물의 정액

1 모든 유혈동물은 정액을 사출한다. 정액이 생식에서 어떻게 그리고 어떤 기여를 하는지는 나중에 다시 다룰 것이다. 체격을 감안할 때 인간은 다른 어떤 동물보다 정액을 많이 사출한다. 털이 있는 동물의 정액은 점액질이지만, 다른 동물들의 정액은 그렇지 않다. 모든 인간의 정액은 흰색이다. 헤로도토스가 에티오피아인의 정액이 검다고 한 것은 잘 모르고 한 이야기다.* 건강한 상태에서는 희고 농도가 진한 정액이 나온다. 하지만 체외로 사출된 뒤에는 묽고 검게 변한다. 날씨가 추워도 얼어 붙지 않지만 색과 농도가 묽어진다. 열을 가하면 엉겨 진해진다. 자궁 속에 오래 있으면 흘러나오기 전까지 더욱 진해지며 간혹 말라서 굳기도 한다. 정액은 물속에서도 수태(受胎) 또는 수정할 수 있다. 그러나 물에 풀어

---

* 헤로도토스는 『역사』 3권 101장에서 에티오피아 남성은 다른 지역의 남성과는 달리 피부색과 같은 검은 정액을 사정한다고 전하고 있다.

지면 수태시킬 수 없다. 크테시아스가 코끼리 정액에 대해 말한 것은 모두 사실이 아니다.*

---

*   아리스토텔레스의 『동물의 생식에 대하여』 제2책 2장. 기원전 5세기경 고대 그리스 크니도스 출신의 의사이자 역사가인 크테시아스는 "코끼리의 정액은 마르면서 매우 단단해져 호박같이 된다"라고 기록했다.

제

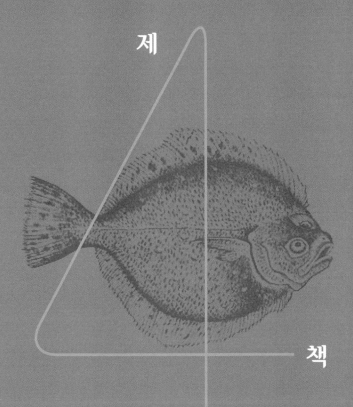

책

제 4 책

4 제1장

무혈동물에 속하는 동물

문어와 다른 연체동물
또는 오징어

1 지금까지는 유혈동물을 고찰하면서 유혈동물 전체가 공통으로 가지
고 있는 기관, 다양한 종이 나름대로 가지고 있는 특유한 기관, 이질
적·동질적 기관 그리고 체외 및 체내 기관을 알아보았다. 이제 피가 없
는 무혈동물에 대해 알아보고자 한다. 무혈동물에는 여러 종류가 있다.
우선 연체동물(mollusca)*이 있다. 이런 무혈동물은 갑오징어처럼 살이 밖
으로 나와 있으며 단단한 부분이 몸 안에 있다. 이런 점에서는 붉은 피를
가진 동물과 비슷하다. 그다음은 갑각류다. 이 동물은 딱딱한 부분이 몸
밖에 있고 부드러운 부분과 살이 몸 안에 있다. 이 동물의 단단한 외피는
바닷가재와 게처럼 부서지기보다는 쭈그러진다.

---

*　　여기서 말하는 연체동물은 cephalopoda 즉 두족강(頭足綱)에 속하는 동물이다.

2 세 번째 종류는 갑주어류(甲胄魚類, ostracoderms) 또는 유각류(有殼類, testaceans)다. 이 동물은 내부는 살과 유사한 것으로 되어 있으며 외피는 깨지기 쉽지만 쭈그러지지는 않는다. 달팽이와 굴이 여기에 속한다.

3 네 번째 종류는 곤충이다. 곤충에는 형태가 가지각색인 수많은 종류가 있다. 곤충은 그 이름이 의미하듯 몸의 상부와 하부, 또는 상부·하부 모두에 분절이 있다. 그리고 몸의 어떤 부위도 살이나 뼈가 아니라 살과 뼈의 중간적인 물질로 이루어져 있다. 곤충은 몸 안팎이 모두 딱딱하다. 곤충에는 노래기나 지네 같은 무시류(無翅類),* 벌·왕풍뎅이·말벌 같은 유시류(有翅類), 그리고 개미와 반딧불이 같은 날개 있는 것과 없는 것이 공존하는 종류도 있다.

4 두족류의 부위는 다음과 같다. 우선 다리가 있고, 여기에 머리가 붙어 있으며, 세 번째로 몸통이 있다. 몸통에는 내장이 들어 있다. 이것을 오해하여 머리라고 하는 사람도 있다. 지느러미는 몸통 주위에 붙어 있다. 모든 두족류 동물은 다리와 몸통 사이에 머리가 있다.

5 모든 두족류 동물의 다리는 여덟 개이며, 한 종류**를 제외하고는 다리에는 여러 개의 빨판이 두 줄로 붙어 있다. 갑오징어, 오징어, 대왕오징어는 특징적인 기관으로 두 개의 긴 주둥이 모양***의 촉완(觸腕)을

---

*   apterous. 그리스어로 '날개'를 뜻하는 φτερό(pteró)에 접두어 a가 붙어 '날개가 없는'을 의미한다.

**   ἐλεδώνη(heledônē) 즉 대서양에 서식하는 유럽뿔문어는 다리에 빨판이 한 줄로 되어 있다.

***   그리스어로 코끼리의 코를 뜻하는 προβοσκίς(proboskís)가 어원이다.

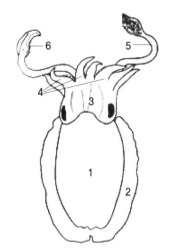

갑오징어
1. 외투막 2. 지느러미
3. 머리 4. 다리(8개) 5·6. 촉완(2개)

가지고 있는데, 그 끝에는 우둘투둘한 빨판이 달려 있다. 이것으로 먹이를 잡아 입으로 가져간다. 그리고 폭풍우가 몰아칠 때는 촉완을 닻처럼 이용해 바위를 붙잡고 버틴다. 두족류는 몸통에 붙어 있는 지느러미 같은 기관을 이용해 헤엄친다. 모든 다리에는 빨판이 달려 있다.

6 문어는 촉완을 손발처럼 사용한다. 입 위에 있는 두 개는 먹이를 입으로 가져갈 때 이용하고 맨 밑에 있는 가장 끝이 뾰족한 촉완은 교미할 때 사용한다. 이 촉완은 유일하게 희고 끝이 둘로 갈라져 있다. 여기에는 무엇인가 들어 있다.* 그것은 촉완의 빨판 반대쪽에 부드러운 줄기

---

* 아리스토텔레스가 여기서 설명하고 있는 것은 hectocotylus 즉 교접완(交接腕)이 분명하다. 교접완은 일반 두족류에서는 그 성질이 바뀌었고 집문어(Argonauta), 이불문어(Tremoctopus), 무극모(無棘毛)문어(Philonexis)에서 볼 수 있다.

부분에 자리 잡고 있다. 촉완 위 체강에는 속이 빈 관이 있다. 이 관을 이용해 먹이를 먹을 때 체강 속으로 들어온 바닷물을 내보낸다. 문어는 이 관을 좌우로 움직이며 먹물을 내뿜는다.

7 문어는 다리를 뻗으며 이른바 머리* 방향으로 비스듬히 헤엄친다.** 문어는 눈이 앞에 있고 입은 뒤에 있어서 헤엄치면서도 앞을 볼 수 있다. 살아 있는 문어의 머리는 공기가 가득 들어 있는 것처럼 팽팽하다. 문어는 촉완의 아래쪽과 다리 사이의 막을 완전히 긴장시켜 물건을 잡고 쥔다. 모래바닥에서는 촉완으로 물건을 붙잡지 못한다.

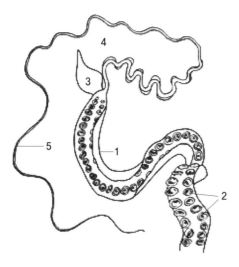

문어의 교접완
1. 팔 2. 빨판 3. 음경낭 4. 정관 5. 음경

---

*　　사실은 몸통이다.

**　　두족류의 관은 배에 있다. 하지만 배를 바닥에 대고 있는 문어는 등 쪽으로 물을 뿜기 위해 이 관을 머리 이리저리 돌릴 수 있다.

8 문어는 다른 연체동물과 차이가 있다. 문어는 몸통은 작고 다리는 긴 반면 다른 연체동물은 몸통은 길고 다리는 짧다. 다리가 너무 짧아서 다리를 이용해 걸을 수 없다. 다른 연체동물끼리도 서로 다르다. 오징어*는 몸통이 길고 갑오징어는 넓적하게 생겼으며 오징어 중에서도 화살오징어**는 길이가 5엘***에 달하는 게 발견될 정도로 오징어보다 훨씬 크다. 갑오징어도 어떤 것은 길이가 2엘이나 된다. 문어의 촉완도 그 정도는 되고 더 큰 것도 있다.

9 화살오징어는 개체수가 많지 않으며 생김새도 보통 오징어와는 다르다. 화살오징어의 꼬리지느러미는 다른 오징어류에 비해 매우 넓적하고 몸통 전체를 둘러싸고 있다. 반면에 보통 오징어는 몸통 일부에만 지느러미 같은 게 있다.**** 이 두 오징어는 모두 원양에 서식한다. 이 동물들은 촉수라고 하는 다리들이 모여 있는 곳에 머리가 있다. 머리에는 이빨이 두 개인 입이 있다. 그리고 입 위에 두 개의 커다란 눈이 달렸다. 두 눈 사이에는 작은 뇌가 들어 있는 연골로 된 낭포(囊胞)가 있다.

---

* τευθίς(teuthis). Loligo vulgaris.
** τεῦθος(teuthos). Todarodes sagittatus.
*** 1엘은 45인치. 5엘은 약 5.7미터.
**** 이 대목에서 아리스토텔레스는 두 가지 종류의 실체를 알 수 없는 오징어 즉 τευθίς와 τεῦθος에 대해 설명하고 있다. 두 가지 명칭의 오징어의 실체에 대해서는 논란이 분분하다. 문어와 갑오징어를 제외하면 지중해 오징어 중에 가장 흔한 것은 Loligo vulgaris(loligo는 라틴어로 '오징어', vulgaris는 '보통의' 또는 '평범한'을 뜻한다)다. 이 오징어는 우리가 흔히 먹는 보통 오징어다. 또 다른 하나는 Todarodes sagittatus 즉 화살오징어다. 화살오징어 중에는 엄청난 크기로 자라는 것들이 있다. 톰슨은 테우티스를 Loligo vulgaris 즉 보통 오징어로, 테우토스를 화살오징어로 해석했다. 이 책에서는 편의상 teuthis는 오징어로, teuthos는 화살오징어로 번역했다.

10 입에는 근육질의 작은 기관이 들어 있는데, 별도로 혀를 가지고 있지 않기 때문에 이것을 혀처럼 사용한다. 그다음에 몸 밖으로 주머니 같은 외투막이 있다. 그것은 긴 가닥이 아니라 고리 형태로 갈라지는 살로 되어 있다. 그리고 모든 연체동물은 각피(殼皮)로 덮여 있다. 입 다음에는 길고 좁은 식도가 있다. 그리고 식도는 새의 모이주머니와 흡사하게 공같이 생긴 큰 주머니로 이어진다. 그리고 이어서 반추동물의 네 번째 위 같은 위가 있다.* 위의 생김새는 쇠뿔고둥의 나선 형태를 띠고 있다. 여기서 가느다란 창자가 나와 입 근처로 간다. 이 창자는 식도보다는 굵다.

11 연체동물은 뮈티스**를 제외하면 다른 내장 기관이 없다. 뮈티스에는 먹물주머니가 달려 있다. 갑오징어의 먹물주머니가 가장 크고 먹물도 많이 들어 있다. 모든 종류의 오징어는 놀라면 먹물을 내뿜는데 갑오징어가 먹물을 가장 많이 분출한다. 뮈티스는 입 밑에 있다. 식도는 이것을 관통해 지나간다. 그리고 그 밑에 창자가 되돌아 나오는 곳에 먹물주머니가 있다. 그리고 먹물주머니와 창자는 동일한 막에 감싸여 있다. 먹물과 배설물은 같은 구멍으로 배출된다.

---

* 크레스웰은 공같이 생긴 주머니가 그물처럼 위를 감싸고 있다고 해석했다.
** 독일의 동물학자인 쾰러(Hermann Johann von Köhler, 1792~1860)는 아리스토텔레스가 말한 μύτις (mútis)를 대정맥과 두 내장정맥에 붙어 있는 내분비기관들이라고 추정했다.

12 오징어의 몸통에는 털과 비슷한 것*이 있다. 갑오징어, 오징어 그리고 화살오징어는 체강 내 등에 해당하는 곳에 딱딱한 부분이 있다. 갑오징어와 화살오징어의 이 기관을 세피움 즉 격막골(膈膜骨)이라고 부르고, 오징어의 경우는 '칼'이라고 부른다.** 이 두 가지 기관은 서로 다르다. 갑오징어와 화살오징어의 뼈는 딱딱하고 넓적하며 뼈와 물고기 가시의 중간적인 성질을 가지고 있으며 부서지기 쉬운 해면조직으로 되어 있다. 그러나 오징어에 들어 있는 것은 얇고 연골과 같은 성질을 다소 가지고 있다. 기관의 형태 역시 오징어들의 생김새와 닮았다. 문어는 체내에 이같이 딱딱한 부위가 없다. 머리 주위에 연골조직이 있는데, 나이가 들면서 이것이 단단해진다.

13 오징어는 암컷과 수컷이 다르다. 수컷의 경우 식도 밑으로 관이 하나 지나가는데 외투강(外套腔)***에서 몸통 아래로 이어져 있다. 이 관에는 젖가슴을 닮은 기관이 붙어 있는데 암컷은 위쪽으로 두 개가 있다. 암수컷 모두 이 기관 밑에 붉은색 기관이 있다. 문어는 알이 하나의 피막에 들어 있다. 이 난포(卵胞)는 크고 표면이 우둘투둘하다. 안에

---

* 아리스토텔레스는 『동물지』 4책 4장과 9책 37장에서 가리비와 가재를 설명하면서 이것이 아가미일 개연성이 높다고 밝히고 있다.

** 격막골은 라틴어로는 septum, 그리스어로는 σεπτουμ(septoum), 칼은 라틴어로 xiphus, 그리스어로는 ξιφός(xiphos)다. 이 어휘를 크레스웰은 각각 '갑오징어의 뼈'와 '오징어의 펜'으로 번역했으며, 톰슨은 '격막골'과 '칼'로 번역했다.

*** ἐγκέφαλος(enképhalos). 크레스웰은 문자 그대로 brain 즉 뇌로, 톰슨은 mantle-cavity 즉 외투강으로 번역했다. 해부학적으로 볼 때 톰슨의 번역이 옳다. 외투강(外套腔)은 연체동물의 외투막과 내장낭 사이의 빈 곳을 가리킨다.

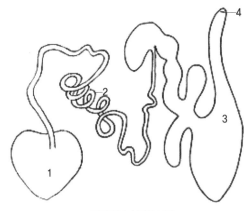

갑오징어 수컷의 내장
1. 정소(고환) 2. 정관 3. 정포(精包) 4. 생식공

는 액상 물질이 들어 있는데 모두 균질하고 색은 희끄무레하다. 알의 숫자는 매우 많아서 문어의 머리통을 채우고도 남는다.

14 갑오징어는 두 개의 난포를 가지고 있는데 난포마다 흰 우박알갱이처럼 생긴 알이 무수히 들어 있다. 이 기관들의 위치는 해부도(解剖圖)에서 볼 수 있다. 오징어는 암수가 다른데 특히 갑오징어의 경우 그 차이가 두드러진다. 배보다는 등이 짙은 색을 띠고 있는 외투막(外套膜)은 수컷이 암컷보다 거칠다. 수컷은 등에 줄무늬가 있으며 몸통의 끝부분도 더 뾰족하다.*

---

* 　　오징어의 암수는 형태보다는 색으로 쉽게 구분된다.

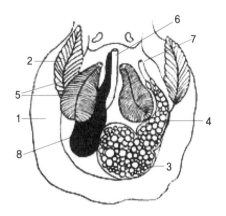

유럽화살오징어의 암컷 해부도
1. 외투막 2. 아가미 3. 난소 4. 난관 5. 난포선(卵包腺, 난소 절제선)
6. 항문 7. 생식공 8. 먹물주머니

15 문어는 여러 종류가 있다. 한 종류는 수면 가까이에 서식하며 문어 중에서 가장 크다. 일반적으로 연안에 사는 문어가 심해에 사는 문어보다 크다. 몸집이 작고 얼룩덜룩한 문어가 있는데, 이 문어는 식용으로 적합하지 않다. 그리고 종류가 다른 두 가지 문어 가운데 하나 는 유럽뿔문어로 다리의 길이가 다르다. 다른 연체동물은 모두 빨판이 두 줄로 되어 있는데 이 문어는 빨판이 한 줄로 되어 있다. 또 다른 종류는 다양한 별명을 가지고 있는데, 하나는 볼리타문어* 또는 '양파'로 불리기 도 하며 때로는 오졸리문어** 또는 사향문어로 불린다.

---

* Bolitaena. '대리석 구슬'을 뜻하는 bolita에서 파생된 말로 모양이 비슷한 양파로 불리기도 한 것을 보면 문어의 형상을 의미하며, 체구가 작은 문어인 Bolitaena pygmaea가 여기에 해당하는 것으로 보인다.

** οζόλης(ozoles). 그리스어로 '냄새'를 뜻하는 ὄζω(ozo)에서 파생된 말로 '악취를 풍기는'의 뜻을 가지 고 있다. 이 문어는 사향문어로 불리는 Eledone moschata를 가리키는 것으로 보인다.

16 유각류처럼 껍데기 속에 들어 있는 두 종류의 연체동물이 있다. 하나는 앵무조개 또는 '항해하는 조개',* '문어알'이라고도 부르는 연체동물이다. 이 연체동물의 껍데기는 빗살무늬 패각(貝殼) 한 쌍으로 이루어진 가리비의 껍데기를 닮았지만 꼭 맞물려 있는 형태는 아니다.** 이 연체동물은 연안에 서식하는데 걸핏하면 파도에 휩쓸려 육지로 떠밀려와 껍데기를 벌린 채 있다가 이내 말라 죽고 만다. 이 연체동물은 볼리타문어처럼 몸집이 작다. 또 다른 종류는 달팽이처럼 껍데기 속에 들어 있다. 이 동물은 껍데기 밖으로는 절대 나오지 않고 달팽이처럼 이따금 촉완을 밖으로 내뻗으며 껍데기 속에서만 산다.***

연체동물에 대해서는 이쯤 해두자.

---

* ναυτικός(nautikos). 그리스어로 뱃사람을 뜻하는 ναύτης(nautes)에 형용사형 어미 ικός가 붙어 '항해하는'을 의미한다.
** 크레스웰은 이 문장을 한 쌍의 패각 중에서 하나는 크고 오목하며 색깔이 짙은 반면에 다른 하나는 납작하며 표면이 곱고 색깔이 밝아 서로 다른 형태를 취하고 있다는 것을 뜻하는 것으로 해석했다.
*** 톰슨은 달팽이와 비유된 이 연체동물을 Nautilus pompilius 즉 황제앵무조개로 보았다.

제 2 장

갑각류 I

1 연갑류 또는 갑각류의 범주에는 가재류가 있고 이것과 매우 유사한 왕새우류가 있다. 가재류는 집게발을 가졌다는 것을 비롯해 다른 몇 가지 점에서 왕새우류와 다르다. 세 번째로는 새우류가 있으며 네 번째로 게 종류가 있다. 새우류에는 작은 새우 또는 곱사등이새우*와 참새우**가 있다. 작은 새우 종류는 큰 새우로 자라지 않는다.

2 게의 종류는 일일이 열거하기 어려울 정도로 매우 다양하다. 게 중에 가장 큰 종류는 마이아***라는 별명을 가지고 있다. 그다음으로

---

*   cyphae. Palaemon species.

**   crangon. 왕새우인 lobster보다는 작고 cyphae 즉 shrimp보다는 큰 새우.

***   Μαῖα(Maia)는 거미게(spider crab)다. 그리스 신화에서 아틀라스와 바다의 요정 플레이오네 사이에서 태어난 일곱 딸 가운데 장녀의 이름에서 유래한다.

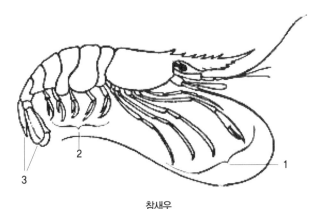

참새우
1. 가슴다리(5개) 2. 배다리(5개) 3. 꼬리마디 1개와 꼬리부채 2개

는 갈색게*와 헤라클레오티스게,** 그리고 강에 서식하는 민물게가 있다. 이들보다 크기가 작은 게도 여러 종류가 있지만 별도의 명칭은 없다. 페니키아 연안에는 달랑게***가 서식한다. 이 게는 매우 빨라서 잡기 어렵기 때문에 그런 이름을 얻었다. 이 게들은 잡아서 딱지를 열어보면 대개 속이 비었는데 충분히 먹지 못한 탓으로 보인다. 생김새는 왕새우를 닮은 또 다른 작은 게 종류도 있다.

---

*   παγουρος(pagouros). 북대서양과 지중해 연안에 서식하며 식용으로 가장 많이 먹는 게. 학명은 *Cancer pagurus*.

**   Crab of Heracleotis. 주로 지중해와 흑해 연안에 서식하는 지중해 녹색게(Carcinus aestuarii)로 보인다. Heracleotis는 흑해 남부 연안에 있던 고대 그리스 도시 Ἡράκλεια Ποντική(Heraclea Pontica)의 다른 이름으로 이 지역 해안에서 많이 잡힌 것으로 추정할 수 있다.

*** horseman crab. 학명은 *Cancer cursor*. 영어로는 tufted ghost crab 즉 '유령털게'이며 우리말 명칭은 '달랑게'다.

3 앞서 언급한 것처럼 이런 갑각류는 피부 대신에 단단한 껍데기로 살로 이루어진 몸을 감싸고 있다. 복부에는 얇은 판이나 덮개가 있으며 암컷은 그 안에 알을 품고 있다. 가재는 집게발을 포함해 양쪽에 각각 다섯 개의 다리가 있다. 게 역시 집게발을 포함해 모두 열 개의 다리를 가지고 있다.* 새우류 중에서 곱사등이새우나 참새우는 머리 가까운 곳 양쪽 옆구리에 각각 끝이 뾰족한 다섯 개씩의 다리를 가지고 있다. 복부의 양쪽 옆에도 각각 다섯 개씩 다리가 달려 있는데 이 다리들은 끝이 납작하다. 새우는 몸통 밑부분에는 갑각이 없지만, 등은 가재와 같다.

4 갈색새우** 또는 갯가재***는 상당히 다르다. 이 갑각류는 다리가 양 옆구리에 각각 네 개씩이고 바로 뒤에 가느다란 다리가 세 개씩 붙어 있으며 나머지 몸통에는 다리가 없다. 갑각류의 다리는 곤충처럼 바깥쪽으로 비스듬히 뻗어 있으며 집게발이 있는 동물은 집게발이 안쪽으로 굽어 있다. 가재는 다섯 개의 지느러미처럼 생긴 부속지(付屬肢)가 달린 꼬리가 있다. 곱사등이새우도 네 개의 지느러미처럼 생긴 부속지가 달린 꼬리가 있다. 갯가재도 꼬리 양쪽으로 지느러미처럼 생긴 돌기가 달려 있다. 그 돌기의 중앙에는 가시가 있다. 갯가재는 꼬리 부분이 납작하고 새우는 뾰족하다. 갑각류 가운데 게만 유일하게 꼬리가 없다. 새우와 가재는 몸통이 길고 게는 둥글다.

---

* 갑각류 중에서 새우, 가재, 게 등 발이 열 개인 동물들은 decapoda 즉 십각목(十脚目)으로 분류된다.
** κραγγών(krangōn).
*** squilla mantis, 만티스 새우로 불리기도 한다.

5 닭새우*는 암수가 다르게 생겼다. 암컷 닭새우는 맨 앞다리가 둘로 갈라져 있고 수컷은 갈라져 있지 않다. 암컷은 배에 있는 지느러미 같이 생긴 편갑이 커서 몸통의 가는 부분에서는 겹쳐 있다. 수컷은 배에 있는 편갑이 작고 겹쳐 있지 않다. 수컷은 맨 마지막 발에 크고 날카로운 발톱 같은 돌기가 있고 암컷은 그것이 작고 무디다. 암수 모두 눈 앞에는 뿔같이 생긴 크고 까칠한 두 개의 더듬이가 달려 있다. 그리고 그 밑에는 작고 부드러운 더듬이가 두 개 더 있다.

6 모든 새우의 눈은 단단한 구슬처럼 생겼으며 전후좌우로 움직일 수 있다. 게의 대부분도 눈을 움직일 수 있는데, 게는 눈을 더 자유자재로 움직일 수 있다. 가재**는 전체적으로 희끄무레한 색인데 검은 반점들이 흩어져 있다. 가재는 모두 여덟 개의 다리를 가지고 있다. 그리고 닭새우의 집게발에 비해 끝부분이 훨씬 크고 넓적한 두 개의 집게발이 있다. 이 두 개의 집게발은 크기가 다르다. 오른쪽 집게발은 끝부분이 길고 납작하며 왼쪽 집게발은 끝부분이 두툼하고 둥글다. 두 집게발은 모두 끝에서 턱뼈처럼 갈라져 있는데, 집게발 상하 양쪽에 치열이 있다. 오른쪽

---

* 아리스토텔레스는 가재를 κάραβος(kárabos)로 표기했고 플리니우스는 라틴어 locusta로 표기했다. 그러나 통상 라틴어에서는 그리스어를 음역한 carabus로 표기한다. 영어에서는 가재를 crawfish 또는 crayfish, 아일랜드에서는 crayfish, 영국에서는 crawfish라고 한다. 그리고 red lobster 또는 rock lobster로 쓰기도 한다. 서양에서는 우리처럼 새우와 가재를 명확하게 구분하지 않고 혼용하는 경우가 많다. 여기서 아리스토텔레스가 말하는 κάραβος는 보통 spiny lobster로 불리는 닭새우로 학명은 *Palinurus vulgaris*다.
** ἀστακός(astakós). 대서양과 지중해 그리고 흑해 등에 서식하는 가장 흔한 바닷가재로 학명은 *Homarus vulgaris*.

집게발에 있는 이빨은 작고 톱니처럼 생겼다. 왼쪽 집게발 끝에 있는 이빨은 톱니처럼 생겼지만 중간에 있는 이빨은 어금니처럼 생겼다. 왼쪽 집게발의 아래쪽에는 네 개의 이빨이 촘촘히 있고 위쪽에는 세 개의 이빨이 듬성듬성 있다.*

7 양쪽 집게발은 위쪽 부분이 움직인다. 그래서 위쪽 부분을 아래로 누르게 된다. 두 집게발은 붙잡고 조이는 데 적합하게 만들어진 듯 안짱다리처럼 안으로 휘어져 있다. 그리고 이 큰 두 개의 집게발 위 입 근처에는 두 개의 털 달린 악각(顎脚)**이 있다. 더 아래쪽으로는 털이 난 아가미 같은 형태의 기관이 여러 개 있다. 이 기관들은 잠시도 멈추지 않고 끊임없이 움직인다. 가재는 두 개의 털 달린 악각을 구부려 입으로 끌어당긴다. 이 악각에는 바깥쪽으로 뻗친 외지(外肢)***가 있다.

8 닭새우와 마찬가지로 가재도 두 개의 이빨 또는 턱뼈를 가지고 있다. 그 위에는 긴 더듬이가 있는데, 닭새우의 더듬이보다 훨씬 짧고 가늘다. 그 위로는 작고 짧은 눈이 있는데, 닭새우에 비해 크지 않다. 눈 위로는 뱃머리****같이 뾰족하게 튀어나온 돌기가 있는데, 닭새우의 같은

---

* 　왼쪽과 오른쪽은 가재를 정면에서 바라보았을 때의 방향이다.
** 　maxilliped. maxilla는 턱뼈를 뜻하는 라틴어이며 ped는 다리를 뜻하는 말이다. 따라서 '턱에 붙어 있는 다리'라는 뜻이다.
*** 　exopodite. 악각에서 바깥쪽으로 갈라져 나온 부속지(附屬肢).
**** 　rostrum. 연단이라는 뜻의 라틴어인데 로마시대에 해전에서 승리하면 노획한 함선의 뱃머리를 가져다 연단으로 사용한 데서 유래한다.

부위보다 크다. 전체적으로 볼 때 닭새우에 비해 가재의 머리는 뾰족하고 흉곽은 넓으며 몸통은 매끄럽고 살이 많다. 여덟 개의 다리 가운데 네 개는 끝이 둘로 갈라져 있고 네 개는 갈라져 있지 않다.

9 '목' 부위는 밖에서 보면 다섯 개 부분으로 나뉘어 있다. 여섯 번째 이자 맨 끝부분에는 다섯 개의 편갑 또는 꼬리지느러미가 있다. 안쪽에는 털이 나 있는 네 개의 편갑이 있는데, 암컷은 여기에 알을 모아둔다. 앞에서 이야기한 네 개의 편갑 바깥쪽으로는 짧고 곧은 가시가 나 있으며 흉곽을 포함한 몸은 닭새우와는 달리 전체적으로 매끈하다. 바깥쪽 집게발에는 큰 뼈가 있다. 가재는 암컷과 수컷 사이에 큰 차이가 없다. 암수 모두 집게발 중 하나가 다른 하나보다 크고 같은 크기의 집게발을 가진 경우는 없다.

10 갑각류는 입으로 물을 머금어 빨아들인다. 게는 빨아들인 물의 일부를 입을 오므려 내보낸다. 가재는 아가미처럼 생긴 기관을 이용해 물을 내보낸다. 그런데 가재는 아가미 형태의 기관이 여러 개 있다. 갑각류는 다음과 같은 특징을 공유하고 있다. 모든 갑각류는 이빨 또는 턱뼈가 두 개다. 가재는 앞니가 두 개다. 그리고 혀 대신이 작은 살로 이루어진 기관이 있다. 여기서 위로 식도가 이어져 있는데, 가재의 위는 입 가까운 곳에 있어서 식도가 짧다. 그리고 가재와 새우 종류는 위 다음에는 창자가 있는데, 배설물을 내보내고 암컷이 알을 낳는 구멍까지 이어져 있다. 게는 창자가 편갑이 있는 부위 한가운데 있다. 게는 알을 모아두

는 곳이 편갑 바깥쪽에 있다.*

11 암컷은 창자 외에도 알을 만드는 기관을 가지고 있다. 그리고 이 동물은 거의 예외 없이 뮈티스 또는 메콘이라는 기관을 가지고 있다.** 개별적인 사례를 통해서 그 차이점을 알 수 있을 것이다. 이미 언급했지만 이빨은 두 개로 크고 속이 비었다. 그리고 이빨 안에는 뮈티스 같은 체액이 들어 있다. 이빨 사이에는 혀처럼 생긴 살점이 있다. 입 다음에는 식도가 있고, 식도는 막으로 이루어진 위에 연결되어 있다. 위로 들어가는 구멍에는 세 개의 이빨이 있는데, 두 개는 서로 마주 보고 있고 하나는 그 밑에 따로 떨어져 있다.

12 그리고 위 옆에서 창자가 나온다. 창자는 몸 전체를 지나 항문에 이를 때까지 굵기가 변하지 않는다. 이런 기관들은 가재, 새우, 게 등이 공통으로 가지고 있다. 기억하겠지만 게는 이빨이 두 개다. 가재는 가슴에서부터 항문까지 관이 하나 이어져 있는데, 암컷은 이 관이 난소에 연결되어 있고 수컷은 정관에 연결되어 있다.*** 이 관은 살로 이루어진 체강(體腔) 속에 들어 있는데, 이 관과 창자 사이는 살로 채워져

---

*   톰슨은 "이 문장은 분명히 잘못된(corrupted) 것"이라는 의견을 제시했다.

**   μύτης(mytis)는 '코', μήκων(mecon)은 '양귀비의 삭과(蒴果, 열매 속이 여러 칸으로 나뉘고 칸 속에 종자가 든 구조)'라는 뜻이다. 따라서 기관의 형상을 본떠 이름을 붙였을 것으로 추정할 수는 있지만, 아리스토텔레스가 정확히 어떤 기관을 지칭했는지는 불명확하다. 크레스웰은 mytis를 간(肝)으로 추정했다. 톰슨은 mecon을 poppy-juice 즉 '양귀비즙'으로 번역했는데, 생식소로 추정된다.

*** 이탈리아의 해양생물학자 필리포 카볼리니(Filippo Cavolini, 1756~1810)는 ventral nerve-cord 즉 복신경삭(腹神經索)으로 보았다. 그렇다면 이 관이 생식기관과 연결돼 있다는 것은 해부학적 오류다.

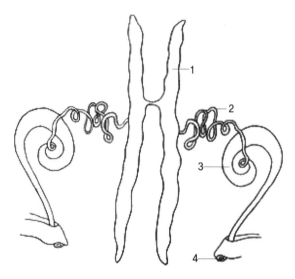

수컷 새우의 내장
1. 정소(2개) 2. 정관 3. 사정관 4. 생식공

있다. 창자는 이 체강의 볼록한 부분에 붙어 있고, 이 관은 네발짐승과 매우 비슷하게 오목한 부분에 있다. 누런 체액이 들어 있는 이 관은 암수에 차이가 없이 가늘고 희며 가슴 부위에 붙어 있다.

13 새우는 알과 포선체(包旋體)가 같은 위치에 있다. 수컷은 가슴 부위에 색깔과 모양이 오징어의 촉완을 닮은 두 개의 독특한 흰색 부속물이 있다는 점에서 암컷과 구분된다. 이 부속기관들은 소라고둥의 메콘처럼 나선형을 이루고 있다. 이 기관들은 가장 뒤에 붙어 있는 다리

에 있는 배상와(杯狀窩)* 또는 돌기에서 시작한다. 이 부근의 살은 붉은색을 띠고 있으며 만져보면 미끈거리고 살 같지 않다. 가슴에 있는 나선형 돌기에서는 노끈 정도 굵기의 또 다른 나선형 기관이 갈라져 나온다. 그 밑에는 정액이 담긴 두 개의 우툴두툴한 기관이 창자에 나란히 붙어 있다. 수컷은 이런 기관들이 있고 암컷은 위 부근에 붉은색의 난소가 있는데 이것은 창자 양쪽으로 몸통의 살과 이어져 있으며 얇은 막에 싸여 있다. 이런 것들이 새우의 체내·체외 기관들이다.

---

*   술잔 형태의 나선형 돌기. 톰슨은 이것을 cotyledon으로, 크레스웰은 acetabulum으로 번역했다.

제3장

갑각류 Ⅱ

1 유혈동물의 모든 내장 기관은 이름이 있다. 유혈동물은 모두 내장 기관을 가지고 있다. 하지만 무혈동물의 내장 기관은 이름이 없다. 유혈동물과 무혈동물 모두 위, 식도 그리고 창자를 가지고 있다. 이미 게의 집게발과 다리에 관해서 설명하면서 그것들이 몇 개인지, 그리고 붙어 있는 위치도 언급했다. 대다수 게들은 오른쪽 집게발이 왼쪽 집게발보다 크다. 게의 눈에 대해서도 이미 서술했다. 게들은 대부분 곁눈질한다. 또 게들의 몸통은 분절되지 않고 머리와 다른 기관을 포함하여 하나로 되어 있다.

2 어떤 종류의 게들은 두 눈이 몸 윗부분 측면 부위에 있다. 그리고 일반적으로 두 눈이 서로 멀리 떨어져 있다. 헤라클레스 대게*와 마

---

*   καρκίνος(karkínos). 헤라클레스가 레르나에서 괴수 히드라와 싸울 때 히드라를 돕기 위해 나타난 게에서 이름이 유래한다.

헤라클레스 대게. 헤라클레스와 히드라의 싸움에서 헤라클레스를
공격하는 거대한 게(기원전 500년경 기름단지의 그림)

이아 대게처럼 눈이 몸 중간에 가깝게 붙어 있는 것도 있다. 입은 눈 밑
에 있는데, 가재와 마찬가지로 입안에는 이빨이 두 개 있다. 게의 이빨은
둥글지 않고 길쭉하다. 이빨 위에는 두 개의 악각(顎脚)이 있다. 그리고 두
개의 악각 사이에는 가재가 가지고 있는 것과 같은 기관이 있다.

3 게들은 판개(瓣蓋)를 열어 입으로 물을 흡입하고 다시 판개를 닫고
  입 위에 있는 두 개의 구멍을 통해 물을 내보낸다. 물을 내보내는 구
멍은 눈 바로 밑에 있다. 게는 물을 흡입할 때 판개를 이용해 입을 막고

위에서 묘사한 방법으로 물을 배출한다.* 이빨 다음에는 식도가 있는데, 매우 짧아서 마치 입이 위에 붙어 있는 것처럼 보인다. 위장은 두 갈래로 나뉘어 있으며 그 가운데에 가느다란 창자가 연결되어 있다. 그리고 창자는 맨 끝에 있는 갑각 바깥쪽으로 이어져 있다. 이빨 주변의 판개 사이에는 가재의 같은 부위에 있는 것과 같은 부속지가 있다. 몸통 속에는 누렇고 걸쭉한 즙**과 길고 흰색을 띤 것들과 붉은색을 띤 것들이 들어 있다.*** 암컷과 수컷은 배딱지의 길이와 폭이 다르다. 암컷 가재와 마찬가지로 게 역시 암컷의 배딱지가 수컷보다 더 크고 불룩하며 덜 매끈하다.

갑각류의 기관에 대해서는 이쯤 해두자.

---

*   게나 다른 갑각류가 입이나 입 주변으로 물을 흡입한다는 것은 통념과는 어긋난다. 물은 갑각의 옆구리에 있는 호흡관을 통해 들어오고 입으로 나간다. 이탈리아의 해양생물학자 필리포 카볼리니는 물이 갑각의 옆구리뿐만 아니라 앞쪽에 있는 구멍을 통해서도 들어온다고 주장했다.

**   χυμός(khūmós). 걸쭉한 즙.

***   톰슨에 따르면, 이 대목은 게의 등딱지를 제거하고 난 뒤에 보이는 것들을 대충 묘사한 것이다.

제 4 장

유각류

1 달팽이와 바다고둥 같은 유각류, 쌍각류(雙殼類)라고 하는 모든 동물, 그리고 성게류는 살이 껍데기 안에 들어 있다는 점에서 갑각류와 유사하다. 즉 살은 안에 들어 있고 껍데기는 바깥을 감싸고 있으며 안에는 딱딱한 물질이 없다. 그러나 유각류는 껍데기와 안에 들어 있는 살을 비교해보면 매우 다양하다. 어떤 것은 성게같이 껍데기 안에 아예 살이 없다. 그리고 어떤 것은 살로 된 부분이 있는데, 머리를 제외하고는 껍데기 안에 숨겨져 있다. 달팽이와 작은 고둥 그리고 바다에 서식하는 자주뿔고둥,* 소라고둥** 또는 나팔고둥, 쇠고둥,*** 일반 나선형 원뿔 형태의 조개들이 여기에 해당한다.

---

* 라틴어로는 purpura, 영어로는 purple murex라고 한다. 자주색 염료를 채취하는 데 쓰였다.

** Κῆρυξ(kêrux). 나선형의 고둥. 학명은 *Ranella gigantea*.

*** κόχλῑᾱς(kókhlias). 달팽이 또는 나선형이라는 뜻이다.

2 나머지 가운데 어떤 것은 쌍각류고 어떤 것은 단각류(單殼類)다. 쌍각류는 살이 두 개의 껍데기 안에 들어 있으며, 단각류는 삿갓조개처럼 껍데기가 하나로 살이 노출되어 있다. 쌍각류 가운데 어떤 것은 가리비*와 홍합**처럼 한쪽은 붙어 있고 다른 쪽은 떨어져 있어서 껍데기를 여닫을 수 있다. 어떤 쌍각류는 맛조개처럼 양쪽이 다 붙어 있다.*** 어떤 것은 멍게처럼 밖으로 노출된 살이 하나도 없이 완전히 껍데기에 감싸여 있다.

3 유각류는 껍데기 자체도 매우 다양하다. 어떤 것은 맛조개, 홍합, 그리고 우유조개****라는 별명을 가진 조개처럼 껍데기가 매끄럽다. 어떤 것은 굴,***** 키조개, 그리고 일부 대합조개와 소라고둥처럼 껍데기가 거칠다. 이 조개들 가운데 일부는 가리비와 새조개처럼 껍데기에 골이 파여 있고 어떤 것은 키조개나 다른 쌍각류 조개들처럼 골이 없다. 껍데기 전체와 특정 부분의 두께도 모두 다르다. 특히 조개껍데기의 가장자리가 그렇다. 어떤 조개는 홍합처럼 가장자리가 얇고 어떤 것은 굴처럼 두껍다.

---

* κτείς(kteís). 원래 빗이라는 뜻으로, 빗살무늬를 가진 가리비를 지칭한다.
** μύα(mûa). 홍합 또는 담치.
*** 이런 조개들은 외투막이 붙어 있어서 껍데기를 여닫지 못한다.
**** κόγχη(konchea). 톰슨은 대합조개의 일종인 Mactra라고 추정했다.
***** λιμνοστρέα(limnostrea). 학명은 *Ostrea edulis*. 지중해와 대서양 연안에 서식하는 납작한 굴.

4 조개 가운데 몇몇은 가리비처럼 움직일 수 있다. 어떤 사람은 가리비가 날아다닌다고 말한다. 가리비는 잡으려고 하면 피해서 도망친다. 삿갓조개 같은 유각류는 붙어 있는 곳에서 이동할 수 없다. 모든 나선형 유각류는 기어 다니며 이동할 수 있다. 전복도 먹이를 찾아 장소를 옮긴다. 모든 유각류의 공통된 특징은 껍데기의 내부가 매끄럽다는 점이다.

5 쌍각류와 단각류는 모두 살 부분이 껍데기에 붙어 있어서 힘을 가해야만 떼어낼 수 있다. 나선형 조개는 비교적 쉽게 껍데기와 살이 분리된다. 달팽이처럼 생긴 유각류의 한 가지 특징은 머리 부분에서 가장 먼 곳이 나선형으로 되어 있다는 점이다. 나선형 조개는 모두 태어나면서부터 선개(蘚蓋)*를 가지고 있다. 모든 나선형 유각류는 오른쪽으로 돌며 나선 방향으로 움직이지 않고 나선과는 반대 방향으로 움직인다.**

6 유각류의 외부 생김새는 매우 다양하지만, 내부의 모습은 대체로 비슷하다. 나선형 조개는 특히 그렇다. 크기 면에서 볼 때 나선형 조개는 매우 다양해 어떤 것은 크고 어떤 것은 작다. 단각류와 쌍각류 사이에는 별 차이가 없다. 대부분 서로 다른 점이 많지 않다. 그러나 움직일 수 없는 유각류와는 매우 다르다. 이런 점들에 대해서는 앞으로 충분히 설명

---

* 선개는 뚜껑 모양을 뜻하는데 특히 물고기의 아감딱지, 고둥의 각구(殼口)를 막는 덮개판, 갑각류 배쪽의 딱지 등을 가리킨다. 라틴어로는 operculum.

** 톰슨은 이 문장을 다음과 같이 해석했다. "…나선이 오른쪽으로 도는 것을 뜻한다고 볼 수 없다. 이 문장은 단순히 조개가 오른쪽으로 움직이며 나선과는 반대 방향으로 움직이기 때문에 껍데기는 오른쪽에 있어야만 한다고 생각한 것으로 볼 수 있다."

할 것이다. 나선형 조개는 모두 비슷한 구조다. 그러나 앞에서 설명했듯이 크기가 다르다(큰 것은 기관도 크고 뚜렷하며 작은 것은 기관이 작고 보잘것없다). 게다가 어떤 것은 껍데기가 딱딱하고 어떤 것은 무르다. 다른 부수적인 성질에도 차이가 있다.

7 나선형 조개는 모두 껍데기의 구멍 밖으로 삐져나온 단단한 살이 있다. 어떤 것은 많이 나와 있고 어떤 것은 조금 나와 있다. 그리고 살로 이루어진 부분의 한가운데 두 개의 뿔이 달린 머리가 있다. 큰 것은 뿔이 크고 작은 것은 뿔이 지극히 작다. 머리는 모두 같은 모습으로 튀어나와 있는데, 놀라면 다시 들어간다. 이런 동물 가운데 달팽이 같은 것은 입과 이빨*이 있다. 이빨은 예리하지만 작고 약하다.

8 나선형 조개는 파리가 가지고 있는 것과 같은 긴 주둥이를 가지고 있다. 이 주둥이는 혀처럼 생겼다. 소라고둥과 자주고둥의 주둥이는 강하고 단단하다. 말파리나 쇠가죽파리의 주둥이가 네발짐승의 피부를 뚫고 들어가듯이 이것들의 주둥이는 강해서 먹잇감이 된 다른 조개의 껍데기를 뚫고 들어간다. 위장은 입에 바짝 붙어 있다. 달팽이의 위는 새의 모래주머니와 비슷하다. 그 밑에는 젖꼭지 또는 돌기 모양의 흰 기관이 두 개 있다. 비슷한 기관이 오징어에도 있는데, 오징어의 기관이 훨씬 단단한 질감을 가지고 있다.

---

* 　연체동물에서 일반적으로 볼 수 있는 radula 즉 치설(齒舌)을 뜻하는 것은 아니다.

9 위장 다음에는 밋밋하고 긴 식도가 있는데, 간의 상사기관이라고 할 수 있는 메콘(양귀비의 삭과)과 연결되어 있다. 메콘은 나선형 껍데기의 맨 안쪽이 들어 있다. 이런 설명은 자주고둥과 소라고둥의 껍데기 나선형 부분을 관찰하면 확실히 알 수 있다. 식도 다음에는 창자가 있다. 사실 식도는 창자와 하나로 되어 있어 찌꺼기를 배설하는 구멍까지 단순하게 이어져 있다. 창자는 메콘이 나선으로 이루어져 있는 부위에서 시작한다. 그리고 이 부위의 창자는 더 굵다. 모든 유각류에서 메콘은 일종의 내분비기관이다. 그다음에 창자는 굽어져서 살이 있는 곳으로 가고 배설물을 내보내는 창자의 끝은 머리 옆에 있다. 나선형 껍데기를 가진 유각류는 뭍에 살든 바다에 살든 모두 똑같다.

10 큰 달팽이는 흰색의 긴 관상(管狀)기관*을 가지고 있는데, 젖꼭지처럼 생긴 부속기관의 끝부분과 비슷한 색깔을 가진 막에 싸여 있다. 그 내부는 가재의 난포(卵胞)와 마찬가지로 격자 또는 중절막(中絶膜)으로 나뉘어 있다. 아무튼 지금 이야기하는 관은 흰색이고 가재의 알집은 붉은색이다. 이 기관에는 배출구나 관이 없으며, 내부에 작은 격실이 있는 얇은 막으로 감싸여 있다. 창자에서 아래로는 검고 우툴두툴한 것이 이어져 있다. 거북의 내장에 있는 기관과 비슷한데 색깔만 덜 검은 편이다.

---

*   자웅동체가 가지고 있는 양성관(hermaphrodite duct).

11 바다달팽이 역시 이런 것들과 흰색의 기관을 가지고 있는데, 크기가 작으면 이런 기관들도 작다. 나선형이 아닌 단각류와 쌍각류는 나선형 유각류와 구조적으로 비슷한 점도 있고 다른 점도 있다. 이런 조개들도 머리, 뿔, 입, 혀같이 생긴 것을 가지고 있다. 하지만 작은 것은 이런 기관들도 크기가 극히 작아서 알아볼 수 없다. 큰 것도 죽거나 쉬면서 움직이지 않을 때는 이런 기관들을 알아보기 어렵다. 이런 조개들도 메콘을 가지고 있지만, 그 부위와 크기가 다르고 드러나 있는 정도도 다르다. 삿갓조개는 메콘이 껍데기 바닥에 붙어 있으며 쌍각류는 두 개의 껍데기를 이어주는 폐각근(閉殼筋)* 부근에 있다.

12 이런 조개들은 가리비에서 볼 수 있듯이 하나같이 원형을 이루며 난 털 또는 수염을 가지고 있다. 그리고 난소에 관해서 말하자면 난소가 있는 것은 달팽이의 흰색 기관과 마찬가지로 가장자리에 반원 형태의 난소를 가지고 있다. 달팽이의 흰색 기관은 난소와 상동기관이다. 이미 언급했듯이 이런 기관들은 개체가 크면 눈에 잘 띄고 작으면 어떤 경우는 거의 식별할 수 없거나 전혀 식별할 수 없다. 커다란 가리비에서는 이런 기관들을 분명히 관찰할 수 있다. 가리비는 한쪽 껍데기가 냄비뚜껑처럼 납작하다.

---

* 조개관자.

13 이 동물들은 모두(나중에 설명할 예외적인 경우를 제외하고) 배설물을 내보내는 항문을 한쪽에 가지고 있다. 메콘은 남아도는 일종의 내분비물이 막으로 된 주머니에 담긴 것이다. 어떤 조개도 난소에서 알을 내보내지 않는다. 난소라고 하는 것은 단지 살덩어리로 만들어진 필요 없는 생성물에 불과하다. 난소는 창자와는 다른 부위에 있다. 난소는 오른쪽에 있고 창자는 왼쪽에 있다. 전복*이라고도 하는 삿갓조개의 한 종류는 껍데기에 구멍이 나 있어서 그곳을 통해 배설물을 내보낸다. 이 삿갓조개는 입 다음에 위가 있는데 달걀 모양의 형태를 눈으로 볼 수 있다. 이런 기관들의 상대적 위치에 대해서는 내가 쓴 해부학에 대한 논저**를 보면 알 수 있다.

14 소라게***는 갑각류와 유각류의 중간적인 속성을 가지고 있다. 소라게는 유형상 가재나 게에 가깝지만 몸이 갑각으로 덮여 있지는 않다. 그러나 소라 껍데기에 들어가 사는 습성이 있다는 점에서는 유각류와 유사하다. 따라서 갑각류와 유각류의 속성을 함께 지니고 있다. 소라게의 모습을 단적으로 이야기하면, 머리와 흉곽이 거미에 비해 크다는 것을 제외하고는 거미처럼 생겼다.

---

*   ἄλιος οὖς(haliosous). haliotis.
**   『동물의 부분에 대하여』. 기원전 350년경에 저술된 것으로 추정된다.
***   καρκινάς(karkinas). carcinium.

15 소라게는 두 개의 가늘고 붉은색을 띤 뿔을 가지고 있다. 그리고 두 개의 뿔 밑으로 게의 눈처럼 몸 안으로 들어가거나 좌우로 움직이지는 못하지만 앞으로 돌출한 두 개의 긴 자루눈*이 있다. 그리고 눈 밑에는 입이 있다. 입 주변에는 여러 개의 섬모 같은 부속지가 있다. 그다음에는 둘로 갈라진 다리 또는 집게발이 있는데, 이것으로 먹이를 잡는다. 양옆으로 두 개의 발이 더 붙어 있고 세 번째 발도 있는데 이것은 더 작다. 흉곽 밑에 있는 몸은 전체적으로 부드럽고 흉곽을 열면 누런 것이 그 안에 들어 있다.

16 입에서 위장까지 관이 하나 이어져 있다. 그러나 항문은 잘 보이지 않는다. 다리와 흉곽은 단단하다. 하지만 게의 흉곽과 다리만큼 단단하지는 않다. 소라게는 소라고둥이나 자주고둥처럼 껍데기와 붙어 있지 않다. 소라고둥 껍데기에 사는 소라게는 갈고둥** 껍데기 사는 소라게보다 길다.

17 그런데 갈고둥 껍데기 안에 서식하는 소라게는 다른 소라게들과 비슷하지만, 오른쪽 집게발이 작고 왼쪽 집게발이 크며 주로 왼쪽 집게발을 이용해 걷는다는 점에서 다른 소라게와 다르다. 소라 껍데기

---

* ómmaphore. 그리스어로 눈을 뜻하는 ὄμμα(ómma)와 '달려 있는'을 뜻하는 φόρος(phore)의 합성어. 유병안(有柄眼). 새우, 게, 가재, 달팽이 등의 눈처럼 긴 눈자루 끝에 달려서 눈자루의 운동으로 자유롭게 여러 방향을 볼 수 있는 눈.
** νηρίτης(nērítēs). narita.

에는 비슷한 동물이 들어가 사는데, 그것은 껍데기에 단단히 붙어 있다. 퀼라로스*다. 갈고둥은 크고 매끄러우며 둥그런 껍데기를 가지고 있다. 형태는 소라를 닮았지만 메콘은 검지 않고 붉은데 한가운데 단단히 붙어 있다.

18 날씨가 좋으면 소라게는 자유롭게 돌아다닌다. 폭풍이 몰아칠 때는 바위 밑으로 숨는다. 갈고둥도 삿갓조개처럼 바위에 달라붙고 뿔고둥 종류**는 모두 바위에 붙어 뚜껑처럼 생긴 선개를 닫고 있다. 사실 선개는 껍데기가 두 개로 되어 있는 쌍각류의 한쪽 껍데기에 해당하는 것이다. 선개의 안쪽에는 살이 있는데, 여기에 입이 달려 있다.

19 뿔고둥, 자주고둥 같은 종류는 모두 속성이 같다. 왼발 또는 왼쪽 집게발이 큰 게는 소라고둥 껍데기에 들어가 살지 않는다. 작은 가재를 닮은 동물이 들어가 사는 고둥은 강에도 있다. 그러나 그것들은 껍데기 안에 들어 있는 몸체가 부드럽다는 점에서 소라게와는 다르다. 그들의 특성에 대해서는 해부학에 대한 논문***을 보면 알 수 있다.

---

* κύλλαρος(kyllaros). cyllarus.
** αἱμορροΐς(haimorrhoîs). 톰슨은 haermorrhoid, 크레스웰은 hæmorrhois로 표기했다. 톰슨에 따르면 이 고둥은 '펠리칸발'이라고 하는 Aporrhais pes-pelicani로 추정된다. 우리말로 번역하면 뿔고둥이나 뿔고둥의 한 종류인 거미고둥이 가장 가깝다.
*** 역시 『동물의 부분에 대하여』를 의미한다.

제5장

성게

1 성게는 살이 없다. 그리고 살이 없는 것은 성게의 특징이다. 성게는
모두 살이 없고 그 대신에 검은색 조성물로 채워져 있다. 성게의 종
류는 여러 가지다. 그중에 식용으로 쓸 수 있는 종류는 크기가 크든 작든
간에 먹을 수 있는 알 같은 것*이 들어 있는 성게다.

2 그리고 다른 두 종류가 있는데, 염통성게**와 큰염통성게***다. 이
것들은 바다에 서식하며 매우 드물다. 만두성게****는 성게 가운데
가장 크다. 이외에도 작은 종류가 있는데, 그것은 길고 날카로운 가시를
가지고 있다. 이 성게는 수심이 깊은 곳에서 잡히는데, 어떤 사람은 이 성
게를 배뇨곤란증 치료의 특효약으로 사용한다.

---

*   아리스토텔레스가 유각류에는 알이 없다고 말한 것을 고려할 때 알이라기보다는 '알 같은 것'으로 번
            역하는 것이 옳을 것이다.

**   σπατάγγαι(spatángai). spatangius.

***   βρύττος(bryttos). 염통성게과에 속하는 종류로, 큰염통성게속 Brissus Gray가 여기에 해당한다.

****   echinometræ. Echinus escluentus.

3 토로네 주변 해안*에는 흰색을 띤 성게가 사는데, 이 성게는 껍데기와 가시 그리고 알이 있다.** 이 성게는 보통 성게에 비해 길쭉하다. 하지만 가시는 크거나 강하지 않고 흐느적거린다. 그리고 입과 이어진 검은색의 여러 기관이 외부로 관통하고 있는데, 이 기관들끼리 연결되어 있지는 않다. 어떤 면에서 보면 이 성게는, 이 기관들이 분점하고 있다고 할 수 있다. 식용으로 쓸 수 있는 성게는 특히 활발하게 돌아다닌다. 이 성게의 가시에는 항상 무언가가 붙어 있는 것을 보면 그런 사실을 알 수 있다.

4 성게는 모두 알을 가지고 있지만, 어떤 종류의 성게 알은 너무 작아서 식용으로 적합하지 않다. 성게의 입은 밑에 있고 항문은 위쪽에 나 있다. 나선형 고둥이나 삿갓조개도 마찬가지다. 바닥에 있는 먹이를 먹기 때문에 입이 밑에 있고, 항문은 껍데기의 등에 해당하는 위쪽에 있다.

5 성게는 구멍 형태의 다섯 개 치설(齒舌)을 가지고 있다. 이 치설의 중간에는 살로 된 부분이 있는데, 혀의 기능을 한다. 그다음에는 식도와 위장이 이어져 있다. 위장은 다섯 개로 나뉘어 있는데 안에는 배설물***로 채워져 있다. 그리고 다섯 개의 위장은 껍데기에 뚫린 항문 근처에서 하나로 합쳐진다. 위장 밑에는 또 다른 막에 싸인 이른바 알이 있는데 성게의 알은 다섯 개로 모두 같고 울퉁불퉁하다.

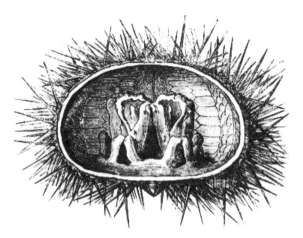

아리스토텔레스의 등잔(Aristotle's Lantern). *Le Magasin pittoresque,* 1873.
'아리스토텔레스의 등잔'은 오각뿔을 거꾸로 세운 모양을 하고 있는 성게의 구강 구조를 일컫는 말이다.

6 검은색 기관*은 치설에서 시작되는데 맛이 쓰고 먹기에 적합하지 않다. 많은 동물이 이와 유사한 기관을 가지고 있는데, 거북, 두꺼비, 개구리, 나선형고둥 등에도 있고 일반적으로 연체동물에는 이런 기관이 있다. 이 기관들의 색깔은 다양하지만 거의 또는 전부 먹을 수 없는 것이다. 사실 성게의 입의 구조**는 처음부터 끝까지 통으로 이어져 있다. 그러나 외부에서 보면 각질이 드러나 있는 뿔로 만든 등잔 같은 모습을 하고 있다. 성게는 가시를 발처럼 사용한다. 가시에 체중을 얹고 가시를 움직여 이동한다.

---

*   여기서 말하는 '검은색 기관'은 내장이다.
**   '아리스토텔레스의 등잔'으로 알려진 성게의 구강 조직을 의미한다.

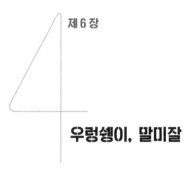

제 6 장

우렁쉥이, 말미잘

1 　우렁쉥이는 연체동물 가운데 가장 독특한 속성을 가지고 있다. 왜냐하면 모든 연체동물 가운데 우렁쉥이만 몸 전체가 껍데기 안에 완전히 들어가 있기 때문이다. 우렁쉥이의 껍데기는 가죽과 조개껍데기의 중간적 성질로 가죽 조각처럼 잘릴 수 있다. 우렁쉥이는 껍데기를 바위에 고정하고 산다. 우렁쉥이에는 서로 좀 떨어져 있는 두 개의 구멍이 있는데 눈에 잘 띄지 않는다. 이 구멍을 통해 바닷물을 흡입하고 방출한다. 다른 조개류나 성게와 달리 배설물을 내보내는 것을 볼 수 없으며 메콘도 들어 있지 않다. 배설에 관해서 살펴보면 어떤 연체동물은 성게와 비슷하며 어떤 연체동물은 이른바 메콘 즉 양귀비즙을 가지고 있다.

2 　해부하면 우선 근섬유질*의 막이 껍데기 같은 것의 내부를 두르고 있는 것을 볼 수 있다. 그 안에 우렁쉥이의 살이 있다. 다른 동물과

---

*　σαρκώδης(sarkôdēs). '육질의' 또는 '살로 된'이라는 뜻이다.

는 달리 모든 우렁쉥이는 같은 종류의 살을 가지고 있다. 이 살 부분은 두 군데에서 내막과 껍데기에 비스듬히 연결되어 있다. 연결 부위는 옆으로 좁아지며 외부로 뚫려 있는 껍데기의 구멍들과 이어진다. 마치 하나는 입이고 다른 하나는 항문인 것처럼 이 구멍을 통해 먹이와 물을 먹고 내보낸다. 두 개의 관 가운데 하나는 굵고 다른 하나는 가늘다.

3 내부에는 좌우 양쪽에 작은 격막으로 분리된 한 쌍의 체강이 있다. 이 두 개의 체강 가운데 하나에는 액체가 들어 있다.* 이 동물은 다른 운동기관이나 감각기관이 없다. 그리고 배설기관도 가지고 있지 않다. 우렁쉥이의 색깔은 때에 따라서 누렇거나 빨갛다.

4 말미잘**은 특이하다. 말미잘은 몇몇 유각류처럼 바위에 붙어 산다. 그러나 때로는 바위에서 떨어져 나온다. 말미잘은 껍데기가 없고 몸 전체가 살로 되어 있다. 말미잘은 촉각이 예민하다. 손을 대면 오징어의 촉완처럼 붙잡고 달라붙는다. 그러면 손의 살이 부어오른다. 말미잘은 몸 가운데 입이 있고 굴이 껍데기에 붙어 있듯이 바위에 붙어 산다. 작은 물고기가 지나가면 촉수를 손처럼 뻗어 잡는다. 앞에서 언급한 손의 경우와 마찬가지로 무엇이든지 먹을 수 있는 것이 다가오면 잡는다. 말미잘은 성게와 가리비를 먹고 산다.

---

*   두 개의 체강 가운데 하나는 아가미 같은 역할을 하는 인두(咽頭)이며 다른 하나는 배설강(排泄腔)이다.
** 이 장에서 아리스토텔레스는 우리가 말하는 해면과 우렁쉥이, 해파리와 말미잘을 혼동하고 있다. 톰슨은 직역했으나 편의상 우렁쉥이와 말미잘로 번역했다.

5 또 어떤 종류의 말미잘은 여기저기 돌아다닌다.* 말미잘은 눈에 보이는 배설기관이 없다. 그런 점에서 식물을 닮았다. 말미잘은 두 종류인데, 몇몇은 작고 먹을 만하고** 몇몇은 할키스 근해에서 볼 수 있는 것처럼 크고 딱딱하다. 겨울에는 말미잘의 살이 단단하다. 그래서 말미잘은 겨울에 잡아먹는다. 여름에는 살이 없고 물이 많아서 식용으로 쓸모가 없다. 그리고 그때 말미잘을 붙잡으면 산산이 부서져서 바위에서 온전히 떼어낼 수 없다. 더위가 심해지면 말미잘은 바위틈에 들어가 숨는다.

연체동물, 갑각류, 유각류 등의 체내·체외 기관에 대해서는 이쯤 해두기로 하자.

---

*   톰슨은 말미잘이 아니라 해파리일 것으로 추정하고 있다. 아리스토텔레스는 해파리와 말미잘을 같은 종류로 생각했던 것 같다.
**   지중해 연안에는 말미잘을 튀겨 먹는다.

제 7 장

곤충과
진기한 해양동물

1 이제 곤충에 관해서도 같은 방식으로 다루어야 할 때가 되었다. 곤충에는 많은 종류가 있다. 그리고 몇 가지 종류는 벌, 수벌, 말벌 등과 같이 자연발생적으로 연관성을 가지고 있으면서도 한 가지 이름으로 분류되지 않는다. 그리고 풍뎅이,* 딱정벌레,** 청가뢰*** 같은 곤충은 겉날개 안에 속날개가 들어 있다. 곤충은 모두 공통으로 머리, 위장이 들어 있는 배, 그리고 그 중간에 있는 다른 동물의 가슴과 등에 해당하는 부위, 이렇게 세 부분으로 몸이 나뉘어 있다. 곤충 대부분은 이 중간 부위가 한 마디이지만, 몸이 긴 다족류 곤충은 여러 개의 마디로 이루어져 있다.

---

*   μηλολόνθη(melolontha). '과일 파괴자(fruit destroyer)'라는 의미를 갖는 그리스어로 풍뎅이를 지칭한다.

**   κάραβος(karabos). carabus.

*** κανθαρίς(kantharís). 영어로 cantharis 또는 spanish fly. 딱정벌레목에 속하는 곤충.

2 모든 곤충은 본래 차갑거나 크기가 너무 작아서 곧 차가워지는 것
들을 제외하고는 몸이 잘려도 살아남는다. 그래서 말벌은 산산이 조
각나도 죽지 않는다. 머리나 배가 가슴과 연결되어 있으면 살 수 있지만,
머리만 떨어져 있으면 살지 못한다. 형태가 길고 다리가 많은 곤충은 둘
로 잘려도 한동안 살아 있다. 그리고 잘린 부위는 앞뒤로 움직일 수도 있
다. 따라서 지네에서 볼 수 있듯이 잘린 부분들이 잘려 나간 방향이나 꼬
리 방향으로 기어 다닌다. 모든 곤충은 눈을 가지고 있다. 몇몇 곤충이
모든 유각류가 공통으로 가지고 있는 치설에 해당하는 혀를 가지고 있는
것을 제외하면 다른 감각기관은 눈에 띄지 않는다. 치설과 같은 혀를 가
진 곤충은 그것으로 맛을 보고 먹이를 먹는다.

3 어떤 곤충은 이 기관이 부드럽고 어떤 곤충은 유각류 중에서도 자
주고둥의 치설처럼 단단하다. 말파리나 쇠가죽파리를 비롯한 곤충
대부분의 이 기관은 단단하다. 사실 꽁무니에 침이 없는 곤충은 이 기관
을 무기로 사용한다.

4 이 기관을 가지고 있는 곤충은 몇몇을 제외하고는 외부로 나와 있
는 이빨이 없다. 이것으로 파리는 피를 빨아 먹을 수 있으며 각다귀
는 찌르거나 쏜다. 어떤 곤충은 침을 가지고 있다. 벌과 말벌처럼 몸 안에
침을 가지고 있는 것도 있고 전갈처럼 몸 밖에 침이 있는 것도 있다. 전갈
은 긴 꼬리를 가진 유일한 곤충이다. 전갈은 책에서 볼 수 있는 작은 전갈

처럼 생긴 게벌레*와 마찬가지로 집게발을 가지고 있다. 날아다니는 곤충은 다른 기관들 이외에 날개를 가지고 있다. 날개가 달린 곤충 가운데는 파리처럼 날개가 두 개인 것도 있고 벌처럼 날개가 네 개인 것도 있다. 날개가 두 개 달린 쌍시류(雙翅類)는 침이 없다. 날개 달린 곤충 가운데 어떤 것은 풍뎅이처럼 겉날개**가 있고 어떤 것은 벌처럼 겉날개가 없다. 곤충은 비행할 때 꼬리로 방향을 조종하지 않는다. 곤충의 날개는 우간(羽幹)이 없으며 나뉘어 있지도 않다.

5 어떤 곤충은 나비와 딱정벌레처럼 눈 앞에 더듬이가 있다. 도약하는 능력이 있는 곤충은 뒷다리가 더 길다. 그것들이 도약할 때 사용하는 긴 뒷다리는 네발짐승의 뒷다리***처럼 뒤로 구부러져 있다. 다른 동물들과 마찬가지로 곤충도 모두 등과 배가 다르다.

6 곤충 몸통의 살은 유각류가 가지고 있는 껍데기도 아니고 또 보통 말하는 살도 아닌 그 중간적인 성격을 지니고 있다. 곤충은 척추와 뼈 그리고 갑오징어에 있는 것과 같은 격막골****도 없으며 껍데기를 쓰고 있지도 않다. 곤충은 딱딱한 몸 자체가 방어력을 가지고 있으므로 별도의 보호기관이 필요하지 않다. 이런 것들이 곤충들의 외부 기관이다.

---

*   톰슨은 책을 갉아 먹기 때문에 book-scorpion이라는 별명을 가진 게벌레(Chelifer Cancroides)로 번역했으나, 크레스웰은 거미의 일종인 장님거미(Phalangium cancroides)로 번역했다.

**   ἔλυτρον(elytron). 곤충의 겉날개, 딱지날개(翅鞘) 등으로 번역된다.

***   πηδάλια(pēdália). 갤리선의 방향을 조정하는 긴 노를 '페달리아'라고 하는데, 아리스토텔레스는 곤충의 뒷다리를 이렇게 불렀다.

****   gladius. 고대 로마의 단검인 글라디우스와 모양이 비슷하여 갑오징어의 뼈를 'gladius'라고 한다.

7 내부를 보면 입 다음에 바로 창자가 있다. 곤충 대부분은 창자가 항문으로 직선으로 곧게 이어져 있으며, 몇몇 곤충만 창자가 복잡하게 얽혀 있다. 곤충은 다른 무혈동물과 마찬가지로 뼈도 없고 지방도 없다. 메뚜기나 여치 같은 곤충은 내장이 있는데, 위장에 붙어 있는 창자가 단순한 것도 있고 복잡한 것도 있다. 곤충 중에서는 (사실 모든 동물 중에서) 매미가 유일하게 입이 없다. 매미는 꽁무니에 침이 있는 곤충에서 볼 수 있는 혀와 같이 생긴 기관이 있다. 이 기관은 길고 마디가 없으며 갈라져 있지 않다. 매미는 이것을 이용해 이슬만 먹는다. 그래서 매미의 위에는 찌꺼기가 없다. 매미는 여러 가지 종류가 있는데, 크기가 서로 다르다. 매미는 허리선* 아래로 주름이 잡혀 있고 막**이 있다. 여치는 막이 없다.

8 바다에는 개체 수가 드물어 어떤 특정 항목으로 분류하기 어려운 동물이 많다. 경험이 풍부한 어부들은 바다에서 검고 둥글며 몸 전체의 굵기가 동일한 작은 기둥 같은 동물, 붉고 둥글면서 지느러미가 많이 달린 방패같이 생긴 것,*** 생김새와 크기가 음경같이 생겼는데 고환 대신에 두 개의 지느러미가 달린 것****이 밤에 드리워 놓은 낚싯바늘에 걸려 올라온 것을 보았다고 말한다.

진기한 것과 흔한 것을 망라해 모든 동물의 내부와 외부 기관의 특성에 대해서는 이쯤 해두기로 하자.

---

*   διάζωμα(diazoma). 곤충의 가슴과 배를 구분하는 선을 의미한다.
**   이 막은 매미 수컷에서 특히 잘 볼 수 있다. 첫 번째 마디에 있는 이 막을 떨어 소리를 낸다.
***   톰슨과 크레스웰은 산호의 일종인 바다맨드라미(Pennatula, 바다조름과)일 것으로 추정한다.
**** 톰슨은 바다민달팽이의 일종인 Gastropteron meckelii로 추정했다.

제 8 장

4 감각기관

두더지의 눈 그리고 물고기와
무혈동물의 청각·후각·미각

1 이제 감각에 대해서 논하기로 하자. 동물들의 감각기관은 제각각이
다. 어떤 것은 모든 감각기관을 다 가지고 있지만 어떤 것은 일부만
가지고 있다. 동물의 감각은 시각, 청각, 후각, 미각, 촉각 이렇게 다섯 가
지다. 그 밖의 특별한 감각에 대해서는 아는 바가 없다. 인간과 발 달린
모든 태생동물 더 나아가 붉은 피를 가진 난생동물은 두더지*처럼 특정
한 감각이 발달하지 않은 경우를 제외하고는 다섯 가지 감각기관을 모두
가지고 있다.

2 두더지는 시각이 없다. 그리고 눈이라고 할 수 있는 것이 없다. 그러
나 머리 부분의 두꺼운 가죽을 벗겨내면 겉으로 드러난 눈이 있을
만한 자리에 보통 눈의 기능을 지닌 미숙한 눈이 숨어 있는 것을 볼 수

---

*   Spalax typhlus.

있다. 즉 그 자리에 홍체가 있고, 홍체 안에는 동공이라고 할 수 있는 것과 흰자가 있다. 그러나 눈의 이런 부분들은 보통 눈에 비해서 작다. 밖에서 보면 눈을 덮고 있는 가죽이 두꺼워서 마치 선천적으로 눈이 발달하지 못한 것처럼 이런 부분들이 보이지 않는다. 뇌가 척수와 이어지는 부분에서 두 개의 근섬유질의 튼튼한 관이 나와서 안와를 거쳐 송곳니 바로 위로 이어진다.*

3 앞에 언급한 모든 동물은 색, 소리, 냄새, 맛을 인식하고, 다섯 번째 감각인 촉각을 가지고 있다. 어떤 동물의 감각기관은 분명히 알아볼 수 있다. 특히 눈이 그렇다. 동물의 눈은 일정한 부위에 있다. 청각기관도 일정한 장소에 있다. 즉 어떤 동물은 귀가 있고 어떤 동물은 구멍이 있다. 후각기관 역시 마찬가지다. 어떤 동물은 콧구멍이 있고 모든 조류를 포함하여 어떤 동물들은 냄새를 맡는 관이 있다. 미각기관인 혀도 마찬가지다.

4 물에 사는 유혈동물 가운데 물고기는 미각기관인 혀를 가지고 있다. 그러나 물고기의 혀는 불완전하고 형태도 불분명하다. 물고기의 혀는 뼈로 이루어져 있어서 자유롭게 움직일 수 없다. 강에 서식하는 잉어** 같은 물고기는 입천장이 살로 되어 있는데, 유심히 관찰하지 않으면 혀처럼 보인다. 물고기들이 특정한 먹이를 좋아하는 것을 보면 미각을 가지고 있는 것이 분명하다. 물고기들이 민물놀래기와 다른 기름진 물고

---

* 이 문장은 두더지의 눈에 대한 설명이 아니라 눈에 대한 일반적인 설명으로 보인다.
** κυπρῖνος(kyprínos). 학명은 *Cyprinus carpio*.

기로 만든 미끼를 잘 무는 것을 보면 그런 미끼의 맛을 좋아하고 즐겨 먹기 때문으로 보인다.

5 물고기는 눈에 띄는 청각기관과 후각기관이 없다. 콧구멍이 있을 만한 자리에 후각기관이라고 할 수 있는 구멍이 있기는 하지만, 뇌에 연결되어 있지는 않다. 이 구멍은 어떤 경우는 어떤 기관으로도 연결되어 있지 않고 어떤 경우는 아가미로 연결되어 있다. 하지만 물고기가 소리를 듣고 냄새를 맡는 것은 확실하다. 왜냐하면 물고기들은 삼단갤리선의 노 젓는 소리 같은 큰 소리에 도망가기도 하고 먹이 냄새에 이끌려 숨어 있는 구멍에서 나와 쉽게 잡히기도 하기 때문이다.

6 대기 중에서는 작은 소리도 물밑에 있는 물고기에게는 크고 무서운 소리로 전달된다. 이런 현상은 돌고래를 사냥할 때 보면 알 수 있다. 어부들이 카누로 돌고래 떼를 포위하고 물을 내리치며 큰 소리를 낸다. 그러면 그 소리에 놀란 돌고래들이 결국 모래톱으로 몰려가게 되고 거기서 쉽게 돌고래를 잡는다.* 그렇지만 눈에 보이는 돌고래의 청각기관은 없다.

7 고기잡이에 대해 더 부연하면, 배에 타고 있는 어부들은 노나 그물로 소리를 내지 않도록 조심한다. 물고기 떼가 모여 있는 것을 탐지

---

* 아리스토텔레스는 이런 고기잡이 방식을 συναγρίδες(synagrides), 학명으로는 *Dentex vulagris* 즉 유럽황돔 부분에서도 설명하고 있다. 아드리아해의 어부들은 긴 장대 끝에 속이 빈 원뿔을 단 스투미기오(stumigio)라는 도구로 물을 치며 큰 소리를 내서 물고기들을 잡는다.

하면 노 젓는 소리나 배가 일으키는 물결 소리가 물고기 떼에 들리지 않는다고 확신하는 곳에서 그물을 내린다. 그리고 물고기 떼를 그물로 에워쌀 때까지 선장은 어부들에게 최대한 조용히 노를 저으라고 명령한다.

8 가끔 어부들은 고기 떼를 몰기 위해 돌고래잡이 어부들의 방법을 이용한다. 다시 말하자면 돌과 돌을 부딪치는 소리로 물고기들을 놀라게 해 한곳으로 모은 다음 그물로 에워싸는 방식이다. 물론 물고기를 그물로 에워싸기 전에는 최대한 정숙을 유지한다. 그리고 그물로 에워싸자마자 어부들은 구령에 맞춰 크게 소리를 지르고 소음을 낸다. 그러면 요란한 소리와 소동에 놀라 물고기들이 그물로 뛰어들기도 한다.

9 물결이 잔잔하고 날씨가 좋은 날, 어부들은 물고기 떼들이 수면에서 까불며 노는 것을 멀리서 지켜보며 그 규모와 종류를 파악한다. 그리고 물고기들이 알아차리지 못하게 조용히 접근해 수면에 있는 물고기를 잡는다. 강에는 둑중개*라고 하는 돌 밑에 사는 작은 물고기가 있다. 어부들은 이 물고기가 숨어 있는 돌을 다른 돌로 내리친다. 그러면 둑중개는 굉음을 듣고 놀라 기절한다. 이런 점들을 고려하면 물고기에게도 청각이 있는 게 분명하다.

---

* κόττος(kottos). 학명은 *Cottus gobio*. 톰슨은 이 물고기를 bullhead로 번역했다. bullhead는 우리가 흔히 빠가사리라고 하는 동자개에 해당하며 둑중개와는 다르다.

10 실제로 어떤 사람은 바닷가에 살면서 이런 일들을 빈번히 목격하고 동물 가운데 물고기가 소리에 가장 예민하다고 말한다. 그런데 물고기 가운데 청각이 예민하기로는 숭어, 크렘프스,* 농어, 도미,** 민어*** 등을 꼽을 수 있다. 당연한 말이지만, 더 깊은 바다에 사는 물고기는 청각이 덜 예민하다.

11 후각도 비슷하다. 물고기는 일반적으로 미끼가 신선하지 않으면 입질하지 않는다. 그리고 모든 물고기가 같은 미끼로 잡히는 것도 아니다. 물고기가 나름대로 선호하는 미끼를 이용해 해당 물고기를 잡는다. 물고기는 후각으로 미끼를 식별한다.**** 똥으로 도미를 낚는 것처럼 어떤 물고기는 악취가 나는 미끼로 잡는다. 바위 구멍에 들어가 사는 물고기도 많다. 어부들은 이 물고기들을 유인하기 위해 구멍 입구에 냄새가 많이 나는 젓갈을 발라놓는다. 그러면 얼마 가지 않아 물고기들이 냄새에 이끌려 나온다.

12 뱀장어도 비슷한 방법으로 잡는다. 어부들은 오지항아리에 젓갈을 담고 주둥이에 구멍이 뚫린 다른 항아리를 일종의 통발로

---

* χρέμψ(khrémps). 톰슨과 크레스웰은 chremps가 어떤 물고기인지 밝히지 못했다. 톰슨은 필사 과정에서 오기된 것으로 추정했다.

** σάλπα(sálpā). 크레스웰은 고등어로, 톰슨은 도미의 일종인 Box salpa로 보았다.

*** χρομίς(khrómis). 크레스웰은 이 물고기를 알 수 없다고 했으나, 톰슨은 민어의 한 종류인 Sciaena aquila로 추정했다.

**** 톰슨은 그리스 어부들과 프랑스의 정어리잡이 어부들를 예로 든다. 그리스 어부들은 미끼로 치즈를 많이 쓰고, 프랑스 정어리잡이 어부들은 대구알을 많이 쓴다.

끼워 넣는다. 뱀장어 대부분은 맛있는 미끼 냄새에 이끌려 구멍에서 나온다. 어부들은 오징어를 구워 미끼로 사용하기도 하는데, 냄새가 강하기 때문에 쉽게 물고기를 끌어낸다. 들리는 이야기로는, 어부들은 냄새가 많이 나는 구운 문어를 통발 미끼로 사용하기도 한다고 한다.

13 그런가 하면 무리 지어 다니는 대서양볼락*은 악취를 싫어해 물고기를 씻어낸 물이나 배의 바닥에 있는 물을 버리면 멀리 도망간다. 이 물고기는 물고기의 피 냄새를 즉각 알아차린다고 한다. 대서양볼락에게 이런 능력이 있다는 것은 바다에 물고기 피가 번지면 서둘러 도망치는 것을 보면 알 수 있다. 일반적으로 통발에 악취가 나는 미끼를 넣으면 물고기들은 통발에 들어가거나 접근하지 않는다. 그러나 신선하고 풍미 있는 냄새가 나는 미끼를 사용하면 멀리서도 찾아온다.

14 이런 현상은 특히 돌고래에서 잘 관찰된다. 이미 말한 바와 같이 돌고래는 외부 청각기관이 없지만 소리로 놀라게 해서 포획한다. 돌고래는 외부의 후각기관도 없다. 그러나 냄새에 매우 민감하다. 그것을 보면 모든 동물이 감각을 받아들이는 기관을 가지고 있는 것이 분명하다. 극히 일부 예외를 제외한 연체동물, 갑각류, 유각류, 곤충은 감각기관을 가지고 있다.

---

* ῥυάδες(rhyades). 톰슨은 '떼 지어 다니는 물고기'라고 물고기의 명칭을 특정하지 않았으나, 크레스웰은 Rhyades로 음역했다. 이 물고기의 분류명은 Sebastes norvegicus이다.

15 특히 연체동물, 갑각류, 곤충은 오감을 모두 가지고 있다. 왜냐하면 그들은 보고 듣고 냄새 맡고 맛을 보기 때문이다. 벌이나 붉은개미*가 꿀 냄새를 맡듯이 곤충은 날개가 있든 없든 멀리서도 냄새를 맡을 수 있다. 많은 곤충은 유황 냄새를 맡으면 죽는다. 박하와 유황을 개미집에 뿌리면 개미는 집을 버리고 떠난다. 곤충 대부분은 사슴 뿔을 태운 연기나 불에 태운 때죽나무** 냄새를 맡으면 도망친다.

16 갑오징어와 문어 그리고 게는 미끼를 써서 잡는다. 문어는 칼로 다리를 잘라내도 놓지 않을 정도로 미끼를 매우 세게 붙잡는다. 문어에게 개망초를 갖다 대면 냄새를 맡자마자 먹이를 놓아버린다. 미각도 비슷하다. 모든 곤충이 똑같은 먹이를 좋아하는 것은 아니다. 벌은 악취가 나는 것에는 접근하지 않고 오직 단 것만 좋아한다. 초파리***는 단 것이 아니라 신 것을 좋아한다.

17 유각류는 후각과 미각을 가지고 있다. 유각류가 후각을 가지고 있다는 사실은 자주고둥을 잡을 때 쓰는 미끼를 보면 분명히 알 수 있다. 자주고둥은 썩은 냄새가 나는 고기를 이용해 잡는다. 그런 미끼

---

*   χνίπες(chnipes). 이 곤충에 대해서 톰슨은 구체적으로 언급하지 않고 음역했을 뿐이다. 크레스웰은 개미의 일종을 보았다. 라틴어로 rubrae로 번역한 것을 보면 유럽 원산의 붉은개미(Myrmica rubra)로 추정된다.

**   στύραξ(styrax).

***   χώνωψ(chonops). 톰슨은 이것을 초파리(vinegar fly), Mosillus cellarius로 추정했다. 그러나 명칭은 Conops calcitrans가 더 적합한 것으로 보인다.

를 쓰면 멀리서도 냄새를 맡고 찾아오는 것으로 미루어 후각을 가지고 있는 것이 분명하다. 자주고둥은 냄새가 마음에 들면 확실히 입질한다.

18 입이 달린 모든 동물은 입으로 뭔가를 먹으면 고통이나 기쁨을 느낀다. 그러나 시각과 청각을 통해서도 그런 감정을 느끼는지는 확신할 수 없고 반박할 수 없는 뚜렷한 증거가 있는 것도 아니다. 맛조개는 소리가 나면 모래 속으로 파고드는데, 쇠막대기*가 가까이 다가오는 소리가 나면 더 깊이 들어가 숨는다. 맛조개가 몸의 일부만 구멍 밖으로 내놓고 대부분은 구멍 안에 숨기고 있는 것을 볼 수 있다. 가리비는 사람 손가락이 보이면 마치 어떤 일이 벌어지려고 하는지 알고 있다는 듯이 껍데기를 꼭 닫아버린다.

19 어부들이 고둥을 잡으려고 미끼를 놓을 때는 마치 고둥이 냄새를 맡고 소리를 듣기라도 하는 듯이 바람을 타고 작업하지 않으며 내내 말을 하지 않고 정숙을 유지한다. 누군가 말을 하면 고둥이 도망간다고 어부들은 단언한다. 움직이는 유각류 중에서는 성게가 가장 후각이 예민한 것 같다. 그리고 움직이지 못하는 유각류 중에서는 우렁쉥이와 따개비가 예민하다.

흔히 볼 수 있는 동물의 감각기관에 대해서는 이쯤 해두자.

---

* 이 쇠막대기는 아드리아해에서 어부들이 맛조개를 잡을 때 쓰는 끝에 봉이 달린 원추 형태의 어구인 듯하다.

제 9 장

4 음성과 소리

물고기, 새
그리고 다른 동물들

1 지금부터는 동물의 목소리에 관해 서술할 것이다. 목소리(voice)와 소리(sound)는 뚜렷하게 다르며, 언어(speech)는 이 두 가지와 또 다르다. 목소리는 인두의 움직임을 통해서만 낼 수 있으므로 허파가 없는 동물은 낼 수 없다. 언어는 혀를 이용해 목소리를 분절하는 것이다. 유성음 또는 모음은 목소리와 후두에 의해 발성되며 무성음 또는 자음은 혀와 입술을 이용해 만들어진다. 언어는 이러한 유성음과 무성음의 조합으로 이루어져 있다. 따라서 혀가 없거나 혀를 마음대로 움직일 수 없는 동물은 언어를 사용할 수 없다.

2 소리를 내는 능력은 다른 부분과도 관련되어 있다. 곤충은 목소리를 낼 수 없고 언어를 사용할 수 없다. 곤충은 몸 바깥에 있는 공기가 아니라 몸 안에 있는 공기로 소리를 낸다. 몇몇은 숨을 쉬지 않는 방법으

256

로, 몇몇은 날개가 있는 벌처럼 윙윙거리며, 몇몇은 매미처럼 울면서 소리를 낸다. 매미는 가슴과 배를 나누는 가는 분절 부위* 밑에 있는 막을 이용해 소리를 낸다. 매미 종류 가운데 어떤 것은 공기를 마찰시켜 소리를 낸다. 파리나 벌 같은 곤충은 날면서 날개를 마찰시켜 소리를 낸다. 여치는 긴 뒷다리로 몸을 비벼 소리를 낸다. 연체동물이나 갑각류는 어떤 소리나 자연스러운 목소리를 내지 못한다.

3 물고기는 허파, 기도, 인두가 없으므로 목소리를 낼 수 없다. 성대** 와 민어***는 분절되지 않은 꾸욱꾸욱 하는 소리를 내는데, 이것을 이 물고기의 '목소리'라고 한다. 성대, 민어, 아켈로스강****에 사는 병치돔,***** 달고기,****** 양놀래기*******등도 이런 소리를 낸다. 달고기는 피리 소리를 낸다. 또한 양놀래기는 뻐꾸기 울음과 매우 흡사한 소리를 내는데, 이런 이유로 뻐꾸기고기라고 한다. 이런 물고기 가운데 어떤 것은 가시가 들어 있는 아가미를 마찰시켜 목소리처럼 들리는 소리를 낸다. 어떤 물고기는 위장이 있는 배 속에서 소리를 낸다. 이것들은 각각 몸 안

---

* ὑποζώμα(hupózōma). 곤충에서 가슴과 배를 구분하는 부위.
** λύρη(lúrē). gurnard.
*** σκίαινα(skíaina). '꾸욱꾸욱' 소리를 내기 때문에 영어로 croaker 또는 drum으로 표현하기도 한다.
**** Ἀχελῶος(Acheloós). Achelous. 핀도스산맥에서 발원하여 코린토스만으로 들어가는 강.
***** κάπρος(kápros). 멧돼지라는 뜻이 있는데, 주둥이가 멧돼지처럼 튀어나온 병치돔을 가리킨다. 그러나 병치돔은 바닷물고기라서 강에 살 수 없다. 톰슨은 메기(σίλουρος γλάνις, sílouros glánis)로 추정한다.
****** χαλκεύς(chalkeus). 학명은 *Zeus faber*. 유념해야 할 것은 그리스어 χαλκεύς(대장장이)를 음역한 chalceus는 아마존에 서식하는 민물고기라는 점이다.
******* κόκκυξ(kokkyx). cuckoo-fish. 뻐꾸기의 울음소리를 흉내 낸 이름이다. 붉은색을 띠는 양놀래기가 여기에 해당한다.

에는 공기가 들어 있는 기관이 있는데, 이것을 압축하거나 움직여 소리를 만들어낸다.

4 어떤 연골어류는 끽끽거리는 소리를 낸다. 이런 경우에 '목소리'를 낸다고 하는 것은 잘못된 표현이다. 그저 '소리'를 내는 것뿐이다. 가리비는 수면에서 이동(또는 '비행')하면서 윙윙거리는 소리를 낸다. 바다제비라고도 하는 죽지성대도 물에 닿지 않고 수면 위를 날아갈 때 소리를 낸다. 이 물고기들의 지느러미는 넓적하고 길다. 새가 하늘을 날 때 날갯짓으로 내는 소리가 목소리가 아닌 것처럼 이들이 내는 소리도 목소리라고 할 수 없다. 돌고래는 수면 위로 올라오면 끽끽거리거나 웅웅거린다. 이런 소리는 앞에서 언급한 동물들의 소리와는 다르다. 이것은 목소리다. 왜냐하면 돌고래는 허파와 기도가 있기 때문이다. 하지만 돌고래는 마음대로 움직일 수 있는 혀도 없고 입술도 없으므로 분절된 소리를 낼 수는 없다.

5 혀와 허파가 있는 난생 네발짐승은 약하기는 하지만 소리를 낸다. 뱀과 같은 난생동물은 날카로운 쉭 소리를 낸다. 어떤 동물은 약한 울음소리를 내며 거북은 낮은 쉭 소리를 낸다. 개구리의 혀는 생김새가 특이하다. 다른 동물은 혀의 앞부분이 떨어져 있는데, 개구리 혀의 앞부분은 물고기의 혀처럼 고정되어 있다. 그러나 인두 쪽에 있는 혀의 부분을 자유롭게 움직여 앞으로 내밀 수 있다. 개구리는 혀의 이 부분을 이용해 특유의 소리를 낸다. 습지에서 울리는 개구리 소리는 발정기를 맞은 수컷 개구리가 암컷을 유혹하는 소리다.

6 염소, 돼지 그리고 양을 보면 알 수 있듯이 모든 동물은 발정기에 상대를 유혹하는 소리를 낸다. 황소개구리는 아래턱을 수면과 나란히 하고 위턱을 최대한 물 위로 뻗어 소리를 낸다. 소리를 내면 개구리의 볼은 극도로 팽창해 투명할 정도가 되고 그 너머로 눈은 등불처럼 밝게 빛난다. 그런데 개구리는 주로 밤에 짝짓기한다. 새는 목소리를 낸다. 새 중에는 혀가 적당히 납작한 새, 그리고 얇으면서 부드러운 혀를 가진 새가 소리를 가장 잘 낸다. 어떤 새는 수컷과 암컷이 내는 소리가 같고 어떤 새는 수컷과 암컷의 소리가 다르다. 작은 새는 큰 새보다 다양한 소리를 내고 더 많이 지저귄다.

7 발정기가 되면 모든 새가 더 시끄러워진다. 어떤 새는 메추라기처럼 싸울 때 울고 어떤 새는 자고새처럼 싸우러 갈 때 운다. 그리고 어떤 새는 수탉같이 승리했을 때 운다. 나이팅게일은 수컷과 암컷이 모두 운다. 하지만 암컷은 새끼를 돌볼 때는 울지 않는다. 어떤 새는 수컷이 암컷보다 소리를 더 많이 낸다. 그리고 어떤 새는 메추라기나 닭처럼 수컷은 울지만 암컷은 울지 않는다. 태생의 네발짐승이 내는 목소리는 다양하지만, 말(언어)은 하지 못한다. 말은 인간의 고유한 속성이다. 말하는 동물은 모두 목소리를 낸다. 그러나 목소리를 낸다고 해서 모두 말하는 것은 아니다.

8 귀가 들리지 않게 태어난 사람은 말을 하지 못한다. 목소리를 낼 수 있지만 말은 하지 못하는 것이다. 어린아이는 다른 신체 기관들이

259

미숙하듯이 처음에는 혀도 미숙하다. 그러나 나중에는 혀를 더 자유롭게 놀릴 수 있게 된다. 그 과정에서 어린아이는 대개 말을 더듬고 혀짤배기소리를 낸다. 음성(목소리)과 언어는 지역에 따라 차이가 있다.

9 목소리는 주로 음의 높낮이에 따라 특성이 정해진다. 하지만 같은 종에 속하는 동물이 소리 내는 방식은 같다. 하지만 '언어'라고 부르기에 합당한 분절된 음성은 같은 종의 동물 내에서도 다르고 또 사는 곳에 따라서도 다르다. 같은 자고새라고 해도 어떤 것은 꽥꽥거리는 소리를 내고 어떤 것은 날카롭게 지저귀는 소리를 낸다. 어미와 떨어져 다른 새들이 우는 소리만 들으며 자란 새는 어미 새와는 다른 소리를 낸다. 어미 나이팅게일이 새끼에게 우는 것을 가르치는 것을 보면 목소리와 말은 선천적으로 타고나는 것이 아니라 형성되는 것임이 분명해 보인다. 인간은 모두 같은 성음(聲音, 목소리)을 내지만 말(언어)은 다르다. 코끼리는 코를 이용하지 않고 인간이 한숨을 쉴 때처럼 입으로 바람을 불어내 소리를 내지만 코를 이용하면 요란한 나팔 소리가 난다.

제10장

수면 그리고 꿈

1 동물이 잠들고 깨어나는 것. 다리가 달린 태생동물은 모두 잠을 자고 깨어난다. 눈꺼풀이 있는 동물은 모두 눈을 감고 잔다. 인간뿐만 아니라 말, 소, 양, 염소, 개 그리고 모든 태생의 네발짐승이 꿈을 꾸는 것처럼 보인다. 개는 잠자면서도 짖는데, 꿈을 꾸고 있는 것 같다. 난생동물이 꿈을 꾸는지는 분명하지 않지만, 잠을 자는 것만은 의심의 여지가 없다.

2 물고기, 연체동물, 게 같은 갑각류 등 수생동물도 잠을 잔다. 이 동물들이 잠을 자는 것은 분명하지만, 잠자는 시간은 짧다. 이들이 잠든 것은 눈을 보고 알 수 없다. 눈꺼풀이 없기 때문이다. 움직임이 없이 쉬고 있는 것으로 잠든 것을 알 수 있다. 바다벼룩*이 성가시게 하지 않으

---

*   ψύλλα(psúlla). 톰슨은 바다에 서식하는 작은 Amphipoda 즉 단각류(端脚類)로 추정한다.

면 잠든 물고기는 움직이지 않기 때문에 손으로도 쉽게 잡을 수 있다. 만약 물고기가 밤새 움직이지 않는다면 바다벼룩이 떼로 달려들어 먹어 치울 것이다.

3 바다벼룩은 깊은 바닷속에 무수히 많은데, 물고기 살로 만든 미끼를 드리우고 오래 있으면 미끼를 다 먹어 치운다. 어부들은 종종 미끼를 공처럼 에워싸고 있는 바다벼룩들을 끌어올린다. 꼬리를 살살 움직이는 것 말고는 물고기가 움직임 없이 가만히 있을 때는 들키지 않고 다가가 손으로 잡거나 때려잡을 수 있다는 점, 물고기들이 자는 동안에 뭔가 방해하면 마치 잠에서 깨어난 듯 움직이기 시작하는 점 등을 보면 물고기가 잠을 잔다는 것은 거의 확실하다.

4 물고기가 잠들어 있는 동안에는 횃불을 밝히고 잡을 수 있다.* 다랑어 떼를 찾는 어부**는 다랑어가 잠들어 있을 때를 틈타 그물로 에워싼다. 움직임이 없는 고요함, 반쯤 열린 흰색의 눈은 다랑어들이 자고 있음을 보여준다. 다랑어는 낮보다는 밤에 잠을 자는데 아주 깊이 잠들기 때문에 그물을 던져도 물고기 떼가 흩어지지 않는다. 다랑어는 보통 바닥에 가까이 내려가서 모래나 바위에 몸을 숨기고 잠을 잔다. 넙치는 모래 속으로 들어가 잠을 자는데, 모래의 윤곽을 보고 삼지창 작살로 찔

---

*　아드리아해에서 정어리잡이에 이런 방식을 사용한다고 한다.

**　θυννοσκόπος(thynnoskopos). 고기잡이할 때 배의 가장 높은 곳에 올라가 고기 떼를 찾고 움직이는 방향을 알려주는 어부.

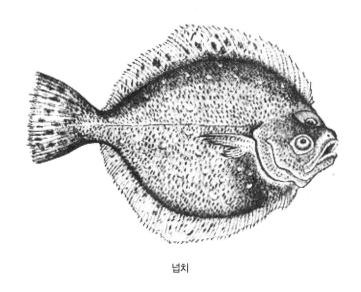

넙치

러 넙치를 잡는다. 농어, 도미, 숭어 같은 물고기는 낮잠을 자는 동안 같은 방법으로 잡는다. 잠들었을 때 잡지 못하면 창으로 이 물고기들을 잡는 것은 불가능하다.

5 연골어류는 맨손으로 잡을 수 있을 정도로 깊이 잔다. 돌고래와 고래는 모두 분수공이 있는데, 이것을 수면 위로 내놓고 잔다. 고래는 지느러미를 살살 움직이면서 이 구멍으로 숨을 쉰다. 어떤 사람은 돌고래가 코 고는 소리를 들었다고 말한다. 연체동물도 물고기와 같은 방법으로 잠을 자며 갑각류도 마찬가지다. 다음 사실들로 미루어 곤충도 잠을 자는 것이 확실하다. 곤충도 움직이지 않고 가만히 쉰다. 벌을 보면 확실히 알 수 있다. 벌도 밤에는 붕붕거리는 것을 멈추고 조용히 쉰다. 우리가 쉽게

볼 수 있는 곤충도 잠을 자는 것이 확실하다. 왜냐하면 밤에는 시야가 어두워져 움직이지 않고 가만히 있기 때문이다. 그런데 겹눈을 가진 동물은 흐릿하게만 볼 수 있다. 촛불을 밝혀도 곤충은 깊이 잠든 채로 있다.

6 모든 동물 가운데 인간이 가장 잠을 잘 잔다. 영유아는 꿈을 전혀 꾸지 않는다. 네댓 살이 되어야 꿈을 꾸기 시작한다. 그런데 꿈을 꾼 적이 없는 사람도 있다고 한다. 그중 어떤 사람은 나이가 들어 꿈을 꾸게 되는데, 그것은 죽음이나 질병 같은 몸의 변화를 예고하는 것으로 알려져 있다.

감각, 수면과 각성 현상에 대해서는 이쯤 해두자.

제11장

4

암컷과
수컷의 특징

1 어떤 동물은 암수가 분명히 구분된다. 그렇지 않은 동물은 새끼를 낳고 임신하는 것을 비교해 구분할 수밖에 없다. 자웅동체 동물은 암수를 구분할 수 없다. 사실상 유각류도 마찬가지다. 연체동물과 갑각류는 암컷과 수컷이 있으며, 교미하여 새끼를 낳거나 알이나 애벌레를 낳는 발달린 동물은, 발이 두 개든 네 개든 암수의 구분이 있다.

2 어떤 종류의 동물은 예외가 있기는 하지만 자웅동체도 있고 자웅이체도 있다. 네발짐승은 일반적으로 자웅이체다. 하지만 유각류에서는 자웅동체가 보편적이다. 유각류의 어떤 개체는 새끼를 낳고 어떤 개체는 새끼를 낳지 못한다. 곤충과 물고기에도 암수의 구분이 없는 것이 있다. 뱀장어는 암수 구분이 없어서 아무것도 낳지 않는다.*

---

*   그러나 뱀장어는 심해에 가서 알을 낳고 거기서 죽는다.

3 뱀장어에 가끔 머리카락 굵기의 지렁이 같은 새끼가 붙어 있다고 주
장하는 사람들이 있다. 그들은 새끼들이 붙어 있는 곳을 유심히 관
찰하지 않고 건성으로 그렇게 말하는 것이다. 왜냐하면 어떤 뱀장어 종
류도 난생 단계를 거치지 않고 태생으로 태어나지 않기 때문이다. 게다가
알을 가진 뱀장어는 관찰된 적이 없다. 태생동물은 새끼를 배가 아니라
자궁에 넣고 다닌다. 만약에 태아를 배 속에서 키우게 된다면 음식물처럼
소화될 것이다. 뱀장어 수컷은 머리가 길고 크고 암컷은 머리가 작고 납
작하다고 주장하며 뱀장어에 암수가 있다고 주장하는 사람들이 있다. 그
것은 뱀장어의 성별이 아니라 개체에 따른 차이다.

4 암염소*라는 별명을 가진 성대(capon-fish) 그리고 민물에 사는 잉어
와 붕어**는 같은 성질을 가지고 있는데 알이나 정액이 없다. 이 물
고기들은 전체적으로 살이 단단하고 지방이 많으며 내장은 아주 작다.
이 종류의 물고기는 최상의 식품으로 알려져 있다. 유각류나 식물은 번식
은 하지만 교미하는 생식기가 없다. 물고기 중에도 넙치,*** 베도라치,****
가물치*****는 교미할 수 있는 기관이 없다. 이 물고기들은 모두 알은 가
지고 있는 것 같다.

---

*   επιτραγια(epitragōia). '암염소를 탄'이라는 뜻이다.

**   βάλαγρος(bálagros). 어류학자들은 붕어(학명 *Carassius vulgaris*)로 추정한다.

***   ψῆττα(psêtta).

****   έρυθρῖνος(eruthrînos). 학명은 *Serranus anthias*. 크레스웰은 이 물고기를 도미의 일종인 Sparus
       erithrinus로 보았다.

***** χάννη(channa). 톰슨은 농어의 일종인 Serranus scriba로 보았다.

5 난생이 아닌 발이 있는 유혈동물은 일반적으로 수컷이 암컷보다 크고 오래 산다. 그러나 노새는 예외로 암컷이 더 크고 오래 산다. 물고기와 곤충 가운데 난생과 유생* 동물은 뱀, 타란툴라 독거미,** 도마뱀붙이, 개구리 등과 같이 암컷이 수컷보다 크다. 암수의 크기가 다른 것은 물고기도 마찬가지다. 무리를 이루어 바위에 서식하는 작은 연골어류도 그중 하나다.

6 나이 든 암컷 물고기가 수컷 물고기보다 많이 잡히는 것을 보면 물고기는 암컷이 수컷보다 오래 사는 것이 분명하다. 그 외에도 수컷은 상체와 가슴 부위가 더 크고 튼튼하게 체격이 형성되고 암컷은 엉덩이 또는 하체가 그렇다. 이런 설명은 인간과 발 달린 모든 태생동물에 적용될 수 있다. 암컷은 근육이 빈약하고 관절도 약하다. 털이 있는 동물은 암컷이 수컷보다 털이 더 가늘고 섬세하다. 털 없는 동물은 털에 상응하는 부위가 그렇다. 암컷은 수컷보다 살이 연하고 무릎이 약하며 다리가 가늘다. 발 있는 동물은 모두 암컷의 발이 수컷보다 더 우아하게 생겼다.

7 모든 암컷은 수컷에 비해 목소리가 더 가늘고 날카롭다. 하지만 암소는 수소에 비해 더 깊고 낮은 소리를 낸다. 이빨, 뿔, 가시 등처럼 방어와 공격에 사용하는 기관은 암컷이 아니라 수컷이 가지고 있다. 암사슴은 뿔이 없고, 암탉은 수탉이 가지고 있는 며느리발톱이 없으며, 암돼

---

*   vermiparous. 알에서 부화한 어린 애벌레를 낳는 동물.
**   φαλάγγιον(phalángion). phalangium.

지는 엄니가 없다. 어떤 동물은 그런 기관들을 암수가 모두 가지고 있지만, 수컷이 가지고 있는 것이 더 강하고 길다. 수소의 뿔은 암소의 뿔보다 더 강하다.

제

책

제 5 책

제1장

5

동물의
번식 방법

1 지금까지 동물의 체외 및 체내 기관 그리고 거기에 덧붙여 동물의 감각, 목소리, 잠, 그리고 암컷과 수컷의 차이에 대해 알아보았다. 이제 동물이 번식하는 몇 가지 방식을 알아볼 순서가 되었다. 동물의 번식 방법은 많고도 다양하다. 동물의 번식 방법은 어떤 면은 유사하고 어떤 면은 상이하다. 지금까지 동물의 종류에 따라 설명해 온 것처럼 번식에 관한 논의도 종류별로 진행될 것이다. 지금까지의 논의에서는 인간을 가장 먼저 다루었다. 그러나 번식의 설명에서는 인간을 가장 나중에 다룬다. 왜냐하면 인간의 번식이 다른 동물에 비해 훨씬 더 복잡하기 때문이다.

2 유각류를 가장 먼저 다루고, 다음에 갑각류 그리고 기타 여러 동물을 차례로 다룰 것이다. 기타 여러 동물은 연체동물, 곤충, 태생과 난생의 물고기, 새, 발 달린 난생과 태생의 동물이다. 태생동물 가운데 일

부는 발이 네 개인데 인간만 발이 두 개라는 것을 알 수 있을 것이다.* 동물과 식물의 속성 가운데 공통점이 하나 있다. 어떤 식물은 다른 식물이 남긴 씨에서 자라고 어떤 식물은 기본적인 성분들을 형성해 자생적으로 생긴다. 내가 『식물학』**에서 이미 설명했듯 자생적으로 자라는 식물 가운데 어떤 것은 흙에서 영양분을 얻고 어떤 것은 다른 식물에서 영양분을 얻는다.

3 동물도 마찬가지로 어떤 것은 비슷한 형태의 동물로부터 태어나고 어떤 것은 비슷한 형태의 동물이 아니라 자생적으로 발생한다. 많은 곤충의 사례에서 보듯 동물 가운데 어떤 것은 썩은 흙이나 식물에서 저절로 발생하고 어떤 것은 동물 체내에 있는 장기의 분비물에서 자연적으로 발생한다. 비슷한 동물에서 유래하고 두 가지 성별이 있는 것은 교미하여 번식한다. 그러나 물고기 중에는 암컷도 아니고 수컷도 아닌 것들이 많다. 이것들은 같은 물고기이지만 분명히 다른 종에 속하는 동물이다. 그리고 혼자 떨어져 사는 동물도 있다. 물고기 중에는 수컷은 없고 암컷만 있는 것도 있다. 이런 물고기는 새의 무정란 같은 알을 낳는다.

---

4 새의 무정란에서는 새끼가 태어나지 않는다. 하지만 이런 물고기의 경우 우리에게 가장 친숙한 수컷과의 교미라는 방법 말고 다른 방법이 없다면 독자적으로 알이 형성된 것이다. 이 주제에 관해서는 나중에 더 자세하게 다룰 것이다. 어떤 물고기는 자연발생적으로 알을 낳고 거기에서 새끼가 발생한다. 어떤 물고기는 새끼가 저절로 발생하고 어떤 물고기는 수컷의 도움을 받는다. 이런 일이 진행되는 과정에 대해서는 새들도 거의 유사한 과정을 거치므로 나중에 더 자세히 설명할 것이다.

5 살아 있는 동물이나 식물, 또는 이런 것들의 한 부분을 막론하고 어디서 태어나건 암컷과 수컷이 각각 태어나면 양성이 결합하여 부모와는 다른 모습의 불완전한 개체가 태어난다. 이에서는 서캐가, 파리에서는 구더기가, 벼룩*에서는 알처럼 생긴 유충이 태어난다. 이런 동물은 자신과 비슷하게 생긴 것이나 다른 동물을 낳는 것이 아니라 정체를 모를 것을 낳는다. 먼저 뒤에 올라타 교미하는 동물과 그렇지 않은 동물들의 짝짓기를 다루고, 이어서 이런 동물의 특수한 속성과 보편적인 속성을 다룰 것이다.

---

* ψυχῶν(psychón). '생명체'·'영혼'이라는 뜻이다. 요한 슈나이더는 나비로 보았지만, 톰슨은 벼룩으로 번역했다.

제 2 장

조류와 태생 네발짐승의 짝짓기와 교미

1 암컷·수컷의 양성이 있는 동물은 교미한다. 그러나 모든 동물이 같은 방법으로 교미하는 것은 아니다. 발이 있는 유혈동물 모두가 교미에 적합한 성기를 가지고 있는 것은 아니기 때문이다. 모든 동물의 교미가 항상 같거나 유사한 방법으로 이루어지지는 않는다. 사자, 토끼, 스라소니같이 뒤로 오줌을 싸는 동물들은 수컷이 뒤에서 올라탄다. 토끼의 경우 암컷이 수컷에 올라타는 것을 종종 볼 수 있다. 다른 동물들은 대부분 그들에게는 최선이라고 할 수 있는, 수컷이 암컷에 올라타는 자세로 교미를 한다. 새들은 수컷이 암컷에 올라타는 것이 유일한 교미 방법이다.

2 그러나 관찰된 바에 따르면 새들의 교미에도 약간 변형된 방법이 있다. 수탉과 암컷 느시 그리고 수탉과 암탉이 교미할 때는 암컷 느시

274

와 암탉이 땅에 쪼그려 앉고 수탉이 위에 올라탄다. 두루미는 암컷이 앉지 않고 서 있는 상태에서 수컷이 올라탄다. 교미 시간은 수컷 참새와 마찬가지로 매우 짧다. 곰은 교미할 때 암컷이 바닥에 엎드린 상태에서 다른 네발짐승처럼 암컷 등에 수컷이 배를 올려놓고 교미한다. 고슴도치는 암수가 서로 배를 맞대고 교미한다.

3 덩치가 큰 태생동물 가운데 암사슴은 수사슴이 등에 올라타 교미를 마칠 때까지 가만히 있지 않는다. 암소 역시 마찬가지다. 수컷의 음경이 딱딱하기 때문이다. 사실 이런 동물들의 암컷은 수컷 밑에서 교미를 회피하는 행동을 통해 사정을 촉진하는 것이다. 그런데 이런 현상은 가축으로 키우는 사슴에서도 볼 수 있다. 늑대 암컷과 수컷은 개처럼 교미한

암사슴과 수사슴

다. 고양이는 암컷이 뒤를 대주는 방식으로 교미하지 않는다. 수컷은 똑바로 서 있고 암컷이 수컷 밑으로 들어간다. 고양이는 암컷이 매우 도발적이어서 수컷을 유혹하고 교미를 하는 동안에는 교성을 지른다.

4 낙타는 앉은 자세로 교미한다. 수컷은 암컷 위에 다리를 벌리고 올라앉아 삽입한다. 암컷이 뒤를 대주는 방식이 아니라 앞에서 언급한 다른 네발짐승처럼 교미한다. 낙타는 하루 종일 붙어서 교미한다. 그래서 교미할 때는 호젓한 사막으로 간다. 주인 외에는 아무도 교미하는 낙타에 접근할 엄두를 내지 못한다. 낙타의 음경은 매우 강해서 이것으로 활시위를 만들기도 한다. 코끼리도 교미할 때는 자주 가던 한적한 강가로 간다. 암컷이 다리를 벌려 몸을 아래로 굽히면 수컷이 그 위에 올라탄다. 물개는 뒤로 오줌을 싸는 동물처럼 교미한다. 물개의 교미 시간은 길다. 수컷 물개의 음경은 유난히 크다.

제 3 장

난생 네발짐승과
발이 없고 몸이 긴
동물의 교미

1 난생 네발짐승은 같은 방식으로 서로 올라타 교미한다. 다시 말해 바
다거북과 육지거북에서 관찰된 바 있지만, 수컷이 태생동물과 똑같은
방식으로 암컷에 올라탄다. 거북은 두꺼비*와 개구리가 가지고 있는 것과
같은 삽입기관을 가지고 있어 암수가 서로 교미할 수 있다.

바다거북

---

* τρυγόνες(trygónes). trygon은 노랑가오리를 뜻한다. 톰슨은 취리히 출신의 박물학자 콘라트 게스너 (Conrad Gessner, 1516~1565)의 해석에 따라 가오리가 아니라 φρύνος(phrûnos) 즉 두꺼비로 번역했다.

2 뱀과 곰치같이 발이 없고 길이가 긴 동물은 교미할 때 배와 배를 맞대고 한 몸으로 뒤엉킨다. 뱀은 아주 단단히 뒤엉켜 대가리가 둘 달린 뱀처럼 보인다. 모든 도마뱀 종류도 마찬가지 방법으로 교미한다. 다시 말하자면 교미할 때 몸을 꼬아 하나로 엉겨 붙는다.

제 4 장

물고기의 교미와
자고새의 기이한
생식

1 납작하게 생긴 연골어류를 제외한 모든 물고기는 나란히 누워서 배를 맞대고 교미한다. 그러나 가오리나 노랑가오리같이 꼬리가 달린 납작한 물고기는 서로 몸을 맞대는 방법뿐만 아니라 암컷의 꼬리가 가늘어서 방해되지 않는다면 수컷이 암컷의 등에 배를 대고 교미하기도 한다. 전자리상어*같이 꼬리가 큰 물고기는 서로 배를 맞대고 비벼대며 교미한다. 어떤 사람은 연골어류가 수캐와 암캐같이 뒤로 맞대고 교미하는 것을 보았다고 말한다.

2 모든 연골어류는 암컷이 수컷보다 크다. 그리고 어류 대부분도 마찬가지다. 이미 언급한 물고기들 외에도 큰상어,** 백상아리,*** 매가

---

* ῥίνη(rhī́nē). 영어로는 angelfish 또는 angelshark.
** βος(bos). 학명은 *Hexanchus griseus*. 대가리 양쪽에 각각 여섯 개의 아가미가 있다. 크기가 6미터까지 자라는 대형 어종이다.
*** λαμία(lamia). 학명은 *Carcharodon carcharias*.

오리, 시끈가오리, 아귀, 돔발상어를 비롯한 모든 상어*는 연골어류에 속한다. 모든 종류의 연골어류는 앞에 서술한 방식으로 교미하는 것으로 알려져 있다. 그런데 태생동물의 교미 시간은 난생동물의 교미 시간보다 길다. 돌고래와 다른 고래 종류도 마찬가지다. 즉 암수가 나란히 옆으로 붙어서 교미하는데, 교미 시간은 길지도 짧지도 않다.

3 다시 연골어류로 돌아와서, 어떤 종류의 연골어류 수컷은 암컷과는 달리 항문 근처에 두 개의 부속기관이 달려 있다. 이와 같은 암수의 차이는 모든 상어와 돔발상어에서 관찰된다. 물고기와 발이 없는 동물은 고환이 없다. 그러나 뱀과 수컷 물고기는 발정기가 되면 몸 안에 있는 두 개의 관에 우윳빛 정액이 가득 차며 이를 배출한다. 새들은 이 관이 하나로 합쳐져 있다. 새들은 몸 안에 고환을 가지고 있는데, 발이 있는 모든 난생동물도 마찬가지다. 교미할 때 하나로 합쳐진 이 관이 팽창하여 암컷의 외음부 또는 수용기관으로 들어간다.

4 발이 달린 태생동물은 정액과 오줌을 내보내는 관이 몸 밖으로 나갈 때는 하나로 되어 있지만, 앞에서 동물의 기관을 개별적으로 설명할 때 서술한 것처럼 이 관이 몸 안에서는 따로 구분되어 있다. 태생동물이 아닌 동물은 대소변을 하나의 통로로 내보낸다. 물론 체내에서는 두 개의 관이 가까이 붙어 있기는 하지만 별도로 존재한다. 이런 설명은 암

---

* γαλεώδη(galeodh). 상어에 대한 총칭이다.

수 모두에 적용된다. 이런 동물에게는 거북을 제외하고는 방광이 없다. 암컷 거북은 방광은 있다. 그러나 체외로 통하는 관은 없다. 아무튼 거북은 난생동물이다.

5 난생 물고기의 교미 과정은 거의 관찰된 바가 없다. 사실 어떤 사람은 암컷이 수컷의 정액을 먹고 수정하는 것으로 추측한다. 암컷이 수컷의 정액을 먹는 것은 자주 볼 수 있다. 발정기에 암컷이 수컷을 따라다니며 수컷의 배를 입으로 건드린다. 그러면 수컷은 정액을 더 빨리 그리고 더 많이 배출하게 된다. 암컷이 알을 낳으면 수컷은 알을 먹는다. 이런 과정을 거쳐 살아남은 알에서 새끼가 태어나 종을 이어간다.

6 페니키아 연안에서는 암컷과 수컷의 본능적인 번식욕을 이용해 고기잡이를 한다. 자세히 말하면, 수컷 숭어를 잡은 다음 이것으로 암컷 숭어들을 유인하여 그물로 몰아넣거나 암컷을 먼저 잡으면 수컷을 유인한다. 이런 현상을 자주 볼 수 있으므로 숭어가 교미를 한다고 볼 수도 있다. 사실 네발짐승도 발정기가 되면 상대방의 생식기에 들이대고 냄새를 맡는다.

7 그런데 자고새는 수컷 쪽에서 암컷 쪽으로 바람이 불면 암컷이 수정된다. 암컷은 발정기가 되면 수컷의 울음소리를 듣고 이런 식으로 수정하거나 수컷이 암컷 위로 날아갈 때 수정하기도 한다. 이런 식으로 수정을 하는 동안에는 암수 모두 입을 크게 벌리고 혀를 내민다. 난생 물

고기의 명실상부한 교미는 정확하게 관찰된 바가 별로 없다. 물고기의 교미가 순식간에 이루어지기 때문이다. 물고기의 교미는 앞에 설명한 대로 이루어지는 것으로 알려져 있다.

5

연체동물 또는 오징어의 짝짓기와 교미

1 문어, 갑오징어, 오징어 같은 연체동
물은 모두 같은 방법으로 교미한다.
이 동물들은 촉완을 서로 엮어 입과 입
을 결합한다. 그리고 나서 한 마리가 흔
히 머리라고 하는 것을 바닥에 대고 촉
완을 활짝 벌리면 다른 한 마리가 벌린
다리 사이로 들어가 빨판을 서로 연결
한다. 어떤 사람은 수컷 문어의 촉완 중
에서 가장 큰 빨판이 두 개 달린 촉완
에 음경 같은 기관이 있다고 주장한다.
또한 이 조직은 근섬유질*로 되어 있으며

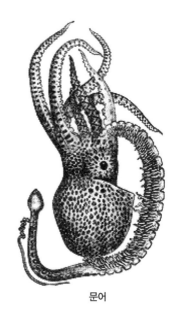

문어

---

* νευρῶδες(nevródes). neurotic.

촉완의 한가운데 붙어서 자라는데 촉완으로 이것을 암문어의 콧구멍 속으로 밀어 넣는다고 한다.

2 갑오징어와 오징어는 암수가 함께 엉겨 붙어 유영한다. 즉 입과 촉완을 마주 대고 붙어서 서로 반대 방향으로 움직인다. 암수는 비공(鼻孔)이라는 기관을 서로 맞댄다. 그렇게 교미하는 동안에 한 마리는 머리 쪽으로 다른 한 마리는 다리 방향으로 유영한다. 암컷의 알은 '분수공(噴水孔)'*이라는 기관에서 만들어진다. 어떤 사람은 이 기관에서 교접이 이루어진다고 주장한다.

---

* φυσητήρ(phūsētēr). 영어로 blow-hole. 라틴어로 physeter는 고래를 뜻한다.

제 6 장

갑각류의
짝짓기와 교미

1 가재, 바닷가재, 새우 같은 갑
각류는 뒤로 오줌을 싸는 동
물과 같은 방식으로 교미한다. 한
마리가 등을 대고 눕고 다른 한
마리가 그 위에 꼬리를 들이댄다.
갑각류는 이른 봄에 육지 가까운
곳에서 교미하기 때문에 교미 장
면을 가끔 볼 수 있다. 때로는 무
화과가 익을 무렵에 교미하기도
한다.

바닷가재

2 바닷가재와 새우는 같은 방식으로 교미하지만, 게는 마주 서서 배와 배를 가깝게 붙이고 주름진 선개(蘚蓋)를 서로 맞춘다. 먼저 작은 게가 큰 게를 뒤에서 올라탄다. 그러면 큰 게는 한쪽으로 몸을 돌린다. 암컷은 선개가 더 크고 더 높고 부속기관이 더 많이 붙어 있다는 것을 제외하고 모든 점에서 작은 게와 다를 바가 없다. 암컷은 선개에 알을 낳는데 그 부위에는 배설물을 내보내는 구멍도 있다. 암수 모두 삽입할 수 있는 기관은 없다.

제 7 장

5

곤충의
짝짓기

1 곤충은 작은 개체가 큰 개체에 올라타는데, 그때 작은 개체가 항상 수컷이다. 암컷은 밑에서 위에 있는 수컷의 몸속으로 성기를 삽입한 다. 이처럼 곤충은 다른 동물과는 반대로 교미한다. 어떤 곤충은 성기가 개체의 크기에 비해 어울리지 않을 정도로 크다. 크기가 아주 작은 곤충 도 그렇다. 어떤 곤충은 성기가 몸집에 비해 그다지 크지 않다. 이러한 성 기는 교미하고 있는 파리를 떼어내면 분명히 볼 수 있다. 파리는 한번 붙 으면 잘 떨어지지 않는다. 파리나 가뢰* 같은 곤충에서 볼 수 있듯이, 이 곤충들의 교미는 오래 지속된다.

2 파리, 가뢰, 딱정벌레, 거미 그리고 교미하는 곤충들은 모두 같은 방 법으로 한다. 거미줄은 치는 거미는 다음과 같은 방법으로 교접한

---

*   κανθαρίς(kantharís). canthris. 딱정벌레목에 속하는 곤충으로 약재로 쓰이기도 한다.

다. 암거미가 거미줄 중간에 매달려 줄을 당기면 수컷이 이에 반응하여 반대로 줄을 당긴다. 이렇게 밀고 당기기를 여러 차례 반복한 뒤 암수가 만나서 꽁무니를 맞춘다. 거미의 배가 반구형으로 튀어나온 것을 고려하면 이런 식으로 꽁무니를 맞추는 방식의 교미가 거미에게는 적합하다.

곤충의 교미는 대략 이와 같다.

제 8 장

**짝짓기
시기**

모든 동물의 교미에는 적합한 나이와 시기가 있다는 것은 절대적인
원칙이다. 동물은 일반적으로 겨울이 끝나고 여름이 시작하는 시기
에 교미하는 경향이 있다. 그때가 봄이다. 봄에는 날짐승, 길짐승 그리고
어류에 이르기까지 모든 동물이 짝짓기에 나선다. 일부 수생동물과 조류
처럼 가을과 겨울에 새끼를 낳아 기르는 동물도 있다. 인간은 사시사철
짝짓기를 하고 새끼를 낳아 기른다. 인간이 사육하는 가축도 집이 있고
좋은 먹이를 먹기 때문에 인간과 같다. 임신 기간이 짧은 돼지와 개, 그리
고 수시로 알을 낳는 조류도 마찬가지다. 동물은 대부분 새끼들을 먹여
키우기 가장 좋은 때에 맞춰 교미 시기를 정한다.

인간의 경우 남성은 겨울에 성욕이 강하고 여성은 여름에 성욕이 강
하다. 내가 관찰한 바에 따르면 새들은 일반적으로 봄과 여름에 짝

짓기한다. 그러나 물총새는 예외다. 물총새의 새끼는 동지 무렵에 알을 깨고 나온다. 그래서 동지 전후로 각각 7일씩(14일) 평온한 날들을 '물총새의 날'*이라고 한다. 시모니데스**는 다음과 같은 시를 썼다. "신들이 바람을 달래 열나흘 동안 잠재웠네/ 겨울의 이 온화한 시기를 사람들은 신성한/ 계절이라 부르네. 깊은 바다가 알키오네와/ 그 새끼들을 요람처럼 포근히 감싸 안네."

3 동지에는 남풍이 많이 불고 북쪽 하늘에 묘성(昴星)***이 나타난다. 물총새는 둥지를 짓는 데 이레, 알을 낳고 부화하는 데 이레 걸린다고 한다. 아테네에서는 동지를 전후로 항상 평온한 날이 있는 것은 아니지만, 시칠리아 근해에는 이런 평온한 날들이 거의 주기적으로 찾아온다. 물총새는 알을 다섯 개 정도 낳는다.

4 슴새****와 갈매기*****는 바닷가 바위 사이에 알을 낳고 품는다. 알은 한 번에 두세 개 낳는다. 갈매기는 여름에 알을 낳고, 슴새는

---

* Halcyon Days. halcyon은 그리스어 Ἀλκυόνη (Alkuónē, 라틴어 Alcyone)에서 나왔다. 알키오네 (Ἀλκυόνη)는 그리스 신화에 나오는 바람의 신 아이올로스의 딸이자 케윅스의 아내다. 알키오네(할퀴온)는 남편 케윅스가 제우스의 노여움으로 배가 난파하여 죽자 바다에 뛰어들어 자살한다. 그러자 신들은 두 사람을 물총새로 변신시킨다. 물총새로 변신한 알키오네가 둥지를 틀자 파도가 집어삼키려 한다. 아이올로스가 바람을 가라앉힌다. 그때 알키오네는 둥지에 알을 낳는다. 오늘날에는 '과거의 평온했던 날들'을 뜻하는 말로 쓴다.
** Σιμωνίδης ὁΚεῖος(Simonides of Ceos, 기원전 556~468년경). 그리스 케오섬 출신의 서정시인.
*** Pleiades. 아틀라스의 일곱 딸(플레이아드들)을 상징하는 별자리.
**** αἴθυια(aíthuia). aethuia. 영어로는 petrel. 베드로(St. Peter)가 물 위를 걸은 것(마태 14:29)에서 이 새의 이름이 유래했다. 바닷가에 무리지어 서식하며 주로 잠수하여 먹이를 잡는다.
***** λάρος(láros). larus.

춘분 직후*인 봄에 알을 낳는다. 슴새는 다른 새들과 마찬가지로 알 위에 올라앉아 알을 품는다. 슴새와 갈매기는 은신처를 찾지 않는다. 물총새는 새 중에서 가장 보기 쉽지 않은데, 동지에 묘성이 나타날 때만 볼 수 있다. 이 새는 항구에 정박한 배 위를 선회하다 순식간에 자취를 감춘다. 스테시코로스는 이 새의 기이함을 시에서 표현한 바 있다.**

5 나이팅게일은 초여름에 알을 낳아 새끼를 깐다. 이 새는 알을 대여섯 개 낳는다. 나이팅게일은 가을에서부터 봄까지는 은신처에 숨어 나타나지 않는다. 곤충들은 날씨가 좋고 남풍이 불면 겨울에도 알을 낳고 새끼를 키운다. 동면하지 않는 파리나 개미 같은 곤충이 그렇다. 토끼처럼 새끼를 키우면서도 임신하는 초다산성(超多産性) 동물을 제외한 대부분의 동물은 일 년에 한 번 새끼를 낳는다

---

*   톰슨은 동지(冬至, winter solstice) 직후라고 번역했지만, 문맥상 크레스웰의 번역이 합리적이다.
**   톰슨은 이아손이 용감한 선원들과 함께 '아르고호'를 타고 황금양털을 찾아 항해하는 과정에서 나온 물총새에 관한 이야기를 스테시코로스(Στησίχορος, Stesichoros, 기원전 630~555)가 인용했다고 보고 있다.

제 9 장

5

어류의
산란기

1 떼를 이루어 다니는 물고기(다시 말해 그물로 잡는 물고기)는 일반적으로
일 년에 한 번 번식한다. 다랑어, 작은 다랑어,* 숭어, 정어리, 고등
어, 민어, 넙치 등이 여기에 해당한다. 물고기 가운데는 예외적으로 농어
는 일 년에 두 번 알을 낳아 새끼를 깐다. 두 번째 치어들이 첫 번째 치어
들보다 약하다. 작은 청어**와 볼락도 두 번 알을 낳는다. 성대는 유일하
게 일 년에 세 번 번식한다. 치어들이 각각 다른 시기에 세 번에 걸쳐 한
장소에 나타나는 것을 보면 알 수 있다.

---

*   πηλαμύς(pelamys). 일년생 미만의 다랑어.
** τριχίας(trichias). 톰슨은 퀴비에의 해석을 인용해 이 물고기가 정어리로 추정했으나 크레스웰은
    Clupea sprottus 즉 작은 청어로 보았다.

2 쏨뱅이*는 일 년에 두 번 알을 낳는다. 도미도 봄과 가을에 알을 낳는다. 살파도미**는 봄에만 한 번 알을 낳는다. 암컷 다랑어는 한 번 알을 낳는데, 첫 번째 치어들은 12월 동지가 지난 뒤 알에서 깨어나고 봄에 두 번째 치어가 깨어난다. 암컷 다랑어에는 배 밑에 아파레우스***라는 지느러미가 있지만, 수컷 다랑어는 이 지느러미가 없다.

3 연골어류 가운데는 전자리상어가 유일하게 초가을과 묘성이 질 때, 이렇게 두 번 새끼를 낳는다. 하지만 두 번의 번식기 가운데 가을의 조건이 훨씬 좋다. 전자리상어는 번식기마다 7~8마리의 새끼를 낳는다. 돔발상어류 가운데 별무늬돔발상어는 매달 두 번씩 새끼를 낳는데, 알이 한꺼번에 다 성숙하지 못하기 때문이다.

4 곰치는 일 년 내내 알을 낳는다. 이 물고기는 한 번에 엄청나게 많은 알을 낳는데, 치어들이 돌고래고기****의 치어들과 마찬가지로 매우 빨리 성장한다. 이 물고기들은 알에서 깨어날 때는 아주 작지만 빠른 속도로 성장해 엄청난 크기로 자란다. 곰치는 사시사철 알을 낳지만 돌고래

---

* σκόρπαινα(scorpaena). scorpionfish.
** σάλπη(sálpē). 도밋과 물고기.
*** αφαρεύς(aphareus). 톰슨은 이것을 알을 낳기 전에 암컷에게 나타나는 살덩어리인 타리콘(ταρίχι ον)을 가리키는 것으로 보고 있다. 기록에 따르면 큰 암컷 다랑어에는 알을 낳기 전에 μελάνδρυς(melándrus)라는 기관이 생긴다고 한다.
**** ἵππουρος(hippuros). Coryphaena hippurus. coryphaena(κορύφαινα)는 돌고래라는 의미를 가지고 있다. 영어로는 dolphinfish.

고기는 봄에만 알을 낳는다. 스미로스는 스미라에나*와는 다르다. 스미라
에나는 전체적으로 얼룩덜룩한 데다 색이 연하다. 그러나 스미로스는 단
색이며 색이 짙다. 소나무색**을 띠고 있는데 안팎으로 이빨이 있다. 어
떤 사람은 이 두 가지 동물은 서로 다른 종류가 아니라 한 가지 물고기의
수컷과 암컷이라고 말한다. 이 물고기들은 자주 해변으로 올라와 잡히곤
한다.

5 물고기는 일반적으로 성장 속도가 빨라 이내 성체가 된다. 작은 물
고기 가운데 까마귀고기***는 수초가 무성한 육지 가까운 곳에 서
식한다. 참바리****는 처음에는 작지만 빠른 속도로 성장해 엄청나게 크
게 자란다. 전갱이*****와 다랑어는 흑해에서만 알을 낳는다. 숭어, 청돔,
농어는 강 하구 근처에 알을 낳는다. 가다랑어와 고등어******를 비롯한
많은 어류는 먼바다에서 알을 낳는다.

---

* σμύρος(smyros)와 σμύραενα(smyraena)는 모두 곰치류에 속하는 것으로 보인다. 각각 곰치의 수컷
과 암컷을 가리킨다는 설도 있다. 두 가지 물고기 모두 곰치에 속하는 것만은 분명하다.

** πίτυι(pítui). 톰슨은 역청색을 의미할지도 모른다고 각주에서 여운을 남겼다.

*** κορακῖνος(korakînos). coracine. 퀴비에는 나일강에 사는 Chromis castanea라고 했다. 그리스어 코
라키노스가 어린 까마귀를 가리키므로 '까마귀고기'라고 번역했다.

**** ὀρφώς(orphôs) 우리나라에서 '다금바리'라고 하는 어종이다. 학명은 *Epinephelus gigas*. 그리
스 출신으로 미국에서 활동한 고전학자 아포스톨리데스 소포클레스(Evangelinos Apostolides
Sophocles, 1807~1883)는 이 물고기를 프랑스어로 mérou라고 해석했다.

***** πηλαμύς(pêlamús). 영어로 bonito. 작은 종류의 다랑어.

****** σκορπίς(skorpís). 톰슨은 이 물고기를 σκομβρίδες(skómbrides), 라틴어로 scombridae 즉 고등어
로 보고 있다.

6 물고기는 대부분 3월 중순에서 6월 중순 사이에 번식한다. 참돔, 감성돔 그리고 다른 돔 종류들은 가을 춘분 직전에 알을 낳는다. 전기가오리와 전자리상어도 그렇다. 그리고 앞서 서술했지만 어떤 물고기는 겨울과 여름에 알을 낳는다. 농어, 숭어, 실고기는 겨울에 알을 낳는다. 다랑어는 6월 하지 무렵에 알을 낳는데, 작은 알이 가득 든 난포를 낳는다.* 떼 지어 다니는 물고기는 여름에 알을 낳는다. 숭어류 중에서 입술이 두툼한 숭어**는 11월 중순에서 12월 중순 사이에 알을 낳는다. 도미, 숭어, 납작머리숭어***도 마찬가지다. 이 물고기들은 30일 만에 알에서 치어가 나온다. 숭어 중에서 어떤 것은 교미해서 태어나는 것이 아니라 개펄과 모래에서 자연적으로 생겨난다.

7 물고기는 대부분 봄에 알을 밴다. 그러나 이미 설명했듯이 몇몇 물고기는 여름, 가을, 겨울에 알을 밴다. 봄에 알을 배는 것이 일반적이지만, 다른 계절에 알을 배는 것은 일반적으로 나타나는 현상이 아니다. 그런데 이렇게 계절을 바꿔가며 알을 배는 물고기들은 번식력이 약하다. 서식지의 조건은 거기에 사는 동식물의 건강뿐만 아니라 교미의 상대적 빈도와 번식에도 큰 영향을 준다는 사실을 유념할 필요가 있다. 물고기가 사는 곳에 따라 개체의 크기와 활력뿐만 아니라 치어들의 상태, 성적 교접의 빈도와 번식에 많은 차이가 있다.

---

* 퀴비에에 따르면 다랑어 종류의 물고기는 여러 개의 알이 난포에 들어 있는 상태로 알을 낳는다.
** Mugil Chelo. Thicklip grey mullet.
*** Mugil cephalus. Flathead grey mullet.

제10장

5

연체동물과 오징어 그리고 유각류의 번식기

1 연체동물은 봄에 알을 낳는다. 해양 연체동물 가운데 가장 먼저 알을 낳는 것은 갑오징어다. 갑오징어는 하루 내내 알을 낳는데 치어가 알을 깨고 나오기까지 15일이 걸린다. 암컷이 알을 낳으면 수컷이 와서 알 위에 정액*을 뿌린다. 그러면 알이 단단해진다. 갑오징어는 암수 두 마리가 나란히 짝을 지어 돌아다니는데, 수컷은 얼룩덜룩하고 등의 색깔이 암컷보다 더 짙다. 문어는 겨울에 교미해서 봄에 알을 낳는다. 그러고 나서 자취를 감춘다. 문어 알은 포도나무의 덩굴손 같은 형태로 붙어 있는데 알 자체는 백양나무 열매와 비슷하다. 문어는 번식력이 높아 알에서 태어나는 치어들이 셀 수 없을 정도로 많다. 수컷은 대가리가 길다는 점에서 암컷과 차이가 있으며, 어부들이 음경이라고 부르는 촉완이 흰색을 띠고

---

* θορόν(thorón). 라틴어로는 atramentum(먹물)으로 번역되었기 때문에 크레스웰은 이것을 ink로 번역했다.

있다. 암컷은 자신이 낳은 알 위에 앉아 알을 지키는데, 그동안에는 먹이 활동을 하지 못해 상태가 나빠진다.*

2 자주고둥은 봄에 알을 낳는다. 소라고둥은 겨울이 끝날 무렵 알을 낳는다. 일반적으로 먹는 성게를 제외한 유각류는 봄과 가을에 '이른바 알이라고 하는 것'**을 밴다. 성게는 이 시기에 '이른바 알이라고 하는 것'을 가장 많이 지니고 있고, 다른 때는 아예 가지고 있지 않다. 그리고 수온이 올라가고 보름달이 떴을 때 특히 이것이 많다.*** 그러나 에우리포스 해협****에서는 겨울철 성게에 더 많이 들어 있다. 여기에 서식하는 성게는 크기는 작지만, 알이 꽉 차 있다. 모든 고둥류는 같은 시기에 알을 밴다.

---

*   알을 낳은 문어는 대부분 죽는다.

**   아리스토텔레스는 성게의 알이 알이 아니라 생식소라는 것을 명확히 알고 있었다. 따라서 알이라고 하지 않고 '이른바 알이라고 하는 것'이라고 칭했다. 그러나 번역의 편의상 때로는 알로 번역했다.

***   지중해 지역에서는 성게잡이는 보름달이 떴을 때 나서야 한다는 속설이 있다.

**** Εὔριπος(eúrīpos). 그리스 본토와 에우보이아섬 사이의 좁은 바다. 보통 명사로 에우리보스는 수로 또는 해협을 일컫는다.

제11장

5

야생 조류와
가금류의 번식기

1 관찰한 바에 따르면 야생 조류는 일반적으로 일 년에 한 번 교미하고
알을 낳는다. 그러나 제비와 검은지빠귀는 일 년에 두 번 알을 낳는
다. 첫 번째로 낳는 알들에서 깨어난 새끼들은 새 가운데 가장 먼저 태어
나는 것들로 추위에 얼어 죽는다. 그러나 두 번째로 낳은 알들에서 깨어
난 새끼들은 잘 자라 성체가 된다. 순치됐거나 쉽게 순치되는 새들은 일
년에 여러 번 알을 낳는다. 비둘기는 여름 내내 알을 낳는다. 암탉과 수탉
은 연중 아무 때나 교미하고 알을 낳는다. 그렇지만 동지 무렵에는 알을
낳지 않는다.

2 비둘기에는 여러 종류가 있다. 일반 비둘기와 바위비둘기는 서로 다
르다. 바위비둘기는 몸집이 일반 비둘기보다 작고 길들이기 훨씬 더
어려우며, 생김새는 검은색을 띠고 작고 붉은 깃털이 있는 발을 가지고

있다. 이런 특성 때문에 비둘기 애호가들은 바위비둘기를 좋아하지 않는다. 비둘기 가운데 가장 큰 종류는 산비둘기*다. 그다음으로 큰 것은 들비둘기**다. 비둘기 중에 가장 작은 것은 호도애***다. 비둘기는 햇볕이 많고 먹을 것이 풍족하면 연중 알을 낳지만 그런 환경이 아니면 여름에만 알을 낳는다. 봄과 여름에 부화한 새끼들이 가장 건강하고 더운 여름에 부화한 새끼들이 가장 시원찮다.

---

*   φάττα(phatta) 또는 φάσσα(phassa). 영어로는 양쪽 목에 둥근 반점이 있어서 ringdove라고 한다.
**   οἴνας(oínas). 이 말은 οἴνος(oínos) 즉 '와인'의 형용사다. 어떻게 이 말이 들비둘기를 가리키게 되었는지는 알려진 바가 없다. 영어로는 stock-dove 또는 wild dove로 칭한다.
***   τρυγών(trygōn). 이 말은 전혀 다른 두 가지 동물을 가리킨다. 하나는 어류인 노랑가오리, 하나는 조류인 호도애다. 호도애는 멧비둘기라고도 한다. 그런데 멧비둘기는 산비둘기와 혼동될 우려가 있어서 호도애로 쓰는 것이 더 적절하다. 학명은 *Streptopelia turtur*. 서양에서는 남녀 간의 헌신적 사랑의 상징으로 문학작품의 소재로 자주 등장한다.

제12장

5

네발짐승의
나이와 성숙
그리고 짝짓기

1 동물마다 각각 생애주기에서 짝짓기에 가장 적합한 나이가 다르다.
우선 동물이 정액을 분비하고 수정시킬 수 있는 능력을 갖는 것은 동
시에 일어나는 현상이 아니라 순차적으로 일어난다. 어렸을 때는 정액이
나와도 정자가 수정을 시킬 수 없거나 수정이 된다고 해도 새끼들이 약하
고 왜소하다. 이런 현상은 인간, 태생 네발짐승 그리고 조류에서 특히 두
드러지게 나타난다. 인간의 아이가 그렇고 새의 알이 그렇다. 기형이나 육
체적인 손상으로 가임기가 늦춰지거나 빨라지는 경우를 제외하면, 대부
분 종이 같으면 가임기에 도달하는 시기도 같다.

2 인간의 경우 목소리가 변하고 성기와 가슴의 크기와 모양이 달라지
는 것으로 성년이 되었다는 것을 알 수 있다. 특히 성년이 되면 음모
가 난다. 정액은 일반적으로 열네 살 때부터 배출되지만 스물한 살이 되

어야 생식능력을 갖는다. 다른 동물은 음모가 아예 없다. 어떤 동물은 털이 아예 없고 어떤 동물은 배에는 털어 없거나 적고 등에는 털이 많다. 어떤 동물에게는 목소리의 변화가 뚜렷이 나타난다. 또 다른 동물은 특정 부위에 정액을 분비하고 생식능력을 갖게 되었다는 징표가 나타난다.

3 동물은 일반적으로 암컷이 수컷보다, 어린 것이 나이 든 것보다 높은 소리를 낸다. 수사슴은 암사슴보다 낮은 소리를 낸다. 수사슴은 주로 발정하면 울음소리를 내고 암사슴은 불안과 공포를 느낄 때 울음소리를 낸다. 암컷의 울음소리는 짧고 수컷의 울음소리는 길다. 개도 마찬가지로 나이가 들면 짖는 소리가 저음으로 바뀌고, 말도 나이가 들어가면서 울음소리가 달라지는 것을 알 수 있다. 암컷 망아지는 짧고 가늘게 우는 반면 수컷 망아지는 상대적으로 더 낮고 우렁찬 소리로 운다. 망아지가 자라면 울음소리도 커진다. 말은 두 살이 되면 번식을 시작하는데 그때부터 수말은 더 크고 우렁찬 울음소리를 내고 암말은 더 크고 높은 울음소리를 낸다. 이런 현상은 말이 스무 살이 될 때까지 이어지다가 그때를 고비로 울음소리가 점점 작아진다.

4 관찰한 바에 따르면 일반적으로 긴 울음소리를 내는 동물은 수컷의 울음소리가 암컷에 비해 깊고 낮다. 하지만 솟과에 속하는 동물은 예외다. 이 동물들의 울음소리는 암컷이 수컷보다, 그리고 송아지가 성체보다 더 낮고 깊다. 그리고 거세한 동물은 목소리가 달라진다. 거세당한 수컷은 암컷처럼 변한다.

염소

5 다음은 나이에 따른 생식능력의 차이에 관한 내용이다. 암양과 암염소는 태어나서 일 년이 지나면 성적으로 성숙해진다. 이 점에 관해서는 암양보다는 암염소의 경우에 더 확신 있게 말할 수 있다. 숫양과 숫염소도 한 살이면 성적으로 성숙해진다. 하지만 아주 어린 수컷과 교미해 태어난 새끼들은 다른 수컷의 새끼들과는 다르다. 왜냐하면 수컷은 두 살이 되어야 완벽하게 성숙하기 때문이다. 멧돼지와 돼지는 태어난 지 여덟 달이 지나면 교미할 수 있다. 하지만 암돼지는 임신 기간 때문에 한 살은 되어야 새끼를 낳을 수 있다. 수퇘지는 태어난 지 여덟 달이 지나면 교미할 수 있지만, 이런 어린 수퇘지의 새끼는 미숙한 경향이 있다. 그러나 번식할 수 있는 나이가 한결같은 것은 아니다. 때로는 넉 달밖에 안 된 돼지가 교미해서 여섯 달째에 새끼를 낳기도 한다. 그리고 열 달이 되었을 때

교미를 시작해서 세 살이 될 때까지 계속 성적으로 성숙해가는 수퇘지도 있다.

6 암캐는 일반적으로 한 살이 되면 번식능력을 갖게 되고 수캐도 마찬가지다. 어떤 경우에는 여덟 달 만에 교미하기도 하는데, 암캐보다는 수캐가 그렇다. 암캐의 임신 기간은 60일에서 63일이다. 60일을 채우지 못하고 태어난 새끼는 미숙해서 상태가 좋지 않다. 암캐는 새끼를 낳고 나서 여섯 달이 지나면 다시 교미해 새끼를 가질 수 있다. 즉 암캐는 새끼를 낳은 지 여섯 달이 되기까지는 임신을 하지 않는다. 말은 암수 모두 두 살이 되면 교미와 번식을 할 수 있다. 그러나 두 살이 된 말끼리 교미해 태어난 새끼는 작고 약하다. 말은 보통 세 살이 되어야 교미와 번식을 한다. 어린 말은 세 살 때부터 스무 살 때까지 번식력이 꾸준히 증가한다. 일반적으로 수말은 서른세 살까지, 암말은 마흔 살까지 교미할 수 있다. 보통 수말은 서른다섯 살, 암말은 마흔 살 남짓까지 살 수 있으니 평생 교미를 하는 셈이다. 그런데 일흔다섯 살까지 산 말도 있다고 한다.

7 당나귀는 30개월이면 생식능력을 갖는다. 하지만 세 살이나 세 살 반 이전에 새끼를 낳는 경우는 드물다. 그런데 알려진 바에 따르면 태어난 지 일 년 안에 새끼를 가진 사례도 있다. 소도 태어난 지 일 년이면 새끼를 낳는데, 그때 태어난 송아지는 짐작하는 대로 크게 성장하지 못하는 것으로 알려져 있다.

양

8 동물이 생식능력을 갖는 나이에 대해서는 이 정도로 해두자. 인간
을 보면, 남성은 길다고 해봐야 일흔 살까지 여성은 쉰 살까지 번식
능력을 갖는다. 그러나 그렇게 나이가 들어서 아이를 갖는 경우는 드물
다. 일반적으로 남성은 예순다섯 살까지 여성은 마흔다섯 살까지 자식을
낳을 수 있다. 암양과 숫양은 보통 죽을 때까지 교미하지만 암양은 보통
여덟 살까지, 아주 건강하다면 열한 살까지 새끼를 낳을 수 있다.

9 숫양은 살이 찌면 생식능력이 거의 없어진다. 그런 이유로 가지와 잎
이 무성한 포도나무가 열매를 맺지 못하면 "염소가 날뛴다"라고 빗
대어 표현하기도 한다. 하지만 비만인 숫염소도 살이 빠지면 다시 생식능
력이 왕성해져 생식능력을 되찾기도 한다. 숫염소는 교미 상대로 먼저 나
이 든 암양을 고르고 어린 암양에게는 관심을 보이지 않는다. 앞서 서술

했지만 어린 암양에게서 태어난 새끼는 나이 든 암양에게서 태어난 새끼보다 왜소하다.

10 야생 멧돼지 수컷은 세 살이 될 때까지 번식능력이 왕성하다. 그러나 세 살이 지나 교미하면 새끼들이 허약하다. 세 살이 넘으면 정력이 떨어지기 때문이다. 수퇘지는 잘 먹고 나서 처음으로 암퇘지와 교미할 때 정력이 가장 좋다. 그러나 잘 먹지 못하거나 여러 마리 암컷과 교미하면 교미 시간이 짧고 그렇게 태어난 새끼도 작다. 암퇘지의 첫배 새끼들은 마릿수가 가장 적고, 두 번째로 새끼를 낳을 때는 마릿수가 늘어난다. 암퇘지는 나이가 들어서도 새끼를 낳지만 번식욕은 약해진다. 열다섯 살이 되면 암퇘지는 더 이상 새끼를 갖지 못하고 점점 사나워진다.*

11 늙은 암퇘지든 젊은 암퇘지든 잘 먹으면 교미에 더 적극적이 된다. 그런데 임신 중에 비만이 되면 분만 후에 젖이 적게 나온다. 나이를 기준으로 보면 부모 돼지가 가장 혈기왕성한 시기에 낳은 새끼가 가장 우량하다. 그리고 계절별로 보면 초겨울에 낳은 새끼가 가장 좋고 여름에 낳은 새끼가 가장 부실하다. 수퇘지는 잘 먹으면 사시사철 밤낮을 가리지 않고 교미할 수 있다. 잘 먹지 못하면 아침에만 교미하려고 한다. 이미 언급했듯이 수퇘지는 나이가 들면 성욕이 감퇴한다. 수퇘지는 늙거나 쇠약해지면 교미를 제대로 하지 못한다. 수퇘지가 교미를 제대로 못하

---

* 크레스웰은 ἀγριαίνονται(agriainōntai) 즉 '사나워진다'로 해석했다. 하지만 톰슨은 γρίαι(griá) 즉 '늙어간다'로 번역했다. 문맥상 크레스웰의 번역이 더 합리적으로 보인다.

고 서 있는 시간이 길어져 지치면 암퇘지를 땅바닥에 밀어 넘어뜨린 다음 옆에 나란히 누워 교미를 끝낸다. 일반적으로 발정기의 암퇘지가 귀를 아래로 늘어뜨리면 임신한 것으로 볼 수 있다. 임신되지 않아서 귀가 아래로 늘어지지 않으면 다시 발정한다.

12 암캐는 사는 동안에 계속해서 수캐와 교미하지 않고 일정 시기에만 교미한다. 암캐와 수캐가 열여덟 살 심지어는 스무 살까지 교미하고 임신했다는 이야기도 있지만, 일반적으로 개들의 교미와 임신은 열두 살까지 지속된다. 하지만 다른 동물과 마찬가지로 개 역시 나이가 들면 암수 모두 번식력이 떨어진다.

13 암낙타는 뒤로 오줌을 싸며 뒤로 수컷과 교미한다. 아라비아에서 낙타의 교미 시기는 10월경이고, 임신 기간은 열두 달이다. 낙타는 한 번에 한 마리 이상 새끼를 낳지 않는다. 낙타는 세 살이 되면 성적으로 성숙해져 교미할 수 있다. 암낙타는 분만 후에 일 년이 지나면 다시 임신할 수 있게 된다.

14 암코끼리는 빠르면 열 살, 늦어도 열다섯 살이 되면 성적으로 성숙해진다. 수컷은 대여섯 살이 되면 교미할 수 있다. 코끼리는 봄에 교미한다. 수컷은 한 번 교미하면 3년이 지날 때까지 교미하지 않으며, 한 번 교미해 임신시킨 암컷과는 다시는 교미하지 않는다. 코끼리의 임신 기간은 2년이다. 코끼리는 한 번 출산할 때 새끼를 한 마리만 낳는

다. 즉 일회경산부성(一回經産婦性)* 동물이다. 갓 태어난 새끼의 크기는 생후 두세 달 된 송아지만 하다.

동물의 교미에 대해서는 이쯤 해두기로 하자.

---

*   μονότοκος(monótokos). uniparous. '한 번 출산할 때 한 마리의 새끼를 낳는'이라는 뜻이다.

제13장

유각류 그리고 불가사리와 소라게의 번식

1 이제 자웅이체로 교미하는 동물과 그렇지 않은 동물의 번식에 대해 알아보자. 먼저 유각류의 번식에서부터 살펴보고자 한다. 유각류는 모든 동물을 통틀어 암수가 성적인 관계를 맺지 않고 번식하는 거의 유일한 종류다. 뿔고둥*은 봄이 되면 한군데 모여 '벌집'**이라는 난포섬유피막 (卵胞纖維被膜)을 만든다. 전체적인 모양은 빗처럼 생겼지만 말끔하고 섬세하지는 않다. 마치 하얀색 병아리콩 깍지가 한데 붙어 있는 것처럼 보인다. 이 피막에는 구멍이 뚫려 있지도 않고 여기서 뿔고둥이 태어나는 것도 아니다. 뿔고둥을 비롯한 유각류는 개펄과 부패한 물질에서 태어난다. 이 피막은 사실 뿔고둥과 소라고둥의 배설물이다. 소라고둥도 역시 이와 비

---

* πορφύρα(porpura). porphyra. 고대로부터 자주색 염료의 원료로 쓰이기 때문에 이런 이름이 붙었다.

** μέλικερα(melikera). μέλι(meli)는 그리스 신화에 나오는 '벌꿀의 님프' 멜리사에서 유래했으며, 꿀을 뜻하는 κερά는 밀랍을 뜻한다.

슷한 물질을 만들어낸다.

2 '벌집'을 만들어내는 유각류도 다른 유각류와 마찬가지로 저절로 생겨나지만, 이전에 같은 종류의 유각류가 살던 곳에서 더 많이 생긴다. '벌집'을 만드는 과정을 시작할 때 유각류는 먼저 끈적끈적한 점액*을 분비해 그것으로 콩깍지 같은 형태를 만든다. 그리고 '벌집'에서 다시 점액이 흘러나와 바닥에 쌓이는데, 거기서 매우 작은 뿔고둥이 태어나 큰 뿔고둥에 달라붙는다. 이 극미동물은 때로 성체와 함께 잡히는데, 아주 작아서 거의 알아볼 수 없다. '벌집'을 만들기 전에 뿔고둥을 잡으면 항상 그런 것은 아니지만 고기잡이 바구니 안에서 '벌집'을 만들기도 하는데, 바구니의 공간이 비좁기 때문에 서로 바짝 달라붙어 포도송이처럼 군체를 이룬다.

3 뿔고둥은 종류가 다양하다. 시게이온**과 렉톤*** 인근 해역에서 나는 뿔고둥은 크고, 에우리포스 해협과 카리아**** 근해에서 나는 뿔고둥은 작다. 만에서 나는 뿔고둥은 크고 껍데기가 거칠다. 뿔고둥은 대부분 검은색 색소를 가지고 있다. 몇몇은 소량의 붉은 색소를 가지고 있다. 뿔고둥 가운데 어떤 것들은 무게가 1미나***** 이상 나간다. 얕은 바

---

*   χυλός(chylos). chylus. 죽처럼 걸쭉한 액체.

**   Σίγειον(Sigeion). Sigeum. 오늘날 튀르키예 차나칼레(Çanakkale) 부근에 있었던 고대 그리스 도시.

***   Λεκτόν(Lekton). Lectum. 시게이온 옆 아나톨리아반도의 가장 서쪽 지역.

****   Καρία(Karia). 아나톨리아반도 서남쪽의 해안 지역.

***** μνᾶ(mna). mina. 고대 그리스의 무게 단위. 1미나는 약 430그램이다.

다 또는 바위에 서식하는 뿔고둥은 크기가 작고 껍데기 안에 붉은색 색소를 가지고 있다. 일반적으로 북쪽 바다에 서식하는 것은 검은색 색소를, 남쪽 바다에 서식하는 것은 붉은색 색소를 가지고 있다.

4 뿔고둥은 봄에 '벌집'을 만들 때 잡는다. 그러나 천랑성이 나타날 때는 잡지 않는다. 왜냐하면 그때는 뿔고둥이 먹이활동을 하지 않고 굴을 파고 숨어버리기 때문이다. 뿔고둥의 색소는 메콘과 목 사이에 들어 있다. 메콘과 목은 서로 단단히 붙어 있어서 색소는 마치 흰 막처럼 보인다. 이것을 떼어내 흠집을 내면 색소가 나와 손에 물이 든다. 그 막에는 핏줄처럼 생긴 것이 있는데, 이것이 색소처럼 보인다. 그런데 나머지는 명반 같은 성질을 가지고 있다.* 뿔고둥이 '벌집'을 만들 때 채취한 색소가 가장 질이 나쁘다.

5 작은 소라고둥은 색소가 들어 있는 막을 분리하기 쉽지 않기 때문에 통째로 으깨지만 큰 것은 껍데기를 제거한 다음에 색소를 뽑아낸다. 색소를 뽑아내기 위해 먼저 메콘과 목을 분리한다. 색소가 이른바 위장 위에 있는 이 두 기관 사이에 끼어 있으므로 색소를 추출하기 위해서는 이것들을 분리하는 것이 필요하다. 어부들은 뿔고둥을 산 채로 조심스럽게 해체하는데, 죽으면 색소를 밖으로 토해내기 때문이다. 이런 이유로 어부들은 뿔고둥을 충분히 모아 색소를 채취할 때까지 살림망에 넣어 살

---

* 이 문장의 의미는 정확하지 않다. 톰슨은 이 기관의 특성을 수렴성을 갖는다고 번역했는데 무슨 의미인지 모호하다. 크레스웰은 원문이 훼손되어 정확한 해석이 불가한 것으로 보고 있다.

려 둔다.

6 예전에는 미끼 밑에 그물망을 달아 두지 않아서 뿔고둥을 끌어 올리는 동안에 떨어져 나가는 일이 자주 있었다. 요즘에는 그물망을 사용하기 때문에 뿔고둥이 떨어져 나가도 놓치지 않는다. 뿔고둥이 배가 부르면 미끼에서 쉽게 떼어낼 수 있다. 그러나 배가 고플 때는 떼어내기 쉽지 않다. 지금까지 뿔고둥의 특성에 관해 설명했다. 소라고둥의 특성도 뿔고둥과 같고, 이런 특성이 나타나는 계절도 같다.

7 뿔고둥과 소라고둥 모두 태어날 때부터 선개(蘚蓋)를 가지고 있는데, 다른 나선형 패각을 가진 고둥류도 마찬가지다. 뿔고둥과 소라고둥은 선개 밑에 있는 이른바 혀를 내밀어서 먹이를 먹는다. 뿔고둥의 혀는 손가락보다 큰데, 그것으로 다른 조개뿐만 아니라 심지어 다른 뿔고둥을 뚫고 들어가 잡아먹는다. 뿔고둥과 소라고둥은 오래 산다. 뿔고둥의 수명은 대략 6년이다. 뿔고둥이 해마다 얼마나 성장했는지는 껍데기 나선의 간격을 보면 알 수 있다.

8 홍합도 '벌집'을 만든다.* 석호에 사는 굴들은 진흙 개펄에서 발생한다. 그러나 소라, 새조개, 맛조개 그리고 가리비는 모래 해안에서 자

---

* 홍합은 난포섬유피막을 만들지 않으므로 여기서 말하는 '벌집'은 뿔고둥이나 소라고둥과는 달리 뭉쳐 있는 상태의 알을 지칭한 것이 분명하다.

라난다. 키조개는 모랫바닥과 진흙 개펄에 족사(足絲)*를 내리고 자라난다. 이 조개의 몸에는 항상 '키조개지킴이'**라고 하는 작은 새우나 게가 들어가 산다. 키조개에서 이것들을 제거하면 키조개는 바로 죽는다. 일반적으로 모든 유각류는 해저에서 자생적으로 자라나는데, 바닥을 이루고 있는 물질에 따라 서식하는 유각류의 종류가 다르다. 굴은 진흙 개펄에서 자라고 새조개를 비롯해 앞에서 언급한 다른 조개들은 모랫바닥에서 자란다. 우렁쉥이와 따개비 그리고 수면 위로도 드러나는 삿갓조개와 갈고둥은 바위 구멍에서 자란다. 이 동물들은 빠르게 성장하는데 특히 뿔고둥과 가리비는 일 년이면 다 자라 성체가 된다.

9 몇몇 유각류 안에 하얀 게가 들어가 사는 것을 볼 수 있는데, 크기가 아주 작다. 진흙 바닥에 사는 담치류 안에 이 게가 여러 마리 들어가 산다. 그리고 키조개에는 키조개지킴이라는 게가 들어가 산다. 이러한 게들은 가리비와 굴에서도 발견된다. 이 기생동물은 크기가 자라지 않는다. 어부들은 이 기생동물이 들어가 사는 숙주와 함께 생겨난다고 단언한다. 가리비는 뿔고둥과 마찬가지로 모래에 구멍을 파고 한동안 자취를 감춘다. 유각류는 앞에 언급한 방식으로 발생하는데 어떤 것은 얕은 바다에서 태어나고 어떤 것은 해변에서, 어떤 것은 바위에서, 어떤 것은 거칠고 딱딱한 해저에서, 어떤 것은 모랫바닥에서 생겨난다. 어떤 것은

---

*   βύσσος(bússos). 원래는 올이 굵은 아마섬유를 뜻하는 말로 홍합이나 키조개 같은 어패류의 몸에서 나온 섬유를 의미하기도 한다. 이것은 조개를 바닥에 고정시키는 역할을 한다.

**   πίννοφύλαξ(pinnophylax). 키조개를 뜻하는 pinna와 보호자를 뜻하는 phylax의 합성어.

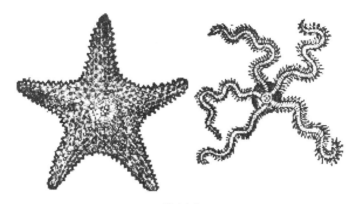

불가사리

이곳저곳으로 이동하고 어떤 것은 한자리에 고정되어 있다. 고정된 채 사는 것 중에서 키조개는 땅에 뿌리를 박고 있지만, 맛조개와 소라고둥은 한 장소에 있지만 뿌리를 내리지 않는다. 그래도 강제로 자리를 옮기면 죽는다.

10 불가사리는 성질이 매우 뜨겁다. 그래서 붙어 있는 불가사리를 즉각 떼어내도 소화가 일부 진행된 상태를 볼 수 있다. 어부들은 '퓌라의 에우리포스'*에서는 불가사리가 심각한 골칫거리라고 말한다. 불가사리의 생김새는 별을 닮았다. '허파'**라는 이름의 조개도 저절로 자

라난다. 화가들은 이 조개의 두꺼운 껍데기 바깥쪽에 있는 것을 안료로 사용한다. 이 조개는 카리아 지역에서 주로 서식한다.

11 소라게는 흙과 펄에서 태어난다. 태어난 뒤에는 빈 고둥 껍데기 안으로 들어간다. 성장하면 살던 껍데기에서 나와 갈고둥이나 쇠고둥처럼 더 큰 껍데기로 옮겨간다. 그런데 작은 소라 껍데기에 들어가는 경우도 드물지 않다. 새로운 껍데기에 들어가면 그것을 쓰고 이동하며 먹이활동을 시작한다. 점점 몸집이 커지면 더 큰 껍데기로 이동한다.

제14장

5

말미잘과 해면의 자연적 발생

1 바위틈에 있는 말미잘과 해면(海綿)처럼 껍데기가 없는 동물도 유각류와 마찬가지로 저절로 태어난다. 말미잘은 두 종류다. 한 종류는 바위틈에 살면서 바위에서 떨어지지 않는다. 다른 종류는 매끄럽고 평평한 암초에 살면서 가끔 바위에서 떨어져 나와 마음대로 장소를 옮긴다. 삿갓조개도 바위에서 떨어져 나와 장소를 옮긴다. 해면 내부의 격실에는 삿갓조개지킴이라는 기생동물이 들어가 살고 있다. 그리고 내부는 거미줄 같은 그물망으로 이루어져 있는데, 그것을 여닫으며 작은 물고기들을 잡는다. 그물망을 열어두고 있다가 작은 물고기들이 다가와 안으로 들어오면 그물망을 닫는다.

2 해면에는 세 가지 종류가 있다. 하나는 구멍이 많고 성긴 조직으로 이루어졌고, 다른 하나는 조직이 조밀하다. 그리고 세 번째는 아킬레

우스 해면*으로 조직이 유난히 곱고 조밀하며 질기다. 이 해면은 외부로부터의 충격을 줄이기 위한 투구와 정강이받이의 안감으로 쓰인다. 이 해면은 매우 귀하다. 조직이 조밀한 해면 가운데 특히 거칠고 강한 것을 트라고스**라고 한다. 이 해면은 바위나 얕은 물에 사는데 개펄에서 자양분을 얻는다. 해면을 잡아보면 펄이 가득 차 있는 것을 확인할 수 있다. 당연한 말이지만, 한자리에 고착한 채 사는 모든 생물은 서식 장소에서 자양분을 얻는다.

3 조직이 조밀한 해면은 다공성 해면보다 바닥에 붙어 있는 부분이 좁아서 약하다. 해면도 감각이 있다고 한다. 이러한 주장의 근거로 해면을 떼어내려고 하면 수축해서 떼어내기 힘들어진다는 점을 들고 있다. 해면은 바람이나 파도가 거세지면 바닥에서 떨어지지 않으려고 수축한다. 하지만 토로네*** 원주민은 이런 주장의 진실성에 대해 의문을 제기한다. 해면 안에는 갯지렁이와 다른 기생동물이 살고 있다. 해면을 뜯어내면 우럭이 와서 남아 있는 해면의 밑동뿐만 아니라 기생동물들까지 먹는다. 그러나 해면은 뜯어내도 남아 있는 밑동에서 다시 자라나 뜯겨나간 부분을 채운다.

---

* Ἀχιλλεύς σπόγγος(Akhilleús spóngos). Achillean sponge.

** τράγος(trágos). 라틴어로 tragus는 거친 가시덤불이나 섬유질이 거친 풀인 속새를 뜻한다.

*** Τορώνη(Torone). 발칸반도 서남부 고대 에페이로스 왕국의 해안 지역.

4 해면 중에서 가장 큰 종류는 조직이 성긴 해면으로, 뤼키아* 해안에 가장 많이 서식한다. 가장 부드러운 해면은 조직이 조밀한 해면이다. 아킬레우스 해면은 이런 해면들보다 거칠다. 일반적으로 깊고 잔잔한 바다에 서식하는 해면이 가장 부드럽다. 왜냐하면 바람과 파도는 다른 생물뿐만 아니라 해면을 억세게 만들기 때문이다. 이런 까닭에 헬레스폰토스**에 사는 해면은 거칠고 단단하다. 말레아곶***을 중심으로 안쪽 해안에 사는 해면은 부드럽고 바깥쪽 해안에 사는 해면은 단단하다.

5 해면은 수온이 따뜻하고 조류가 약한 곳에서는 잘 자라지 않는다. 왜냐하면 식물처럼 성장하는 동물이 다 그렇듯이 해면 역시 썩는 성질이 있기 때문이다. 해면은 육지가 가깝지만 수심이 깊은 바다에서 가장 잘 자란다. 수심이 깊은 곳은 바람의 영향과 수온의 변화가 적기 때문이다. 살아 있는 해면은 세척하기 전에는 검은색을 띤다. 해면은 한 지점을 바닥에 붙이고 있는 것도 아니고 그렇다고 밑부분 전체가 바닥에 붙어 있는 것도 아니다. 바닥에 고정된 여러 지점 사이에는 떨어져 있는 공간이 있다. 그리고 막 같은 것이 밑부분에 퍼져 있는데 몇 개 지점이 바닥에 붙어 있다. 윗부분에 있는 구멍들은 대부분 막혀 있고 네댓 개는 뚫려 있어서 육안으로 확인할 수 있다. 어떤 사람은 해면이 이 구멍으로 먹이를 먹

는다고 주장한다.

6 '검정해면'*이라는 특이한 종류의 해면이 있다. 물로 씻을 수 없어서 그런 이름이 붙었다. 검정해면에는 매우 큰 구멍이 있지만, 전체적으로 조직이 조밀하다. 이 해면을 해부하면 보통 해면에 비해서 조직이 치밀하고 끈끈하다. 한마디로 밀도가 허파와 비슷한 조직으로 되어 있다. 해면 중에서는 검정해면이 감각이 가장 예민하고 가장 오래 사는 것으로 널리 알려져 있다. 보통 해면은 흰색이고 내부에 진흙이 들어 있지만, 이 해면은 항상 검은색을 띠고 있어서 다른 해면들과 분명히 구분된다.

해면과 유각류의 번식에 대해서는 이쯤 해두자.

---

* ἀπλυσία(aplysiá). '씻을 수 없는'이라는 뜻이다. 영어사전에서 aplysia를 검색하면 '군소'라는 갯민달 팽이로 나오는데, 여기에서 말하는 동물과는 전혀 다르다. 그리스 해양동물학자들은 이 동물을 어부들이 '거친 해면'이라고 부르는 Ircinia Sarcotragus muscarum으로 보고 있다. 이 해면은 씻을 수가 없고 목욕할 때 각질 제거용으로도 쓸 수 없기 때문이다.

제15장

갑각류의
번식

1 갑각류 가운데 가재 암컷은 교미해서 알을 수정하고 5월 중순부터 8월 중순까지 약 석 달간 알을 밴 채로 있다. 그러고 나서 꼬리 쪽 편갑(片甲)이 겹치는 곳에 알을 낳는다. 알은 애벌레처럼 자라난다. 이와 같은 현상은 연체동물과 난생 물고기에서도 관찰할 수 있다. 이런 동물들은 알 자체가 자란다.

2 가재의 난괴(卵塊)는 모래 알갱이처럼 느슨하게 뭉쳐져 여덟 개로 분할되어 있다. 가재의 배 부위 편갑마다 연골로 된 유영각(遊泳脚)이 달려 있는데, 여기에 난괴가 하나씩 붙어 있다. 전체적으로 보면 포도송이와 같은 모양이다. 각각의 유영각은 여러 부분으로 나뉘어 있다. 얼핏 보면 하나로 되어 있는 것 같지만 유영각을 떼어내 보면 나뉘어 있는 것을 분명히 알 수 있다. 가운데 있는 알들이 산란공(産卵孔) 가까이에 있는 알

들보다 크다. 그리고 산란공에서 가장 먼 곳의 알들이 가장 작다.

3 가장 작은 알은 무화과 속에 들어 있는 작은 씨만 하다. 알들은 산란
공과 연속적으로 붙어 있지 않고 중간중간 끊어져 있다. 꼬리와 가슴
쪽에 각각 두 개씩 알이 붙어 있지 않은 틈이 있다. 편갑도 자라기 때문에
그렇다. 측면에 붙어 있는 알은 꼬리마디에 달린 판형의 미각(尾脚)으로 덮
지 않으면 그대로 노출되는데, 그것을 덮개로 이용해 알을 숨긴다.

4 암컷은 알을 낳을 때 꼬리마디에 있는 미각의 넓은 부분을 이용해
알을 연골로 된 유영각에 모은다. 암컷 가재는 꼬리로 압박하면서
몸을 구부려 알을 낳는다. 산란기가 되면 연골로 이루어진 부속지는 알
을 잘 담을 수 있도록 커진다. 갑오징어가 바다에 떠다니는 나무 같은 것
에 알을 낳는다면, 가재는 몸의 부속지에 알을 낳는다. 그 후 20일 동안
성장한 알들이 하나의 덩어리를 이루어 몸에서 떨어져 나오는 것을 분명
히 볼 수 있다. 그러고 나서 보름이 지나면 새끼 가재가 알을 깨고 나온
다. 가끔 크기가 손가락 굵기보다 작은 가재가 잡힌다. 가재는 대각성(大
角星)*이 나타나기 전에 알을 낳고 대각성이 나타난 뒤에 알을 덩어리째
떨어낸다.

---

*   Ἀρκτοῦρος(Arktoúros). Arcturus. 목동자리(Boötes)의 가장 큰 별로 천구적도(celestial equator) 19
도에서 관찰되는데 북반구에서는 봄에, 남반구에서는 가을에 가장 빛난다. 톰슨은 대각성이 나타나
는 시기를 9월 중순이라고 의역하였는데 이것은 대각성이 밝게 빛나는 시기를 오인한 데 따른 것으
로 보인다.

5 새우 가운데 곱사등이새우*는 넉 달 동안 알을 지니고 있다. 이 새
  우는 거칠고 돌이 많은 곳에 서식한다. 가재는 평편한 곳에 산다. 갯
벌에는 가재나 새우가 살지 않는다. 이런 이유로 아스타코스 가재는 헬레
스폰토스와 타소스** 해안에 서식하고, 카라보스 가재는 시게온과 아토
스*** 연안에 서식한다.**** 그래서 어부들은 그것들을 잡으러 바다로 나
갈 때 해안 지형의 특징을 살펴보면서 해저가 돌인지 갯벌인지를 가려 방
향을 잡는다. 가재는 겨울과 봄에는 육지 가까운 곳으로 나오고 여름에
는 수심이 깊은 곳에 들어가 산다. 계절에 따라 따뜻하거나 시원한 곳을
찾아가는 것이다.

6 곰게*****는 가재와 거의 같은 시기에 알을 낳는다. 그래서 알을 낳
  기 전인 겨울과 봄에 잡는 것이 가장 맛이 좋고 알을 낳은 후에 잡
히는 것은 맛이 없다. 곰게는 봄이 되면 뱀이 허물을 벗듯 탈피한다. 가재
와 게는 새끼 때뿐만 아니라 성체가 되어서도 탈피한다. 가재는 모두 오
래 산다.

---

*   κυφαί καρίδες(kûphai kārîdes). cyphae carides. 아리스토텔레스가 기술한 내용을 보면 에게해에 서
      식하는 대하(Melicertus kerathurus), 일명 타이거새우(tiger prawn)로 추정된다.
**   Θάσος(Thasos). 에게해 북부에 있는 섬.
***   Ἄθως(Athos). 마케도니아 지방에 있는 산이자 반도.
**** 아리스토텔레스는 가재를 가리키는 말로 ἀστακός(astakós)와 κάραβος(kārabos)라고 썼는데, 해양생
      물학자들은 ἀστακός는 κάραβος에 비해 몸체가 더 길고 주둥이가 뾰족하며 더듬이도 더 길고 가늘
      뿐만 아니라 갑각도 더 매끈한 편이라고 설명하고 있다.
***** ἄρκτος(árktos). arctus. '곰'이나 '북쪽'을 의미한다. 이 게의 등에 있는 촉수가 곰 발바닥 모양이라서
      이런 이름이 유래했다. 크레스웰은 Cancer spinosissimus로 추정한다.

제 16 장

5

연체동물의
번식

1 연체동물은 교미를 마친 뒤 하얀 알을 낳는다. 그 알은 갑각류의 알
과 마찬가지로 시간이 지나면서 모래 알갱이처럼 변한다. 문어는 바
위틈이나 질그릇 조각 같은 우묵한 곳에 어린 포도나무의 덩굴손이나 백
양나무 열매같이 생긴 알을 낳는다. 문어가 낳은 알들은 바위틈 안쪽 면
에 달라붙는다. 알은 매우 양이 많아서 걷어내면 문어의 체강보다 더 큰
통을 충분히 채울 수 있을 정도다.

2 그리고 나서 50여 일이 지나면 셀 수 없이 많은 새끼 문어가 알을 깨
고 거미처럼 기어 나온다. 문어 다리의 특징적인 모습은 아직 분명
하지 않지만, 전체적인 윤곽은 알아볼 수 있다. 그런데 문어 새끼들은 너
무 작고 약해서 많이 죽는다. 어떤 것은 너무 작아서 어떤 기관도 없는 것
처럼 보이지만 건드리면 움직인다.

3 갑오징어도 알을 낳는데, 그 알은 크고 검은 은매화*의 씨를 닮았다. 알들은 포도송이처럼 서로 붙어 하나의 구체를 이루고 있어서 잘 흩어지지 않는다. 수컷 갑오징어는 알 위에 끈적거리는 고무수지처럼 보이는 점액질 정액을 뿌린다. 그러고 나면 알이 커진다. 알은 처음에 낳았을 때는 흰색이지만, 정액이 뿌려진 뒤에는 크고 검게 된다. 알 속에 있는 흰 자가 변해 새끼 갑오징어가 되면 난막이 터지면서 빠져나간다.

4 갑오징어 암컷이 낳은 알은 우박 알갱이** 같은데, 조류의 알에서처럼 갑오징어의 배아가 여기에 머리를 붙이고 자라난다. 배아와 난백(卵白)의 연결 부위에 대해서는 관찰된 바가 없다. 하지만 조류 알의 노른자가 그렇듯이 배아가 커질수록 난백은 작아지고 결국 완전히 없어진다.

5 새끼 갑오징어의 눈은 매우 크다. 암컷 갑오징어는 봄에 알을 배고, 보름이 지나면 산란한다. 산란을 하고 나서 보름이 지나면 포도송이 같이 생긴 것이 형성되고 그것이 터지면서 새끼나 나온다. 완전히 성숙하기 전에 외투막을 찢으면 새끼 갑오징어는 놀라서 배설물을 뿜어내고 몸 색깔은 흰색에서 붉은색으로 변한다.

6 갑각류는 배 쪽에 알을 품고 다니면서 알을 키운다. 그러나 문어와 갑오징어는 낳은 곳에 그대로 두고 알을 키운다. 특히 갑오징어가 그

---

*   학명은 *Myrtus communis*.
**   노른자 끝에 있는 노른자와 흰자를 연결하는 끈 모양의 하얀 물질.

렇다. 암컷 갑오징어가 배를 땅에 대고 있는 것은 종종 볼 수 있다. 그러나 문어는 어떤 때는 알 위에 걸터앉아 알을 키우고, 어떤 때는 알을 낳은 바위틈 앞에서 촉완을 펼치고 지키고 앉아 있다. 갑오징어는 육지 가까이에 해초와 갈대, 그리고 휩쓸려 나가는 것을 막을 만한 나무나 나뭇가지 또는 돌이 있는 곳에 알을 낳는다. 그래서 어부들은 일부러 여기저기에 나뭇단을 놓아둔다. 그러면 암컷 갑오징어가 와서 포도송이같이 생긴 알을 낳는다.

7 출산에 산고가 따르는 것처럼 갑오징어는 알을 낳을 때 반복해서 안간힘을 쓴다. 오징어는 바다에 알을 낳는다. 알들은 갑오징어의 알과 마찬가지로 서로 붙어서 하나의 덩어리를 형성한다. 예외적인 경우가 있기는 하지만, 오징어와 갑오징어의 수명은 짧다. 일 년 넘게 사는 것은 소수에 불과하다. 문어도 마찬가지다. 알 하나에서 한 마리의 갑오징어 새끼가 태어난다. 오징어 새끼도 마찬가지다. 오징어 수컷은 암컷과는 다르다. 암컷이 아가미를 팽창하면 젖가슴을 닮은 두 개의 붉은색 기관이 드러난다. 수컷에게는 그런 기관이 없다. 그리고 이미 언급했듯이 갑오징어도 성별에 따른 차이가 있는데, 수컷의 색깔이 암컷보다 더 얼룩덜룩하다.

제17장

5

곤충의
번식

1 곤충은 수컷이 암컷보다 작다. 수컷이 암컷에 올라타 교미하고 한 번
붙으면 잘 떨어지지 않는다는 것은 이미 설명했다.* 곤충은 일반적으
로 교미하고 나면 바로 알이나 애벌레를 낳는다. 나비 종류를 제외한 모
든 곤충이 애벌레를 낳는다. 나비 암컷은 안에 체액이 들어 있는 홍화**
의 씨같이 생긴 단단한 알을 낳는다. 애벌레에서 곤충이 태어나는데, 알
에서 태어날 때처럼 애벌레 일부가 곤충이 되는 것이 아니라 애벌레 전체
가 관절로 이루어진 하나의 동물로 변한다.

2 곤충 가운데 독거미, 거미, 메뚜기, 여치, 매미 등과 같은 것은 같
은 개체에서 태어난다. 그러나 어떤 것은 살아 있는 같은 종의 어미

---

* 제4책 1장.

** κνῆκος(knêkos). cnēcos. 잇꽃 또는 홍화. 국화과에 속하는 일년생 초본식물로 꽃은 염료로, 씨는
약재로 쓰인다.

에서 태어나지 않고 자연발생적으로 태어나는데, 몇몇은 봄에 식물에 맺힌 이슬에서 태어난다. 그러나 오랫동안 날씨가 좋고 남풍이 불면 겨울에도 종종 태어난다. 어떤 것은 썩은 흙이나 똥에서, 어떤 것은 살아 있는 나무나 죽은 나무에서, 어떤 것은 기생충*같이 동물의 털이나 살 또는 몸 안팎의 분비물에서 태어난다.

3 내장 기관에 들어 있는 벌레는 세 가지 종류다. 촌충, 요충 그리고 회충이다. 이 기생충들은 자체 번식을 하지 않는다. 다만 편충은 예외적으로 장 내벽에 붙어서 수박씨같이 생긴 것을 낳는다. 의사들은 이것을 보고 장내에 기생충이 있다는 것을 알아낸다.

4 나비는 애벌레에서 태어난다. 애벌레들은 녹색 식물, 특히 배춧잎에서 태어난다. 어떤 사람은 이 식물을 양배추라고 부른다. 나비의 애벌레는 처음에는 좁쌀보다 작지만 자라서 작은 유충이 되고 사흘이 지나면 기어 다니는 모충(毛蟲)이 된다.** 그다음에는 더 자라서 움직이지 않는 상태에서 변태하는데 이것을 번데기라고 한다. 번데기는 단단한 고치에 싸여 있는데 만지면 움직인다. 번데기는 거미줄 같은 가는 섬유에 매달려 있는데, 입이나 다른 기관은 보이지 않는다. 시간이 좀 지나면 바깥쪽으로 고치가 터지면서 나비라고 부르는 날개 달린 동물이 나온다.

---

* &ἕλμινθος(helminthos). 흡충, 편충, 선충 같은 체내 기생충의 총칭.

** 아리스토텔레스는 곤충의 애벌레를 초기의 애벌레와 성장해서 기어 다니는 애벌레(κάμπη, kámpē)로 구분했다. 톰슨은 아주 작은 애벌레는 grub, 성장한 애벌레는 caterpillar로 번역했다.

5 나비의 애벌레는 먹이를 먹고 똥을 싼다. 그러나 번데기가 된 상태에서는 먹지도 싸지도 않는다. 교미를 통해서 태어난 유충이든 교미 없이 모체에서 태어난 유충이든 유충 상태에서 시작하는 동물은 모두 이와 같은 과정을 거친다. 벌, 수시렁이* 그리고 말벌의 애벌레는 어려서는 먹이를 먹고 똥을 싼다. 그러나 형태를 갖춰나가면서 '넘파'**가 되면 먹지도 싸지도 않고 고치를 짓고 그 안에서 다 자랄 때까지 움직이지 않는다. 그러다 고치가 매달려 있는 부분을 뚫고 밖으로 나온다.

6 자벌레와 흰줄푸른자나방***은 몸 앞부분을 전진시킨 다음 몸을 구부려 뒷부분을 끌어오면서 물결치듯 움직이는 애벌레로부터 나온다. 애벌레에서 태어나는 곤충은 모두 모체인 애벌레의 색을 띠게 된다. 큰 애벌레, 즉 뿔이 달린 애벌레는 다른 것들과는 달리 첫 번째 변태를 할 때 모충이 되고 그다음에 고치 그리고 누에****가 된다. 누에는 여섯 달에 걸쳐서 모든 변태 과정을 겪는다. 여성은 누에의 고치를 풀어서 실을 잣고 그것으로 옷감을 짠다. 코스섬에 사는 플라테오스의 딸 팜필레*****가 처음으로 누에고치에서 자아낸 실로 옷감을 짰다고 한다.

---

* ἀνθρήνη(anthrēnē). 유충이 모직물을 갉아 먹고 자라는 딱정벌레의 일종.

** νύμφη(nympha). 번데기 상태 직전의 애벌레.

*** πηνίον καὶ ὕπερον(pēnion kaíhúperon). '방추와 작은 절굿공이'라는 의미인데, 톰슨은 두 곤충의 번데기 형상을 빗대어 이렇게 표현한 것으로 해석했다. 자벌레로 번역한 것은 톰슨의 견해를 따른 것이다. 크레스웰은 그대로 음역하면서 페니온은 어떤 곤충의 애벌레, 휘페론은 Geometra 즉 흰나방 종류라고 추정했다.

**** νεκύδαλος(necydalus). 누에의 애벌레를 뜻한다. 이 문장 자체는 사실과 부합하지 않는다.

***** Παμφίλη(Phampyle). 플라테오스(Plateos)의 딸인 이 여성은 플리니우스의 『박물지』 제11권에도 소개되어 있다.

7 사슴벌레는 죽은 나무에 있는 벌레에서 같은 방법으로 태어난다. 처음에는 움직이지도 못하는 애벌레로 있다가 둘러싸고 있던 것이 터지면서 사슴벌레가 나온다. 배추벌레는 배추에서 생기고 파좀벌레는 파에서 생긴다. 이런 곤충들은 날개가 있다. 꽃등에는 강물 위에 많이 떠 있는 납작하고 작은 동물에서 생겨난다. 이런 동물이 사는 곳에는 꽃등에가 몰려 있다. 검은색을 띤 작은 털북숭이 모충에서는 처음에는 개똥벌레*가 태어난다. 그리고 다시 반딧불이**라는 날개 달린 곤충으로 변태한다.

8 각다귀는 선충에서 생긴다. 선충은 우물 바닥의 진흙과 물이 빠져나간 더러운 흙(오니)에서 생긴다. 오니가 썩으면서 처음에는 흰색, 그 다음에는 검은색 그리고 마지막에는 붉은색으로 변한다. 그러면 그 안에서 홍조식물같이 생긴 작은 것들이 자란다. 그것들은 처음에는 한데 엉켜 꿈틀거리다가 결국에는 풀어져 각자 물에서 헤엄친다. 그때가 되면 선충이라는 것을 알 수 있다. 며칠이 지난 뒤 물속에 뻣뻣이 곧추서서 움직이지 않고 단단해지는데, 거기서 각다귀가 껍데기를 깨고 나와 껍데기 위에 잠시 앉아 있다가 태양의 열기나 바람의 도움을 받아 날아오른다.

9 다른 모든 벌레 또는 벌레에서 발생하는 모든 동물의 번식은 태양의 열기나 바람의 도움을 받는다. 선충은 부엌이나 밭고랑같이 잡다한

---

*   πυγολαμπίς(pugolampís). 엉덩이를 뜻하는 πυγή(pȳgí)와 '빛이 난다'는 뜻의 λάμπω(lámpo)의 합성어로 개똥벌레를 가리킨다.

**   βόστρυχος(bóstrykos). 날아다니는 반딧불이를 의미한다.

것이 섞여 있는 곳에서 쉽게 볼 수 있는데, 유난히 빨리 자란다. 왜냐하면 그런 곳에 있는 물질들은 쉽게 부패하기 때문이다. 가을이 되면 습기가 마르면서 이 벌레들의 숫자가 많이 늘어난다. 진드기*는 개밀**에서 발생한다. 왕풍뎅이는 소똥과 말똥에서 발생한 벌레에서 태어난다.

10 소똥구리***는 소똥 덩어리를 공처럼 만들어 굴리며 겨울에는 그 안에 들어가 살면서 애벌레를 낳는다. 이 애벌레가 나중에 소똥구리가 된다. 어떤 날개 달린 곤충은 콩과식물 안에 사는 애벌레에서 앞에서 언급한 것과 같은 방식으로 태어난다. 파리는 농부들이 모아놓은 똥 무더기 속에서 태어난다. 농부들은 두엄을 열심히 모아놓는데 그것을 전문적으로 '비료를 만든다'고 말한다.

11 처음에 매우 작은 이런 벌레들은 붉은색을 띠면서 움직이기 시작하는데, 마치 하나로 뭉쳐 있는 것처럼 보인다. 움직이지 않고 가만히 있다가 다시 움직이고 그러다가 정지된 상태로 들어간다. 그러다 성체로 변한 파리가 태어나 햇볕과 바람의 영향을 받아 날아간다. 말파리는 나무에서 발생한다. 잎벌레****는 배추 줄기에서 생긴다. 청가뢰는 무화과나무, 배나무 그리고 전나무에 사는 애벌레에서 태어난다. 찔레나무

---

* κροτών(kroton). 원래 기름을 짜는 피마자 열매를 뜻하는데, 진드기가 이 열매를 닮은 데서 이름이 유래한다.
** ἄγρωστις(agrostis). 밀과 비슷하지만 식용으로 쓸 수 없어서 '개밀'이라고 번역했다.
*** κάνθαρος(kántharos). dung beetle.
**** 톰슨은 이 벌레를 Haltica oleracea로 보았다.

에도 이런 애벌레가 산다. 청가뢰는 악취 나는 물질을 열심히 찾아다니는 데, 악취 나는 나무에서 태어나기 때문이다.

12 초파리*는 식초 진액에서 생기는 애벌레에서 태어난다. 이 애벌레는 보통 썩지 않는다고 알려진 물질에서도 산다. 예를 들어 오래 쌓여 있는 눈에서도 생긴다. 이 애벌레는 붉은색을 띠고 있으며 털도 나 있다. 메디아의 눈 속에 사는 것은 크고 흰색을 띠고 있으며, 거의 움직이지 않는다. 키프로스에서는 구리 광석을 몇 날 며칠 쌓아놓고 제련하면 불 속에서 청파리보다 조금 더 큰 날개 달린 벌레가 나타난다. 이 벌레는 불 속에서 기거나 뛸 수 있다.

13 눈에 사는 벌레들은 눈에서 떼어내면 죽고 불에 사는 벌레는 불에서 멀어지면 죽는다. 도롱뇽은 불에서도 죽지 않는 동물이 있다는 것을 보여주는 적절한 사례라고 할 수 있다. 도롱뇽이 불 위를 걸어가면 불이 꺼진다는 속설이 있다.

14 키메리오스 보스포로스**로 들어가는 히파니스강에는 하지 무렵이 되면 포도씨보다 좀 큰 고치같이 생긴 것들이 강물에 떠내려온다. 그리고 날개 달린 네발짐승이 고치같이 생긴 것을 뚫고 나온다. 이것들은 저녁 무렵까지 날아다닌다. 해가 기울면 기력이 쇠잔해져 하루

---

*   Οινοπότα(Oinopota). οίνος(oinos)는 와인, πότης(pótis)는 '마시는 놈'을 뜻한다.
**   Κιμμέριος Βόσπορος(Kimmérios bosporos). 흑해와 아조우해를 잇는 해협. 케르치 해협(Kerch Strait).

밖에 살지 못하고 해가 지면 죽는다. 그래서 이것을 하루살이라고 한다. 애벌레나 구더기에서 생기는 동물은 대부분 처음에는 거미줄 같은 섬유에 감싸여 있다. 앞에 열거한 곤충들의 번식 방법은 이와 같다.

15 맵시벌*이라는 말벌의 한 종류는 다른 말벌보다 작은데, 거미를 죽여 사체를 벽이나 구멍이 난 다른 곳으로 가져간 다음 구멍을 진흙으로 막고 거기에 애벌레를 낳는다. 그리고 그 애벌레에서 맵시벌이 태어난다. 초시류(鞘翅類)와 다른 작고 이름 없는 곤충 가운데 많은 종류는 무덤이나 벽에 작은 구멍을 내고 거기에 애벌레를 낳는다.

16 일반적으로 곤충의 번식 기간은 시작에서 끝날 때까지 서너 주가 걸린다. 애벌레를 낳는 곤충은 보통 3주가 걸리고, 알을 낳는 곤충은 4주가 걸린다. 거미 같은 곤충은 교미하고 나서 1주가 지나면 알이 다 자란다. 그리고 나머지 3주 동안 어미가 알을 돌보면 새끼가 알을 깨고 나온다. 변태는 일반적으로 말라리아에 걸렸을 때 열이 오르는 주기처럼 삼사일 간격을 두고 일어난다. 이것이 곤충 발생 방식이다.

17 곤충은 큰 동물이 늙어 죽을 때와 마찬가지로 쪼그라들어 죽는다. 날개가 달린 곤충은 가을이 되면 날개가 오그라들면서 죽는다. 날도래는 눈에 수종이 생기면서 죽는다.

---

* ἰχνεύμων(ikhneumon). 본래 이집트 몽구스를 가리키지만, 여기서는 맵시벌이다.

제18장

벌의
번식 습성

1 벌의 번식에 관련해서는 설이 분분하다. 어떤 사람은 벌은 교미도 하
지 않고 새끼도 번식하지 않고 다른 데서 새끼를 데려온다고 말한다.
그리고 어떤 사람은 벌이 인동덩굴*꽃에서 새끼를 데려온다고 말하고,
또 다른 사람은 창포꽃에서 데려온다고 말한다. 또 올리브꽃에서 데려온
다고 말하는 사람도 있다. 그리고 그 증거로 올리브나무가 많은 곳에 벌
이 많다는 것을 제시한다. 어떤 사람은 벌이 앞에 언급한 곳에서 새끼들
을 데려오지만 일벌은 벌집 안에 있는 여왕벌**로부터 태어난다고 주장한
다.

---

*   톰슨은 관목인 히스(heath)나 금작화일 것으로 추측하지만 정확히 알 수 없다고 했고, 크레스웰은 각
주를 달아 honeysuckle 즉 인동나무라고 밝히고 있다.

**   아리스토텔레스는 '여왕벌'이라는 용어를 쓰지 않았다. 아리스토텔레스는 βασιλεύς(basileús)라는
용어를 사용했는데, '왕', '지배자', '주인'이라는 뜻이다.

2 여왕벌에는 두 가지 종류가 있다. 붉은색을 띠고 있는 것이 더 우월하고 검고 얼룩덜룩한 것이 열등하다. 여왕벌의 크기는 일벌의 두 배다. 그리고 잘록한 허리 아랫부분이 전체 몸길이의 절반이 넘는다. 어떤 사람은 여왕벌이 나머지 다른 일벌들을 낳는다고 생각해 '어미벌'이라고 부른다. 그들은 여왕벌이 벌집에 없을 때도 수벌*들이 나타나지만, 여왕벌이 없으면 일벌들도 없다는 것을 증거로 제시한다. 어떤 사람은 벌도 교미한다면서 수벌은 수컷이고 일벌은 암컷이라고 주장한다.

3 보통 벌은 벌집 안의 작은 방에서 태어난다. 하지만 여왕벌은 다른 벌의 애벌레와는 반대로 벌집 아랫부분에 따로 매달려 있는 여섯 또는 일곱 개의 방에서 태어난다. 일벌은 침을 가지고 있지만, 수벌은 침이 없다. 여왕벌은 침을 가지고 있지만 절대 사용하지 않는다. 그래서 어떤 사람은 여왕벌은 침이 없다고 생각한다.

---

* κηφήν(kēphēn). 이 말에 수컷이라는 의미는 없다. '의미나 소리가 없는' 또는 '유명무실한'이라는 뜻의 κωφός(kōphós)에서 파생된 말이다.

제19장

벌과 꿀의
종류

1 벌은 몇 가지 종류가 있다. 가장 좋은 종류는 둥글고 얼룩덜룩한 벌
이다. 그다음은 길고 수시렁이를 닮은 벌이다. 세 번째는 검고 배가
펑퍼짐한 벌인데, '도둑'이라는 별명이 붙어 있다. 네 번째는 수벌인데,
몸집은 가장 크지만 침이 없고 게으르다. 그래서 양봉가들은 작은 일벌
은 통과하고 수벌은 통과할 수 없는 그물코로 짠 그물을 벌집 앞에 설
치한다.

2 내가 관찰한 바에 따르면 여왕벌은 두 종류다. 벌집마다 여왕벌이
여러 마리 들어 있다. 여왕벌의 수가 충분하지 않으면 벌집 전체가
사멸한다. 지도자가 없어 무정부 상태가 되기 때문이 아니라 벌의 번식에
여왕벌이 필요하기 때문이다. 여왕벌이 너무 많아도 벌집이 폐허가 된다.
벌들이 분열되어 일사불란하게 움직이지 않기 때문이다.

3 봄이 늦게 찾아오고 가뭄이 들고 흰곰팡이가 창궐하면 벌집 안에 벌이 증식하지 못하고 개체 수가 줄어든다. 비가 오지 않으면 벌들은 꿀을 모은다. 그리고 날이 궂으면 애벌레를 돌보는 데 집중한다. 그래서 올리브꽃이 많이 피면 벌 떼가 늘어난다. 벌이 다른 데서 새끼를 데려온다고 주장하는 사람들에 따르면, 벌들은 맨 먼저 벌집을 짓고 그 안에 입으로 애벌레를 집어넣는다. 그러고 나서 여름과 가을에 애벌레의 먹이가 될 꿀을 모은다. 벌들이 가을에 모은 꿀이 가장 질이 좋다.

4 벌집은 꽃으로 만든다. 벌들은 점성이 있는 나무의 수액으로 벌집의 방을 막는다. 꿀은 이슬로 만들어져 주로 천랑성이 떠오르거나 하늘에 무지개가 걸렸을 때 공중에서 떨어진다. 일반적으로 묘성(昴星)이 나타나기 전에는 꿀이 없다. 벌은 꽃으로 밀랍을 만들지만, 꿀을 만들지는 않는다. 다만 공중에서 떨어지는 것을 모을 뿐이다. 그 증거로 우리는 이삼일 만에 벌통이 꿀로 꽉 찬다는 사실을 알고 있다. 가을에도 꽃이 많이 피지만, 그때 벌집에서 꿀을 채취하면 벌통 속에는 꿀이 전혀 또는 거의 없다. 만약에 벌들이 꿀을 만든다면 벌통 속에는 새 꿀이 차 있어야 할 터인데, 그렇지 않다.

5 꿀은 놓아두고 숙성시키면 농도가 짙어진다. 처음에는 묽다. 그리고 며칠 동안은 묽은 액체 상태를 유지한다. 그때의 꿀은 점성이 없다. 그러나 20여 일 동안 그대로 놓아두면 농도가 짙어진다. 그 꿀*을 맛보면

---

* χυμόῦ(chymoú). 톰슨은 이것을 thyme-honey 즉 백리향 꿀로 번역했지만, 문맥상 맞지 않는다. 여기서는 '20여 일 동안 숙성한 꿀'로 해석하는 게 합리적이다.

단맛과 점성으로 분명히 알 수 있다. 벌들은 꽃받침이 있는 모든 꽃과 당분을 가지고 있는 모든 꽃에서 꿀을 모으지만, 과일에 상처를 내지 않는다. 벌들은 혀를 닮은 기관으로 꽃에 있는 당분이 든 수액을 빨아올려 벌집으로 가져간다.

6 야생 무화과나무 열매가 맺히기 시작하면 벌통에서 꿀을 채취한다. 꿀을 채취할 무렵 가장 건강한 애벌레가 태어난다. 벌들은 노란색 밀랍과 애벌레에게 먹이는 벌떡(鳳瓶, beebread)을 다리에 묻혀 나르고 꿀은 벌집 안의 애벌레 방에 토해 넣는다. 벌들은 애벌레를 벌집의 작은 방 안에 넣어두고 마치 새들이 새끼를 돌보듯 키운다. 애벌레는 어렸을 때는 벌집의 작은 방 안에 비스듬히 누워 있다. 그러나 점점 자라면서 스스로 먹이를 먹고 마치 벌집에 붙어 있기라도 하듯 벌집을 단단히 붙들고 있다. 일벌과 수벌의 어린 새끼는 희다. 그것이 자라서 일벌과 수벌이 된다. 여왕벌의 알은 붉은색을 띠고 있으며 걸쭉한 꿀과 같은 점성을 가지고 있다. 여왕벌의 알은 처음부터 알에서 깨어나는 애벌레 정도로 큰데, 중간 단계인 애벌레를 거치지 않고 알에서 바로 벌이 된다. 여왕벌이 알을 하나씩 낳는 벌집의 방 안에는 꿀이 한 방울 들어 있다.

7 벌집의 방이 밀랍으로 봉인되자마자 안에 들어 있는 애벌레는 날개와 다리가 생긴다. 그리고 날개가 자라면 막을 찢고 나와 날아간다. 벌은 애벌레 상태에서는 배설물을 내놓지만, 나중에 막으로 몸을 감싸게 되면 내놓지 않는다. 만약 날개가 나오기 전에 애벌레의 머리를 떼어내면

다른 벌들이 애벌레를 먹는다. 수벌의 날개를 떼어내 놓아주면 일벌들은 다른 모든 수벌의 날개를 물어뜯어 잘라낸다.

8 벌의 수명은 보통 6년이다. 어떤 벌은 7년을 산다. 벌 떼가 9년이나 10년 동안 유지된다면 관리를 잘한 것이다. 폰토스* 지방에는 눈부시게 흰 벌들이 산다. 이 벌들을 키우면 한 달에 두 번 꿀을 딸 수 있다. 테르모돈강** 연안의 테르미스키라*** 토종벌은 땅에다 집을 짓는데, 벌집 안에는 밀랍은 별로 없고 농도가 매우 짙은 꿀이 들어 있다. 그리고 벌집은 곱고 고르다. 그 벌은 사시사철이 아니라 겨울에만 집을 짓고, 지역에 담쟁이가 많이 자생하는데 담쟁이꽃에서 꿀을 빨아온다. 아미소스****의 고지대에서는 벌들이 벌집을 짓지 않고 나무에 희고 걸쭉한 목청을 모아놓는다. 이런 종류의 꿀은 폰토스 지방의 다른 곳에서도 나온다. 땅에 삼중으로 된 벌집을 짓는 벌도 있는데, 이 벌은 애벌레 단계를 거치지 않는다. 그러나 그런 지역의 벌집이 모두 이와 같은 형태도 아니며, 모든 벌이 그와 같은 집을 짓는 것도 아니다.

---

*   Πόντος(Pontos). 흑해 남동부 연안 지방.

**   Θερμώδων(Thermódon). 아나톨리아반도 중북부에서 발원하여 튀르키예 북부 삼순(Samsun)에서 흑해로 흘러드는 강.

***   Θεμίσκυρα(Themískūra). 아나톨리아반도 북동부 흑해 연안에 있던 고대 그리스 도시.

****   Αμισός(Amīsós). Amisus, 흑해 연안 폰토스 지방에 자리한 삼순의 옛 지명.

제20장

5

말벌의
번식

1 장수말벌과 말벌은 여왕벌이 없을 때 번식을 위해 집을 짓고 여왕벌
을 찾아 나선다. 장수말벌은 높은 곳에 집을 짓고, 말벌은 구멍 속에
집을 짓는다. 그러나 여왕벌이 들어오게 되면 이 벌들은 땅속에 집을 짓
는다. 이 벌들이 짓는 벌집은 다른 벌들과 마찬가지로 육각형이다. 이 벌
들은 밀랍이 아니라 나무껍질에서 가져온 거미줄 같은 섬유로 막을 만들
어 집을 짓는다. 장수말벌의 집은 말벌집보다 훨씬 멋있다. 이 벌들이 일
벌과 마찬가지로 물방울같이 생긴 알을 벌집에 넣으면 알은 벌집의 벽에
달라붙는다. 그러나 벌집 안에 알을 동시에 집어넣는 것이 아니므로 어떤
벌집에는 막 날아가려는 벌이 있고 어떤 벌집에는 번데기가 있고 어떤 벌
집에는 애벌레가 있다.

2 벌집에서 애벌레가 들어 있는 방에서만 배설물을 볼 수 있다. 번데기 상태가 되면 움직이지 않고 벌집이 밀봉된다. 그리고 애벌레가 들어 있는 장수말벌집의 방 앞에는 꿀이 한 방울 놓여 있다. 장수말벌과 말벌의 애벌레는 봄에는 볼 수 없고 가을에 볼 수 있다. 이 애벌레는 보름달이 떴을 때 가장 잘 자란다. 알과 애벌레는 벌집의 작은 칸막이 안에서 바닥이 아니라 항상 벽에 붙어 있다.

제21장

뒤영벌, 개미,
전갈의 번식

1 뒤영벌* 중에 어떤 것은 바위 같은 것에 진흙을 타액으로 이겨 발라 원추 형태의 벌집을 짓는다. 이 벌집은 대단히 두껍고 튼튼해서 웬만해서는 창으로 찔러도 부서지지 않는다. 뒤영벌은 그곳에 알을 낳는다. 그리고 검은 막을 뒤집어쓴 애벌레가 태어난다. 막 외에도 벌집 안에는 밀랍**이 있는데 이 밀랍은 일반 벌집에 있는 밀랍에 비해 색깔이 더 누렇다.

2 개미는 교미하고 애벌레를 낳는다. 개미의 애벌레는 어디에도 붙어 있지 않다. 이 애벌레들이 자라면서 둥근 형태가 길고 분절된 형태

---

* 아리스토텔레스의 설명에 부합하는 벌의 학명은 *Osmia bicornis*다. 크레스웰은 bombycia로 번역하고, Apis cementaria라고 주를 달아 특정했다. 그러나 톰슨은 humblebee(bumblebee)로 번역하고 Chalicodoma murari라고 설명했다. 이 책에서는 톰슨을 따라 뒤영벌로 번역했다.

** 사실은 밀랍이 아니라 꿀과 꽃가루를 섞어 만든 애벌레의 먹이(벌떡)다.

로 바뀐다. 개미의 애벌레들은 봄에 태어난다.

3 전갈은 알처럼 생긴 애벌레를 여러 마리 낳아 키운다. 애벌레가 성체
가 되면 거미가 그렇듯 어미를 몰아내 죽인다. 애벌레의 숫자는 보통
열한 마리다.

제22장

거미의
번식

1 방금 서술했듯이 거미는 교미한 후 애벌레를 낳는데, 그 애벌레가 변
태를 거쳐 거미가 된다. 그런데 애벌레는 처음에는 둥근 형태를 취하
고 있다. 암컷 거미는 알을 낳으면 알을 돌본다. 사흘이 지나면 알이나 애
벌레가 확실한 윤곽을 갖추게 된다. 모든 거미는 거미줄에 알을 낳는다.
어떤 거미는 작고 섬세한 거미줄에 알을 낳고, 어떤 거미는 굵은 거미줄
에 알을 낳는다. 어떤 거미는 완전히 닫혀 있는 꼬투리를 지어 그 안에 알
을 낳고, 어떤 거미는 거미줄로 대충 엮은 주머니에 알을 낳는다. 거미의
애벌레는 같은 시점에 한꺼번에 거미가 되지 않는다. 하지만 어린 거미는
거미가 되자마자 튀어나와 거미줄을 치기 시작한다. 애벌레를 쥐어짜면
하얗고 탁한 체액이 흘러나오는데, 거미에도 이런 체액이 들어 있다.

2 늑대거미*는 거미줄에 알을 낳는데, 절반은 서로 붙어 있고 절반은 떨어져 있다. 거미는 어린 거미가 태어날 때까지 알을 돌본다. 독거미는 거미줄로 짠 튼튼한 주머니 안에 알을 낳고 알이 부화할 때까지 돌본다. 일반 거미는 독거미나 털이 많은 개미보다 새끼를 적게 낳는다. 어린 독거미는 완전히 자라면 어미를 몰아내 죽인다. 그리고 아비 거미를 잡아 죽이는 일도 드물지 않게 일어난다. 아비 거미가 새끼 거미가 부화할 때까지 어미를 돕기 때문에 이런 일이 벌어진다. 어미 독거미 한 마리에서 새끼 거미가 300마리씩이나 태어난다. 새끼 거미는 대략 4주가 지나면 완전 성체가 된다.

---

* λύκος αράχνη(lúkos árakhne). lycosa spider. λύκος(루코스)는 '늑대'를 뜻한다. αράχνη는 아테나 여신에게 베짜기 솜씨를 뽐내다 죽어 거미로 변신한 아라크네라는 여인이 어원이다. 그러나 톰슨은 이를 meadow spider로, 크레스웰은 field spider로 번역했다.

제23장

5 메뚜기와 벼메뚜기의 번식

1 메뚜기*도 다른 곤충과 같은 방법으로 교미한다. 작은 것이 큰 것 위에 올라타는데, 수컷이 암컷보다 작다. 암컷은 꽁무니에 있는 관을 땅속에 밀어 넣고 알을 낳는다. 그런데 수컷 메뚜기에는 이런 관이 없다. 메뚜기는 대부분 한곳에 알을 낳는다. 알 덩어리 전체를 보면 벌집처럼 생겼다. 알을 낳자마자 알에서 애벌레가 생기는데, 애벌레들은 흙으로 된 얇은 막 같은 것으로 싸여 있다. 그 속에서 애벌레가 성장한다.

2 어린 애벌레는 만지기만 해도 으깨질 정도로 연약하다. 이 애벌레들은 지표면에 있는 것이 아니라 땅속에 얕게 묻혀 있다. 애벌레가 완전히 성숙하면 감싸고 있던 점토질 껍데기를 깨치고 작고 검은 메뚜기가

---

* ἀκρίς(akrís). 메뚜기, 여치, 귀뚜라미 등에 대한 총칭이다. ἀττέλαβος(attélabos)와 ἀσίρακος (asirakos)도 메뚜기를 나타내는 말로 쓰였는데, 어떤 차이가 있는지는 분명하지 않다. 여기서는 편의상 ἀκρίς는 메뚜기로, ἀττέλαβος는 벼메뚜기로 번역했다.

태어난다. 이어서 몸의 외피를 벗어버리고 점차 완전한 성체로 성장한다. 메뚜기는 여름이 끝날 무렵 알을 낳는데, 알을 낳은 다음에는 죽는다.

3 사실은 어미 메뚜기가 알을 낳을 때 목 부위에 작은 애벌레*들이 나타난다. 그리고 그때쯤 수컷 메뚜기도 죽는다. 봄이 되면 메뚜기는 땅에서 올라온다. 산악지대나 황무지에는 메뚜기가 전혀 없고 평야지대의 푸석푸석한 땅에서 나타난다. 메뚜기는 땅의 갈라진 틈에 알을 낳기 때문이다. 알은 땅속에서 겨울을 난다. 그리고 여름이 되면 이전 해에 태어난 유충에서 메뚜기가 나온다.

4 벼메뚜기도 같은 방식으로 태어나고, 어미 여치는 알을 낳은 뒤에 죽는다. 가을에 비가 평년보다 많이 내리면 여치 알은 부화하지 못하고, 가뭄이 계속되면 알에서 여치들이 많이 태어난다. 그때 죽고 사는 것은 우연의 문제이며 운에 달려 있다.

---

*   맵시벌의 유충이나 다른 기생충으로 보인다.

5

매미와
쓰름매미의 번식

1 매미에는 두 가지 종류가 있다. 하나는 크기가 작은데, 가장 먼저 나
타나서 가장 나중에 사라진다. 다른 하나는 크고 소리를 내며, 가장
늦게 나타나서 가장 먼저 자취를 감춘다. 이 크고 작은 두 종류 모두 소
리를 내는 것과 내지 않는 것이 있다. 다시 말해 허리 부위의 갑각이 갈라
져 있는 것은 소리를 내고 갈라지지 않는 것은 소리를 내지 않는다. 크고
소리를 내는 매미는 '짹짹이'*라는 별명으로 불리고 작은 매미는 쓰름매
미**라고 부른다. 쓰름매미 중에서 허리 부위가 갈라진 매미는 작으나마
소리를 낼 수 있다.

---

*   ἀχέτα(akhéta). 고대 그리스어로는 수컷 매미를 가리킨다.

**   ττεττιγονίον(tettigonion). τέττιξ(tettix)는 매미 소리를 흉내 낸 의성에서 파생된 명칭이다. 여기서
           말하는 매미의 두 종류를 톰슨은 유럽에서 흔히 볼 수 있는 Cicada plebeia와 Cicada orni로 보았다.
           Cicada plebeia는 크고 검은색을 띠며 Cicada orni는 작고 녹황색에 검은색 점이 있다. 이 책에서는
           전자를 매미, 후자를 쓰름매미(쓰르라미)로 번역했다.

2 나무가 없는 곳에는 매미가 살지 않는다. 그래서 퀴레네* 주변의 평
   야에서는 매미를 볼 수 없지만 도시 안에는 매미가 많다. 특히 올리
브나무가 자라는 곳에 많이 서식한다.** 올리브나무는 짙은 그늘을 드리
우지 않기 때문이다. 매미는 서늘한 곳이나 햇볕이 들지 않는 숲에는 살
지 않는다. 큰 매미나 작은 매미 모두 배를 맞대고 교미한다. 곤충이 보통
그러하듯 수컷이 암컷 몸속으로 생식기를 집어넣어 정액을 방출한다. 암
컷은 갈라진 틈 같은 생식기가 있다. 암컷은 수컷이 주입하는 정액을 받
아들인다.

3 매미는 휴경지에 알을 낳는다. 메뚜기와 마찬가지로 꽁무니에 있는
   산란관으로 땅속을 비집고 알을 낳는다.*** 암컷 메뚜기도 휴경지에
알을 낳기 때문에 퀴레네에서는 둘 다 흔히 볼 수 있는 곤충이다. 매미는
농부들이 포도 덩굴을 받쳐줄 때 쓰는 지주목에도 구멍을 뚫고 알을 낳
고 해총(海葱)**** 줄기에도 알을 낳는다. 그 알들은 비가 올 때 물에 휩쓸
려 땅속으로 들어간다. 그래서 우기에는 그런 알들을 많이 볼 수 있다. 애
벌레는 땅속에서 자라 번데기*****가 된다. 껍질을 탈피하기 전인 그 상태

---

*   Κυρήνη(Kyrene). 북아프리카 리비아 북부 해안에 있었던 고대 그리스 도시. 오늘날의 리비아 샤하트
       (Shahhat) 인근에 있다.
**   고대 그리스의 지리학자 스트라본(Στράβων, Strabon, 기원전 63~기원후 24)은 이런 사실을 『지리지
       (Γεωγραφικά)』 4권 1장에서 전하고 있다.
***   암매미는 길고 튼튼한 산란관을 가지고 있다.
****   σκίλλα(skilla). 백합과에 속하는 다년생 식물로 북아프리카가 원산지다.
***** τεττιγομέτρα(tettigometra). 매미를 뜻하는 τεττιγονίον(tettigoníon)과 자궁이나 주머니를 뜻하는
       μέτρα(metra)의 합성어다.

의 매미가 가장 맛이 좋다.*

4 하지가 가까워지면 매미들이 밤에 나타나 껍질을 벗고 성충이 된다. 매미는 금방 색이 검게 변하고 단단해지며 완전한 성체로 자라 울기 시작한다. 큰 매미와 작은 매미 두 종류 모두 수컷은 울지만 암컷은 울지 않는다. 처음에는 수컷이 맛이 좋지만 교미하고 나면 암컷이 더 맛있다. 암컷에 하얀 알이 꽉 차 있기 때문이다.

5 매미가 머리 위로 날아갈 때 큰 소리를 내면 물 같은 액체를 떨어뜨린다. 농부들은 그 액체에 대해 매미는 오줌을 싸지 않기 때문에 똥이라고 말한다. 매미는 이슬을 먹고 산다고 한다. 매미를 앞에 놓고 손가락을 뻗어 가리킨 다음 손가락 끝마디를 다시 굽히면 손가락을 완전히 뻗었을 때보다 우는 소리가 조용해진다. 그러고 나서는 손가락으로 올라온다. 매미는 시력이 매우 약해 손가락을 움직이는 나뭇잎으로 여기고 기어 올라오는 것이다.

---

* 고대 그리스와 로마에서는 매미를 식재료로 많이 이용했다. 오늘날에도 매미는 애벌레에서 성충에 이르기까지 식용으로 애용되고 있다.

제 25 장

저절로 생기는 곤충과 물고기의 기생충

1 살 자체가 아니라 살아 있는 동물의 살 속에 들어 있는 육즙을 빨아 먹고 사는 이, 벼룩, 빈대* 등과 같은 곤충은 모두 예외없이 교미해서 '서캐'라는 것을 만들어낸다. 그런데 이 서캐에서는 아무것도 생기지 않는다. 이 가운데 벼룩은 부패하는 물질이 조금만 있어도 생겨난다. 마른 똥이 있는 곳이면 어디든 벼룩이 있다. 빈대는 살아 있는 동물의 몸에 있는 수분이 몸 밖에서 마르면서 발생한다. 이는 동물의 살에서 생긴다. 이가 생길 때는 먼저 몸에 작은 발진이 생긴다. 이 발진에는 화농성 물질이 전혀 없다. 이 발진을 긁으면 거기서 이가 튀어나온다.** 몸에 습기가 과도해서 이가 들끓어 죽는 사람도 있다. 시인인 알크만***과 쉬리오스의

---

*   κόρις(kóris). 학명은 *Cimex lectularius*. 침구 등에 서식하는 빈대.

**   아리스토텔레스가 설명한 곤충은 우리가 일반적으로 알고 있는 이(蝨, louse)가 아니라 Sarcoptes scabie 즉 옴벌레 또는 개선충이다. 이 미세한 곤충은 20세기 들어서야 처음으로 관찰되었다.

***   Ἀλκμάν(Alkmán). 기원전 7세기경에 활동한 스파르타 출신의 시인으로 연극에 삽입되는 합창곡의 가사를 주로 썼다. 아리스토텔레스는 그가 이가 옮기는 질병인 사면발이증(phthiriasis)으로 죽었다고 전하고 있다.

페레퀴데스*가 그렇게 죽었다고 한다.

2 병에 걸리면 이가 들끓는 증상도 있다. 사면발이**라는 이는 보통 이보다 더 단단하고 몸에서 제거하기 어렵다. 어린이의 머리에는 이가 들끓기 쉽다. 그리고 남성보다는 여성에게 이가 잘 옮는다. 머리에 이가 있으면 두통을 덜 느낀다. 이는 사람이 아닌 다른 동물에도 기생한다. 꿩도 이에 감염되는데 흙에 들어가 이를 떨어내지 않으면 결국 이 때문에 죽는다. 우간(羽幹) 속이 비어 있는 깃털을 가진 모든 새 그리고 당나귀를 제외한 모든 털이 있는 동물에게는 이가 옮는다. 당나귀에는 진드기나 이가 기생하지 않는다. 소는 이와 진드기 때문에 고통을 겪는다. 양과 염소에는 진드기가 있다. 돼지에게는 크고 단단한 이가 옮고, 게에게는 개 특유의 끈끈이진드기***가 옮는다. 모든 이는 동물에서 동물로 옮는다. 이가 기생하는 동물이 목욕할 때 목욕물을 바꾸면 오히려 이가 더 늘어난다.

3 바다에는 물고기에 기생하는 이****가 있다. 이 곤충은 물고기에서 생기는 것이 아니라 더러운 개펄에서 생긴다. 생김새는 꼬리가 납작한 것을 제외하면 다리가 여럿 달린 쥐며느리처럼 생겼다. 바다에 사는

---

* Φερεκύδης ὁ Σύριος(Ferekýdes ho Súrios). 기원전 6세기에 활동한 그리스 철학자. 신·대지·시간으로 이루어진 3원론적 우주론을 썼으며 '영혼의 윤회'를 가르친 것으로 알려져 있다.

** φθείρ(phtheír). '파괴하다'라는 동사 φθείρω(phtheíro)에서 나온 말로 이를 가리킨다. 톰슨과 크레스웰은 wild louse로 번역했다.

*** κυνόραϊστει(kynoraistei). Ixodes ricinus. ixodes는 끈끈이를 뜻하는 그리스어 ἰξώδης(ixódēs)의 라틴어 음역이다. ricinus는 진드기를 뜻한다.

**** 크레스웰은 Oniscus ceti 즉 '생선쥐며느리'로 보았다.

이는 형태가 모두 같고 장소에 관계없이 보편적으로 서식하는데 특히 노랑촉수에 많이 기생한다. 이 곤충은 다리가 여러 개 달렸고 피가 없다. 다랑어의 지느러미 부위에는 기생충*이 산다. 생김새는 전갈과 비슷하고 크기는 거미만 하다. 퀴레네와 이집트 사이의 바다에는 돌고래를 따라다니며 사는 돌고래이**라는 물고기가 있다. 이 물고기는 돌고래가 사냥에 나서면 마음껏 먹기 때문에 엄청나게 통통하다.

---

*   οἶστρος(oîstros). oestrus. 크레스웰은 이것을 바다에 서식하는 요각류인 Lernaeocera branchialis 즉 바닷물벼룩으로 보았다.

**   φθείρα(phtheira). 크레스웰은 번역하지 않고 이 말을 음역해 phtheira로 썼고, 톰슨은 'dolphin's louse'라고 번역한 뒤 이 물고기가 Naucrates ductor 즉 전갱이의 일종이라고 주를 달아 설명했다.

제26장

극미동물

1 또 다른 극미동물(極微動物)도 있다. 그 가운데 어떤 것은 양모와 양모로 만든 물건에서 생긴다.* 이 작은 동물은 양모가 더러워지면 많이 생긴다. 그리고 특히 모직물이나 양털에 거미가 있을 때 더 많이 생긴다. 왜냐하면 거미가 양모와 모직물에 있는 습기를 빨아 먹어 바짝 말리기 때문이다. 이 벌레는 옷에도 생긴다. 오래된 벌집에도 마른 나무에 생기는 것과 같은 벌레가 생긴다. 이 벌레들은 극미동물 중에서도 크기가 가장 작다. 이 벌레는 아카리** 또는 진드기로 불린다. 이 벌레는 희고 작다. 책 속에도 극미동물이 산다. 어떤 것은 옷좀나방을 닮았고 어떤 것은 꼬리가 없는 전갈처럼 생겼다.*** 이 벌레는 매우 작다. 일반적으로 이런 극

---

* 옷좀나방 즉 Tinea pellionella.

** ἄκαρι(ákari). 흔히 치즈진드기(cheese mite)로 불린다.

*** 집게벌레(house pseudoscorpion). 학명은 *Chelifer cancroides*.

미동물은 말랐다가 축축해지는 것이든 아니면 축축했다가 마르는 것이든 살 수 있는 조건이 되면 어디서든 발생한다.

2 나무꾼벌레*라는 작은 애벌레가 있다. 이 곤충은 아주 특이하다. 이 곤충의 얼룩덜룩한 머리는 껍데기 밖으로 나와 있고 다리는 다른 곤충의 애벌레와 마찬가지로 꽁무니에 달렸다. 그리고 나머지 몸통은 거미줄 같은 것으로 만든 껍데기로 덮여 있다. 껍데기 둘레에는 작은 나뭇가지처럼 생긴 물체가 붙어 있기 때문에 마치 벌레가 기어가는 동안에 나뭇가지가 달라붙은 것처럼 보인다. 하지만 이 작은 나뭇가지같이 생긴 것들은 원래부터 껍데기에 붙어 있는 것이다. 이 애벌레는 달팽이가 껍데기에 붙어 있는 것과 마찬가지로 그 껍데기에 붙어 있다. 애벌레를 껍데기에서 끊어낼 수는 있어도 마치 한 몸으로 되어 있는 것처럼 꺼낼 수는 없다. 달팽이가 껍데기를 벗겨내면 맥을 못 추듯이 이 애벌레도 껍데기에서 떼어내면 기력을 잃고 죽는다. 시간이 지나면 이 애벌레는 누에와 마찬가지로 번데기가 되어 움직이지 않고 생명을 이어간다. 그러나 이 애벌레가 변해서 생긴 날개 달린 성체가 어떤 모습인지에 대해서는 아직 알려진 바가 없다.

3 무화과나무에 열리는 무화과에는 무화과말벌**이 들어 있는데, 처음에는 작은 애벌레로 있다가 때가 되면 껍데기가 떨어져 나가고 무

---

* χυλόφθορος(xylophthoros). 톰슨은 벌레가 날도래의 유충이 아니라 남유럽에 많이 서식하는 basketworm, bagworm 즉 도롱이벌레의 유충으로 추정하며, faggot-bearer 즉 '나무꾼벌레'로 번역했다.

** ψήν(psēn). figwasp. 학명은 *Psenulus pallipes*.

화과말벌이 날아간다. 그다음에는 덜 익은 무화과에 구멍을 뚫고 들어가 무화과가 나무에서 떨어지지 않게 한다. 이런 현상을 관찰한 농부들은 무화과나무에 야생 무화과나무를 접붙이고, 재배하는 무화과나무 옆에 야생 무화과나무를 옮겨 심었다.

제 2 7 장
거북, 도마뱀 그리고 악어의 번식

1 유혈 난생 네발짐승은 봄에 교미한다. 그러나 이런 동물들이 모두 같은 계절에 짝짓기하는 것은 아니다. 어떤 것은 봄에 하고 어떤 것은 여름이나 가을에 한다. 동물의 종류에 따라 저마다 새끼를 키우기 좋은 시기를 택하는 것이다. 거북은 새처럼 껍데기가 단단하고 두 가지 색으로 된 알을 낳는다. 알을 낳고 나면 흙에 묻고 그 위를 다진다. 그 일이 끝나면 그 위에서 알을 지킨다. 알은 이듬해 부화한다. 남생이는 물에서 나와 알을 낳는다. 통 모양으로 땅에 구멍을 파고 거기에 알을 낳는다. 그리고 30여 일 지난 후 다시 알을 파내면 새끼들이 알에서 깨어난다. 그러면 즉시 새끼들을 물로 몰고 간다. 바다거북은 가금류와 마찬가지로 땅에 알을 낳아 흙으로 덮고 밤에는 그 위에 앉아 알을 지킨다. 바다거북은 한 번에 백 개나 되는 많은 알을 낳는다.

2 도마뱀과 육지악어와 강악어는 모두 땅에 알을 낳는다. 도마뱀 알은 땅에서 동시에 부화한다. 도마뱀은 일 년 이상 살지 못한다. 사실 도마뱀의 수명은 6개월밖에 안 된다고 한다. 강악어는 무려 60개나 되는 알을 낳는다. 강악어의 알은 희다. 강악어는 알을 낳아놓고 60일 동안 그곳을 지킨다. 악어는 오래 살기 때문이다. 알과 성체의 크기에 차이가 나기로는 악어만 한 동물이 없다. 알이 거위 알보다 크지 않고 부화한 새끼도 알의 크기에 걸맞게 작기 때문이다. 하지만 성체는 크기가 17큐빗*이나 된다. 악어는 죽을 때까지 자란다고 말하는 사람도 있다.

---

* 1큐빗은 45센티미터. 따라서 17큐빗은 약 7.6미터.

제28장

뱀과
살무사의 번식

1 뱀 가운데 살무사는 체외 태생이지만 그전에 체내에서 난생으로 태어난다. 알은 물고기의 알과 마찬가지로 모두 같은 색을 띠고 있고 껍데기는 부드럽다. 새끼는 알의 윗부분에서 생기며 물고기의 치어와 마찬가지로 껍질을 쓰는 단계를 거치지 않는다. 살무사 새끼는 막 속에 들어 있는데, 사흘이 지나면 막을 찢고 나온다. 가끔 어미 살무사를 먹어 치우고 나오는 것도 있다. 어미 살무사는 한 번에 한 마리씩 스무 마리의 새끼를 하루에 다 낳는다. 다른 뱀들은 체외 난생이다. 뱀의 알은 목걸이처럼 한 줄로 붙어 있다. 어미 뱀은 땅에 알을 낳은 다음 알을 지킨다. 그리고 이듬해 새끼가 알을 깨고 나온다.

제

책

제 6 책

제1장

조류의
짝짓기와 집짓기

1 앞에서는 뱀, 곤충 그리고 난생 네발짐승의 번식 방법을 설명했다. 조
 류는 예외 없이 모두 난생이다. 그렇다고 해서 짝짓기와 부화의 시기
가 모두 같은 것은 아니다. 집에서 키우는 닭이나 비둘기 같은 새는 사시
사철 교미하고 알을 낳는다. 집에서 기르는 닭은 동지 전후로 한 달씩 제
외하고는 연중 교미하고 알을 낳는다. 품종이 우수한 어떤 암탉은 알을
품기 전에 알을 60개나 낳기도 한다. 그런데 품는 알이 많으면 부화할 확
률이 낮아서 보통 닭에 비해서 생산성이 떨어진다. 아드리아 암탉은 크기
는 매우 작지만 매일 알을 낳는다. 이 닭은 성질이 사나워 자기가 낳은 병
아리를 죽이는 일이 잦다. 이 닭은 색깔이 얼룩덜룩하다. 어떤 암탉은 하
루에 알을 두 개씩 낳는다. 그런데 알을 너무 많이 낳는 닭은 일찍 죽는다
고 한다.

2 방금 설명했듯이 암탉은 시도 때도 없이 계속해서 알을 낳는다. 그러나 비둘기, 산비둘기, 호도애, 들비둘기는 일 년에 두 번 알을 낳는다. 그리고 집비둘기는 일 년에 열 번 알을 낳는다. 새들은 대부분 봄철에 알을 낳는다. 어떤 새는 다산성이다. 다산성에는 두 가지 종류가 있다. 비둘기처럼 자주 알을 낳아 부화하는 경우와 닭처럼 한 번에 많은 알을 부화하는 경우다. 황조롱이를 제외한 모든 맹금류 또는 갈고리발톱을 가진 새들은 알을 적게 낳는다. 황조롱이는 맹금류 가운데서는 가장 알을 많이 낳는다. 둥지에서 네 개나 되는 알이 관찰된 적이 있으며 이보다 더 많이 낳는 경우도 있다.

3 조류는 일반적으로 둥지에 알을 낳지만 자고새나 메추라기같이 날지 못하는 새는 둥지가 아니라 땅에 알을 낳고 푸석한 것으로 알을 덮어 놓는다. 종달새나 멧닭도 마찬가지다. 이런 새들은 비바람이 들이치지 않는 곳에 알을 낳아 새끼를 깐다. 그러나 보이오티아에 사는 벌잡이새*는 조류 가운데 유일하게 땅에 구멍을 파고 그 안에서 새끼를 깐다. 개똥지빠귀는 제비와 마찬가지로 높은 나무에 진흙으로 둥지를 짓는다. 그러나 이 새들은 줄지어 나란히 집을 지어 마치 새집으로 이루어진 목걸이 같은 배열을 이룬다.** 모든 새를 통틀어 후투티는 집을 아예 짓지 않는다. 이 새는 속이 빈 나무둥치로 들어가 집을 짓지 않고 그 안에 그냥 알을 낳는

---

*   ἀέροψ(aérops). μέροψ(mérops)라고도 한다. 학명은 *Merops apiaster*. 유럽에 서식하는 벌잡이새를 가리킨다.
** 개똥지빠귀에 대한 이러한 설명은 사실에 부합하지 않는다.

후투티

다. 뻐꾸기*는 민가의 지붕이나 절벽 밑에 집을 짓는다. 아테네에서는 오우락스**라고 하는 종달새는 땅이나 나무가 아니라 나지막한 풀덤불 속에 집을 짓는다.

---

*　κόκκυξ(kókkux). 학명은 *Cuculus canorus*.

**　οὖραξ(oûrax).

제 2 장

알의 색, 형태, 성숙
그리고 무정란

1 건강한 암컷이 교미하여 낳은 알은 모두 껍데기가 단단하다. 하지만
   어떤 새는 껍데기가 무른 알을 낳기도 한다. 알의 내용물은 두 가지
색깔을 띠고 있는데, 바깥쪽은 흰자고 안쪽은 노른자다.

2 강과 습지를 오가는 새들의 알은 마른 땅에 사는 새들의 알과는 차
   이가 있다. 다시 말해서 물새의 알에는 노른자가 많고 흰자가 적다.
알의 색깔은 새들에 따라 다르다. 비둘기나 자고새의 알은 희고, 습지에
사는 새들의 알은 누런색을 띠고 있으며, 뿔닭과 꿩의 알은 알록달록하
다. 황조롱이의 알은 주사(朱沙) 같은 진홍색을 띤다. 알은 양쪽 끝이 대칭
이 아니다. 다시 말해서 한쪽은 상대적으로 갸름하고 다른 한쪽은 뭉툭
하다. 뭉툭한 쪽이 먼저 나온다. 크고 날렵한 알은 수컷이고, 둥글고 갸

름한 쪽이 원형인 알이 암컷이다.*

3 어미 새는 알을 품어 새끼를 깐다. 이집트 같은 곳에서는 똥 무더기 속에 묻어 알을 동시에 부화시키는 일도 있다.** 쉬라쿠사이***에 사는 어떤 술꾼은 달걀을 땅속에 넣고 그 위에 돗자리를 깔고 앉아 알을 깨고 병아리가 나올 때까지 술을 마셨다는 이야기도 있다.**** 따뜻한 그릇 안에 넣어둔 알에서 시간이 지나면 저절로 알이 부화하는 일도 있다.

4 조류의 정액은 다른 동물의 정액과 마찬가지로 흰색이다. 교미하고 나서 암컷은 정액을 횡격막 근처로 끌어올린다. 알은 처음에는 크기가 작고 흰색을 띠지만 점점 붉게 변하면서 핏빛을 띤다. 알이 점점 발육하면 색이 옅어지면서 전체적으로 노란색을 띠게 된다. 시간이 지나 산란할 때가 되면 내용물이 분리되어 노른자는 안쪽으로 모이고 흰자는 노른자를 중심으로 바깥쪽에 모인다. 알이 다 발육하면 알집에서 분리되고, 부드럽던 껍질이 딱딱해지기 시작하는 바로 그 순간 알을 낳는다. 산란하는 동안 알은 그리 딱딱하지 않지만, 병든 알이 아니라면 산란 이후 껍데기가 두꺼워지면서 단단하게 변한다. 수탉의 배를 갈라보면 암탉이 알을

---

* 플리니우스의 『박물지』와 안티고노스(Antigonus of Carystus)의 『진기한 이야기 모음('Ιστοριῶν παραδόξων συναγωγή)』에는 반대로 되어 있다.

** 고대 그리스의 역사가 디오도로스(Diodorus Siculus)는 『역사적 문헌(Βιβλιοθήκη Ἱστορική)』 제3권 '아프리카 편'에서 이와 같은 내용을 기록하고 있다.

*** Συράκουσαι(Syrákusai). 기원전 7세기경 코린토스와 테네아 지역 사람들이 시칠리아 동부 해안에 이주해 건설한 고대 그리스 식민도시. 현재의 시라쿠사(Siracusa).

**** 이 이야기는 안티고노스의 『진기한 이야기 모음』에도 나온다.

갖고 있는 바로 그 부위에 다 만들어진 알을 닮은 것이 있는 경우가 있다. 그것은 완전히 노란색을 띠고 있고 보통 알과 같은 크기다. 그런 괴이한 현상은 불길한 징조로 여겨진다.

5 무정란은 이전에 교미를 통해 만들어진 알이라고 주장하는 사람이 있는데, 그것은 오해다. 왜냐하면 교미하지 않은 어린 닭이나 거위도 자주 무정란을 낳기 때문이다. 무정란은 유정란보다 작고 묽으며 맛이 덜하다. 무정란을 낳을 때는 유정란을 낳을 때보다 알의 갯수가 많아진다. 어미 새가 무정란을 품으면 알 속에 있는 흰자나 노른자가 엉기지 않고 그대로 있다. 무정란을 낳는 새들은 여러 종류가 있는데 닭, 자고새, 비둘기, 공작, 거위, 황오리 등이다.

6 암탉이 여름에 알을 품으면 봄에 알을 품을 때보다 병아리가 빨리 나온다. 다시 말해 병아리가 되는 데 여름에는 18일이 걸리고 겨울에는 25일 이상 걸리기도 한다. 그런데 어떤 새는 다른 새들에 비해 알을 잘 품는다. 알을 품는 동안 천둥·번개가 치면 알이 파괴된다. 어떤 사람은 무정란을 제피로스*의 알이라고 부른다. 봄에 암탉이 미풍을 들이마시고 낳았기 때문이라고 한다. 암탉을 손으로 쓰다듬어주면 무정란을 낳는다. 무정란을 가진 암탉이나 교미해서 유정란을 가진 암탉이 노른자가

---

* Ζέφυρος(Zéphuros). '어둠'·'서쪽'이라는뜻으로 유럽에서 봄에 부는 서풍, 또는 그리스 신화에 나오는 '서풍(西風)의 신'을 일컫는다. 제피로스는 부드러운 미풍으로 예술작품에 봄의 전령으로 많이 등장한다.

수탉

흰자로 바뀌기 전에 다른 수탉과 교미하면 무정란이 유정란으로 바뀌기도 하고 유정란의 품종이 바뀌기도 한다.

7 하지만 노른자가 흰자로 변한 다음에 다른 수탉과 교미하면 무정란이 유정란으로 변하지도 않고 유정란의 품종이 나중에 교미한 품종으로 바뀌지도 않는다. 알이 작을 때 교미하지 않으면 알이 자라지 않는다. 그러다가 암탉이 다시 교미를 시작하면 알은 빠르게 자란다. 난황과 난백, 즉 노른자와 흰자는 색깔뿐만 아니라 특성이 다르다. 노른자는 기온이 내려가면 엉기는 반면 흰자는 묽어진다. 그 외에도 흰자는 열을 가하면 굳어지는데 노른자는 열을 가해도 굳어지지 않고 타지 않는 한 부드러운 상태를 유지한다. 실제로 구웠을 때보다는 삶았을 때 굳어지는 성질

이 있다.*

8 노른자와 흰자는 막으로 서로 분리되어 있다. 이른바 우박 알갱이, 즉 노른자의 끝에 있는 알끈**은 일부 주장과는 달리 생식과는 아무런 관계가 없다. 알끈은 위아래에 각각 하나씩 두 개가 있다. 여러 개 알의 노른자와 흰자를 함께 하나의 그릇에 넣고 약한 불로 서서히 열을 가하면 노른자들은 가운데로 모이고 흰자들은 그 둘레에 엉긴다. 어린 암탉이 가장 먼저 알을 낳는다. 어린 닭은 초봄에 알을 낳는데, 늙은 암탉보다 더 많은 알을 낳는다. 하지만 어린 암탉의 알은 상대적으로 크기가 작다. 일반적으로 암탉에게 알을 품지 못하게 하면 몸이 여위고 병에 걸린다.

9 교미하고 나면 암탉은 한기를 느껴 몸을 떨고 흔히 주위에 있는 것들을 발로 헤집어 놓는다. 때로는 알을 낳은 뒤에도 그런 행동을 한다. 비둘기는 꽁무니를 땅에 대고 끌고, 거위는 물속으로 들어가는 행동을 한다.*** 발정한 자고새 암컷에게서 볼 수 있듯이 대부분 조류에서 유정란과 무정란의 여부는 매우 일찍 정해진다. 자고새 암컷은 수컷의 냄새가 풍겨오는 쪽에 있으면 유정란을 갖게 된다.**** 그러나 사냥감을 유인

---

* 이 문장의 신뢰성에 대해서 여러 고전학자가 의문을 표시했다.
** χάλαζα(khálaza). 노른자와 흰자를 연결하고 있는 끈 형태의 하얀 물질.
*** 이런 내용은 로마 시대의 박물학자 바로(Marcus Terentius Varro, 기원전 116~27)의 『농사(Rerum rusticarum)』에서도 찾아볼 수 있다.
**** 이런 속설은 이집트에서 나온 것으로 보이는데, 독수리도 비슷하다고 한다.

하는 데는 쓸모가 없다. 교미 후 알이 자라는 데 걸리는 시간과 알을 낳은 후 새끼가 나오는 데 걸리는 시간은 새에 따라 다르다. 그런데 이 시간은 성체의 크기와 관계가 있다. 암탉은 교미하고 나서 통상 열흘이면 알이 생겨 다 자란다. 비둘기는 이보다 짧게 걸린다. 비둘기는 알을 낳다 말고 멈출 수 있는 능력을 지니고 있다. 비둘기는 누가 해코지를 하면, 즉 둥지를 훼손하거나 깃털을 뽑거나 귀찮게 하거나 훼방 놓으면 산란을 중단하고 알을 몸속에 붙잡아 둔다.

10 비둘기의 교미와 관련해서는 한 가지 특이한 현상이 알려져 있다. 수컷이 암컷에 올라타려고 할 때 암수는 서로 입을 맞춘다. 이런 전희가 없으면 수컷은 교미를 거부한다. 나이 든 수컷은 처음에만 입을 맞추고 나중에는 전희 없이 그냥 올라탄다. 어린 비둘기는 매번 전희를 생략하지 않는다. 비둘기가 가지고 있는 또 다른 특이한 점은 수컷이 접근하지 않을 때 정상적인 암컷과 수컷의 교미에서 하듯 암컷끼리 먼저 입을 맞추고 서로 교미하는 점이다. 그렇게 하면 유정란을 만들 수는 없어도 알을 많이 낳게 된다. 그러나 그 알들은 모두 무정란이기 때문에 새끼가 되지 못한다.

제 3 장

6 달걀의 구조와 병아리의 발생*

1 알에서 새끼가 발생하는 과정은 모든 새가 같다. 하지만 이미 언급했듯이 알이 부화하기까지 걸리는 시간은 모두 다르다. 보통 암탉은 사흘 밤낮이 지나면 배아가 생긴 징후가 나타난다. 큰 새는 이 기간이 더 길고 작은 새는 더 짧다. 난핵이 나타나 알의 갸름한 쪽으로 옮겨가는데, 여기에 알의 핵심적인 요소가 있다.** 여기서 병아리가 발생하는데, 흰자에 병아리의 심장에 해당하는 핏빛 점이 있다.

---

* 톰슨은 알에서 병아리가 발생하는 내용을 다룬 아리스토텔레스의 글을 상상에 의존한 것으로 보고 있다. 사실과 부합하지 않는 내용이 많다.

** 이 진술은 사실에 부합하지 않는다. 알의 한쪽이 갸름한 것은 알이 형성되는 과정에서 만들어지는 것이 아니라 알을 낳은 장소의 형상에 따라 그런 모양이 된 것이다. 이것은 콩이 콩깍지의 모습대로 만들어지는 원리와 비슷하다.

2 이 점은 마치 생명이 깃들어 있는 것처럼 박동하며 움직인다. 알을 구성하고 있는 물질이 커지면서 이 점에서 피가 들어 있는 두 개의 관이 난황막(卵黃膜) 쪽으로 구불구불하게 이어진다. 그리고 이 혈관에서 갈라져 나온 가는 혈관이 노른자인 난핵을 감싼다. 시간이 조금 지나면 몸이 만들어지는데 매우 작고 흰색을 띠고 있다. 그때 머리를 분명히 분간할 수 있는데, 머리에는 큰 눈이 불거져 나와 있다. 서서히 크기가 작아지면서 꺼져 들지만 이런 눈 상태는 한동안 유지된다. 발생 초기에 하체는 상체에 비해 미미하다.

3 심장에서 나온 두 개의 관 가운데 하나는 주변부의 외피로 연결되고 다른 하나는 탯줄처럼 노른자로 연결된다. 병아리의 생명을 유지하는 요소는 흰자에 있고 영양소는 탯줄 같은 관을 통해 노른자에서 나온다. 알을 낳은 지 열흘이 지나면 병아리와 병아리의 모든 기관을 눈으로 식별할 수 있다. 머리는 여전히 몸의 나머지 부분보다 크고 눈은 머리보다 크다. 하지만 그 눈으로 아직 볼 수는 없다. 이때 눈을 제거하면 검은색을 띤 것이 콩보다 크기가 크다. 그리고 표피를 벗겨내면 그 안에는 희고 차가운 액체가 들어 있는데, 햇빛을 받으면 번들거린다. 그러나 고체로 된 물질은 하나도 없다. 머리와 눈이 발생하는 과정은 그렇다.

4 이 시기에는 내장 기관도 눈으로 볼 수 있다. 그러나 위, 창자 그리고 심장에서 나온 혈관들은 아직 배꼽에 연결된 것처럼 보인다. 배

꼽에서는 관이 하나* 나와 난황막으로 이어져 있는 것처럼 보인다. 이때 노른자는 액체 상태이거나 보통보다 묽다. 다른 관**은 배아 전체를 감싸고 있는 난각막(卵殼膜) 그리고 노른자를 감싸고 있는 난황막과 그 사이에 있는 액체로 이어져 있다. 배아가 조금 더 자라면 노른자 중 일부는 한쪽 끝으로 가고 일부는 다른 쪽 끝으로 간다. 그리고 그사이에는 흰색 액체가 흘러 들어온다. 흰자는 처음에 있던 것처럼 노른자 밑에 놓이게 된다. 열흘째가 되면 흰자는 완전히 표면으로 떠오르게 되고 양이 줄어 점성이 높아지면서 단단해지고 누런색으로 변한다.

5 몇몇 구성 요소의 위치는 다음과 같다. 맨 먼저 그리고 가장 외부에 난각막이 형성된다. 알껍데기의 외부가 아니라 껍데기 내부에 생긴다. 난각막의 안에는 흰 액체가 들어 있다. 그리고 배아가 있고 막이 배아를 둘러싸 흰 액체로부터 배아를 분리해 놓는다. 배아 다음에는 노른자가 있고 여기에 두 개의 관 가운데 하나가 연결되어 있다. 다른 하나는 노른자를 감싸고 있는 흰자에 연결되어 있다. 하나의 막이 혈청 같은 액체와 함께 조직 전체를 둘러싸고 있다. 그다음에 또 다른 막이 이미 설명했듯이 배아를 직접 둘러싸 액체로부터 분리시켜 놓고 있다. 그 속에 또 다른 막에 싸인 노른자가 있고 여기에 심장과 굵은 관에서 나온 탯줄이 연결되어 있다. 그래서 태아는 두 개의 액체로부터 완전히 격리된 것처럼 보이지는 않는다.

---

* 난황(卵黃)정맥과 난황동맥.
** 요막(尿膜)정맥과 요막동맥.

6 20일 정도 되는데도 병아리가 깨어나지 않을 때 알껍데기를 벗기고 배아를 만지면 배아는 움직이면서 삐약거린다. 그리고 그때쯤이면 솜털이 보송보송하다. 20일이 지났을 때 병아리가 껍데기를 깨기 시작한 다. 머리는 옆구리를 가로질러 오른쪽 다리 위에 있고 날개는 머리 위에 있다. 그리고 그때쯤이면 태반을 닮은 막이 보인다. 이 막은 가장 밑에 있 는 막과 연결되어 있으며 여기에 배꼽에서 나온 탯줄 가운데 하나가 이어 져 있다. 그리고 태반을 닮은 또 다른 막이 하나 노른자를 감싸고 있다. 설명했듯이 거기에 다른 탯줄이 하나 이어져 있다. 두 개의 탯줄은 심장 과 큰 관으로 연결되어 있다. 이 단계에서는 바깥쪽 태반으로 연결된 탯 줄은 쪼그라들어 배아에서 떨어져 나간다. 그리고 노른자로 이어진 관은 배아의 가느다란 창자에 매달려 있게 된다. 노른자의 상당 부분은 배아의 체내에 흡수되고 위장에는 노란 앙금이 좀 남아 있다.

7 그때쯤 배아는 배설물을 바깥쪽에 있는 태반 같은 막으로 내보내며 위장에도 배설물이 들어 있다. 밖으로 나오는 배설물은 흰색이며, 안에도 흰색 배설물이 남아 있다. 노른자는 점점 크기가 줄고 마침내 완 전히 체내로 흡수되어 모습을 감춘다. 그래서 병아리가 알을 깨고 나온 지 열흘 뒤에 병아리를 해부해보면 소량의 노른자 잔여물이 여전히 창자 에 붙어 있는 것을 볼 수 있다. 그러나 그 관이 배꼽에서 떨어져 나오면 연결된 것이 전혀 없고 병아리가 완전히 독립된 개체로 분리된다. 그 시기 가 되면 병아리는 잠자고 깨어나고 움직이고 쳐다보고 삐약댄다. 그리고 숨을 쉬는 것처럼 심장과 배꼽이 고동친다. 이것이 달걀에서 병아리가 자

라는 과정이다.

8 조류는 교미해서 알을 낳는 경우에도 어느 때는 무정란을 낳는다. 그런 알들은 품어도 부화하지 않는다. 이런 현상은 특히 비둘기에서 많이 나타난다. 쌍란에는 노른자가 두 개 들어 있다. 어떤 쌍란은 노른 자들끼리 섞이지 않도록 두 개의 노른자 사이에 흰자가 들어 있다. 그러나 중간에 흰자가 없이 노른자가 서로 붙어 있는 쌍란도 있다. 암컷 중에는 쌍란만 낳는 것이 있는데, 그 암컷을 관찰하면 노른자가 두 개일 경우 어떤 특성이 있는지 알 수 있다. 예를 들어 알을 18개 낳은 암컷이 있었는데, 무정란을 제외하고는 모두 쌍둥이가 부화했다. 다만 두 마리 가운데 하나는 크고, 다른 하나는 작았다. 그런데 열여덟 번째로 부화한 병아리는 기형이었다.

제 4 장

비둘기들의 번식

1 유럽 산비둘기와 호도애 등과 같은 비둘기 종류는 한 번에 알을 두 개 낳는다. 일반적으로 그렇다는 말이다. 단, 세 개 이상은 낳지 않는다. 앞에서 서술했지만 비둘기는 사시사철 알을 낳는다. 산비둘기와 호도애는 봄에 알을 낳는다. 유럽 산비둘기와 호도애는 같은 계절에 두 번 이상 알을 낳지 않는다. 암컷은 첫 번째로 낳은 알이 죽으면 다시 알을 낳는다. 많은 비둘기 암컷은 첫배에 낳은 알을 깨뜨린다. 비둘기는 간혹 알을 세 개 낳을 때도 있지만 두 마리 이상의 새끼를 얻지 못한다. 가끔 한 마리만 부화하기도 한다. 부화하지 못하고 남아 있는 알은 예외 없이 무정란이다. 태어난 지 일 년이 지나기 전에 알을 낳는 새는 거의 없다. 어떤 새는 너무 작아서 관찰하기 힘들지만, 새들은 일단 알을 낳기 시작하면 죽을 때까지 계속 알을 낳는다고 할 수 있다.

2 비둘기는 수컷과 암컷 각각 알을 하나씩 낳는다. 일반적으로 수컷 알을 먼저 낳고 하루 간격을 두고 두 번째 알을 낳는다. 낮에는 수컷이, 밤에는 암컷이 알을 품는다. 첫 번째 낳은 알은 20일 안에 부화해 새끼가 태어난다. 어미 비둘기는 새끼가 부화하기 전에 알을 쪼아서 구멍을 낸다. 비둘기 암컷과 수컷은 이전에 알을 품듯이 한동안 새끼를 키운다. 새끼를 키우는 동안 수컷보다는 암컷의 성질이 더 사납다. 모든 동물이 새끼를 낳은 뒤 사나워진다. 암컷은 일 년에 열 번 알을 낳으며 열한 번 낳은 사례도 있다고 한다. 실제로 이집트에는 열두 번 알을 낳은 비둘기도 있다. 비둘기 암수는 태어난 지 일 년 안에 교미를 시작한다. 실제로 비둘기는 생후 6개월이 되면 교미할 수 있다.

3 어떤 사람은 산비둘기와 호도애는 태어난 지 석 달만 되면 교미하고 알을 낳는다고 주장한다. 그리고 그 근거로 비둘기의 수가 많다는 사실을 든다. 암컷 비둘기는 교미하고 14일 만에 알을 낳는다. 비둘기 암수는 알을 14일 동안 품어 새끼를 까고 또 14일 동안 키운다. 완전히 성장한 비둘기는 비행술이 좋아 잡기 어렵다. 산비둘기의 수명은 40년이라는 것이 일반적인 견해다. 자고새의 수명은 16년이 넘는다. 비둘기는 한배 새끼를 다 키우고 나서 30일이 지나면 다시 알을 낳는다.

제 5 장

큰독수리와
제비 새끼

1 큰독수리는 사람이 접근하기 어려운 절벽에 둥지를 짓는다. 큰독수
리의 둥지나 새끼를 좀처럼 볼 수 없는 까닭이다. 그래서 궤변가인
브뤼손*의 아버지 헤로도로스**는 독수리의 둥지를 본 사람이 아무도 없
고 군대가 지나간 뒤에는 큰독수리가 떼 지어 출현한다는 것을 근거로 큰
독수리는 우리가 알지 못하는 미지의 세계에서 온다고 말했다. 하지만 쉽
게 볼 수 없기는 하지만 독수리 둥지를 본 사람이 있다. 큰독수리는 알을
두 개 낳는다. 육식하는 새들은 보통 일 년에 한 번밖에 알을 낳지 않는

---

*   Βρύσων ὁ Ἡρακλεώτης(Bryson of Heraclea). 기원전 5세기 말에 활동한 그리스의 수학자이자 궤변
    론자. 아리스토텔레스는 원의 면적을 사각형으로 환원하여 구할 수 있으며 음란한 말은 없다는 브뤼
    손의 주장을 비판했다. 그러나 후세에 와서 브뤼손이 수학에서 적분의 원리를 알고 있었던 것으로 평
    가되고 있다.
** Ἡρόδωρος ὁ Ἡρακλεώτης(Herodoros of Heraclea). 기원전 400년경에 활동한 그리스 철학자. 헤라
    클레스에 관한 이야기를 쓴 것으로 알려져 있으며 플루타르코스의 『전기(Βίοι Παράλληλοι)』의 테세
    우스(Θησεύς) 편에 그의 이름이 언급되고 있다.

다. 제비는 일 년에 둥지를 두 번 짓는 유일한 새다. 새끼 제비는 눈알이 찔려도 다시 회복해 나중에는 시력이 좋아진다.*

---

[*] 이 문단은 전체적인 맥락에서 좀 벗어나 있다. 『동물지』 전반에 걸쳐 이처럼 맥락에 맞지 않는 문장이나 문단이 들어가 있는 경우가 종종 있다. 이런 문장이 원문에 있었던 것인지 아니면 후대에 필사를 하면서 보충해 삽입한 것인지는 확인할 수 없다. 그래서 이런 부분을 괄호 안에 넣거나 아예 생략하고 번역하기도 한다.

제 6 장

독수리 그리고 독수리가 새끼를 키우는 법

1 독수리는 알을 세 개 낳는데, 그중 두 개가 부화한다. 무사이오스*의 시에 그런 내용이 들어 있다. "독수리는 알을 세 개 낳아 두 개를 까고 새끼는 한 마리만 키운다." 간혹 세 마리를 태어나기도 하지만 대부분은 두 마리다. 새끼들이 자라면 두 마리를 먹이기에 힘에 부친 어미는 한마리를 둥지에서 떨어뜨린다. 그리고 그때쯤 되면 어미 독수리는 먹을 것이 없어도 야생동물의 새끼를 잡지 않는다. 또 며칠 동안 날개는 탈색하고 발톱은 비틀어진다. 그리고 새끼에게 사납게 군다. 독수리가 내쫓은 새끼는 까마귀가 데려다 키운다고 한다.

---

* Μουσαῖος ὁΑθήνα(Musaeus of Athens). 고대 그리스의 전설적인 시인. 헤로도토스는 신탁을 수집하고 정리하는 고문헌 수집가인 오노마크리토스(Onomacritos, 기원전 530~480)가 그의 시를 편찬했다고 전한다. 에우리피데스, 플라톤, 파사니우스 등이 그의 시를 인용하거나 언급했다.

독수리

2 독수리는 대략 30일 동안 새끼를 돌본다.* 거위와 느시처럼 덩치가 큰 새들이 알을 품는 기간은 거의 같다. 솔개와 매 등과 같은 중간 크기 새들의 부화 기간은 대략 20일이다. 솔개는 보통 알을 두 개 낳지만 때때로 세 개를 낳기도 한다. 올빼미는 한 번에 새끼를 네 마리 깐다. 큰까마귀가 알을 두 개 낳는다고 자신 있게 말하는 사람이 있지만, 사실이 아니다. 큰까마귀는 그보다 많은 알을 낳는다. 큰까마귀는 20일 동안 새끼를 키운 다음에 둥지에서 쫓아낸다. 다른 새들도 이와 비슷하다. 아무튼 여러 개의 알을 낳는 새들은 종종 새끼 중 한 마리를 내쫓는다.

---

*　이 단락은 생태 관찰을 통해 기술한 것이라기보다는 이집트 지역에 전해 내려오는 속설을 정리한 것 이라는 것이 정설이다. 이집트에서 독수리는 동정과 연민의 상징으로 여겨진다.

3 독수리의 종류에 따라 새끼를 키우는 방식이 다르다. 흰꼬리수리는 엄하게 키우고 검독수리는 자애롭게 키운다. 하지만 맹금류는 새끼들이 자라서 날 수 있게 되면 때려서 둥지에서 쫓아낸다. 맹금류가 아닌 대다수 다른 새들도 새끼들이 어느 정도 자라면 더 이상 돌보지 않고 이같은 행동을 하는 것으로 알려져 있다. 하지만 까마귀는 예외다. 까마귀는 상당히 오랫동안 새끼들을 돌본다. 새끼들이 날 수 있을 때가 되어도 같이 날아다니며 새끼들에게 먹이를 준다.

제 7 장

뻐꾸기와
탁란

1 매가 변해서 뻐꾸기가 되었다고 한다. 뻐꾸기가 나타날 때는 뻐꾸기
와 생김새가 비슷한 매가 보이지 않기 때문이다. 실제로 뻐꾸기 울음
소리가 들릴 때는 며칠을 제외하고는 어떤 종류의 매도 거의 보이지 않는
다. 뻐꾸기는 여름 한 철 짧은 기간 동안 나타났다가 겨울에는 자취를 감
춘다. 매는 갈고리발톱을 가지고 있지만, 뻐꾸기는 갈고리발톱이 없으며
머리 모양도 매와는 다르다. 사실 뻐꾸기의 머리와 발톱은 비둘기를 더
많이 닮았다.* 하지만 깃털 색깔만 보면 뻐꾸기는 매와 비슷하다. 차이가
있다면 매는 줄무늬가 있고 뻐꾸기는 얼룩덜룩하다.

---

*   중국의 속설에는 비둘기와 뻐꾸기가 매로 변한다고 나온다.

2 그런데 뻐꾸기의 크기와 비행하는 모습은 매 중에서 가장 작은 종류의 매를 닮았다. 매와 뻐꾸기를 동시에 볼 수 있는 경우도 간혹 있지만, 일반적으로 이 매는 뻐꾸기가 나타나는 철에는 자취를 감춘다. 뻐꾸기가 매한테 잡아먹히는 것을 볼 수 있는데, 크기가 비슷한 새들은 이렇게 하지 않는다. 뻐꾸기 새끼를 본 사람은 아무도 없다고 한다. 뻐꾸기는 알은 낳지만, 둥지를 짓지 않는다. 뻐꾸기는 다른 작은 새의 둥지로 가서 그곳에 있던 알을 먹고 나서 그 자리에 알을 낳는다. 뻐꾸기는 산비둘기의 둥지로 가서 산비둘기 알을 먹고 거기에 알을 낳기를 좋아한다. 보통 한 개의 알을 낳는데, 간혹 두 개를 낳을 때도 있다. 뻐꾸기는 딱새의 둥지에도 알을 낳는다. 그러면 딱새는 뻐꾸기 알을 품어 부화시킨 후 그 새끼를 돌본다.* 그때쯤이면 뻐꾸기 새끼들은 살이 오르고 맛이 좋아진다. 매의 새끼들도 그때쯤 맛이 좋아지고 살이 찐다. 깎아지른 절벽에 둥지를 짓는 매도 있다.**

---

* 독일의 조류학자 크뤼퍼(Theobald Johannes Krüper, 1829~1921)에 따르면, 그리스에 서식하는 뻐꾸기는 오르페우스 울새(Sylvia orpheus)의 둥지에 알을 낳기를 좋아한다고 한다.

** 느닷없이 매 이야기가 튀어나온 것은 문맥상 부조리하다.

제 8 장

비둘기, 까마귀 그리고
자고새의 새끼 키우기

1 비둘기에 관해 설명하면서 언급했지만, 새들은 대개 암수가 번갈아 가며 알을 품는다. 하지만 어떤 새는 암컷이 먹이를 구해오는 동안 수컷 혼자 알을 품는다. 거위는 암컷 혼자 알을 품는다. 그리고 일단 알을 품기 시작하면 알이 깰 때까지 계속 알을 품는다. 모든 물새는 습지의 풀이 많은 곳에 둥지를 짓는다. 그렇게 해서 어미 새는 조용히 알을 품는 동안에도 굶지 않고 둥지 주변에서 먹이활동을 할 수 있다. 까마귀도 암컷 혼자 새끼가 부화할 때까지 알을 품는다. 수컷은 먹이를 날라와 암컷에게 먹여주는 조력자 역할을 한다.

2 산비둘기 암컷은 오후에 알을 품기 시작해서 다음 날 아침까지 밤새 알을 품고 나머지 시간에는 수컷이 알을 품는다. 자고새는 두 칸으로 나눠 둥지를 지어 암수가 각각 한 칸씩 차지하고 알을 품고 새끼를 부

화해 키운다. 그러나 수컷은 자신의 둥지에서 새끼가 깨어나자마자 그 새끼들과 교미한다.*

---

*   자고새는 호색과 음란의 상징으로 여겨지는데, 이런 것도 자고새의 비정상적인 성욕을 보여주는 사례로 보인다.

제 9 장

**공작새의
습성**

1 공작새는 25년을 사는데, 보통 세 살이 되면 알을 낳는다. 그리고 그
때가 되면 화려한 깃털이 나타난다. 공작의 알은 부화하는 데 30일
이상 걸린다. 공작 암컷은 일 년에 한 번 12개 안팎의 알을 낳는데, 알을
잇달아 낳는 것이 아니라 이삼일 간격을 두고 낳는다. 첫배에는 알을 여
덟 개 낳는데, 무정란이다. 공작은 봄에 짝짓기하고 나면 바로 알을 낳기
시작한다.

2 공작은 낙엽이 지기 시작하면 깃털이 빠지고 다시 잎이 나기 시작할
때 깃털이 나온다. 공작을 키우는 사람들은 공작의 알을 암탉이 품
게 해 부화시킨다. 왜냐하면 공작 암컷이 알을 품으면 수컷이 와서 암컷
을 공격하고 알을 짓밟으려고 하기 때문이다. 일부 야생 조류의 암컷은
이런 사정으로 알을 낳아 품기 전에 수컷이 없는 곳으로 간다. 공작을 키

공작

우는 사람들은 암컷이 한꺼번에 많은 알을 품을 수 없기 때문에 알 두 개
만 맡기고 암컷이 자리를 떠서 알 품기가 중단되지 않도록 먹이를 가져다
준다.

3 공작 수컷은 짝짓기 시기가 되면 평소보다 고환이 확실히 커진다.
이런 현상은 수탉이나 수컷 자고새처럼 암컷을 밝히는 새들에게 두
드러지게 나타나고 간헐적으로 발정하는 새들에게는 약하게 나타난다.
　새들의 배란과 번식에 대해서는 이쯤 해두자.

제10장

연골어류와
상어의 번식

1 물고기라고 해서 모두 난생이 아니라고 앞에서 언급했다. 연골어류는
모두 태생이고 나머지 어류는 모두 난생이다. 연골어류는 체내에서
는 난생이지만 체외로 나올 때는 태생이다. 연골어류는 배아를 체내에서
키운다. 연골어류 중에서 아귀는 예외다.* 이미 설명했듯이 어류에도 자
궁이 있는데 물고기의 종류만큼이나 자궁의 종류도 다양하다. 난생 어류
는 두 갈래로 나뉜 자궁이 몸 아래쪽에 있다. 연골어류의 자궁은 새의 난
소처럼 생겼지만, 새들의 난소와는 달리 횡격막 근처가 아니라 척추 쪽 가
운데 부분에 있다. 그리고 자궁이 커지면서 위치가 달라진다. 물고기 알의
내용물은 두 가지 색깔이 아니라 한 가지 색을 띠고 있다. 알은 노란색보
다는 흰색에 가깝다. 알 속에 배아가 생기기 이전이나 이후의 색이 같다.

---

* 연골어류의 번식에 대한 설명은 전체적으로 사실에 부합하지 않는다. 연골어류 중에는 아귀 이외에
도 난생 물고기가 많다. 홍어, 가오리 그리고 여러 상어 종류는 난생이다.

2 어류의 알이 성장하는 과정은 이런 점에서 조류와는 다르다. 어류의 알에는 배꼽에서 나와 난각막으로 연결되는 탯줄이 없다. 조류의 알에 비유하면 배꼽에서 노른자로 이어지는 탯줄만 있는 셈이다. 알이 발달하는 나머지 과정은 조류나 어류나 다를 바가 없다. 다시 말해 발달*이 알의 갸름한 부분에서 시작되는데 심장에서 혈관이 뻗어 나온다. 그리고 머리와 눈이 생긴다. 상체는 나머지 부분보다 크다. 배아가 자라면서 알 속의 내용물은 줄어들어 새 알의 노른자에서 일어나는 현상과 똑같이 배아 속으로 흡수돼 사라진다. 탯줄은 배아의 배 부위 약간 밑에 붙어 있는데 배아가 작았을 때는 길지만 배아가 자라면서 크기가 줄어들다가 배아에 흡수된다.

3 배아와 알은 하나의 난각막으로 둘러싸여 있고 그 안에 배아 자체를 둘러싼 또 다른 막이 있다. 그리고 두 개의 막 사이에는 액상 물질이 들어 있다. 치어의 위에 들어 있는 자양분은 어린 병아리의 위에 들어 있는 것과 비슷하게 생겼는데 흰색과 노란색이 섞여 있다. 자궁의 생김새에 대해서는 해부학에 관해 내가 쓴 글을 참고하면 될 것이다.** 자궁은 물고기의 종류만큼이나 다양하다. 예를 들어 상어를 서로 비교하거나 홍어와 비교해보면 이미 설명한 바와 같이 돔발상어는 알이 등뼈 근처에 있는 자궁 한가운데 붙어 있는데 알이 커지면서 알은 장소를 바꾼다. 나머지 다른 상어들은 자궁이 둘로 갈라져 횡격막에 붙어 있으므로 알들은

---

* 현대 생물학적 개념으로 말하면 세포분열.
** 『동물의 부분에 대하여』를 말한다.

발육하면서 자궁에 있는 두 방으로 들어간다. 횡격막에서 조금 밑으로 내려가면 이 자궁과 상어들의 자궁에 알이 없을 때는 결코 볼 수 없는 하얀 젖가슴 닮은 것이 붙어 있는 것을 볼 수 있다.

4 돔발상어와 홍어의 알은 껍데기가 있고 그 안에 난액(卵液)이 들어 있다. 알껍데기는 관악기의 리드*같이 생겼다. 그리고 머리카락같이 생긴 관이 껍데기에 붙어 있다. 상어 중에서 별상어**는 이 껍데기가 산산이 찢어져 떨어져 나가면서 새끼가 태어난다. 가오리는 알을 낳은 다음에 껍데기가 찢어지고 새끼가 나온다. 곱상어***는 횡격막 근처 젖가슴 같은 기관 위에 배란한다. 알이 떨어져 내려오면 거기서 치어가 태어난다. 환도상어****의 번식 방식도 이와 마찬가지다.

5 별상어는 대부분 보통 상어들과 마찬가지로 자궁이 둘로 갈라지는 곳에 배란한다. 이 알들은 각각의 나팔관을 따라 자궁으로 내려간다. 그리고 자궁에 탯줄이 연결된 배아가 자라난다. 그 과정에서 알 속에 들어 있던 난액은 소진되고 배아는 네발짐승의 배아와 비슷한 모습을 띠게 된다. 긴 탯줄의 양쪽 끝은 각각 자궁 아래쪽의 배상와(杯狀窩)*****와

---

*   백파이프의 리드는 갈대를 둘로 세로로 쪼갠 다음 납작하게 만들어 다시 붙인 형태다.

**   Mustelus manazo. 등에 하얀 점들이 있어서 이런 이름이 붙었다. '점배기 상어'라고도 한다.

***   Squalus acanthias. 크레스웰은 이 동물을 acantheas로 번역했고, 톰슨은 spiny dof-fish로 번역했다. acantheas는 곤충의 '가시' 같은 돌기를 뜻하는 그리스어 ἄκανθος(akanthos)에서 비롯되었다.

****   Alopias pelagius. 그리스어로 '여우'를 뜻하는 ἀλώπηξ(alôpēx)와 '바다'를 뜻하는 πέλαγος(pélagos)의 합성어로 '바다의 여우'라는 뜻을 가진 이름이다.

***** κοτύλη(kotúlē). 신체 기관에서 술잔 형태로 오목하게 꺼진 부분을 가리킨다.

배아의 간이 있는 부위에 연결되어 있다. 이 배아를 해부해보면 난액은 남아 있지 않지만, 배아의 내부에는 알처럼 보이는 먹이가 있다. 그리고 네발짐승의 배아와 마찬가지로 배아들은 각각 융모막(絨毛膜)과 다른 별도의 막에 감싸여 있다. 배아의 머리는 발생 초기에는 위에 있다가 자라면서 밑으로 내려간다. 수컷은 왼쪽 자궁에서 그리고 암컷은 오른쪽 자궁에서 발생하는데, 같은 쪽에서 암수가 같이 발생하기도 한다.* 배아를 해부해보면 내장 기관은 네발짐승의 내장과 비슷하다. 예를 들면 간은 크고 피로 가득 차 있는 것을 볼 수 있다.

6 모든 연골어류는 횡격막 가까운 곳에 배란한다. 어떤 연골어류는 큰 알을 낳고 어떤 연골어류는 작은 알을 낳는데, 그 수가 상당히 많다. 그리고 거기서 배아가 아래로 내려가 자리를 잡는다. 연골어류는 한꺼번에 새끼를 낳지 않고 오랜 기간을 두고 드문드문 새끼를 낳는데, 이런 사실을 보고 많은 사람이 자주 교미하여 새끼를 낳는다고 생각한다. 하지만 연골어류의 알은 한꺼번에 자궁 아래쪽으로 내려가 동시에 자라고 성장한다.

7 전자리상어와 전기가오리 같은 연골어류는 새끼들을 낳고 다시 몸속에 집어넣을 수 있다. 어떤 큰 전기가오리는 몸 안에 새끼를 80마리까지 지니고 있기도 했다. 그러나 곱상어는 새끼의 날카로운 돌기 때문

---

* 　　자궁의 위치에 따라 암수의 구분이 있는 것은 아니다.

에 어미 몸 안으로 들어갈 수 없다. 납작한 연골어 중에서 노랑가오리와 가래상어는 새끼의 꼬리가 너무 날카로워 일단 낳으면 다시 몸 안으로 불러들일 수 없다. 아귀는 새끼가 머리가 크고 몸에 가시가 있어 다시 몸속으로 새끼들을 집어넣을 수 없다. 앞에서도 말했듯이 아귀는 연골어류 중에서 유일하게 태생이 아니다. 다양한 연골어류와 연골어류의 알에서 새끼가 태어나는 번식 방법에 대해서는 이쯤 해두자.

8 번식기가 되면 수컷의 정관은 정액으로 가득 찬다. 그래서 수컷을 압박하면 흰 정액이 자연스럽게 흘러나온다. 정관은 두 개로 갈라져 있는데 횡격막과 대정맥에서 시작된다. 그 무렵 수컷의 정관은 암컷의 자궁과 확연히 구분된다. 그러나 산란기 아닌 경우에는 전문가가 아니면 정관과 자궁을 구분할 수 없다. 새의 고환에 관해 설명한 것과 마찬가지로 번식기가 아니면 사용하지 않기 때문에 눈에 띄지 않는다. 정관과 배란관은 다른 점에서도 차이가 있다. 정관은 생식기에 붙어 있지만, 암컷의 배란관은 자유롭게 움직이며 얇은 막에 붙어 있다. 정관에 대한 상세한 내용은 내가 해부학에 관해 쓴 글을 보면 알 수 있을 것이다.

9 연골어류는 새끼를 배고 있는 동안에도 또 배란하는 초다태(超多胎) 특성이 있다. 연골어류의 번식기는 가장 긴 것이 6개월이다. 상어 중에서는 별상어가 가장 빈번하게 배란한다. 즉 한 달에 두 번 알을 낳는다. 번식기는 마이막테리온*이다. 일반적으로 무리 지어 다니는 작은 상어류

---

* Μαιμακτηριών(Maimaktēriōn). 고대 아테네의 역법(曆法)에 따른 절기로 11월과 12월이다.

를 제외한 모든 상어는 일 년에 두 번 새끼를 낳는다. 작은 상어류는 일 년에 한 번 새끼를 낳는다. 상어 중에 어떤 것은 봄에 새끼를 낳는다. 전 자리상어는 봄에 첫배 새끼들을 낳고 겨울이 머지않은 늦가을 묘성이 사라질 즈음* 그해 마지막 배의 새끼를 낳는다. 마지막 배 새끼들이 첫배 새 끼들보다 우수하다. 전기가오리도 늦가을에 새끼를 낳는다. 전기가오리는 가을에 번식한다. 연골어류는 깊은 바다에서 수온이 높고 새끼들을 보호할 수 있는 얕은 바다로 나와 새끼를 낳는다.

10 관찰한 바에 따르면 일반적으로 연골어류는 서로 다른 연골어류와는 교미하지 않는다. 하지만 전자리상어와 홍어는 서로 교미한다. 그래서 머리와 상체 부분은 홍어, 하체 부분은 전자리상어를 닮아 마치 두 물고기를 합쳐놓은 것 같은 가래상어**가 존재한다. 환도상어, 돔발상어 등과 같은 상어류 그리고 전기가오리, 가오리, 홍어, 노랑가오리 같은 납작한 물고기는 처음에는 난생으로 발생하여 태생으로 태어난다. 톱상어와 황소가오리*** 역시 마찬가지다.

제11장

돌고래, 고래
그리고 물개의 번식

1 돌고래와 아가미 대신에 분수공이 있는 나머지 다른 고래들은 태생
이다. 다시 말해 이 동물들은 물고기와는 달리 알이 아니라 인간과
태생의 네발짐승처럼 태아를 갖는다는 것이 관찰되었다. 돌고래는 보통
새끼를 한 마리 낳는데 간혹 두 마리를 낳을 때도 있다. 고래는 보통 두
마리를 낳는데 간혹 한 마리를 낳을 때도 있다. 쇠돌고래는 그런 점에서
돌고래와 비슷하다. 쇠돌고래는 작은 돌고래처럼 생겼는데 흑해에 서식한
다. 쇠돌고래는 크기가 작고 등이 넓적하다는 점에서 돌고래와 차이가 있
다. 색깔은 짙은 회색이다. 사람들은 쇠돌고래가 돌고래의 일종이라고 생
각한다.

2 분수공을 가진 모든 동물은 허파로 호흡한다. 돌고래가 주둥이를
물 위로 내놓고 잠들었을 때 코를 고는 것을 볼 수 있다. 돌고래와

쇠돌고래는 젖이 있고 새끼들에게 젖을 먹인다. 돌고래는 새끼들을 몸 안에 넣고 다닌다. 돌고래 새끼는 성장이 매우 빨라 열 살이면 다 자란다. 돌고래의 임신 기간은 10개월이다. 돌고래는 여름에 새끼를 낳고 다른 계절에는 새끼를 낳는 일이 없다. 그리고 매우 특이하게도 천랑성이 나타나는 동안에는 30여 일 동안 자취를 감춘다.* 돌고래 새끼들은 꽤 오래도록 어미를 따라다닌다. 돌고래는 모성이 지극하다. 돌고래의 수명은 길다. 어떤 돌고래는 25년에서 30년까지 사는 것으로 알려져 있다. 어부들은 돌고래를 잡아 꼬리에 표식을 새긴 다음 다시 놓아주는 방식으로 돌고래의 나이를 확인한다.

3 물개는 양서류다. 물개는 발이 달린 동물로 물에서는 숨을 쉴 수 없으므로 해안가 육지에서 숨을 쉬고 잠을 자며 새끼를 낳는다. 하지만 물에서 많은 시간을 보내며 거기서 먹이를 얻는다. 그래서 수생동물의 범주로 분류되어야 한다. 물개는 교미해서 임신하고 살아 있는 새끼와 융모막을 낳고 암양과 마찬가지로 다른 막도 낳는다. 물개는 새끼를 한 마리나 두 마리 낳고 많으면 세 마리를 낳는다. 물개는 젖꼭지가 두 개 있는데 네발짐승처럼 새끼들에게 젖을 빨린다. 물개는 인간과 마찬가지로 계절을 가리지 않고 새끼를 낳는데 특히 초산일 때가 그렇다.

---

* 톰슨은 이 문장은 돌고래의 생태에 대해서 말하는 것이 아니라 천랑성이 나타날 때는 별자리 가운데 돌고래자리(Delphinus)가 사라지는 것을 설명하는 것이라고 말한다. 실제로 천랑성이 뜰 때는 돌고래자리가 태양에 가려져 보이지 않는다.

4 태어난 지 12일이 지나면 물개는 하루에 몇 번씩 새끼들을 데리고 바다로 나가 서서히 물에 적응시킨다. 물개는 걷지 못하고 하체를 끌고 간다. 뒷다리로 일어설 수 없기 때문이다. 그 대신 몸을 수축시켜 하체를 끌어당긴다. 물개는 살이 많고 유연하며 뼈는 연골질이다. 물개는 살이 늘어져 있어서 관자놀이를 가격하지 않는 한 때려서 잡기는 어렵다. 물개는 암소 같은 소리를 내며 운다. 암컷의 성기는 가오리 암컷의 성기를 닮았다. 다른 부분은 인간의 여성과 비슷하다.

물에 사는 동물 중 체내·체외 태생동물의 생식과 출산에 대해서는 이쯤 해두자.

제 12 장

난생 어류의
번식

1 앞에서 설명했듯이 난생 어류의 둘로 나눠진 자궁은 몸의 아랫부분
에 있다. 농어, 숭어, 가숭어, 돔 등 비늘이 있는 물고기는 모두 난생
이다. 또 흰색 물고기, 그리고 뱀장어를 제외한 미끈거리는 물고기도 난생
이다. 난생 어류의 알집은 모래 알갱이 같은 것으로 이루어져 있다. 그렇
게 보이는 것은 알집이 알로 가득 채워져 있기 때문이다. 그래서 작은 물
고기는 알이 두 개밖에 없는 것으로 보인다. 알집이 작고 얇아서 그렇게
보이는 것이다. 물고기의 짝짓기에 대해서는 앞에서 설명했다. 모든 물고
기는 암수 구분이 있다. 그러나 농어와 바리*는 모두 알을 밴 상태로 잡
히기 때문에 암수가 따로 구분되는지는 의심의 여지가 있다.

---

* χάννα(khánna). Perca cabrilla, 카브릴라 농어. 우리가 흔히 참바리 또는 다금바리라고 부르는
grouper가 여기에 속한다.

2 물고기는 교미해서 알을 밴다. 그러나 교미하지 않고 알을 배는 물고기도 있다. 피라미는 태어나자마자라고 할 수 있는 치어 상태에서도 알을 밴다. 피라미는 알을 찔끔찔끔 흘리고 다니는데, 수컷들이 대부분 먹어 치우고 일부는 물에서 죽는다. 암컷이 제대로 된 산란장에 낳은 알만 살아남는다. 이런 물고기의 알이 모두 살아남는다면 그 수는 무한대에 이를 것이다. 온전하게 보존된 알도 모두 새끼가 되는 것은 아니다. 수컷이 정액을 뿌린 알만 번식력을 갖는다. 암컷이 알을 낳을 때는 수컷이 따라다니며 그 위에 정액을 뿌리는데 그때 수정이 된 알에서만 새끼가 태어난다. 나머지 알들은 운명에 맡겨진다.

3 이 같은 현상은 연체동물에서도 볼 수 있다. 갑오징어 수컷은 암컷이 알을 낳으면 알에 정액을 뿌린다. 지금까지는 갑오징어에서만 관찰되었지만 이와 같은 현상은 연체동물의 일반적인 속성일 가능성이 매우 크다. 물고기는 육지에서 가까운 곳에 알을 낳는다. 망둥어는 돌이 있는 곳에 알을 낳는다. 망둥어의 알은 납작하고 잘 흩어진다. 다른 물고기들도 비슷한데 육지에 가까운 곳이 먼바다에 비해 수온이 따뜻하고 먹을 게 더 많은 데다 먹이를 찾는 큰 물고기들로부터 지켜주기 때문이다. 흑해에 서식하는 어류가 대부분 테로모돈강 하구에 알을 낳는 것은 그곳이 숨기 좋고 온화하고 담수가 많이 유입되기 때문이다.

4 난생 어류는 일반적으로 일 년에 한 번 알을 낳는다. 검은망둥어*는 예외로 일 년에 두 번 알을 낳는다. 검은망둥어의 수컷은 암컷에 비해 더 짙은 검은색을 띠고 비늘도 더 크다. 물고기는 일반적으로 교미한 뒤에 새끼를 낳거나 알을 낳는다. 실고기**는 산란기가 되면 몸통이 둘로 갈라지면서 알이 나온다. 실고기는 장님뱀***과 유사하게 복부의 위장 밑에 속이 빈 골간(骨幹)을 가지고 있다. 이 골간이 갈라지면서 알을 산란하게 되는데, 알을 낳은 후에는 다시 골간이 자라 달라붙는다.

5 알의 발달은 체내 난생 어류와 체외 난생 어류 둘 다 비슷하게 진행된다. 즉 배아가 알의 위쪽에 위치하고 막에 감싸여 있으며 가장 먼저 발생하는 기관은 크고 둥근 눈이다. 이런 점에서 난생 어류의 새끼가 애벌레의 유생처럼 발생한다는 일부 학자들의 주장은 이치에 맞지 않는다. 애벌레의 유생은 물고기의 배아와는 반대로 아랫부분이 맨 먼저 발생하고 눈과 머리가 나중에 발생한다. 알이 줄어들게 되면 배아는 올챙이 같은 모습을 하게 되고, 처음에는 먹이 없이도 알에서 나오는 난액을 먹고 성장한다. 배아는 서서히 치어로 자라면서 나중에는 물에서 자양분을 얻는다.

---

* φύκης(phýkis). 톰슨은 black goby로 번역했지만, 크레스웰은 숭어의 일종으로 보았다.
** βελόνη(belonē). 아리스토텔레스가 '바늘'이라는 뜻을 가진 말로 표기한 이 물고기는 플리니우스, 그리고 후대의 퀴비에에 의해 실고기(pipefish)로 판명되었다.
*** 슈나이더는 유럽에 서식하는 발 없는 도마뱀인 Pseudopus apodus, 일명 Pseudopus pallasi로 추정했다.

6 흑해가 맑아지면 휘코스*가 헬레스폰토스로 흘러들어온다. 휘코스는 연노란색을 띠고 있는데 붉은 안료를 만드는 원료로 쓰인다. 휘코스는 초여름에 나타나는데, 그 지역에 서식하는 굴과 작은 물고기는 이것을 먹고 산다. 그리고 이 연안 지역에 사는 몇몇 주민은 자주고둥이 휘코스로부터 특유의 색소를 얻는다고 말한다.

---

* φῦκος(Phycos). 해초의 한 종류로 붉은색과 자주색 안료의 원료로 쓰인다.

제13장

잉어, 메기 그리고
기타 민물고기

1 호수와 강에 사는 물고기는 보통 태어난 지 다섯 달이 되면 번식을
시작한다. 그리고 일 년이 되기 전에는 모든 물고기가 예외 없이 알을
낳는다. 민물고기도 바닷물고기와 마찬가지로 암컷은 한꺼번에 알을 다
낳지 않고 수컷도 한꺼번에 정액을 다 쏟아내지 않는다. 민물고기의 암컷
과 수컷은 항상 알과 정액을 예비하고 있다. 잉어는 번식기가 되면 큰 별
자리들이 나타나는 때에 맞춰* 대여섯 차례 알을 낳는다. 칼키스**는 일
년에 세 번 알을 낳고 다른 물고기들은 일 년에 한 번 알을 낳는다. 이 물
고기들은 모두 강물이 범람하여 만들어진 웅덩이와 호수의 수초가 우거

---

*   묘성, 대각성, 천랑성 등을 뜻하는 것으로 보인다.
**   χαλκίς(khalkís). 사전적 의미는 청어다. 그런데 민물고기를 이야기하면서 난데없이 청어를 언급한 것
    은 문맥상 부자연스럽다. 사실 아리스토텔레스는 조류와 다른 바닷물고기를 같은 명칭으로 언급한
    다. 원래 이 말은 에우보이아섬의 도시를 가리키는 지명이라는 점에서 이 지역에 서식하는 다른 민물
    고기를 지칭한 것으로 추정된다. 톰슨은 γλάνις(glánis)를 오독한 것으로 보고 있다.

진 곳에 알을 낳는다. 예를 들면 피라미와 민물농어가 그렇다.

2 큰메기*와 민물농어는 개구리처럼 한 줄로 이어서 알을 낳는다. 실제로 민물농어의 알은 끊기지 않고 나선형으로 이어져 있는 데다 부드러워서 호수에서 고기를 잡는 어부들은 실패에서 실을 풀듯이 갈대에서 한 줄로 된 알을 걷어낸다. 큰메기 중에서 더 큰 것은 깊은 곳에 알을 낳는데 몇몇은 한 길 정도 되는 깊은 곳에 알을 낳는다. 큰메기 중에서 작은 것은 얕은 곳에 알을 낳는데, 버드나무나 다른 나무의 뿌리 근처 또는 갈대나 이끼 근처에 알을 낳는다.

3 가끔 큰메기는 큰 것과 작은 것이 서로 엉겨 붙어 학자들이 관이라고 부르는 생식 물질을 내보내는 곳을 나란히 맞대고 암컷은 알을, 수컷은 정액을 방출한다. 수정된 알은 하루 정도 지나면 더 색이 옅어지고 크기가 커진다. 그리고 좀 더 시간이 지나면 물고기의 눈이 보이기 시작한다. 다른 동물에서 그렇듯이 물고기에서도 분명하면서도 터무니없이 큰 눈은 발생 초기에 나타나는 기관이다. 그러나 정액과 접촉하지 못한 알은 바닷물고기의 경우와 마찬가지로 쓸모없는 무정란으로 버려진다.

4 수정된 알에서 작은 물고기가 자라나면서 일종의 껍질이 떨어져 나간다. 그것은 알과 배아를 감싸고 있던 막이다. 정액이 알과 접촉하

---

* γλάνις(glánis). 학명 *Silurus glanis*. 그리스에서는 지금도 이 물고기를 γλάνος(glános)라고 부른다.

면 점액질의 물질이 만들어져 수정란은 산란한 곳에 있는 나무뿌리 같은 것에 달라붙게 된다. 산란한 뒤에 암컷은 떠나고 수컷은 알이 가장 많은 산란 장소를 지킨다. 큰메기의 수정란은 발달이 매우 더디므로 수컷은 40~50일 동안 주변을 지나가는 물고기들이 알을 먹지 못하도록 지킨다.

5 그러나 살아남은 수정란은 매우 빠르게 부화한다. 몇몇 작은 물고기의 수정란은 사흘쯤 지나면 새끼가 발생한다. 알은 수컷의 정자가 수정되면 바로 커지기 시작한다. 큰메기의 알은 야생 완두콩*만 하다. 잉어 종류**에 속하는 물고기들의 알은 좁쌀만 하다. 이런 물고기들은 지금 설명한 방식으로 알을 낳고 번식한다.

6 그러나 칼키스는 떼 지어 깊은 곳으로 가서 알을 낳는다. 틸론***이라는 물고기는 호수 가장자리 아늑한 곳에 역시 떼 지어 몰려와 알을 낳는다. 잉어, 떡붕어**** 같은 물고기는 알을 낳기 위해 서둘러 얕은 물가로 간다. 그러면 열서너 마리의 수컷이 암컷 한 마리를 따라가는 것을 자주 볼 수 있다. 암컷이 알을 낳고 떠나면 따라간 수컷들은 정액을 뿌린다. 암컷이 돌아다니며 알을 낳기 때문에 흩어지거나 물결에 휩쓸려

---

* ὄροβος(órobos). vetch-seed.

** κυπρῖνος(kuprînos). 이 명칭은 아리스토텔레스가 『동물지』에서 처음으로 썼다. 잉어의 다산성을 다산의 상징인 아프로디테에 빗대어 아프로디테의 출생지 키프로스에서 나온 별명인 κύπρις(Kýpris)를 차용해 쓴 것이라는 설도 있다.

*** 헤로도토스에 따르면 마케도니아의 호숫가에 사는 사람들이 어떤 물고기를 가리키는 이름이다. 톰슨은 이 물고기를 γλάνις(glánis) 즉 큰메기 또는 메기의 일종으로 추정한다.

**** 잉엇과에 속하는 물고기로 학명은 *Ballerus ballerus*.

어디에도 달라붙지 못하기 때문에 대다수 알은 유실된다. 큰메기를 제외하고는 어떤 물고기도 알을 지키지 않는다. 그런데 잉어는 알이 하나의 덩어리로 뭉쳐 있을 때는 알을 지킨다고 한다.

7 모든 물고기의 수컷은 정액을 가지고 있지만, 뱀장어는 예외다. 수컷 뱀장어는 정액이 없으며 암컷도 알이 없다. 숭어는 바다에서 호수와 강으로 올라간다. 이와 반대로 뱀장어는 호수와 강에서 바다로 나간다.

제14장

자연발생적으로 번식하는 물고기

1 물고기는 대부분 이미 설명한 것처럼 알에서 태어난다. 그러나 모래와 진흙에서 태어나는 물고기도 있다. 심지어는 짝짓기를 하고 알을 낳는 것 중에도 그런 물고기가 있다. 이런 현상은 여기저기 산재해 있는 연못에서 일어나는데, 특히 크니도스* 지방의 한 호수가 대표적인 예라고 할 수 있다. 그 연못은 천랑성이 나타날 무렵이면 가뭄으로 바닥의 진흙마저 바싹 마른다고 한다. 그러다 가뭄 끝에 처음으로 비가 내려 연못에 물이 고이면 물속에 작은 물고기들이 떼 지어 나타나는 것을 볼 수 있다. 정체가 의심스러운 이 물고기는 민물 숭어의 한 종류로 짝짓기를 통해 태어난 물고기가 아니고 크기도 정상적인 숭어보다 훨씬 작다. 그리고 알이나 어백(魚白)을 가지고 있지 않다. 소아시아의 바다로 유입되지 않는 내륙

---

* Κνίδος(Knídos). Cnidus. 오늘날 튀르키예 서남부의 다차반도(Datça Peninsula).

하천의 비슷한 환경에서 크니도스 호수의 새끼 물고기와는 다르지만 작은 물고기들*이 나타난다. 어떤 학자는 모든 숭어가 저절로 생긴다고 단언한다. 그러한 주장은 잘못된 것이다. 왜냐하면 알을 가진 숭어 암컷과 정액을 가진 수컷을 볼 수 있기 때문이다. 그렇지만 모래와 갯벌에서 저절로 태어나는 숭어도 있다.

2 지금까지 열거한 사실들로 볼 때 어떤 물고기는 알이나 교미를 통해 발생하는 것이 아니라 저절로 태어난다는 것은 분명히 입증되었다. 난생도 태생도 아닌 이 물고기들은 모두 진흙이나 모래 그리고 거기서 떠오르는 거품 같은 한두 가지 근본적 요소에서 발생한다. 예를 들면 거품같이 몰려다니는 색줄멸**은 모랫바닥에서 태어난다. 이 물고기의 치어는 자라지도 않고 번식도 하지 않는다. 잠시 살다가 죽고 다른 물고기들이 또 생긴다. 중간중간 짧은 휴지기를 제외하고 그 과정은 연중 계속된다고 할 수 있다. 아무튼 대각성이 나타나는 가을부터 봄까지는 지속된다. 이 물고기가 흙에서 태어난다는 것을 보여주는 증거로 날씨가 추울 때는 잡히지 않고 날씨가 따뜻할 때 잡힌다는 점을 들 수 있다. 분명히 따뜻한 기운 덕분에 땅에서 올라오는 것이다. 어부들이 바닥을 파헤쳐 깊게 하고 자주 갈아엎어 주면 이 물고기들이 더 많이 생기고 질도 더 좋아진다. 다른 종류의 작은 물고기들은 성장 속도가 빠른 탓에 질이 좋지 않다.

---

* ἐψητός(hepsētós). 원래는 '튀겨진'이라는 의미를 가지고 있다. 하지만 여기서는 통째로 튀겨 먹는 치어라는 의미로 쓰였다. 영어에서도 fry는 '튀기다'라는 뜻과 '치어'라는 뜻으로 쓰인다.

** ἀφύη(aphúē). 접두어 ἀ-('un-')와 동사 φύω('to grow')로 이루어진 말로 '자라지 않는 것'이라는 뜻이다. 멸치같이 작은 물고기나 그 치어를 가리킨다.

3 이 물고기의 치어는 한동안 날씨가 좋아 땅이 따뜻해지면 잔잔하고 얕은 물에 나타난다. 예를 들면 아테네, 살라미스, 테미스토클레스*의 무덤 근처 그리고 마라톤 같은 곳이다. 이런 곳에서는 날씨가 좋을 때 그리고 간혹 많은 비가 내린 뒤에 거품이 일면 그 속에서 이 물고기들이 나타난다. 그래서 이 물고기는 '거품'**이라는 별명을 얻었다. 이 거품 고기는 날씨가 좋을 때는 수면에서도 발생하여 마치 똥 속에 구더기가 들끓듯이 바다 위에 떠다니는 거품 속에서 우글거린다. 이 물고기는 바다 물결을 타고 사방으로 흩어지는데, 습도가 높고 기온이 높을 때 가장 많이 잡히고 맛도 좋다.

4 모체로부터 정상적으로 태어나는 흔히 볼 수 있는 작은 물고기가 있다. 작은 점줄종개***의 새끼로, 이 물고기는 땅속으로 파고든다. 작은 청어에서는 멤브라스****가 나오고 멤브라스에서는 트리키스, 트리키스에서는 트리키아스가 나온다.***** 그리고 아테나 항구에서 볼 수 있는

---

* Θεμιστοκλῆς(Themistocles, 기원전 524~459년경). 아테네 민주 정치체제 초기의 장군이자 정치가. 최초로 동전에 자신의 얼굴을 새긴 것으로 알려져 있다. 그의 무덤은 이오니아 지방의 마그네시아(Μαγνησία)에 있었던 것으로 전해진다.

** ἀφρός(aphros). 여신 아프로디테(Ἀφροδίτη)의 이름도 우라노스의 거품에서 태어난 데서 유래한다.

*** κωβιός(kōbiós). gobius. 종개류 또는 모샘치를 일컫는다.

**** μεμβράδες(membrádes). 문맥상 다른 물고기를 가리키는 것이 아니라 같은 종류의 물고기 새끼들을 뜻하는 것으로 보인다.

***** 퀴비에에 따르면, 이 문장에 등장하는 물고기들은 정어리다. 알렉산드리아 도서관 관장을 지낸 고전 주석학자 아리스토파네스(Aristophanes of Byzantium, 기원전 257~185/180년경)는 트리키스(trichis)라는 명칭이 이 물고기의 가시가 머리카락(θρίξ, trix)처럼 가는 것에서 유래한다고 말한다. 그리고 해군이 이 물고기를 절여 군량으로 사용한다는 사실을 기록하고 있다. 이런 사실로 미루어 퀴비에는 이 물고기를 지중해와 대서양 연안에서 많이 잡히는 청어(Clupea sprattus Linnaeus)로 추정하고 있다. 이 문장에서 언급된 물고기들의 명칭은 성장 과정에 따른 다른 이름이라고 할 수 있다.

작은 물고기에서는 멸치가 나온다. 정어리*와 숭어에서 나오는 작은 물고기도 있다. 수정되지 않고 태어나는 이런 물고기들은 앞에서 설명한 것처럼 물러터져서 시간이 지나면 남는 것은 대가리와 눈밖에 없다. 그렇지만 어부들은 이 물고기들을 한동안 소금에 절이면 멀리 운반할 수 있다는 것을 알아냈다.

---

* μαινίς(mainís). Maena vulgaris. 지중해에서 잡히는 물고기 가운데 가장 흔하고 값싼 물고기로 흔히 '가난뱅이들의 양식'이라고 한다.

제15장

뱀장어의 기이한 번식

1 뱀장어는 짝짓기해서 새끼를 낳지 않는다. 그렇다고 난생도 아니다. 뱀장어에서 알이나 정액이 관찰된 적은 없다. 해부해보면 체내에 산란관이나 정관도 없다. 사실 뱀장어는 유혈동물 가운데 유일하게 교미나 알을 통해 번식하지 않는다. 고여 있는 웅덩이의 물을 빼내고 진흙을 말끔히 퍼내도 비가 온 다음에는 다시 뱀장어가 있는 것을 보면 그것은 분명한 사실이다. 가뭄이 들면 연못에 물이 고여 있어도 뱀장어를 볼 수 없다. 뱀장어는 빗물에서 태어나고 먹이를 구하기 때문이다.

2 뱀장어가 교미나 알을 통해서 번식하지 않는 것은 분명하다. 어떤 사람은 뱀장어에 기생충이 붙어 사는 것을 보고 그것이 뱀장어가 된다고 생각하지만 근거 없는 견해다. 뱀장어는 진흙과 축축한 흙에서 저절로 자라는 이른바 '땅의 내장'이라는 것에서 발생한다. 실제 지렁이를

자르거나 해부해보면 거기서 뱀장어가 나오는 것을 간혹 볼 수 있다. 그런 지렁이들은 특히 부패물이 있는 바다와 강에 살고 있다. 바다에서는 해초가 많은 곳, 강과 호수에서는 물이 얕은 곳에 살고 있는데 그런 곳에서는 강한 햇볕이 부패를 촉진하기 때문이다.

뱀장어의 번식에 대해서는 이쯤 해두자.

제16장

어류의
산란기

1 모든 물고기가 같은 시기에 같은 방법으로 번식하는 것은 아니다. 그뿐만 아니라 임신 기간도 다르다. 짝짓기 전에 수컷과 암컷은 함께 무리를 이룬다. 그리고 교미나 산란철이 되면 짝을 짓는다. 어떤 물고기는 임신 기간이 30일을 넘지 않는다. 어떤 물고기는 그보다 더 짧다. 그러나 모든 물고기의 임신 기간은 7일 단위로 정해진다. 가장 임신 기간이 긴 물고기는 마리노스다.* 감성돔은 '포세이돈 달'**에 알을 밴 다음 30일 동안 알을 배 속에 지니고 있다. 숭엇과에 속하는 켈론과 믹손***은 감성돔과 같은 시기, 같은 기간에 알을 낳는다. 모든 물고기는 알을 배고 있는 동안 대단히 힘들어한다. 그래서 육지로 몰려오는 경향이 있다. 어떤 경우에

---

* μαρῖνος(marînos). 어떤 물고기인지 정체가 밝혀지지 않았다. '돌잉어(barbel)' 또는 '넙치류(flatfish)'라고도 한다.
** 고대 그리스 역법에 따르면 '포세이돈 달'은 현재의 12월 중순에서 1월 중순에 해당한다.
*** χηλόν(chelon), μύξων(myxon).

는 고통이 심해 제정신이 아닌 상태에서 뭍으로 뛰어오르기도 한다. 산란이 끝날 때까지 물불 가리지 않고 계속해서 그렇게 행동한다. 이런 현상은 다른 물고기보다 숭어에게서 더 두드러지게 나타난다. 물고기들은 산란을 마치자마자 차분해진다.

2 물고기의 번식력에는 한계가 있다. 많은 물고기가 배 속에 벌레가 생기면 번식력을 잃는다. 벌레들이 번식하면서 알을 다 먹어 치우기 때문이다. 무리를 이루는 물고기는 봄에 산란한다. 사실 물고기 대부분은 춘분경에 산란한다. 몇몇 물고기는 여름이나 추분 무렵에 산란한다.

3 떼 지어 다니는 물고기들 가운데 가장 먼저 치어가 태어나는 것은 색줄멸*이다. 황어**가 가장 나중에 알을 낳는다. 숭어도 일찍 알을 낳는다. 벤자리***는 일반적으로 초여름에 알을 낳지만 때로는 가을에 알을 낳기도 한다. 안티아스라고도 하는 바다금붕어****는 여름에 알을 낳는다. 그리고 귀족도미,***** 농어, 줄돔 그리고 '경주자들'******이라는 별명을 가진 물고기 순으로 알을 낳는다. 알을 낳는 순서로 볼 때 떼 지어

---

* ἀθερίνη(atherinē). 색줄멸속(silversides) 물고기들로, 은줄멸, 보리멸 등이 있다.
** κέφαλος(kephalos). cephalus. 학명은 *Squalius cephalus*.
*** σάλπη(sárpē). 퀴비에는 이 물고기가 프로방스 지방에서 소프(saupe)라고 부르는 물고기라고 설명하고 있다.
**** ἀνθίας(anthias). 농어의 일종으로 학명은 *Anthias anthias*.
***** χρύσοφρυς(chrysophrys). 학명은 *Sparus aurata*.
****** δρομεύς(dromeus). 특정한 어종이 아니라 회유성 어종을 총칭하는 것으로 보인다.

다니는 물고기 가운데 가장 늦은 것은 노랑촉수와 까마귀고기*다. 이 두 종류는 가을에 알을 낳는다. 노랑촉수는 진흙에 알을 낳는다. 진흙은 온도가 쉽게 올라가지 않기 때문에 늦게 산란할 수밖에 없다. 까마귀고기는 알을 오랫동안 배 속에 지니고 다닌다. 이 물고기는 바위가 많은 곳에 살지만 멀리 떨어진 해초가 무성한 곳으로 가서 노랑촉수보다 조금 더 늦게 알을 낳는다. 작은 얼룩도미는 동지 무렵에 알을 낳는다. 그 밖에 깊은 바다에 사는 다른 물고기들은 대부분 여름에 알을 낳는다. 어부들이 여름에 물고기를 잡지 않는 것은 이런 사실을 반증한다. 경골어류 가운데는 정어리가 가장 번식력이 높고 연골어류 가운데는 아귀가 그렇다. 하지만 아귀 새끼들은 금방 죽기 때문에 보기 드물다. 아귀는 연안의 얕은 물에 한꺼번에 알을 낳는다.

4 일반적으로 연골어류는 태생이기 때문에 새끼를 적게 낳는다. 치어들은 크기가 제법 크기 때문에 살아남을 확률이 높은 편이다. 이른바 실고기(또는 바늘고기)는 늦게 알을 낳는다. 실고기는 대부분 산란 과정에서 알이 가득 차면 골판이 갈라진다. 알이 크기 때문에 알의 숫자는 많지 않다. 치어들은 거미 새끼들처럼 어미 주위에 들러붙어 있다. 어미가 자신의 몸에 알을 낳기 때문이다. 새끼들은 건드리면 헤엄쳐 달아난다.

---

* κορακῖνος(korakīnos). coracinus. 대서양 동부 연안, 지중해, 흑해 등에 서식하는 갈색동갈민어를 가리키는 것으로 보인다. 그러나 스트라본은 나일강에 사는 물고기로 보았으며, 플리니우스는 리타니아 닐리데스 호수에 서식하는 민물고기로 보았다. 이렇듯 이 물고기의 정체를 확실히 규정하기는 쉽지 않다.

색줄멸은 배를 모래에 문지르며 알을 낳는다. 참치는 살이 쪄 몸이 갈라진다. 참치의 수명은 2년이다. 어부들은 그해 참치 새끼들을 보지 못하면 이듬해 여름 다 자란 참치가 없는 것으로 미루어 참치의 수명을 추정한다. 어부들은 펠라뮈스*보다 일 년 더 자란 것을 참치라고 여긴다.

5 참치와 고등어는 엘라페볼리온**이 다가오면 짝짓기를 하고 헤카톰바이온***이 시작할 때 알을 낳는다. 참치는 주머니에 들어 있는 형태로 알을 낳는다. 참치의 치어는 매우 빠르게 성장한다. 암컷이 흑해에 알을 낳으면 며칠 만에 크게 자라기 때문에 비잔틴 사람들이 '잘 자라는 것'이라는 뜻으로 '아욱시드'****라는 별명을 붙여준 참치 새끼가 태어난다. 이 참치들과 함께 가을에 흑해를 빠져나갔던 참치 새끼들은 봄에 펠라뮈스로 성장하여 돌아온다. 물고기들은 일반적으로 성장 속도가 빠르지만, 흑해에 서식하는 물고기들은 유별나게 빨리 자란다. 예를 들면 가다랑어*****는 하루가 다르게 자란다. 같은 곳에 사는 물고기라고 해도 짝짓기와 배란·산란의 시기, 유리한 날씨 등이 같지 않다는 점을 다시 한번 유념할 필요가 있다. 예를 들면 까마귀고기는 밀을 수확하는 시기에 알

---

* πηλαμύς(pelamys). 태어난 지 일 년이 안 된 어린 참치.
** Ἐλαφηβολιών(Elaphēboliōn). 고대 그리스 역법으로 아홉 번째 달이자 겨울의 마지막 달. 현재의 3월 중순에서 4월 중순에 해당한다.
*** Ἑκατομβαιών(Hekatombaiōn). 고대 그리스 역법의 첫 번째 달이자 여름이 시작하는 달. 현재의 7월 중순에서 8월 중순에 해당한다.
**** αὐξίδ(auxid). '성장하다'라는 뜻의 동사 αὐξάνειν(auxánein)에서 비롯한 말이다.
***** ἀμία(amía). 흔히 대서양 가다랑어(Atlantic bonito)라고 부르는 물고기. 학명은 *Sarda sarda*. 대서양, 지중해, 흑해에 서식한다.

을 낳는다. 여기에서 언급된 내용은 일반적인 관찰을 통해 얻은 결과를 바탕으로 한 것이다.

6 붕장어도 알을 낳는다. 그런데 이런 사실이 드러나는 정도는 지역에 따라 차이가 있으며 또한 알에 기름이 많아서 명확히 관찰할 수도 없다. 알은 뱀의 알처럼 갸름하게 생겼다. 하지만 붕장어를 불에 얹어 놓으면 그 특성이 드러난다. 기름은 녹아 없어지고 알이 튀어나와 톡톡 소리를 내며 터진다. 그것을 손으로 만져 손가락으로 문질러보면 기름은 미끈거리고 알은 거칠다는 것을 느낄 수 있다. 어떤 붕장어는 기름만 있고 알은 없다. 반대로 어떤 붕장어는 기름이 없고 알만 있다.

지금까지 난생동물의 지느러미, 날개, 발, 짝짓기, 성장 등과 같은 주제를 살펴보았다.

제17장

네발짐승의
짝짓기

1 지금까지 공중을 날고 물에서 헤엄치는 동물들 그리고 육지에 사는
난생동물의 짝짓기와 임신 등에 대해서 제법 충실히 알아보았다. 이
제 태생 육상동물과 인간의 짝짓기와 임신에 대해 알아볼 차례다. 자웅
의 짝짓기에 대해 지금까지 이루어진 설명 중에는 특정 동물에만 해당하
는 내용도 있고 동물 전체에 해당하는 내용도 있다. 이성에 대한 성적 욕
망과 성교에서 더할 수 없는 희열을 느끼는 것은 모든 동물에 해당한다.
암컷은 출산 이후에 사나워진다. 이에 반해 수컷은 짝짓기 철이 되면 난
폭해진다. 예들 들어, 말은 교미할 때가 되면 서로 물고 말 탄 사람을 내
던지고 쫓아버린다. 멧돼지는 이 시기가 되면 교미해서 기력이 쇠약해지
지만, 평소와는 달리 난폭해져 서로 싸운다.

2 수퇘지는 특이하게도 의도적으로 나무에 몸을 비벼 가죽을 두껍게 하거나 여러 차례 진흙을 뒤집어쓴 다음 햇볕에 말리는 방식으로 일종의 방어용 갑옷을 입고 격렬하게 싸운다. 수컷은 경쟁자를 암퇘지 무리 밖으로 쫓아내려고 서로 싸우는데 싸움이 격렬해서 상대가 죽는 일도 드물지 않게 일어난다. 황소, 숫양, 숫염소 등도 마찬가지다. 평소에는 한데 어울려 풀을 뜯다가도 번식기가 되면 서로 소원해져 티격태격 싸운다. 수컷 낙타도 번식기에는 인간이나 다른 수컷 낙타가 다가오면 사납게 군다. 낙타는 말이 나타나면 언제든지 싸울 기세가 돼 있다.

3 이런 현상은 야생동물에서도 마찬가지로 나타난다. 곰, 늑대, 그리고 사자도 번식기가 되면 사나워진다. 그러나 수컷은 항상 따로 놀기 때문에 번식기에도 싸우는 일이 적다. 암컷 곰은 출산 후에 사나워지고 암개는 강아지를 낳은 후에는 사나워진다. 수코끼리는 짝짓기 철이 되면 흉포해진다. 그래서 인도에서는 사육사들이 코끼리 수컷이 암컷과 교미하지 못하도록 한다. 왜냐하면 발정기가 되면 허술하게 지은 사육사의 집을 부수는 등 난폭한 행동을 하기 때문이다. 인도 사람들은 먹이를 충분히 주는 것도 코끼리를 유순하게 만드는 한 가지 방법이라고 말한다. 또 다른 방법은 다른 코끼리를 난폭하게 구는 코끼리 무리에 집어넣어 신참 코끼리가 다른 코끼리들을 응징하여 기강을 잡게 하는 것이다.

4 인간이 사육하는 돼지와 개 등과 같이 교미하는 시기가 따로 있는 것이 아니라 수시로 교미하는 동물은 자주 교미하기 때문에 교미에

광적으로 몰두하지 않는다. 암컷 가운데는 암말이 교미를 가장 밝히고 그다음으로는 암소다. 실제로 암말은 암내를 풍긴다고 한다. 암말의 색정에서 파생된 용어가 성적 욕망을 억제하지 못하는 인간의 여성을 매도하는 용어로도 쓰인다. 암퇘지가 발정했을 때도 같은 현상을 볼 수 있다. 암말은 발정했을 때 교미하지 못하면 바람에 의해서도 임신한다는 말이 있다.* 그래서 크레타섬에서는 암말 옆에는 항상 수말을 붙여 둔다. 수말이 없으면 암말이 달아나기 때문이다. 욕정을 채우지 못해 도망가는 말은 예외 없이 북쪽이나 남쪽으로 달아나고 절대로 동쪽이나 서쪽으로는 가지 않는다.

5 욕정에 안달이 난 암말은 욕정이 사그라들거나 바다로 갈 때까지는 아무도 곁에 오지 못하게 한다. 발정한 암말은 그런 상황에서 갓 태어난 망아지에게 묻어 있는 것과 같은 히포마네스**라는 물질을 분비한다. 이것은 암퇘지가 분비하는 요도곁샘액과 비슷한데 마약과 미약(媚藥)을 거래하는 여성들 사이에 수요가 많다. 교미할 때가 되면 말들은 평소보다 자주 서로 몸을 기대고 꼬리로 흔들어 부딪치고 여느 때와는 다른 울음소리를 낸다. 그리고 생식기에서는 수컷의 정액보다 묽은 액체가 흘러나온다. 어떤 사람은 망아지에게 묻어 있는 물질 대신에 이 질액을 히포마네스라고 주장한다. 그것은 한 번에 몇 방울밖에 나오지 않기 때문에 구하기가 매우 어렵다고 한다. 또 암말은 교미를 원하면 오줌을 자주 싸고 수말

---

* 　　바람이 임신시킨 암말에 관한 우화는 널리 입에 오르내리고 있다.
** 　　ἱππομανής(hippomanes). 암말의 생식기에서 분비되는 것으로 알려진 물질.

과 어울려 서로 희롱하며 뛰논다. 지금까지 말의 습성에 관해 설명했다.

6 암소는 수소를 찾아다닌다. 교미하려는 욕망으로 완전히 흥분된 상태이기 때문에 목부들이 통제할 수 없다. 암말과 암소는 생식기가 부풀어 오르고 끊임없이 오줌을 지리는 것으로 발정했다고 표시한다. 게다가 암소는 수소를 쫓아다니며 뒤에서 올라타기도 하면서 수소 곁을 떠나지 않는다. 암말과 암소는 나이가 적을수록 일찍 발정한다. 암말과 암소의 교미 욕구는 날씨가 맑고 건강 상태가 좋으면 더 강렬해진다. 암말의 갈기를 잘라주면 성욕이 줄어들고 순해진다.*

7 수말은 냄새로 자기 무리의 암말을 알아본다. 만약 낯선 말들이 발정하기 며칠 전에 무리에 섞이게 되면 떠날 때까지 그 말들을 괴롭힌다. 수말은 상대할 암말들을 데리고 따로 떨어져 풀을 뜯는다. 수말 한 마리가 보통 서른 마리 이상의 암말을 상대한다. 다른 수말이 접근하면 암말들을 몰아 둥근 원형으로 진을 형성하고 그 주위를 돌다가 새로운 도전자를 상대하러 나선다. 만약 암말 중 한 마리라도 동요하면 수말은 그 암말을 물어서 새로운 수말에게 가지 못하도록 막는다.

8 수소는 번식기가 되면 암소들과 어울려 풀을 뜯기 시작하며 다른 수소들과 싸운다. 다른 때에는 수소와 암소는 어울리지 않고 따로 떨

---

* 플리니우스의 『박물지』(8권 66장)에도 같은 내용이 있다.

어져 지낸다. 목부들은 그것을 '무리 혐오'*라고 말한다. 에피로스에서는 종종 수소들이 석 달 동안 자취를 감추는 일이 일어난다. 일반적으로 모든 또는 대부분 야생동물의 수컷은 교미철 이전에는 암컷들과 무리를 이루어 지내지 않는다. 성체가 되면 수컷들끼리도 각자 따로 떨어져 지내며 암컷과도 한데 어울리지 않는다. 암퇘지는 발정나면 사람을 공격하는 일도 있다. 수캐를 밝히는 암캐를 '스퀴잔'**이라고 한다.

9 발정기가 되면 생식기가 부풀어 오르고 그 주변이 촉촉해진다. 암말은 그때가 되면 흰 질액을 흘린다. 동물의 암컷은 월경을 한다. 그러나 인간의 여성처럼 그렇게 피를 많이 흘리지는 않는다. 암양과 암염소는 발정기에 월경을 하여 짝짓기 준비가 되었음을 알리고 교미한 다음 새끼를 낳을 때까지 월경을 걸러 교미했다는 표시를 낸다. 양치기들은 그것을 보고 새끼가 태어날 것을 안다. 출산하고 난 뒤에는 일종의 정화작용으로 월경량이 많다. 처음에는 묽은 피가 나오다가 나중에는 짙은 피를 흘린다.

10 덩치가 큰 암소, 암탕나귀, 암말 등은 월경량이 절대적으로 많다. 하지만 체구에 견주어보면 매우 적은 편이다. 암소는 생리기

---

*   ἀτιμαγελεῖν(atimagelein).
** σκυζᾶν(skuzan). 톰슨이나 크레스웰도 이 어휘를 해석하지 못하고 톰슨은 동어반복적으로 '발정났다'고 의미를 유추하여 썼고, 크레스웰은 음역조차 하지 않고 원문을 그대로 옮겼다. 옮긴이도 이 어휘를 백방으로 찾아보았으나 알 수 없었다. 고대 아카디아어로 스키타이 사람을 '이스퀴자이(Ishkuzai)'라고 부른 데서 스키타이의 여성을 빗대어 표현한 것이 아닐까 조심스럽게 추정해볼 뿐이다.

간이 짧은데 기껏해야 반 컵 정도의 피를 흘린다. 암소는 월경할 때가 교미의 최적기라고 할 수 있다. 네발짐승 중에서는 말이 가장 수월하게 새끼를 낳는다. 그리고 출산 후 월경량도 체구에 비해서 가장 적다. 암소와 암말은 두 달, 넉 달, 여섯 달 간격으로 월경을 한다.* 그러나 말은 항상 따라다니지 않으면 월경을 확인하기 어렵다. 그래서 많은 사람이 말은 월경을 하지 않는다고 생각한다.

11 암컷 노새는 월경하지 않는다. 하지만 암컷의 오줌은 수컷의 오줌보다 진하다. 일반적으로 동물의 오줌은 인간의 오줌에 비해 진하다. 그리고 암양과 암염소의 오줌은 숫양이나 숫염소의 오줌보다 진하다. 하지만 당나귀는 수컷의 오줌이 암컷의 오줌보다 진하다. 암소의 오줌은 수소의 오줌보다 냄새가 더 독하다. 모든 네발짐승은 출산 후에 오줌이 진해지는데, 특히 오줌을 상대적으로 적게 싸는 동물이 그렇다. 교미할 때가 되면 젖이 고름같이 변한다.** 그러나 출산하고 나면 젖이 좋아진다. 임신한 암양과 암염소는 많이 먹어 살이 찐다. 암소를 비롯해 모든 네발짐승이 마찬가지다.

---

* 이 부분에 대한 해석은 분분하다. 그리스의 인문학자 테오도로스 가지스(Theodoros Gazis, 1398~1475)는 "석 달에 한 번 월경한다"고 해석했고, 크레스웰은 "두 번째, 네 번째, 여섯 번째 달에 월경이 없으면 임신한 징표"라고 해석했다. 톰슨은 "두 달, 넉 달, 여섯 달 간격으로 월경한다"고 해석했다. 어떤 해석도 말의 생리와는 부합하지 않는다. 말의 짝짓기 시기는 보통 4월부터 8월까지인데, 그 기간에는 21일 주기로 발정한다. 발정기는 4일에서 10일로 말에 따라 다르다.
** 톰슨은 이렇게 변한 젖을 초유(colostrum)라고 주를 달아 설명했는데, 사실 초유는 출산 이후에 나온다.

제18장

사육 돼지의
짝짓기

1 일반적으로 동물의 성욕은 봄에 가장 강하다. 모든 동물의 교미 시
기가 같은 것은 아니지만 새끼를 키우기 좋은 계절을 택하다 보니 그
렇게 바뀐 것이다. 가축으로 키우는 돼지는 4개월 동안 새끼를 임신한다.
돼지는 가장 많을 경우 스무 마리까지 새끼를 낳는다. 하지만 새끼를 너
무 많이 낳으면 다 키울 수 없다. 암돼지는 나이가 들어서도 계속 임신하
지만 수돼지에게 점점 관심을 보이지 않는다. 암돼지는 한 번만 교미해도
임신이 되지만 임신한 뒤에도 요도곁샘액을 흘리기 때문에 수돼지들이
달려들어 여러 차례 교미하게 된다. 그런 일은 모든 암돼지가 겪는 일이
다. 하지만 암돼지 가운데 어떤 것은 정액을 분비하기도 한다.

2 임신 중에 상처를 입거나 발육이 부진한 상태로 태어난 새끼를 '메타카이론'*이라고 한다. 임신 중에는 자궁의 어느 부위라도 부상할 수 있다. 어미 돼지는 새끼를 낳은 뒤에 가장 실한 젖꼭지를 맨 먼저 태어난 새끼에게 물린다. 발정하자마자 수퇘지와 교미해야 하는 것은 아니다. 왜냐하면 귀가 늘어지기 전에 교미하면 그 뒤로도 계속 발정하기 때문이다. 암퇘지는 발정이 절정에 이르렀을 때 한 번만 교미해도 임신이 된다. 짝짓기 시기를 맞은 수퇘지에게는 보리를 먹이고 출산할 때가 다가온 암퇘지에게는 삶은 보리를 먹인다. 어떤 암퇘지는 초산에 건강한 새끼들을 낳고 어떤 암퇘지는 나이가 들고 몸집이 커질수록 더 건강한 새끼를 낳는다. 암퇘지는 한쪽 눈알을 뽑아내면 얼마 살지 못하고 죽는다고 한다. 돼지의 수명은 보통 15년이다. 그러나 20년 가까이 사는 돼지도 있다.

---

* μετακαιρόν(metakairon). μετα는 '뒤(after)', καιρόν은 '시간'을 의미하는 καιρός(kairós)의 목적격이다. 우리말로는 '덜떨어진 것' 정도로 의역할 수 있다.

제19장

양과 염소의
짝짓기

1 암양은 서너 번 교미한 다음 임신한다. 교미한 다음에 비가 오면 숫양은 다시 암염소에게 다가가 교미한다. 암염소도 암양과 같다. 암양은 보통 새끼를 두 마리 갖는데, 세 마리나 네 마리를 가질 때도 있다. 암양과 암염소의 임신 기간은 5개월이다. 따라서 서식지의 기후가 온화하고 편안하게 잘 먹고 잘 지내면 일 년에 두 번 새끼를 낳는다. 염소의 수명은 8년이고 양은 10년이다. 그러나 대부분은 그렇게까지 오래 살지 못한다. 하지만 길잡이 숫양은 15년도 산다. 양치기들은 무리마다 수컷 한 마리를 길잡이 양으로 훈련시킨다. 양치기가 이름을 부르면 그 양은 무리를 이끌고 온다. 이런 일을 하기 위해서 길잡이 양은 어려서부터 훈련받는다. 에티오피아의 양은 12~13년, 염소는 10~11년 산다. 양과 염소는 죽을 때까지 교미한다.

2 양과 염소는 목초지가 좋거나, 숫양이나 숫염소가 쌍둥이로 태어났
거나, 암양이나 암염소가 쌍둥이로 태어났다면 또 쌍둥이를 낳을
수도 있다. 양과 염소는 어떤 것은 수컷을 낳고 어떤 것은 암컷을 낳는다.
그 차이는 양들이 마시는 물과 아비가 누구냐에 달려 있다. 암컷이 북풍
이 불 때 교미하면 수컷을, 남풍이 불 때 교미하면 암컷을 낳는 경향이
있다. 교미하는 동안에 암컷이 북쪽을 바라보면 새끼의 성별이 바뀌어 암
컷 대신 수컷을 낳는다. 일찍 교미하는 데 익숙해진 암양은 늦게 수컷이
달려들면 교미를 기피한다.*

3 새끼 양의 색깔은 수컷의 혀 밑에 있는 혈관의 색깔에 따라 결정된
다. 혈관이 흰색이면 흰 양, 검으면 검은 양, 얼룩색이면 얼룩 양, 붉
은색이면 붉은 양이 태어난다. 암양은 소금물을 마시면 더 교미에 적극성
을 보인다. 그래서 출산 전후와 봄철에는 양에게 소금물을 마시게 한다.
목부가 길잡이 양을 정해 놓지 않으면 무리는 안정감이 없이 산만하게 흩
어져 돌아다닌다. 교미철을 맞아 나이든 양들이 먼저 교미에 나서면 양치
기들은 그해 양치기가 잘될 좋은 조짐으로 해석하고 어린 것들이 먼저 교
미에 나서면 나쁜 징조로 여긴다.

---

*   '일찍'과 '늦게'에 대한 해석이 분분하다. 테오도로스 가지스는 하루 중의 이르고 늦은 시간으로 해석
했고, 요한 슈나이더는 계절로 봤을 때 이르고 느린 것으로 해석했다.

제 2 0 장

개의
짝짓기

1 개는 여러 종류가 있다. 그 가운데 라코니아* 사냥개는 생후 8개월이 되면 교미한다. 그때쯤 되면 개들은 한쪽 다리를 들어 올리고 오줌을 눈다. 암캐는 한 번 교미로 임신이 된다. 그것은 암캐가 은밀하게 재주껏 뒤를 맞대 흘레붙고 난 뒤 임신하는 것을 보면 알 수 있다. 라코니아 암캐의 임신 기간은 일 년의 6분의 1에 해당하는 60일인데, 하루 이틀 늦거나 빠를 수 있다. 생후 12일이 될 때까지 강아지는 눈을 뜨지 못한다. 암캐는 출산하고 6개월이 지나야 다시 발정한다. 어떤 암캐는 임신 기간이 일 년의 5분의 1에 해당하는 72일이다. 그런 암캐가 낳은 새끼는 14일 동안 눈을 뜨지 못한다. 또 다른 암캐는 일 년의 4분의 1에 해당하는 꼬박 석 달 동안 새끼를 품고 있다. 그렇게 태어나는 강아지는 17일 동안 눈을 뜨

---

*   Λακωνία(Laconia). 펠로폰네소스반도 남부 지역. 스파르타가 중심 도시다.

지 못한다. 이런 암캐의 발정 기간도 17일로 같다. 월경은 7일 동안 하는데 그 기간에는 생식기도 같이 부풀어 오른다.

2 암캐는 월경 기간에 교미하는 것이 아니라 월경이 끝난 뒤 7일 동안 교미한다. 암캐의 발정 기간은 보통 14일이지만 16일인 암캐도 있다. 새끼를 낳을 때 동시에 출산 정화*가 이루어진다. 그때 나오는 물질들은 탁한 점액질이다. 출산 때 새끼와 함께 배출되는 것들은 체격에 걸맞지 않게 적은 편이다. 암캐는 출산 5일 전부터 젖이 나온다. 7일 전이나 4일 전부터 젖이 나오기도 있다. 젖은 출산 직후부터 먹일 수 있다. 라코니아 암캐는 교미한 뒤 30일이 지나면 젖이 나온다. 처음에는 젖이 진하다가 시간이 갈수록 점차 묽어진다. 암캐의 젖은 암돼지와 암토끼를 제외하고는 다른 동물보다 진하다.

3 암캐가 다 자라면 생식능력을 갖게 됐다는 징후가 나타난다. 인간의 여성에게 나타나는 것과 같이 젖꼭지가 커지고 젖가슴이 탄력을 갖게 된다. 하지만 징후가 뚜렷하지 않기 때문에 전문가가 아니면 그런 변화를 알아보기 어렵다. 앞의 이야기는 암캐에 해당되는 것으로 수캐와는 전혀 관계가 없다. 수캐는 일반적으로 생후 6개월이 지나면 다리를 들고 오줌을 싼다. 개에 따라서는 그런 행동이 생후 8개월에 나타나기도 하고 6개월이 채 안 돼 나타나기도 한다. 일반적으로 말하면 강아지 티를 벗고 성

---

* αγνισμός(agnismos). 출산 때 양막과 양수가 함께 나오는 것을 뜻한다.

427

숙했을 때 그런 행동을 한다. 암캐는 쪼그리고 앉아 오줌을 눈다. 예외적으로 암캐 중에도 아주 드물게 다리를 들고 오줌을 싸는 것도 있다. 암캐는 보통 새끼를 대여섯 마리 낳고 가장 많아야 열두 마리를 낳는다. 간혹 한 마리만 낳는 암캐도 있다. 라코니아 사냥개의 암컷은 새끼를 보통 여덟 마리 낳는다. 개는 죽을 때까지 교미를 즐긴다. 라코니아 사냥개는 매우 놀라운 현상을 보여주는데, 수캐들은 빈둥거리며 지낼 때보다 힘들게 사냥하고 난 뒤 더 열심히 교미한다.*

4 라코니아 수캐의 수명은 10년이고 암캐는 12년이다. 다른 종류의 개들은 보통 14년에서 15년을 산다. 하지만 20년을 사는 개도 있다. 그리고 이런 이유로 어떤 사람은 호메로스가 오디세우스의 개가 스무 살에 죽었다고 쓴 것은 틀리지 않다고 말한다. 라코니아 사냥개의 수컷은 힘들게 사냥하기 때문에 암컷보다 일찍 죽는다. 다른 개들은 일반적으로 수컷이 더 오래 살지만, 암수 간 수명의 차이는 명확하지 않다. 개들은 송곳니를 제외하고는 이빨을 갈지 않는다. 성별에 상관없이 개들은 생후 4개월이 되면 송곳니가 빠지고 다시 난다. 그러나 개들이 송곳니만 간다는 것을 의심하는 사람이 많다. 어떤 사람은 개들이 송곳니 두 개만 갈기 때문에 그때를 놓치고 이빨이 빠진다는 사실 자체를 완전히 부정한다. 또 어떤 사람은 이빨 두 개가 빠진 것으로 보고 다른 이빨도 때가 되면 빠진다고 생각한다. 개의 이빨을 보면 나이를 알 수 있다. 어린 개는 이빨이 희고 끝이 날카롭다. 늙은 개는 이빨이 거무죽죽하고 뭉툭하다.

---

* 이러한 '노동 뒤의 성적 욕망'은 플리니우스의 『박물지』 제37권 등 많은 문헌에서 언급된 바 있다.

제21장

소의 짝짓기

1 수소는 교미 한 번으로 암소를 임신시킨다. 그리고 암소를 짓누르듯이 격렬하게 교미한다. 첫 번째 교미가 제대로 되지 않으면 암소에게는 다음 교미까지 20일의 휴지기가 필요하다. 나이 든 수소는 같은 암소와 휴지기 없이 하루에 여러 번 교미하는 것을 싫어한다. 어린 수소는 정력이 넘치기 때문에 하루에도 여러 번 그리고 여러 암소와 교미할 수 있다. 수컷 중에서는 소가 가장 교미를 덜 밝히는 동물이다. 수컷끼리 싸워 이긴 승자가 암컷들과 교미한다. 이긴 수컷이 교미를 많이 해 기력이 떨어지면 싸움에서 패배했던 상대가 다시 그 수컷을 공격해 승자가 되는 경우도 드물지 않다.

2 수소와 암소가 교미해서 새끼를 가질 수 있으려면 대략 생후 1년은 되어야 한다. 하지만 보통 생후 20개월이 지나면 교미를 시작한다.

그러나 생후 2년이 되어야 교미하고 새끼를 가질 수 있다는 것이 정설로 통한다. 암소는 아홉 달 동안 임신하고 열 달 째가 됐을 때 송아지를 낳는다. 어떤 사람은 열 달을 꼬박 채우고 새끼를 낳는다고 주장한다. 열 달이 못 돼 태어난 송아지는 살지 못한다. 그러나 산달에 거의 임박해서 태어난 송아지는 발굽이 약하고 제대로 모양을 갖추지는 못했지만 살아남을 수도 있다. 암소는 송아지를 한 마리 낳는다. 그러나 가끔 두 마리를 낳기도 한다. 암소는 살아 있는 한 교미해서 새끼를 낳는다.

3 암소의 수명은 약 15년이다. 수소도 거세하지 않으면 그 정도 산다. 그리고 건강하게 태어난 것들은 20년 이상 산다. 목부들은 길잡이 양을 만드는 것과 비슷하게 거세한 수소를 길들여 무리의 길잡이로 삼는다. 길잡이 수소는 힘든 일을 하지 않는 데다 질이 좋은 목초를 먼저 먹기 때문에 다른 수소들보다 오래 산다. 수소는 대여섯 살 때 가장 정력이 왕성하다. 그래서 어떤 사람은 '수소는 다섯 살 때, 암소는 아홉 살 때 가장 힘이 좋다'고 한 호메로스의 말이 옳다고 말한다.*

4 소는 두 살이 되면 이빨을 간다. 모든 이빨이 한꺼번에 빠지는 게 아니라 말이 이빨을 가는 것처럼 빠진다.** 소가 부제병(腐蹄病)으로 고

---

*   호메로스는 아가멤논이 다섯 살짜리 살찐 황소를 신에게 바치는 장면(『일리아스』 2권 403절), 아홉 살짜리 소의 가죽으로 만든 지갑(『오디세이아』 10권 19절), 오디세우스를 접대하기 위해 다섯 살짜리 황소를 잡아 가죽을 벗겨 꼬치구이를 만드는 대목(『오디세이아』 19권 420절) 등을 묘사했으나 '다섯 살짜리 수소와 아홉 살짜리 암소가 힘이 좋다'는 직설적인 표현은 하지 않았다.

**   말의 이빨 갈이는 순차적으로 이루어진다. 생후 30개월에 시작해서 다섯 살이 될 때까지 이빨이 빠지고 빠진 순서대로 다시 이빨이 난다. 그렇게 일곱 살이 되면 모든 이빨이 완전히 자리를 잡는다.

통받으면 발굽은 빠지지는 않지만 발이 심하게 부어오른다. 암소는 출산 직후부터 젖이 나오지만 출산하기 전에는 전혀 나오지 않는다. 출산 이후 처음에 나오는 초유는 물로 희석하지 않으면 돌덩이처럼 단단하게 엉긴 다. 생후 1년이 안 된 소는 특별한 경우가 아니면 교미하지 않는다. 하지 만 생후 4개월밖에 안 된 소끼리 교미한 사례가 있다. 암소는 보통 타르겔 리온*이나 스키로포리온**에 교미를 한다. 그러나 어떤 암소는 가을***까 지도 교미한다. 많은 암소가 교미하고 임신하면 비가 오고 폭풍이 불 징 조다. 암소도 암말과 마찬가지로 무리 지어 다니는데, 무리를 이루는 수 가 말보다는 적다.

---

*   Θαργηλιών(Thargēliōn). 고대 그리스 역법으로 봄의 두 번째 달로, 대략 지금의 5월 중순에서 6월 중 순까지.

**   Σκιροφοριών(Skirophoriōn). 고대 그리스 역법으로 봄의 세 번째 달로, 대략 지금의 6월 중순에서 7월 중순까지.

***   고대 그리스 역법에 따르면 가을은 대략 지금의 10월 중순부터 이듬해 1월 중순까지 석 달이다.

제22장

말의 짝짓기와
히포마네스

1 말은 두 살이 되면 번식할 수 있다. 그러나 실제로 그렇게 일찍 새끼를 낳는 경우는 드물고 설사 낳는다고 해도 새끼가 작고 약하다. 일반적으로 세 살은 되어야 성적으로 성숙하다고 볼 수 있다. 그때부터 스무 살까지 암수가 교미해 낳는 새끼가 건강하다. 암말의 임신 기간은 11개월이다. 그리고 12개월째가 되면 출산한다. 수말이 암말을 임신시키는 데 걸리는 날수는 정해져 있지 않다. 하루, 이틀, 사흘이 될 수도 있고 그 이상이 되기도 한다. 당나귀는 말에 비해 교미 횟수도 많고 임신도 빨리 시킨다. 수말은 교미할 때 수소처럼 열심히 하지 않는다. 말은 인간 다음으로 정욕이 넘치는 동물이다. 어린 말들이 좋은 먹이를 풍족하게 먹으면 조숙해져 일찍 생식능력을 갖기도 한다. 암말은 보통 새끼를 한 마리 임신한다. 간혹 두 마리를 임신하는 경우는 있으나 그 이상은 없

다. 암말*이 두 마리의 노새를 낳은 일이 있다고 하는데, 그것은 괴이하고 불길한 징조로 여겨진다. 말은 두 살이 되면 번식력을 갖기 시작하지만, 태생적으로 불임이 아니라면 이빨 갈이가 끝나면 성적으로 완숙하게 된다. 하지만 어떤 수말은 이빨을 가는 동안에도 암말을 임신시킨다는 것을 덧붙여 말해둘 필요가 있다.

2 말은 이빨이 40개다. 두 살 반이 되었을 때 처음으로 윗니 두 개와 아랫니 두 개, 그렇게 네 개가 빠진다. 그 후 일 년 간격으로 네 개씩 같은 방식으로 이빨 갈이를 한다. 그리고 네 살 반이 되면 더 이상 이빨이 빠지지 않는다. 어떤 말은 이빨이 한꺼번에 빠지기도 하고 어떤 말은 마지막 네 개가 빠질 때 다른 이빨이 한꺼번에 빠지기도 한다. 하지만 그런 경우는 매우 드물기 때문에 말은 네 살 반이 되면 번식하기에 가장 좋은 조건을 갖추게 된다. 수말이든 암말이든 나이가 들면 어렸을 때보다 번식력이 좋아진다. 수말은 자신을 낳아준 어미는 물론 자신의 자식인 암말과도 교미한다. 이와 같은 난교로 하나의 무리가 완성된 것으로 여겨진다. 스키타이인은 새끼를 밴 말을 타고 다니는데, 그렇게 하는 것이 순산에 도움이 된다고 주장한다. 네발짐승은 보통 누워서 출산한다. 그렇기 때문에 새끼들은 옆으로 누운 상태로 태어난다. 하지만 암말은 출산이 임박하면 꼿꼿이 서서 그 자세로 망아지를 낳는다.

---

*　아리스토텔레스는 헤미오노스(ἡμίονος, hēmionos)라고 했다. 원래는 야생 당나귀를 뜻한다. 그러나 톰슨은 암말로 번역했다. 본문의 문장에서는 암말이 이치에 맞는다.

3 수말의 수명은 일반적으로 18년에서 20년이다. 어떤 수말은 25년 이상 심지어는 30년까지도 산다. 그리고 지극하게 관리를 잘하면 50년도 살 수 있다고 한다. 그러나 수말이 30년 살았다면 보기 드물게 오래 산 것이다. 암말은 40년을 산 것도 있지만, 보통 25년을 산다. 종마는 끌려다니며 교미로 진을 빼앗겼기 때문에 수명이 암말보다 짧다. 무리에 섞여 있는 수말보다 따로 떨어진 마구간에서 사육되는 수말이 수명이 더 길다. 암말은 다섯 살, 수말은 여섯 살이 되면 몸이 완전히 다 자란다. 성체가 된 뒤로도 6년 동안 체중이 늘어나고 스무 살이 될 때까지 신체 기능이 증진된다. 그런데 암말은 수말에 비해서 조숙하지만 태중에 있을 때는 인간의 경우와 마찬가지로 수컷이 암컷보다 빨리 발육한다. 이와 같은 현상은 한 번에 새끼를 여러 마리 낳는 다른 동물들에게서도 나타난다.

4 암말은 새끼 노새에게는 6개월 동안 젖을 먹인다. 그러나 그 이상은 접근을 허용하지 않는다. 새끼가 (젖꼭지를) 세게 잡아당겨 고통을 느끼기 때문이다. 노새가 아닌 다른 새끼들에게는 새끼 노새보다 더 오랫동안 젖을 먹인다. 말과 노새는 이빨 갈이를 하고 난 직후에 체력이 가장 왕성하다. 이빨을 갈고 난 다음에는 나이를 알아보기가 쉽지 않다. 이빨을 갈기 전에는 이빨에 나이테가 있는데, 새로 난 이빨에 나이테가 없다. 하지만 송곳니로 대충 나이를 알아볼 수 있다. 사람들이 타고 다니는 말은 재갈에 쓸려 송곳니가 작고 사람들이 타지 않은 말은 송곳니가 크다. 그리고 어린 말은 송곳니가 날카롭고 작다.

5 수말은 계절을 가리지 않고 죽을 때까지 교미한다. 암말도 고삐에 묶이는 등의 속박이 없다면 평생 교미할 수 있다. 말이 수컷이나 암컷이나 교미할 수 없는 특별한 시기가 있지 않으므로 새끼를 낳아 키우기 어려워도 교미할 수 있다. 어느 마구간에서 키우던 종마는 마흔 살 때까지 암말들과 교미했는데 이를 위해서 사람들이 앞다리를 들어주어야만 했다고 한다. 암말은 봄에 발정한다. 암말은 새끼를 낳은 뒤에 바로 임신되지 않고 시간이 한참 지나야 한다. 사실 그 기간이 4~5년 지속되면 훨씬 더 건강한 새끼를 낳는다. 어떻든 일 년 동안의 휴지기가 절대적으로 필요하고 그 기간에는 교미하지 않아야 한다.

6 그런데 암말은 터울을 두고 임신하는 반면 암탕나귀는 연년생으로 새끼를 낳는다. 암말 중에 어떤 것은 완전 불임이고 어떤 것은 임신은 가능하지만 중간에 유산한다. 그렇게 유산하는 암말을 해부해보면 콩팥 옆에 콩팥을 닮은 또 다른 장기가 있어서 마치 콩팥이 네 개 있는 것 같은 특징을 지니고 있다.* 분만한 즉시 암말은 태를 집어삼킨다. 그리고 망아지의 머리에서 '히포마네스'라고 하는 돌기를 물어 뜯어낸다. 이 돌기는 말린 무화과보다 조금 작으며, 모양이 둥글넓적하고 색깔은 검다. 옆에 있던 누군가가 암말보다 먼저 이것을 떼어내면 암말은 미쳐 날뛴다. 이런 이유로 약과 약초를 파는 사람들은 그것을 매우 귀하게 여겨 수집하러 다닌다. 암말이 수말과 교미한 뒤에 수탕나귀가 암말과 교미하면 이전에

---

* 플리니우스는 『박물지』(11권 81장)에서 콩팥이 네 개인 수사슴의 사례를 기록하고 있다.

교미로 생긴 배아는 죽는다. 목부들은 수소를 무리의 우두머리로 정하지만, 말을 기르는 사람들은 특정한 수말을 우두머리로 정하지 않는다. 왜냐하면 수말은 천성적으로 얌전히 있지 못하고 돌아다니기 때문이다.

제23장

당나귀의
짝짓기

1 당나귀는 생후 30개월이 되면 교미를 시작한다. 그리고 그 무렵에 처음 이빨을 간다. 그리고 나서 6개월 안에 두 번째로 이빨이 빠진다. 그리고 또 6개월 간격으로 세 번째, 네 번째로 이빨을 간다.* 네 번째로 빠지는 이빨을 그노몬**이라고 한다. 암탕나귀는 한 살 때 새끼를 낳아 키우기도 한다. 교미를 끝낸 암탕나귀는 그냥 두면 생식기에서 정액을 흘린다. 그래서 목부들은 교미가 끝나면 으레 암탕나귀를 때려서 쫓아낸다. 당나귀의 임신 기간은 12개월이다. 두 마리를 낳는 경우도 있지만 당나귀는 보통 새끼를 한 마리만 낳는다. 앞서 설명했지만, 당나귀가 수말과 교미한 암말과 다시 교미하면 배 속에 있는 말의 배아는 죽는다. 하지만 당

---

* 모든 이빨이 네 번에 걸쳐 빠지는 것이 아니라 두 개씩 순차적으로 빠지는 것을 의미한다.

** γνώμων(gnomon). 이것은 알아볼 수 있는 표식을 의미한다. 보통 앞니가 여기에 해당하는데 앞니에는 줄무늬가 있어 이것으로 나이를 측정할 수 있다.

나귀 새끼를 임신한 암말이 다시 수말과 교미해도 당나귀의 배아는 죽지 않는다.

2 암탕나귀는 임신 10개월째가 되면 젖이 나온다. 새끼를 낳고 나서 7일이 지나면 암탕나귀는 다시 수탕나귀와 교미한다. 그리고 그때는 쉽게 임신이 된다. 그 이후로 교미해도 임신할 가능성이 크다. 암탕나귀는 출산하는 것을 사람들에게 보이거나 벌건 대낮에 출산하는 것을 싫어한다. 그래서 출산이 임박하면 당나귀를 어둑어둑한 곳으로 끌고 간다. 암탕나귀는 나이를 알아볼 수 있는 앞니가 빠지기 전에 새끼를 출산하면 평생 새끼를 낳을 수 있지만 그렇지 않으면 평생 새끼를 갖지 못한다. 당나귀의 수명은 30년이 넘는다. 암탕나귀가 수탕나귀보다 오래 산다. 수말과 암탕나귀 또는 수탕나귀와 암말이 잡종교배를 하면 같은 암말과 수말 또는 암탕나귀와 수탕나귀 그렇게 같은 종끼리 교배할 때보다 유산할 가능성이 훨씬 더 높다. 잡종교배를 하면 임신 기간은 수컷에 따라 달라진다. 다시 말해 수컷이 같은 종류의 암컷과 교미할 때와 임신 기간이 같다. 그러나 크기, 생김새, 체력 등은 암컷을 더 닮는다.

3 암컷이 충분한 간격을 두지 않고 계속 잡종교배를 하면 불임이 된다. 그래서 말이나 당나귀를 키우는 사람들은 중간에 적당한 휴지기를 두고 교미를 시킨다. 암말은 수탕나귀와 교미하려 들지 않는다. 마찬가지로 암탕나귀도 수말과 교미하려고 하지 않는다. 그래서 목부들은 수탕나귀 새끼에게 암말의 젖을 먹인다. 그렇게 자란 수탕나귀를 히포텔라

이*라고 하는데, 히포텔라이는 종마들이 그러하듯 목초지에서 암말을 제압하며 교미한다.

---

*   ιπποθηλάι(hippothelai). 암말의 젖을 먹고 자린 수탕나귀.

제 2 4 장

노새의
짝짓기

1 노새*는 첫 번째 이빨 갈이를 한 다음에 암컷과 교미할 수 있다. 그
리고 일곱 살이 되면 임신을 시킬 수 있다. 수컷 노새가 암말과 교미하
면 버새가 태어나는 것으로 알려져 있다. 그리고 일곱 살이 지나면 수컷
노새는 그 이상 교미하지 않는다. 암컷 노새도 임신은 하는데 태아가 발
달하지 않아 출산에 이르지 못하는 것으로 알려져 있다. 시로페니키아**
에서는 암수 노새끼리 교미해 새끼를 낳는다.*** 이 노새들은 생김새는
보통 노새를 닮았지만 노새와는 다르다. 암말이 임신 중에 병에 걸리면
인간의 난장이 그리고 돼지의 메타코이라****에 해당하는 조랑노새 또는

---

* ἡμίονος(hēmíonos). 절반을 뜻하는 ἡμι(hēmi)와 당나귀를 뜻하는 ὄνος(ónos, donkey)의 합성어.
** 시리아와 페니키아를 합쳐 부르는 지명.
*** 수컷 노새는 번식력이 없다. 시로페니키아의 노새는 노새가 아니라 야생 당나귀일 것이다.
**** μετάχοιράς(metachoirás). 발육이 미숙한 새끼 돼지.

발육부진 노새를 낳는다. 그런데 이 조랑노새는 생식기가 비정상적으로 크다.

2 노새는 장수한다. 기록에 따르면 80년을 산 노새도 있다. 아테네에 살았던 것으로 전해지는 이 노새는 신전*을 지을 당시 나이가 많아 풀어 주었는데도 계속 짐을 끄는 것을 거들고 다른 역축(役畜)들과 함께 다니며 열심히 일하도록 기운을 북돋아주었다. 그래서 곡물상에게 노새가 찾아와 곡물 단지를 기웃거려도 쫓아버리지 말라는 법령이 공포되었다. 노새는 암컷이 수컷에 비해 훨씬 더디 늙는다. 어떤 사람은 암컷은 오줌을 누면서 생리를 한다고 말한다. 수컷은 이 오줌 냄새를 맡기 때문에 조로한다. 네발짐승을 사육하는 사람들이 그 동물들이 어린지 아니면 늙었는지를 알아보는 방법이 있다. 볼을 잡아당겼다 놓았을 때 바로 원래대로 돌아가 모습을 회복하면 어린 것이고 가죽이 늘어진 상태로 한동안 있으면 나이가 든 것이다.

---

*   기원전 447년에 짓기 시작하여 432년에 완공된 파르테논 신전을 말한다. 이 이야기는 플리니우스의 『박물지』에도 나와 있다.

제25장

낙타, 코끼리, 야생 돼지 등의 짝짓기

1 낙타의 임신 기간은 10개월*이다. 그리고 한 번에 한 마리만 임신한다. 그 이상 임신하는 경우는 없다. 어린 낙타는 생후 일 년이 지나면 어미 곁을 떠난다. 낙타는 오래 산다. 50년 이상 사는 것으로 알려져 있다. 낙타는 봄에 새끼를 낳는다. 낙타는 출산 후 다음 임신을 할 때까지 젖이 나온다. 낙타의 고기와 젖은 유난히 맛이 좋다. 낙타 젖은 물을 두세 배 타 희석해 마신다.

2 코끼리는 스무 살이 되면 교미를 시작한다. 어떤 기록에는 임신 기간이 2년 6개월로 되어 있고 또 다른 기록에는 3년으로 나와 있다. 임신 기간에 차이가 나는 것은 코끼리들이 교미하는 것을 실제로 목격한 사람이 없기 때문이다. 암코끼리는 엉덩이로 주저앉은 상태에서 새끼를

---

* 본문 제5책 12장에는 δώδεκα(dōdeka) 즉 12개월로 되어 있는데, 10개월이 맞다.

낳는다. 그리고 분만 과정에서 산통을 겪는 것이 확실하다. 새끼는 태어나자마자 코가 아니라 입으로 어미 젖을 빨고 걸을 수 있다. 그리고 태어나면 그 즉시 걸을 수 있고 제대로 볼 수 있다.

3 야생 돼지는 초겨울에 교미하고 봄에 새끼를 낳는다. 야생 돼지는 새끼를 낳기 위해 동굴과 그늘이 많은 접근하기 어려운 절벽으로 숨어든다. 수컷은 30일 동안 암컷과 함께 지낸다. 새끼의 숫자나 임신 기간은 집돼지와 같다. 그리고 꿀꿀거리는 소리도 집돼지와 비슷하다. 암컷은 끊임없이 꿀꿀대지만 수컷은 가끔 꿀꿀댄다. 호메로스가 쓴 대로 수컷은 거세하면 더할 수 없이 크고 사나워진다. 호메로스는 그런 현상을 이렇게 비유적으로 쓰고 있다. "그는 거세한 수돼지를 길렀다. 이 돼지는 사료를 먹는 짐승 같지 않고 숲이 무성한 봉우리 같았다."* 수돼지는 어렸을 때 고환 부위에 가려움증을 느끼면 나무둥치에 고환을 문질러 으깨버린다.

---

* 『일리아스』 9권 539절.

제26장

사슴의
짝짓기

1 이미 설명했지만 암사슴은 보통 강압에 못 이겨 교미한다. 수컷의 음
경이 딱딱해 고통을 참기 어렵기 때문이다. 그러나 간혹 암양이 숫양
과 교미하는 것처럼 교미할 때도 있다. 발정한 암사슴은 서로 떨어져 지낸
다. 수사슴은 특정한 암사슴 한 마리와 지속적으로 교미하는 것이 아니
라 한 마리와 교미가 끝나면 다른 암사슴과 교미한다. 사슴의 짝짓기 시
기는 대각성이 나타난 이후, 그러니까 보이드로미온에서 마이마크테리온*
이다. 사슴의 임신 기간은 8개월이다. 교미하고 나서 며칠 안에 임신이 되
는데 하루 만에 임신되는 경우도 많다. 수사슴 한 마리가 암사슴 여러 마
리를 임신시킨다.

---

*   Βοηδρομιών(Boedromiōn)~Μαιμακτηριών(Maimakteriōn). 고대 그리스 역법으로 9월 중순에서 12월
중순까지를 말한다.

2 사슴은 보통 새끼를 한 마리 낳는데, 두 마리를 낳는 경우도 있다고 한다. 사슴은 야생동물에게 먹힐까 두려워 보통 길가에서 새끼를 낳는다. 새끼 사슴은 성장속도가 빠르다. 암사슴은 평소에는 월경을 하지 않고 산후에만 월경을 한다. 월경혈은 점액질이다. 어미 사슴은 자신의 은신처로 새끼를 데려간다. 그곳은 입구가 하나밖에 없는 동굴이다. 그곳에서 숨어지내면 포식자들로부터 자신과 새끼를 보호할 수 있다.

3 사슴이 오래 사는 것에 대해서는 여러 이야기가 전해 내려오지만, 믿을 만한 근거는 없는 것 같다. 임신 기간이 짧고 새끼의 성장 속도가 빠른 것을 감안하면 사슴이 장수한다는 것은 신빙성이 없어 보인다. 소아시아 아르기누사이*에는 엘라포에이스산**이 있다. 다른 이야기지만 여기서 알키비아데스가 죽었는데 이 산에 사는 사슴들은 모두 갈라진 귀를 가지고 있다. 그래서 무리를 멀리 벗어나도 귀로 알아볼 수 있다. 심지어는 배 속에 있는 새끼도 이런 특징을 가지고 있다고 한다.

4 암사슴은 암소와 마찬가지로 젖꼭지가 네 개다. 암사슴이 임신하게 되면 수컷들은 모두 임신한 사슴들과 떨어져 지낸다. 수사슴들은

---

* Ἀργινοῦσαι(Arginoûsai). 오늘날 튀르키예 디킬리(Dikili)반도 연안에 있는 세 개의 섬. 아테네와 스파르타가 겨룬 펠로폰네소스 전쟁(기원전 431~404) 당시 해전(기원전 406)이 벌어졌던 곳으로 유명하다.

** Ἐλαφόεις(Elaphoeis). Elaphus. 사슴이라는 뜻을 가지고 있다. 아리스토텔레스는 소크라테스의 제자이자 아테네의 미남 정치가인 알키비아데스(Ἀλκιβιάδης)가 이 산에서 죽었다고 전하지만 근거는 희박하다.

각자 뿔뿔이 흩어져 정욕을 이기지 못해 땅을 파 헤집고 가끔 우렁찬 소리로 운다. 모든 면에서 수사슴은 염소와 비슷하다. 그리고 이마가 촉촉해지면서 검게 변하는데 그것 또한 염소와 같다. 수사슴은 비가 올 때까지 그런 식으로 지낸다. 그러다 비가 오면 다시 풀밭에 나타난다. 수사슴들은 생식 욕망과 비만 때문에 그런 행동을 보인다. 사슴은 여름이 되면 유난히 살이 많이 쪄서 잘 뛰지 못하기 때문에 사냥꾼들이 두세 번 쫓아가면 걸어가서도 잡을 수 있을 정도다. 그런데 여름에는 날씨가 덥고 숨이 차기 때문에 사슴들은 달린 다음에는 항상 물을 찾는다.

5 발정기에 잡은 사슴의 고기는 숫염소 고기와 마찬가지로 맛이 없고 고약한 냄새가 난다. 겨울철이 되면 사슴은 마르고 허약해진다. 그러나 봄에는 가장 빨리 도망친다. 도망칠 때는 가끔 멈춰서 사냥꾼이 가까이 다가올 때까지 쉬다가 다시 달아난다. 이런 행동양식을 보이는 것은 배가 아프기 때문이다. 사슴은 겉보기에는 상처 없이 멀쩡하지만, 장이 가늘고 약해서 조금만 충격을 받아도 파열된다.

제 2 7 장

곰의
짝짓기

1 곰은 앞서도 이야기했듯이 수컷이 암컷 등에 올라타는 게 아니라 암컷이 수컷 밑에 들어가 눕는 방식으로 교미한다. 암컷의 임신 기간은 30일*이다. 곰은 새끼를 한 마리는 낳는데 간혹 두 마리를 낳을 때도 있다. 가장 많다고 해도 다섯 마리까지다. 모든 동물 가운데 갓 태어난 새끼의 크기가 어미의 체구에 비해 가장 작은 게 새끼 곰이다. 다시 말하면 갓 태어난 새끼 곰은 크기가 쥐보다는 크고 족제비보다는 작다. 그리고 연약하고 눈도 뜨지 못한 상태로 사지와 대부분의 장기도 아직 뚜렷하지 않다. 곰의 짝짓기는 엘라페볼리온** 시기에 이루어지고 출산은 겨울잠을 자는 굴에 들어가서 이루어진다. 그 시기에 곰은 암수 모두 가장 살이 많

---

*   곰의 임신 기간은 보통 6~7개월이다. 곰의 임신 기간을 30일이라고 한 것은 얼토당토않다.

**   Ἐλαφηβολιών(Elaphēboliōn). 3월 중순에서 4월 중순.

이 찐다. 암컷은 어린 새끼를 키운 다음 석 달 만에 동면하던 굴에서 나온다. 그때 계절은 이미 봄이다. 암컷 고슴도치도 역시 겨울잠을 자며 임신 기간을 비롯해 출산과 관련된 다른 점들도 곰과 같다. 새끼 밴 곰은 사냥하기 매우 어렵다.

제 2 8 장

사자, 하이에나, 토끼 등의 짝짓기

1 수사자와 암사자는 뒤로 교미하고 뒤로 오줌을 싼다고 이미 설명했다. 사자는 연중 아무 때나 교미하거나 새끼를 낳지 않는다. 일 년에 오직 한 번 교미하고 새끼를 낳는다. 암사자는 봄에 새끼를 낳는데, 보통 한 번에 두 마리를 낳는다. 가장 많은 경우 여섯 마리까지 낳는다. 때로 한 마리를 낳기도 한다. 암사자가 새끼를 분만할 때 자궁도 함께 딸려 나온다는 것은 사자가 흔치 않은 동물이라고 해서 지어낸 그럴듯한 이야기에 불과하다. 사자는 많이 알려진 동물이지만 보기 드물고 사자가 서식하는 나라도 많지 않다. 실제로 유럽 전체를 통틀어 사자는 아켈로스강과 네스토스강 사이 협소한 지역*에서만 살고 있다. 갓 태어난 사자 새끼는

---

* 아켈로스('Aχελῷος)강은 발칸반도 서남부 핀두스산맥에서 발원하여 이오니아해로 흘러 들어가고, 네스토스(Νέστος)강은 불가리아 릴라(Rila)산맥에서 발원하여 에게해로 들어간다. 따라서 여기서 아리스토텔레스가 말하는 두 강 사이는 발칸반도 중부의 산악고원지대를 가리킨다.

수사자

대단히 작고 생후 두 달이 되어도 잘 걷지 못한다. 시리아에 사는 사자는 다섯 번 새끼를 밴다. 첫배에는 새끼를 다섯 마리 낳고 그다음에는 네 마리, 세 마리, 두 마리를 낳고 마지막으로 새끼를 가졌을 때는 한 마리를 낳는다. 다섯 번째 새끼를 낳은 다음에는 죽을 때까지 임신하지 않는다. 암사자는 갈기가 없고, 수사자에게만 갈기가 있다. 사자는 위아래로 각각 두 개씩 네 개의 송곳니만 생후 6개월이 되었을 때 이빨 갈이를 한다.

2 하이에나는 색깔이 늑대와 비슷하다. 하지만 늑대보다 털이 더 텁수룩하고 등줄기에 갈기가 있다. 하이에나가 암컷과 수컷의 생식기를 모두 가지고 있다는 이야기는 진실이 아니다. 사실 수컷 하이에나의 생식기는 늑대나 개의 생식기를 닮았으며, 암컷의 생식기와 비슷하게 생겼다

하이에나

고 하는 것은 꼬리 밑에 있는데, 암컷의 생식기를 어느 정도 닮기는 했지만 체내로 연결된 관이나 구멍이 없고 그 밑에 배설물을 내보내는 항문이 있을 뿐이다. 암컷 하이에나는 수컷과 마찬가지로 꼬리 밑에 음경을 닮은 기관을 가지고 있지만 그것 역시 관이나 구멍이 없다. 그 기관 밑으로 항문이 있고 그다음에 생식기가 있다. 암컷 하이에나는 같은 부류의 다른 동물과 마찬가지로 자궁이 있다. 그러나 암컷 하이에나는 매우 보기 드물다. 어떤 사냥꾼은 그가 사냥한 하이에나 열한 마리 가운데 암컷은 한 마리밖에 없었다고 말한 바 있다.

3 앞에서 이야기했지만, 토끼는 뒤로 오줌을 싸는 동물이기 때문에 뒤로 교미한다. 토끼는 연중 수시로 교미하고 새끼를 낳는다. 토끼

는 임신 중에 교미해도 또 새끼를 배는 초다태(超多胎) 습성을 가지고 있어 매달 새끼를 밴다. 토끼는 새끼를 한꺼번에 줄줄이 낳는 것이 아니라 날을 건너뛰며 상황이 허락할 때마다 낳는다. 어미 토끼는 출산하기 전에 젖이 나온다. 임신하고 다시 수컷과 교미하기 때문에 젖을 먹이는 동안에도 임신할 수 있다. 토끼의 젖은 농도가 우유와 비슷하다. 열각류(裂脚類)* 대부분이 그렇듯이 갓난 새끼들은 눈을 뜨지 못한다.

---

*   발가락이 여러 개인 동물.

제29장

여우, 늑대, 족제비, 몽구스, 자칼 등의 짝짓기

1 여우는 수컷이 암컷에 올라타는 방식으로 교미한다. 여우 새끼는 곰 새끼와 비슷하게 윤곽이 뚜렷하지 않은 상태로 태어난다. 사실 곰 새끼보다 훨씬 더 사지와 기관이 불분명하다. 여우는 출산하기 전에 한적한 곳으로 간다. 그래서 임신한 암여우가 잡히는 경우는 매우 드물다. 출산 후에 여우는 새끼들을 따뜻하게 감싸 안고 혀로 핥아 체형을 잡아준다.* 여우는 한 번에 최대 네 마리까지 새끼를 낳는다.

2 임신과 출산의 시간과 시기, 새끼의 수, 그리고 갓 낳은 새끼가 눈을 뜨지 못하는 점까지 늑대는 개와 비슷하다. 늑대 암수는 일정한 시기에 교미해 초여름에 새끼를 낳는다. 늑대의 출산과 관련해서 전해 내려

---

* 새끼를 출산한 암컷 곰도 이렇게 한다.

사향고양이

오는 이야기가 있다. 모든 늑대 암컷은 일 년 중 12일 동안만 새끼를 낳는
이유에 관한 전설이다. 레토*가 휘페르보레오이**에서 델로스섬으로 오는
데 12일이 걸렸는데, 그때 레토는 헤라의 분노를 피하기 위해 여우로 변신
했다는 것이다. 그 이야기가 사실인지 아닌지는 아직 밝혀진 바 없지만,
여전히 회자되는 이야기라서 그저 전할 뿐이다. 암늑대는 평생 새끼를 한
번만 낳는다는 속설은 사실이 아닌 것으로 밝혀졌다.

---

* Λητώ(Leto). 고대 그리스 신화에 나오는 여신으로 제우스와의 사이에서 아폴론과 아르테미스를 낳
았다.
** Ὑπερβόρεοι(Hyperboreoi). '넘어'를 뜻하는 ὑπέρ와 '북풍'을 뜻하는 Βορέᾱ의 합성어로 그리스 신화에
나오는 지명. '세상의 북쪽 끝'을 가리킨다.

3 　고양이와 몽구스는 개와 같은 수의 새끼를 낳고 같은 먹이를 먹는
　　 다. 고양이와 몽구스는 수명이 약 6년이다. 표범 새끼는 늑대 새끼
와 마찬가지로 눈을 뜨지 못하고 태어난다. 어미는 한 번에 최대 네 마리
까지 새끼를 낳는다. 임신과 관련된 자칼의 습성은 개의 그것과 같다. 자
칼의 새끼도 눈을 뜨지 못한 채 태어나고, 어미는 한 번에 두세 마리 또
는 네 마리의 새끼를 낳는다. 자칼은 꼬리까지 합치면 몸의 길이가 상당
히 긴 반면에 키는 크지 않으며, 다리는 짧지만 매우 잽싸게 발을 놀리며
몸이 유연해서 멀리 뛸 수 있다.

4 　시리아에 사는 야생 노새는 외모가 노새를 닮았어도 말과 당나귀
　　 사이에서 태어난 잡종과는 다르다. 야생 당나귀와 노새도 생김새가
비슷하지만 가축으로 키우는 당나귀와 노새와는 다르다. 야생 당나귀와
마찬가지로 야생 노새도 달리는 속도가 대단하다. 이 동물들은 서로 교
배한다. 그 증거로 이 동물들이 파르나바조스*의 아버지 파르나케스** 치
세에 프리기아에 수입되어서 아직도 살고 있다는 것을 들 수 있다.*** 처
음에는 아홉 마리가 들어왔는데 지금은 세 마리가 살고 있다.

＊　　　　Pharnabazos(기원전 4세기). 페르시아 아케메네스 왕조의 군인, 정치인.

＊＊　　 Pharnaces II. 페르시아 아케메네스 왕조 시대에 아나톨리아 중서부에 있었던 헬레스폰틴프리기아
　　　　 (Hellespontine Phrygia, 소프리기아)의 제후.

＊＊＊　파르나케스 2세의 치세와 아리스토텔레스가 『동물지』를 쓰던 시대와는 100년 가까운 시차가 있다.
　　　　그런 점에서 이 동물들끼리 교배해 번식했다는 증거로 삼고 있는 것으로 볼 수 있다.

제 3 0 장

쥐의
짝짓기

1 쥐는 다른 어떤 동물보다 번식력이 뛰어나다. 새끼의 숫자와 출산의 빈도 두 가지 모두 그렇다. 한번은 암컷 쥐가 임신한 상태에서 기장 알곡이 가득 들어 있는 단지에 들어갔다 나오지 못하게 되었다. 얼마 뒤 단지 뚜껑을 열어보니 그 안에 120마리가 넘는 쥐가 들어 있었다. 시골에 사는 들쥐의 번식력과 그로 인한 피해는 이루 말할 수 없다. 여러 지방에서 쥐들이 셀 수 없을 정도로 늘어나 농가에는 곡식이 거의 남아나지 않을 정도다. 쥐는 엄청난 속도로 곡식을 먹어 치운다. 어떤 가난한 농부가 곡물을 수확할 때가 되었다고 생각하고 다음 날 아침 낫을 들고 밭에 나가보니 이미 쥐들이 곡식을 깡그리 먹어 치운 뒤였다.

2 쥐들은 사라지는 것도 기이하다. 그 많던 쥐가 며칠 만에 자취를 감춰 한 마리도 보이지 않게 된다. 농부들은 쥐들이 사라지기 전에 연

기를 피우고 땅을 헤집어 쥐를 찾아내 죽이거나 돼지를 쥐가 있는 곳으로 몰아넣는다. 그러면 돼지는 주둥이로 땅을 파헤쳐 쥐구멍을 찾는다. 여우도 쥐를 잡는다.

3 페르시아의 어떤 지방에서는 암컷 쥐를 해부해보니 자궁에 들어 있는 새끼도 임신한 상태였다고 한다. 어떤 사람은 암컷 쥐가 소금을 핥아먹으면 수컷과 교미하지 않고도 임신하게 된다고 자신있게 말한다. 이집트에 사는 쥐들은 고슴도치와 비슷하게 뻣뻣한 털로 덮여 있다.* 그리고 뒷다리로만 걷는 특이한 쥐도 있는데, 뒷다리가 길고 앞다리는 짧다.** 이 쥐는 개체 수가 매우 많다. 여기서 언급한 것들 외에도 여러 종류의 쥐가 있다.

---

* 학명은 *Acomys cahirinus*. 이집트, 수단, 모로코 등 북아프리카 지역에 서식한다.
** 학명은 *Dipus gerbillus*. 북아프리카, 중동, 아시아의 사막지대에 서식한다.

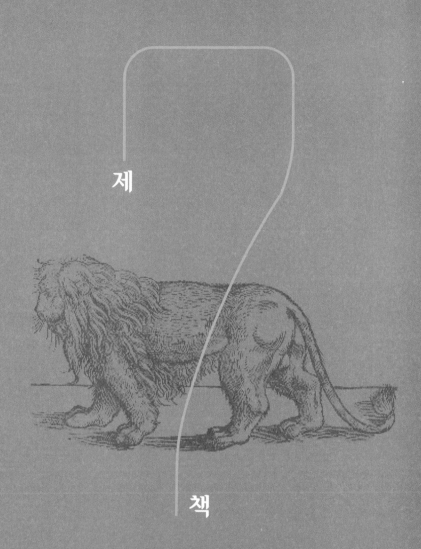

제

책

제 7 책

제1장

7

사춘기의
징표

1 어머니 자궁에 처음 잉태된 순간부터 나중에 노인이 될 때까지 다음
과 같은 과정을 거치는 것이 인간의 순리다. 그런데 앞에서 이미 남
성과 여성의 차이 그리고 성별에 따른 각 기관의 차이에 대해 다룬 바 있
다.* 남성은 대부분 열네 살이 되면 정자가 생긴다. 그리고 동시에 치골 위
에 음모가 난다. 알크마이온이 이야기했듯이, 이는 식물이 꽃이 피고 나
서 씨가 생기는 이치와 같다. 그리고 그때쯤 되면 목소리도 달라져 이전보
다 더 거칠고 고르지 않은 소리를 낸다. 이전처럼 가늘게 떨리는 목소리
도 아니고, 더 나중에 나오는 것처럼 저음의 고른 목소리도 아닌, 마치 줄
이 늘어져 조율이 안 된 악기 같은 소리를 낸다. 이런 현상을 흔히 트라기
제인** 즉 '숫염소 같은 소리 내기'라고 한다.

---

*   본문 제3책 1장.

**   τραγίζειν(tragizein). 숫염소를 가리키는 τράγος(trágos)에 접미사 -ίζειν(-izein)이 붙어 '염소 흉내
     내기'라는 뜻이다.

2 이렇게 목소리가 갈라지는 현상은 성적인 능력을 과시하려는 사람들에게서 더 두드러지게 나타난다. 성적인 욕망을 억누르지 못하는 사람은 목소리가 남자답게 변하기 쉽다. 반대로 성적인 욕망을 절제하는 사람은 목소리가 잘 변하지 않는다. 가수처럼 목소리가 변하지 않도록 잘 관리하는 사내아이는 목소리가 크게 달라지지 않고 오랫동안 같은 목소리를 유지한다. 그리고 가슴과 성기의 크기와 형태가 달라진다. 그때 충동에 이끌려 마찰해서 사정을 하게 되면 쾌락뿐만 아니라 고통도 느끼는 경향이 있다.

3 그 무렵 여성은 젖가슴이 커지고 초조(初潮)가 흐르기 시작한다. 초조는 갓 도살한 동물의 피와 비슷하다. 피 이외에 흰 대하를 흘리기도 한다. 특히 즙이 많은 음식을 먹으면 아주 어린 여자아이도 그런 경우가 있다. 이 병에 걸리면 성장이 멈추고 살이 빠진다. 여성 대부분은 유방이 손가락 두 개를 겹쳐놓은 것만큼 솟아오르면 초경을 한다. 그때쯤 여성도 목소리가 저음으로 내려간다. 하지만 남성의 목소리보다는 높다. 그리고 청소년의 목소리가 성인 남성의 목소리보다 높듯이 소녀의 목소리도 나이 든 여성보다 높다. 또한 여자아이는 남자아이보다 새된 소리를 내고 처녀는 총각보다 높은 소리를 낸다.

4 사춘기를 맞은 여자아이는 눈여겨 살펴야 한다. 왜냐하면 신체적으로 발달하는 성적 기능을 발휘하려는 자연스러운 충동을 느끼기 때문이다. 따라서 신체적 변화가 불가피하게 요구하는 것을 넘어서는 충동

을 자제시키지 않으면 관능적인 욕망을 드러내지 않는 여자아이라고 해도 나중에 나쁜 습관에 빠지게 된다. 어려서부터 성적 쾌락에 탐닉하면 커가면서 점점 더 음란해진다. 남자아이도 마찬가지로 유혹에 빠지지 않도록 단속하지 않으면 방탕하게 된다. 사춘기에는 신체의 모든 분비선이 확장되어 체액으로 넘쳐흐르게 된다. 여기에다 이전에 경험한 관능적 쾌락에 대한 기억은 또 다른 성적 탐닉을 반복하도록 부추긴다.

5 어떤 남성은 신체의 구조적 결함으로 인해 선천적으로 성불능이다. 그리고 여성도 비슷한 원인으로 선천적 불임이 된다. 남녀 모두 체질의 변화를 겪게 되는데, 그 때문에 어떤 사람은 건강해지고 어떤 사람은 병약해지며 어떤 사람은 호리호리해지고 어떤 사람은 건장해진다. 따라서 사춘기가 지난 다음에 홀쭉했던 남자아이가 건장해지기도 하고 그 반대 현상이 나타나기도 한다. 이런 현상은 여자아이에게도 마찬가지로 나타난다. 사춘기 남녀의 체내에 분비물이 과잉 축적되면 사정이나 월경을 통해 배출된다. 체내에서 건강과 영양에 문제를 일으키던 이런 잉여 물질이 제거되면 청소년은 더욱 건강하게 된다. 그러나 몸 안에 축적된 것이 없는데도 사정과 월경을 하면 선천적인 건강 상태를 훼손하여 몸이 마르고 허약해진다.

6 젊은 여성의 젖가슴은 개인차가 있다. 어떤 여성은 크고 어떤 여성은 작다. 젖가슴의 크기는 일반적으로 어렸을 때 체액의 과다에 따라 결정된다. 여성의 성징(性徵)이 조금은 보이지만 노골적으로 드러나지

않은 시기에 체액이 많으면 가슴이 커지는데, 어떤 경우는 터질 듯이 부풀어 오른다. 그리고 나이가 들어서도 그 크기를 그대로 유지한다. 체질이 습하고 몸이 유연하며 힘줄이 많이 튀어나오지 않은 남성은 사춘기 이후로 여성과 마찬가지로 가슴이 커진다. 그리고 그중에서도 안색이 검은 사람이 흰 사람보다 더 커진다.

7 정액이 나오기 시작해서 스물한 살이 될 때까지는 정액에 생식능력이 없다. 정액은 스물한 살 이후부터 생산성을 갖게 된다. 그러나 어린 남녀가 결합하면 다른 동물과 마찬가지로* 미숙아를 낳는다. 나이가 어린 여성은 쉽게 임신이 이루어진다. 그러나 임신은 쉽게 하지만 분만할 때 산고를 심하게 겪어 몸이 망가진다. 성욕을 참지 못하는 남성과 아이를 많이 낳은 여성은 그렇지 않은 사람에 비해 빨리 늙는다. 여성은 아이를 셋 낳으면 성장이 멈추는 게 사실인 것 같다. 음란한 기질을 가진 여성은 아이를 몇 명 낳고 나면 조신하고 정숙해진다.

8 스물한 살이 되면 여성의 가임력은 완숙 단계에 접어든다. 그러나 남성은 그 이후로도 정력이 왕성해진다. 정액이 묽고 점성이 없으면 생식력이 없다. 정액에 잔 알갱이가 들어 있으면 생식력이 높고 아들을 낳게 된다. 정액이 묽고 엉기지 않으면 딸을 낳는다. 이 나이가 되면 남성은 턱수염이 나기 시작한다.

---

* 본문의 제6책 22장에서 말의 경우를 설명한 바 있다.

제 2 장

월경

1 월경은 달이 기울었을 때 한다. 이런 현상을 보고 어떤 사람은 여성의 월경과 달이 기우는 것이 동시에 일어나기 때문에 달은 여성이라고 주장한다. 달도 기울었다가 다시 차오르고 월경도 다시 차오른다. 어떤 여성은 월경을 규칙적으로 하지만 월경을 석 달 주기로 하는 여성도 있다. 어떤 여성은 이삼일 동안 월경을 하면서 짧게 생리통을 겪고 어떤 여성은 이보다 길게 월경을 하면서 내내 생리통으로 고생한다. 어떤 여성은 월경혈이 한꺼번에 나오고 어떤 여성은 조금씩 나온다. 하지만 어떤 경우든 월경이 끝날 때까지 육체적으로 고통스럽기는 마찬가지다. 대부분 피가 나오기 시작하는 월경 초기부터 월경이 본격적으로 이루어질 때까지 자궁에 협착과 경련이 일어나 통증을 겪는다.

2 정상적인 상태라면 월경이 끝난 직후에 여성은 임신이 된다. 이때 임신되지 않은 여성은 대부분 불임이다. 그러나 예외 없는 법칙은 없다. 어떤 여성은 월경을 하지 않고도 임신이 된다. 이런 여성은 사실 정상적인 월경을 하고 임신하는 여성이 체내에 남겨둔 만큼의 피를 밖으로 보이게 배출하지 않은 채 유지하고 있다. 어떤 여성은 월경을 하고 난 직후에 자궁이 닫히는데 이런 여성은 월경하는 중에도 임신이 된다. 간혹 임신 중에도 거의 출산을 할 때까지 월경하는 여성도 있다. 이렇게 임신 중에 월경을 하게 되면 미숙아를 낳는다. 이런 아이들은 살지 못하거나 허약체질로 자란다.

3 나이 어린 여성이 성욕이 지나치게 강하거나, 충동을 억제하지 못하거나, 오랫동안 금욕생활을 하면 자궁처짐 증상이 나타나며 임신을 할 때까지 한 달에 여러 차례 월경을 하게 된다. 임신을 하게 되면 자궁은 정상적인 위치로 돌아간다. 그런데 건강 상태가 좋은 여성은 몸 안에 체액이 넘쳐 몸이 습하면 간혹 사정을 하기도 한다.

4 앞에서 언급했지만 여성의 월경량은 다른 어떤 동물의 암컷보다 많다. 태생이 아닌 동물은 남는 체액이 모두 몸으로 다시 환원되기 때문에 월경 같은 것을 하지 않는다. 그런 동물 가운데는 암컷이 수컷보다 큰 것도 있다. 게다가 그런 여분의 체액은 때로는 편갑(片甲), 비늘 그리고 깃털을 만드는 데 쓰인다. 사지가 있는 태생동물은 이 체액으로 털을 만들고 (털이 없는 인간은) 신체를 구성하는 물질과 오줌을 만든다. 그래서 이

런 동물 대부분은 오줌이 진하고 양도 많다. 유일하게 인간의 여성은 잉여된 체액을 앞에 언급한 것과 같은 용도로 쓰지 않고 배출한다.

5 남성도 마찬가지로 다른 어떤 동물보다 체구에 비해 많은 정액을 배출한다. 그래서 남성은 동물 가운데 가장 피부가 매끈하다. 사정을 많이 하는 남성은 뚱뚱하지 않다. 피부색이 검은 남성보다는 흰 남성이 정액을 훨씬 더 많이 배출한다. 여성도 마찬가지로 뚱뚱한 여성은 체액이 대부분 살로 간다. 성교할 때도 피부색이 흰 여성이 검은 여성보다 질액이 많이 나온다. 물이 많고 자극적인 음식을 먹으면 이런 현상을 증진시킨다.

제 3 장

임신의 징후
그리고 유산

1 교미 직후에 여성의 성기에 물기가 마르면 임신했다는 징후다. 음순
에 힘이 없으면 임신이 어렵다. 정액이 흘러나오기 때문이다. 그리고
음순이 두툼해도 임신이 어렵다. 손가락을 넣어 만져보았을 때 거칠고 점
착성이 있으면서 음순이 얇으면 임신할 확률이 높다. 따라서 임신을 원하
면 음순을 앞에서 설명한 대로 만들어야 한다. 반대로 임신을 원치 않으
면 그 반대되는 상태로 만들어야 한다. 그래서 어떤 여성은 정액이 자궁
으로 들어가지 못하고 흘러내리도록 음순 안에 삼나무기름나 연백(鉛白)
연고 또는 유향을 섞은 올리브유를 바른다. 그런데 정액이 7일 동안 남아
있으면 확실히 임신이 된다.

2 대부분의 경우에 임신한 뒤에도 한동안 월경혈이 나온다. 대체로 딸
을 임신했을 때는 30일까지, 아들을 임신했을 때는 40일까지 월경혈

이 나온다. 그리고 출산 후에 같은 기간 동안 월경을 하지 않는 것이 일반
적이지만 모두 그렇게 정확하게 지켜지는 것은 아니다.

3 임신하고 나서 앞에서 언급한 날수가 지나면 월경을 하지 않고 그
배출물이 젖가슴으로 가서 젖으로 변한다. 처음에 젖이 나올 때는
양이 적다. 거미줄이 거의 이어지지 않고 찔끔찔끔 나오는 것과 같다. 임
신을 하게 되면 첫 번째로 옆구리 아래 부위에 어떤 느낌이 온다. 그리
고 어떤 여성은 임신하자마자 이 부위가 약간 부풀어 오른다. 특히 살집
이 없는 여성에게 그런 현상이 분명하게 나타난다. 일반적으로 태아가 사
내아이면 40일이 지난 뒤 자궁 오른쪽에서 움직임이 느껴지고, 태아가 여
자아이면 90일이 지난 뒤 왼쪽에서 움직임이 느껴진다. 하지만 이런 이론
이 결코 정확한 사실에 근거를 두고 있다고 볼 수는 없다. 태아가 딸인데
도 오른쪽에서 움직임이 느껴지고 아들인데도 왼쪽에서 움직임이 느껴지
는 예외적 사례가 많기 때문이다. 요컨대 이와 같은 현상은 정도의 차이
로 설명할 수밖에 없는 그런 것에 좌우되기 마련이다.

4 그때쯤 되면 여태까지 하나의 살덩어리로 존재했던 태아에서 각 신
체 부위가 분화되어 나타나기 시작한다. 태아가 생긴 지 일주일 안
에 죽는 것은 유출(流出)*이라 하고 40일 안에 죽는 것은 유산(流産)**이라
고 한다. 40일 안에 태아가 죽는 경우는 드물지 않다. 남자아이 태아가

---

*   ἐκροή(ekroē).
**   ἀποβάλλω(apobállo).

40일이 되는 날 유산할 경우 태아를 찬물에 넣으면 융모막(絨毛膜) 안에 그대로 있지만 다른 액체에 넣으면 녹아 사라진다. 융모막을 잘라내면 그 안에 태아가 있는데 크기가 큰 개미만 하다. 그리고 팔다리, 성기와 눈 등의 기관도 보인다. 눈은 다른 동물의 태아와 마찬가지로 대단히 크다. 임신 90일 안에 유산된 여자아이 태아는 기관 분화가 이루어지지 않은 상태로 있다. 하지만 임신 4개월을 넘기면 기관들이 분화되기 시작해 급속히 발달한다.

5 자궁 안에서 기관들이 분화하여 완성되는 속도는 여자아이 태아가 남자아이 태아보다 느리다. 그리고 분만도 여자아이 태아가 남자아이 태아보다 열 달을 꽉 채울 때까지 늦는 경우가 많다. 하지만 일단 태어난 뒤 유년기와 사춘기를 지나 성년이 되고 또 노인이 되는 속도는 여성이 더 빠르다. 그리고 이미 설명한 것처럼 특히 아이를 많이 낳은 여성이 그렇다.

제4장

임신기의
특징 I

1 자궁 안에 태아가 생기면 대부분 자궁이 곧바로 닫혀 꽉 찬 일곱 달 동안 그 상태로 있게 된다. 태아가 정상적으로 발육하면 임신 8개월이 되었을 때 자궁이 다시 열리고 태아가 밑으로 내려오기 시작한다. 하지만 정상적으로 발육하지 못해 8개월이 되어도 호흡이 없고 임신부가 8개월 만에 출산하지 못하면 태아는 자궁 아랫부분으로 내려오지 않고 자궁도 열리지 않는다. 자궁이 열리지 않는 것은 태아가 정상적으로 발육하지 못했음을 보여주는 한 가지 징후다. 앞에서 설명한 것과 같은 과정을 거치지 않고 태어난 아이는 살지 못한다.

2 임신을 하면 여성은 흔히 몸이 무거워지는 것을 느끼게 된다. 그리고 시야가 침침해지면서 두통을 느낀다. 어떤 임신부에게는 이런 증상이 임신 초기인 열흘 만에 나타나기도 하고 어떤 임신부에게는 나중에

나타난다. 그런 증상이 나타나는 시기는 몸 안에 축적된 체액의 과다에 따라 달라진다. 임신부 대부분은 오심과 구토를 겪는데 특히 월경이 멈추고 그 체액이 아직 유방으로 흘러 들어가지 못한 여성이 그런 증상을 보인다. 어떤 여성은 임신 초기에, 어떤 여성은 태아가 많이 발육하고 나서 그런 증상을 보인다. 어떤 여성은 임신 말기가 가까워질수록 배뇨 곤란으로 인한 통증을 겪는다.

3 일반적으로 아들을 임신한 여성은 비교적 임신 기간을 순조롭게 보내며 건강한 모습을 유지한다. 하지만 딸을 임신한 여성은 그 반대다. 안색이 창백해지고 입덧도 더 심하며, 다리가 부어오르고 몸에 발진이 생기는 경우도 많다. 여성은 임신하면 온갖 욕망에 사로잡히기 쉽고 감정의 기복도 심해진다. 어떤 사람은 그것을 '담쟁이 덩굴병'*이라고 부르는데, 딸을 임신한 여성에게서 더 심하게 나타난다. 그리고 이런 여성은 자신이 원하는 것을 얻어도 별로 만족을 느끼지 못한다. 여성 가운데 소수는 임신하면 평소보다 기분이 좋아진다. 이런 여성은 태아의 머리카락이 나기 시작할 때 입덧을 가장 심하게 겪는다. 임신하게 되면 본래부터 있던 털들은 가늘어지거나 빠지는 반면 털이 없던 부위에 털이 나는 경향이 있다.

---

* 　임신 초기에 나타나는 '이상 탐식 현상(pregnancy craving)'을 말한다. 임신 초기에 평소에는 먹지 않던 음식이나 먹을 수 없는 것 그리고 정서적인 것을 포함해 찾지 않던 것을 비정상적으로 밝히는 증상이 나타난다.

4 일반적으로 아들이 딸보다 어머니의 자궁 속에서 많이 움직이고 일찍 태어난다. 딸은 산고가 약하지만 오래 이어지고 아들은 산고가 강하고 훨씬 더 힘들다. 분만을 앞두고 남편과 성교를 한 임신부는 산고를 훨씬 덜 겪고 순산한다. 이따금 분만을 시작하지도 않은 상태에서 마치 분만하는 것과 같은 산통을 느끼는 임신부가 있다. 실제로는 태아가 머리를 돌리는 것인데, 그것을 분만이 시작된 것으로 오인하기 때문이다. 다른 모든 동물은 일정한 기간에 만삭이 된다. 다시 말해 같은 종류의 동물은 임신 기간이 같다. 그러나 인간만 임신 기간이 임신부마다 다르다. 인간의 임신 기간은 7개월, 8개월, 9개월 또는 가장 일반적인 10개월에 이르기까지 다양하다. 그리고 아주 드물게 임신 기간이 11개월이나 되는 임신부도 있다.

5 임신 7개월 이전에 태어나는 아이는 어떻게 해도 살아남지 못한다. 아무리 빨리도 최소한 임신 7개월을 채우고 태어나야 살 수 있는데, 그렇게 태어난 아이는 대부분 허약하다. 그렇기 때문에 이런 아이가 태어나면 양모 포대기로 단단히 감싸는 관습이 있다. 그런 아이는 귓구멍이나 콧구멍같이 몸에 나 있어야 하는 구멍들이 제대로 뚫리지 않은 경우가 많다. 하지만 성장하면서 이런 구멍들도 제 모습을 갖추고 아이들 대부분은 생존하게 된다. 이집트를 비롯해 그리고 여성의 가임력이 높고 순산하며 아이를 많이 낳는 지역에서는 기형으로 태어난 팔삭둥이도 살아남아 제대로 자랄 수 있다. 하지만 그리스에서는 소수만 살아남고 대부분 죽는다. 그런 아이가 살아남게 되면 산모는 아이가 여덟 달 만에 태어났다는

것을 전혀 모른 채 실제보다 일찍 임신했다고 생각한다.

6 여성은 임신 4개월과 8개월에 가장 입덧이 심하다. 그리고 태아가 임신 4개월이나 8개월에 죽게 되면 일반적으로 임신부도 같이 죽는다. 임신 8개월째 들어 태아가 죽게 되면 임신부의 목숨도 몹시 위태로워진다. 마찬가지로 임신 11개월이 지나 출산하는 경우는 의심의 여지가 있다. 그런데 임신부도 모르는 상태에서 임신하기도 한다. 말하자면 자궁에 바람이 들어 팽창하게 되면 이전에 임신했을 때 겪었던 것과 증상이 비슷하기 때문에 나중에 성교로 인해 임신되었음에도 그때 임신한 것으로 오인하게 된다.

제5장

임신기의
특징 II

1 인간과 동물은 임신 기간을 다 채우고 출산하는 방법에도 차이가 있
다. 게다가 인간은 한 번 출산할 때 태어나는 자식의 수에서도 다른
동물과는 다르다. 어떤 동물은 한 번에 한 마리를 낳고 어떤 동물은 여러
마리를 낳는다. 하지만 인간은 보통 자식을 하나 낳지만 둘을 낳는 경우
도 드물지 않다. 그리고 이집트 같은 곳에서는 가끔 셋이나 넷을 낳기도
한다. 지금까지는 한 번에 다섯 명을 낳은 것이 가장 많은 아이를 낳은 사
례인데, 그런 일이 여러 번 있었다고 한다. 과거에 어떤 여성은 네 번 출산
으로 스무 명의 자식을 얻었다. 출산 때마다 다섯명을 낳았는데 아이들
대부분이 잘 자랐다고 한다. 다른 동물은 한배에 성별이 다른 암수 쌍둥
이를 낳아도 수컷 쌍둥이나 암컷 쌍둥이 모두 별다른 문제없이 잘 자란
다. 하지만 인간은 같은 배의 쌍둥이가 아들과 딸로 성별이 다르면 살아
남는 경우가 많지 않다.

2 모든 동물 중에서 인간의 여성과 암말이 임신 중에도 수컷과 교접하고 싶어한다. 토끼와 같은 다태성(多胎性) 현상을 보이는 동물을 제외한 다른 동물들은 일단 임신하면 수컷을 기피한다. 그러나 임신한 암말은 다시 교미를 해도 새로 임신하는 것은 아니기 때문에 일반적으로 새끼를 한 마리만 낳는다. 드물긴 하지만 간혹 다태성인 여성이 있다. 이전에 이루어진 성교로 임신하고 나서 일정 기간이 지난 다음 다시 임신하면 그 태아는 제대로 발달을 하지 못하지만 임신부에게 많은 고통을 안겨주며 처음에 들어선 태아를 손상시킨다. 그런데 다태성의 경우 태아를 열둘이나 임신했다가 나중에 임신한 태아가 미치는 파괴적 영향 때문에 유산된 사례가 있다고 한다. 첫 번째 임신 직후에 두 번째 임신을 하면 쌍둥이를 낳을 때와 마찬가지로 아이를 둘 낳게 된다. 전설에 따르면 이피클레스와 헤라클레스가 그렇게 태어났다고 한다.* 어떤 여성이 간통하여 쌍둥이를 낳았는데, 한 아이는 남편을 닮았고 다른 아이는 내연남을 닮았다고 한다.

3 어떤 여성은 쌍둥이를 임신하고 있는 중에 세 번째 아이를 다시 임신했는데, 쌍둥이는 임신 기간을 다 채워 제대로 발달한 상태로 출산했지만 세 번째 아이는 임신 기간이 5개월에 불과해 낳자마자 죽었다. 또 다른 경우로 어떤 여성은 먼저 칠삭둥이를 출산하고 이어서 만삭의 쌍

---

* 이피클레스('Ἰφικλῆς, Iphicles)와 헤라클레스('Ηρακλῆς, Heracles)는 모두 알크메네('Ἀλκμήνη, Alcmene)의 아들이지만, 이피클레스의 아버지는 인간인 암피트뤼온('Ἀμφιτρύων, Amphitryon)이고 헤라클레스의 아버지는 제우스 신이다.

둥이를 낳았다. 그중 처음에 낳은 아이는 죽고 나중에 낳은 쌍둥이는 살아남았다. 어떤 여성은 유산하면서 동시에 임신하기도 한다. 이런 경우는 아이를 출산할 때 죽은 태아도 나오게 된다. 임신 8개월 이후에 임신부가 부부관계를 하면 대부분의 경우 아이가 끈적끈적한 액체를 뒤집어 쓴 채 태어난다. 그리고 임신부가 먹은 음식이 태아의 배 속에 가득 들어 있는 것처럼 보인다. 임신부가 평소보다 짜게 먹으면 손톱과 발톱이 없는 아이를 낳는다.

제 6 장

7

가임기,
기형 등

1 임신 7개월 이전에 나오는 모유는 아무 쓸모가 없다. 아이가 태어나
면 젖이 좋아진다. 산모의 초유는 암양과 마찬가지로 짭짤하다. 임신
부가 임신 중에 술을 마시면 대부분 민감하게 영향을 받는다. 여성이 임
신 중에 음주하면 나태하고 무기력해진다. 여성의 임신능력과 남성의 번
식능력, 즉 가임능력의 시작과 끝은 남성은 사정, 여성은 월경과 일치한
다. 하지만 사정이나 월경을 한다고 해도 시작할 때는 생식능력이 없으며
말기에도 양이 줄어들고 생식능력도 떨어진다. 성적인 능력을 갖게 되는
나이에 대해서는 이미 설명했다. 번식력의 종식에 대해 말하자면 대부분
의 여성은 마흔 살이 되면 폐경을 한다. 하지만 오래 하는 여성은 쉰 살까
지도 월경을 한다. 심지어는 쉰 살에 아이를 낳은 여성도 있다고 한다. 하
지만 쉰 살이 넘어 아이를 낳은 기록은 아직 없다.

2 대부분 남성의 생식능력은 예순 살까지 지속된다. 그 나이를 넘어 일흔 살까지 생식능력을 유지하는 남성도 있다. 그리고 실제로 일흔 살에 아이를 낳은 남성도 있다고 한다. 다른 배우자와 짝을 이루었더라면 아이를 낳을 수 있는 남성과 여성이 서로 짝이 맞지 않아 아이를 낳지 못하는 경우도 많다. 아들이나 딸을 낳는 것도 남녀가 어떻게 짝을 이루느냐에 따라 달라진다. 남녀가 결합하면 아들이나 딸을 낳게 되는데, 그 결합이 다른 배우자와 이루어진다면 자녀들의 성별이 달라진다. 이런 현상은 나이가 들어가면서 바뀌는 경향이 있다. 어떤 부부는 젊었을 때는 딸을 낳다가 나이가 들면 아들을 낳는다. 그리고 어떤 부부는 젊었을 때는 아들을 낳다가 나이가 들어서는 딸을 낳는다.

3 번식능력에서도 같은 현상을 볼 수 있다. 어떤 부부는 젊어서는 아이를 낳지 못하다가 나이가 들어 아이를 갖게 되고, 어떤 부부는 젊어서는 아이를 갖지만 나이가 들면 아이가 생기지 않는다. 어떤 여성은 임신이 잘 안 되지만 일단 임신하면 아이를 낳는다. 어떤 여성은 임신은 쉽게 되지만 태아가 제대로 성숙하지 않는다. 남성과 여성 가운데는 한 가지 성의 자녀만 태어나는 경우도 있다. 전해져 내려오는 이야기에 따르면 헤라클레스는 자식을 일흔두 명 두었는데 그중 딸은 하나밖에 없었다. 원래 불임인 여성이 의술의 도움을 받거나 다른 외부적인 요인으로 임신하게 되면 일반적으로 아들보다는 딸을 낳는 경향이 있다. 남성 가운데는 처음에는 성적 능력을 가지고 있었는데 나중에 불능이 되었다가 다시 성

적 능력을 회복하는 사람도 많다.

4 부모가 기형이면 자식도 기형으로 태어난다. 절름발이 부모에서 절름발이 아이가 태어나고, 장님 부모에서 장님 아이가 태어난다. 일반화시켜 말하면 아이들은 혹이나 반점 등과 같이 부모가 가지고 있는 특징을 보여준다. 이러한 특징은 한 세대 건너 나타난다고 알려져 있다. 예를 들어 어떤 남자가 팔뚝에 반점이 있으면 아들에게는 반점이 나타나지 않지만 손자에게는 같은 곳에 희미하게 반점이 나타난다. 하지만 이런 경우는 매우 드물다. 절름발이 부모에게서 태어난 아이 대부분은 온전하다. 자식이 부모를 닮는 것은 엄밀하게 지켜지는 법칙은 아니다. 대부분의 아이는 부모나 조상들을 닮지만 닮은 구석을 찾아볼 수 없는 경우도 드물지 않다. 그러나 엘레이아*의 어떤 여성의 사례에서 볼 수 있듯이 세대를 건너뛰어 부모를 닮기도 한다. 이 여성은 흑인과 간통했는데 그 사이에서 태어난 딸은 흑인이 아니었지만 그 딸이 흑인 손녀를 낳았다.

5 일반적으로 딸은 어머니를 닮고 아들은 아버지를 닮는 경향이 있다. 하지만 간혹 그 반대로 아들이 어머니를 닮고 딸이 아버지를 닮기도 한다. 그리고 몸의 특정 부위별로 양친을 다 닮기도 한다. 전혀 닮지 않는 쌍둥이도 있지만 서로 닮은 것이 일반적이다. 예전에 어떤 여성이 분만하고 나서 일주일 만에 남편과 성교를 해 아이를 임신했는데 먼

---

* Ηλεία(Eleîa). 펠로폰네소스반도의 북서쪽 지방. 올림픽 경기의 발상지인 고대 도시 올림피아가 속해 있다.

저 낳은 아이와 쌍둥이처럼 닮은 아이를 낳았다. 어떤 여성은 자신을 닮은 아이를 낳고 어떤 여성은 남편을 닮은 아이를 낳는다. 후자의 여성은 파르살로스* 지방에서 '정직한 아내'라는 별명을 얻은 유명한 암말 디케아 (Dicæa)의 경우와 비슷하다.

---

*   Φάρσαλος(Phársalos). 그리스 테살리아 남부에 있는 도시. 필리포스 2세 치하에서 마케도니아에 속하게 되었다.

제 7 장

7

임신과
태아의 발달

1 사정의 준비 작업으로 공기가 먼저 배출된다. 그리고 사정은 공기의 압력에 의해 이루어지는 것이 분명하다. 공기의 압력이 없다면 그렇게 멀리 쏘아 보낼 수가 없다. 씨*가 자궁에 도달해 한동안 거기에 남아 있으면 그 주위에 막이 형성된다. 막이 분명히 형성되기 전에 밖으로 배출된 씨를 보면 알껍질이 없이 난막에 싸여 있는 알처럼 생겼다. 그리고 막에는 핏줄이 빼곡히 퍼져 있다. 새든 물고기든, 아니면 뭍에서 걸어 다니는 짐승이든 모든 동물은 난생동물이나 태생동물 가릴 것 없이 같은 방식으로 배아가 발생하고 발육한다. 다만 태생동물은 탯줄이 자궁에 붙어 있고 다른 동물은 알에 붙어 있으며 물고기 가운데 일부 종류가 자궁과 알, 두 곳에 붙어 있다는 것이 다를 뿐이다. 알은 막이나 융모막에 감

---

*   아리스토텔레스 시대에는 현미경이 없었기 때문에 정자의 존재를 확인할 수 없었지만, 정액에 식물의 씨앗에 해당하는 것이 있다고 확신했다.

싸여 있다. 태아는 가장 안쪽에 있는 막 속에서 발생한다. 그 막의 바깥쪽으로 다른 막이 형성된다. 이 막은 일부는 자궁에 붙어 있고 일부는 떨어져 있으며, 안에 양수가 들어 있다. 그리고 막과 막 사이에는 물 또는 피와 같은 액체가 들어 있는데 여성은 이것을 전양수(前羊水, forewaters)라고 한다.

2 탯줄이 있는 모든 동물은 탯줄을 통해 발육한다. 그리고 태반이 있는 모든 동물은 탯줄이 태반에 연결되어 있다. 그리고 부드러운 자궁을 가지고 있는 모든 동물은 혈관을 통해 자궁 자체에도 연결되어 있다. 네발짐승의 태아는 자궁 안에서 길게 누워 있고 물고기처럼 사지가 없는 동물은 모로 누워 있다. 그러나 새들처럼 다리가 두 개 달린 동물의 태아는 몸을 구부리고 있다. 그리고 인간의 태아는 코를 무릎 사이에 박고 눈은 무릎 위에 올려놓은 상태로 귀를 양옆으로 드러낸 채 구부리고 있다. 모든 동물의 태아는 처음에는 머리가 위를 향하고 있다. 그러나 태아가 자라서 자궁에서 나올 때가 되면 머리가 아래를 향하게 된다. 그래서 모든 동물이 분만할 때 머리가 가장 먼저 나오는 것은 자연스러운 과정이다. 하지만 비정상적인 경우에는 구부린 자세로 나오거나 다리가 먼저 나오기도 한다.

3 네발짐승의 태아는 만삭이 가까워지면 몸 안에 액체와 고체의 배설물이 생긴다. 고체 배설물은 하복부에 축적되고 오줌은 방광에 채워진다. 자궁에 태반이 있는 동물은 태아가 자라면서 태반은 줄어들다가

마침내 완전히 사라진다. 탯줄은 자궁에서 나온 혈관들로 감싸여 있다. 태반이 있는 동물은 탯줄이 태반에 이어져 있지만, 태반이 없는 동물들은 탯줄이 혈관과 이어져 있다. 소의 태아같이 덩치가 큰 동물은 네 개, 작은 동물은 두 개, 새처럼 아주 작은 동물은 한 개의 혈관으로 태반에 연결되어 있다. 혈관 네 개 중에 두 개는 간문(肝門, porta hepatis)을 지나 대정맥으로 이어진다. 나머지 혈관 두 개는 대동맥이 둘로 갈라지는 부위로 연결된다. 각 쌍의 혈관은 막으로 감싸여 있고 다시 이것을 감싸고 있는 것이 탯줄이다. 태아가 자라면서 이 혈관들도 점점 줄어든다. 태아가 자라면 자궁 아래쪽 공간으로 내려와 움직이는 것을 느끼게 된다. 그리고 때로는 더 밑으로 내려와 음부 근처에 몸을 말고 있는 경우도 있다.

제 8 장

출산

1 임신부가 분만을 시작하면 그 고통이 몸 각 부위에서 느껴지는데, 특히 안쪽 허벅지에 가해지는 고통이 크다. 복부에 강한 산통이 있으면 아이를 빨리 순산한다. 산통이 옆구리에서 시작하면 난산을 한다. 그리고 산통이 자궁 아래쪽에서 시작하면 더 빨리 분만한다. 태어날 아이가 아들이면 전양수가 맑고 색이 연하다. 그러나 딸이라면 더 맑지만 핏빛을 띤다. 어떤 여성은 분만할 때 이런 현상이 아예 나타나지 않는다.

2 다른 동물은 분만할 때 그리 고통을 겪지 않는다. 어미가 산고를 느끼는 것은 분명하지만 견딜 만한 것처럼 보인다. 하지만 인간의 여성은 매우 심하게 산고를 겪는다. 특히 별로 움직임이 없는 여성, 그리고 가슴이 약해 호흡이 가쁜 여성이 심하게 산고를 겪는다. 분만 중에 호흡이

짧아 숨을 참지 못하면 더 심하게 고통을 느끼게 된다. 출산할 때는 먼저 태아가 움직이기 시작하고 양막이 터져 양수가 흘러나온다. 그다음에 태아가 나온다. 그러고 나서 자궁이 뒤집히고 태가 딸려 나온다.

제 9 장

분만과 신생아

1 탯줄을 자를 때는 산파의 세심한 주의와 숙련된 솜씨가 필요하다. 산파는 난산을 하는 임신부를 능숙한 솜씨로 도와주어야 할 뿐만 아니라 모든 만일의 사태에, 특히 탯줄을 묶을 때 침착성을 잃지 않고 대처해야 한다. 탯줄이 나오면 탯줄이 배꼽에 연결된 부위를 양털실로 묶은 다음 실로 묶인 위쪽을 잘라야 한다. 실로 묶인 곳이 아물면 남은 부분이 떨어져 나간다(만약에 헐겁게 묶으면 아이가 출혈로 죽게 된다). 아이가 나온 뒤 탯줄이 바로 나오지 않고 자궁 안에 남아 있어도 일단 탯줄을 묶고 잘라야 한다.

2 신생아가 허약하면 사산한 것처럼 보일 때가 종종 있다. 그러나 사실은 탯줄을 묶기 전에 피가 태아로부터 빠져나가 탯줄과 그 주변에 몰렸기 때문이다. 능숙한 산파는 탯줄에서 피를 다시 짜내 신생아의 몸속

으로 밀어 넣는다. 그러면 조금 전까지 핏기가 없던 신생아가 바로 살아난다. 앞에서 이야기했듯이 일반적으로 모든 동물은 세상에 태어날 때 머리가 먼저 나온다. 신생아는 옆구리에 팔을 나란히 뻗어 붙이고 태어나는데 태어나자마자 울음을 터뜨리고 손을 입으로 가져간다. 아이가 태어난 후 경우에 따라서는 그 즉시 또는 조금 후에, 하지만 어떤 경우든 하루를 넘기지 않고 똥을 싼다. 변의 양은 아이의 체구에 비하면 터무니없이 많다. 이것을 태변(胎便) 또는 배내똥*이라고 한다. 태변은 핏빛을 띠고 있는데, 색깔이 매우 짙어 역청같이 보인다. 그러나 시간이 지나면서 우윳빛으로 바뀐다. 왜냐하면 아이가 태어나자마자 젖을 빨기 때문이다. 아이는 어머니 배 속에서 완전히 빠져나오기 전까지는 아무런 소리를 내지 않는다. 심지어 난산으로 머리는 이미 빠져나왔지만 몸통이 배 속에 남아 있을 때도 울지 않는다.

3 산기가 있기 전에 양수가 터져 흘러나오면 난산이 되기 쉽다. 산후에 하혈이 조금밖에 없고 이후 40일 동안 하혈이 없으면 산모는 빨리 회복되어 다시 임신할 수 있게 된다. 아이는 생후 40일이 될 때까지 깨어 있는 동안에 웃지도 울지도 않는다. 하지만 밤에는 가끔 웃기도 하고 울기도 한다. 아이는 간지럽혀도 잘 느끼지 못하고 대부분 시간을 잠든 채로 지낸다. 아이가 자라면서 깨어 있는 시간이 조금씩 늘어난다. 그런데 훨씬 더 성장해야 꿈꾼 것을 기억하지만, 신생아가 꿈을 꾸는 것은 분명

---

*   μηκώνιον(mekonion). 원래 양귀비즙(poppy-juice)이라는 뜻을 가지고 있다.

해 보인다. 다른 동물의 갓 태어난 새끼는 모든 뼈가 차이 없이 고르게 경화되어 있다. 하지만 신생아는 대천문(大泉門)*이 무른 상태로 태어나 나중에 경화된다. 그런데 어떤 동물은 이빨이 난 상태로 태어난다. 하지만 신생아는 생후 7개월이 되어야 이가 나기 시작한다. 앞니가 가장 먼저 나는데, 경우에 따라서 윗니가 먼저 나기도 하고 아랫니가 먼저 나기도 한다. 따뜻한 젖을 먹을수록 이가 빨리 난다.

---

*　βρέγμα(bregma). 전두골과 두정골이 만나는 부분.

제10장

젖과
젖몸살

1 분만과 분만 이후에 하혈한 다음에는 젖이 많이 나온다. 어떤 여성은 젖꼭지뿐만 아니라 유방의 다른 부위에서도 젖이 흘러나온다. 심지어는 겨드랑이에서 젖이 나오기도 한다. 그리고 시간이 지나면 젖멍울이라고 부르는 단단해지는 부위가 생긴다. 젖멍울은 수분이 부족하거나 젖이 밖으로 배출되지 못하고 안에 축적되어 생기는 현상이다. 젖가슴은 해면과 같은 구조로 되어 있어서 만약에 물을 마시면서 알지 못하는 순간에 터럭을 삼키게 되면 유방에 통증을 느끼게 된다. 이런 병을 유두다열증(乳頭多裂症)*이라고 하는데 젖을 빨아 터럭이 빠져나갈 때까지 통증이 지속된다. 여성은 다음에 임신할 때까지 젖이 나온다. 그리고 나면 젖이 말라붙어 더 이상 나오지 않는다. 이런 현상은 인간이나 다른 동물 모두 마

---

* τριχιᾶν(trikhian). '털'이라는 뜻의 고대 그리스어 θρίξ(thriks)에서 파생한 용어.

찬가지다. 젖을 먹이는 동안에도 월경을 했다는 예외적인 사례가 있지만, 일반적으로 젖이 나오는 동안에는 월경을 하지 않는다. 전체적으로 볼 때 몸에서 흘러나오는 체액은 동시에 여러 군데에서 나오지 않는다. 예를 들면, 치질을 앓고 있는 여성은 월경량이 적다. 그리고 정맥류가 있는 여성에게서도 비슷한 현상이 나타나는데, 체액이 자궁으로 들어가지 못하고 골반 부근에서 빠져나가기 때문이다. 월경을 하지 못할 때 각혈하는 여성이 있는데, 이것은 결코 몸에 해로운 것이 아니다.

제11장

7

신생아의 경기와
다른 질병들

1 신생아는 보통 경기를 일으킨다. 특히 체구가 풍만한 유모의 젖을 충분히 또는 너무 많이 먹은 아이가 더 자주 경기를 일으킨다. 포도주는 아이에게 해롭다. 포도주를 마시면 병이 많이 생긴다. 적포도주가 백포도주보다 더 나쁜데, 특히 희석하지 않고 마실 때 그렇다. 속이 부글거리게 하는 대부분의 음식은 해롭다. 변비도 건강에 해롭다. 대부분의 영아 사망은 보통 생후 이레가 되기 전에 일어난다. 그래서 생후 이레가 되면 살아남을 가능성이 높다고 생각해 그때 이름을 짓는 것이 하나의 관습이 되었다. 신생아는 만월일 때 경기를 가장 심하게 일으킨다. 그리고 등에서 경련이 시작되는 것은 아이가 매우 위험하다는 증상이다.*

---

* 톰슨은 이 질병을 탯줄을 비위생적으로 처리하는 데서 기인한 신생아 파상풍(tetanus neonatorum)으로 보고 있다. 그런데 제7책 마지막에 크레스웰은 다음과 같은 주석을 달았다. "7책은 매우 느닷없이 끝난다. 이 책의 10책에서 번식이라는 주제를 다루고 있는데, 사실 10책은 7책의 연장으로 여기에 이어져야 맞을 것 같다. 번식이라는 주제를 완결할 부분이 소실됐느지 여부는 별개 문제로 하고 현존하는 10책이 아리스토텔레스가 쓴 원본이 아니라는 것은 분명하다. 일부 기술된 내용이 아리스토텔레스의 주장과 배치될 뿐만 아니라 문체나 어휘도 아리스토텔레스의 그것과는 다르다. 그래서 슈나이더는 10책을 『동물지』의 맨 마지막에 배치함으로써 과거에 아리스토텔레스가 쓴 동물에 관한 논문으로 간주된 것들을 완전히 배제하지도 않고 이런 저자 미상의 문헌이 아리스토텔레스가 쓴 진본을 훼손하지도 않도록 했을 수도 있다."

제

책

제 8 책

제 1 장

동물의 마음, 생물체의 연속성 그리고 식물과 동물의 정의

1 지금까지 우리는 동물들의 신체적 특성과 번식 방법에 대해 알아보았
다. 동물의 습성과 생활방식은 타고난 기질과 먹이에 따라 다르다. 동
물은 대부분 '정신적 태도'*의 연속성**이 있다. 이런 기질의 차이는 인간
에게서 가장 뚜렷하게 나타난다. 신체 기관의 유사성에 대해서 지적한 것
처럼 여러 동물에서도 점잖음이나 성마름, 온순함이나 포악함, 용감이나
비겁, 소심함이나 담대함, 지혜로움 등에 해당한다고 볼 수 있는 지적인
면에서의 고매함이나 저열함을 볼 수 있다. 인간에게서 볼 수 있는 이런 특
징을 다른 동물들의 상응하는 특징과 비교해보면 정도의 차이가 있을 뿐

---

* ψυκῆςτρόποι(psychēstrópoi). '정신' 또는 '영혼'을 뜻하는 ψυκή(psyche)와 '태도'를 뜻하는 τρόπος
(tropos)의 합성어. 아리스토텔레스의 스승인 플라톤이 만들어낸 개념이다.

** συνέχεια(synecheia). 아리스토텔레스가 사용한 이 용어는 생물학적·정신적으로 단절되지 않고 이어
지는 특성을 의미한다. 아리스토텔레스는 정신을 구성하는 요소를 영양소·감각·지성의 세 가지 단계
로 나누었다. 또한 아리스토텔레스는 인간의 키네세이스(κινήσεις) 즉 행동은 정신활동의 일부인 에
피투미아(ἐπιθυμια) 즉 '욕망'에 의해 결정된다고 보았다.

이다. 다시 말해, 특징에 따라 어떤 것은 인간에게 더 강하거나 약하게 나타나고 어떤 것은 동물에게 더 강하게 또는 약하게 나타난다.

2 그리고 어떤 특징은 비슷하긴 하지만 똑같은 유형으로 나타나지 않는다. 예를 들면 인간은 지식과 지혜 그리고 총명함 등을 타고나지만 다른 동물은 이와 유사한 다른 선천적인 잠재력을 가지고 있는 것을 볼 수 있다. 이러한 설명의 진위는 어린아이를 관찰하면 더 분명히 알수 있다. 어린아이는 생후 얼마 동안은 정신적으로 동물과 다를 게 없기 때문이다. 하지만 그들에게서 앞으로 하나의 습성으로 굳어지게 될 정신적 면모의 기미와 맹아를 볼 수 있다. 따라서 인간과 동물의 정신적기질(태도)은 어떤 면은 같고 어떤 면은 비슷하며 어떤 면은 닮았다고 말할 수밖에 없다. 자연은 아주 서서히 무생물에서 생물로 변화한다. 이런과정은 연속적이어서 그 변화의 경계와 중간 단계가 불분명하다. 무생물다음에는 바로 식물이 있다. 식물은 저마다 가지고 있는 가시적인 활성의양이 다르다. 모든 식물은 동물에 비하면 활성이 떨어지지만 다른 물질적존재와 비교하면 나름의 생명력을 가지고 있다.

3 식물은 서서히 동물로 변화한다. 그래서 바다에는 식물인지 동물인지 구분할 수 없는 것이 많다. 그중 상당수는 바위에 제대로 뿌리를내리고 있으나 떼어내면 바로 죽는다. 삿갓조개는 한곳에 고착되어 살고있으며 맛조개는 구멍에서 끄집어내면 살지 못한다. 일반적으로 말하면유각류는 움직이는 동물과 비교하면 사실상 식물과 비슷하다. 감각 기능

이라는 면에서 볼 때 어떤 동물은 전혀 감각 기능이 없으며 어떤 동물은 있긴 하지만 매우 무디다. 이런 식물과 동물의 중간자적 생물 가운데 우렁쉥이와 말미잘 등은 살로 되어 있지만 해면은 모든 면에서 식물과 비슷하다. 전체 동물계를 보면 활성 정도와 운동능력에는 이와 같이 세분화된 차이가 존재한다.

4 동물의 생태에 관해서도 비슷하게 이야기할 수 있다. 씨에서 발아하여 자라는 식물이 번식 이외에 다른 활동은 하지 않는 것과 마찬가지로 동물 가운데 어떤 것은 존재 목적이 번식에 국한된 것처럼 보인다. 그런데 기본적으로 동물이나 식물이나 번식을 목표로 삼는 것 같다. 그러나 여기에 감성이 더해지고 교미와 출산 그리고 새끼의 양육에서 얻는 쾌락이 다른 만큼 동물의 생태가 달라진다. 어떤 동물은 식물처럼 그저 때가 되면 종족을 번식하는 데 그친다. 어떤 동물은 부지런히 먹이를 구해 새끼를 먹이지만 새끼가 성장해 내보낸 다음에는 아랑곳하지 않는다. 지능과 기억력이 뛰어난 동물은 새끼들과 오랫동안 사회적 관계를 유지하며 산다.

5 동물의 생활은 번식과 먹이활동, 이 두 가지로 나눌 수 있다. 동물의 관심과 삶은 이 두 가지 활동에 집중되어 있다. 동물의 먹이는 대부분 신체를 구성하는 물질에 좌우된다. 동물은 어떤 식으로든 그런 물질들을 섭취함으로써 성장하기 때문이다. 어쨌든 자연에 순응하는 것이 좋은 것이다. 모든 동물은 자연에 순응하며 쾌락을 추구한다.

제 2 장

동물을 구분하는
여러 가지 특징

1 동물은 사는 곳에 따라 구분된다. 다시 말해 뭍에 사는 동물이 있고 물에 사는 동물이 있다. 이런 분류 방법은 또 다른 두 가지 방법으로 해석될 수 있다. 육상동물은 공기를, 수상동물은 물을 흡입한다. 그리고 공기나 물을 흡입하지 않지만 체질적으로 물과 공기에서 원기를 얻도록 적응하여 두 가지 중 하나를 필요로 하는 동물이 있다. 그런 동물은 공기나 물을 호흡하지 않지만, 육상동물이나 수생동물이라는 이름을 얻었다. 그리고 어떤 동물은 육지와 물 두 곳 모두에서 먹이활동을 하며 산다. 공기를 호흡하며 육지에서 번식하지만, 물에서 먹이활동을 하고 대부분의 생애를 물에서 지내는 동물도 많다. 땅과 물, 두 가지 환경에서 살면서 먹이활동을 하는 동물에게는 양서류(兩棲類)라는 이름이 적절하다.

2 물을 호흡하면서 육지에 살거나 날아다니거나 육지에서 먹이활동
  을 하는 동물은 없다. 반면에 육상동물 가운데 많은 동물은 공기를
호흡하지만 먹이는 물에서 얻는다. 게다가 이런 그중 몇몇은 물을 접하지
못하면 살 수 없을 정도로 물과 불가분의 관계를 맺고 있다. 예를 들어
바다거북, 악어, 하마, 물개 등을 비롯해 남생이와 개구리 같은 작은 동물
이 그렇다. 이 동물들은 모두 시시때때로 공기를 마시지 않으면 질식하거
나 익사한다. 이 동물들은 육지나 육지와 접한 곳에서 새끼를 낳아 키우
지만, 생활은 물속에서 한다.

3 이 점에서 돌고래는 모든 동물 가운데 가장 독특하다. 돌고래와 돌
  고래 비슷한 다른 수생동물, 말하자면 분수공을 가진 고래들이 여
기에 속한다. 공기를 호흡하는 동물을 육상동물이라 하고 물을 호흡하는
동물을 수생동물이라 한다면 이 동물들은 그 어느 것으로도 분류하기
쉽지 않다. 왜냐하면 돌고래는 두 가지 동물의 방식을 모두 사용하기 때
문이다. 돌고래는 물을 빨아들여 분수공으로 내뿜으면서도 허파로 공기
를 호흡하기도 한다. 어쨌든 돌고래는 허파를 가지고 있으며 허파로도 호
흡한다. 그러나 그물에 잡혀 숨을 쉬지 못하면 이내 질식해 죽는다. 돌고
래는 물에서 나와도 공기를 호흡하는 다른 동물들이 내는 것과 같은 낮
은 신음 소리를 내면서 한동안 살아 있다. 게다가 돌고래는 잠들 때도 숨
을 쉴 수 있도록 코를 수면 위로 내놓는다.

4 육상동물과 수생동물이 다소 배타적인 범주라는 것을 생각하면 같
은 종류의 동물을 두 가지 범주로 분류하는 것은 비합리적이다. 따
라서 '수생' 또는 '해양'이라는 용어의 개념을 보완할 필요가 있다. 몇몇 수
생동물은 공기를 호흡하는 동물과 같은 이유, 즉 피를 식히기 위해 물을
흡입하고 배출하기 때문이다. 어떤 동물은 먹이활동의 부수적인 행동으
로 물을 빨아들인다. 이런 동물은 물속에 있는 먹이를 먹을 때 먹이와 함
께 물을 흡입할 수밖에 없는데, 그래서 물을 다시 배출할 수 있는 기관이
있어야만 한다. 유혈동물 가운데 물을 호흡하는 동물은 아가미가 있으며,
먹이를 먹을 때 물을 흡입하는 동물은 분수공이 있다. 연체동물과 갑각
류에 대해서도 비슷한 설명이 가능하다. 왜냐하면 이 동물들도 먹이를 먹
을 때 물을 흡입하기 때문이다.

5 외부 온도와 신체의 관계 그리고 생활 습성에 따른 차이 등을 기준
으로 수생동물을 다시 분류할 수 있다. 한 범주에는 공기 호흡을 하
지만 살기는 물에서 사는 동물이 속하며, 다른 한 범주에는 아가미로 물
에서 호흡을 하지만 육지로 나와 거기서 서식하는 동물이 속한다. 현재
알려진 바로는 후자에 속하는 동물은 도롱뇽*이 유일하다. 도롱뇽은 허파
가 없는 대신 아가미가 있고 땅에서 돌아다니면서 먹이활동을 하는데, 다
리가 네 개 달려 있어서 육상에서 걷기에 맞춤하다. 어떤 면에서 자연의
법칙을 왜곡한 것처럼 보이는 동물도 있다. 어떤 것은 수컷이 암컷처럼,

---

* 원문에는 κορδύλος(kordylos)라 되어 있는데, 이 단어는 갑옷도마뱀을 뜻한다. 따라서 아리스토텔레
스의 설명과는 부합하지 않는다. 도롱뇽일 가능성이 높다. 도롱뇽의 유생(幼生)은 아가미가 있다.

암컷이 수컷처럼 생겼다. 그런데 사실 신체의 작은 기관이 조금만 달라져도 동물의 전체적인 모습이 크게 달라지기 쉽다.

6 이런 현상은 거세한 동물을 보면 알 수 있다. 어떤 동물에서 작은 기관을 떼어냈을 뿐이지만 수컷이 암컷 같은 모습으로 변한다. 따라서 배아의 초기 형성 과정에서 아주 미세하지만 반드시 필요한 기관에 이런저런 변화를 주게 되면 그 동물은 어떤 경우는 수컷이 되고 어떤 경우는 암컷이 된다고 추정할 수 있다. 그리고 또 그런 기관들을 아예 없애버리면 암컷도 아니고 수컷도 아닌 동물이 될 것이다. 그렇다면 작은 기관의 변화에 따라 어떤 것은 육상동물이 되었고 어떤 것은 수생동물이 되었을 것이다. 또 나중에 먹이로 삼게 될 물질이 배아기의 발생 과정에 투입되어 섞이기 때문에 어떤 것은 양서류가 되었고 어떤 것은 양서류가 아닌 게 되었을 것이다. 앞에서 언급했지만, 모든 동물은 자연에 순응할 때 기쁨과 즐거움을 느끼기 때문이다.

제 3 장

갑각류와
연체동물의 먹이

1 동물은 공기를 흡입하느냐 또는 물을 흡입하느냐, 몸의 체질*을 어떻게 조절하느냐, 무엇을 먹느냐, 이 세 가지 기준에 의해 육상동물과 수생동물로 분류되었다. 동물의 생활방식은 나름대로 속해 있는 범주와 일치한다. 다시 말해 동물은 어떤 경우에는 체질과 먹이의 특성에 따라, 어떤 경우에는 공기나 물로 호흡하는 방식에 따라 육상동물이나 수생동물이 된다. 그리고 때로는 체질과 습성에 따라 분류된다.

2 유각류 중에 움직일 수 없는 것들은 바닷물이 몸을 구성하는 성분으로 녹아 들어가기는 하지만 민물이 농도가 훨씬 낮아 몸의 더 많은 부분에 퍼져 있으므로 민물을 먹고 산다. 사실 이것들은 원래 민물에

---

* κρᾶσις(krasis). 유기체인 몸과 외부 환경의 관계를 의미한다. 즉 체온을 조절하는 물질이 공기냐 물이냐를 뜻한다.

서 발생했기 때문에 민물에 의존해 사는 것이다. 바닷물에는 민물이 섞여 있으며 바닷물에서 민물을 추출할 수 있다는 것은 실험을 통해 충분히 증명될 수 있다. 밀랍으로 통을 만들고 거기에 줄을 매달아 바닷물에 던져넣었다가 24시간 후 꺼내 보면 거기에 물이 가득 들어 있는데 그 물은 짜지 않아 먹을 수 있다.*

3 말미잘은 가까이 다가오는 작은 물고기를 잡아먹고 산다. 말미잘의 입은 몸 한가운데 있다. 실제로 큰 말미잘에서는 입을 분명히 볼 수 있다. 그리고 굴과 마찬가지로 먹이를 먹고 배설물을 내보내는 관이 몸의 맨 위에 있다.** 다시 말해 말미잘은 굴 껍데기 안에 들어 있는 살 부분과 같다. 말미잘이 붙어 있는 바위가 몸을 감싸고 있는 껍데기에 해당한다.

4 삿갓조개는 바위에서 떨어져 나와 먹이를 찾아 돌아다닌다. 움직이는 조개 가운데 자주고둥 등은 육식성으로 작은 물고기를 잡아먹고 산다. 자주고둥이 물고기를 미끼로 잡는 것을 보면 육식성이라는 데 의심의 여지가 없다. 어떤 것은 육식성이지만 해초도 같이 먹고 산다. 바다거북은 조개를 먹고 산다. 그래서 입이 유난히 단단하다. 돌이든 뭐든 일단

---

* 플리니우스의 『박물지』 31책 37장에도 이와 비슷하게 "밀랍을 구형으로 만든 다음 속을 파내고 구멍을 막아 그물에 넣어 바닷물에 담그면 그 안에 물이 차는데 이 물은 담수로 마실 수 있다"라는 대목이 있다. 또한 3세기의 그리스 고전학자인 클라우디우스 아에리아누스(Claudius Aelianus, 175~235)도 『동물의 특성(Περὶ ζώων ἰδιότητος)』에서 아리스토텔레스의 『동물지』를 인용하여 이 같은 내용을 언급하고 있다. 그러나 톰슨은 이런 실험에서 한 번도 성공하지 못했다고 말하고 있다.
** 이 부분의 설명은 우렁쉥이와 혼동한 것으로 보인다.

입으로 물면 부수어 먹는다. 그러나 물을 떠나 육지에 올라오면 풀을 뜯어 먹는다. 바다거북은 수면 위로 한번 올라오면 다시 잠수하는 데 어려움을 겪는다. 따라서 수면에 올라왔을 때 강렬한 햇볕에 노출되면 크게 고통을 겪고 죽는 경우도 드물지 않다.

5 갑각류도 같은 방식으로 먹이활동을 한다. 갑각류는 잡식성이다. 다시 말해 바위에 사는 게 같은 갑각류는 돌, 개흙, 해초, 똥 등을 가리지 않고 먹는다. 가재나 대하는 때로는 자신보다 한 수 위인 동물을 만나 역공을 당하기도 하지만 큰 물고기도 제압한다. 가재나 대하는 갑각을 우습게 아는 문어한테는 꼼짝 못하고 당하는데 같은 그물 안에 문어가 있다는 것을 알면 겁에 질려 죽을 정도다. 바닷가재는 붕장어를 제압할 수 있다. 붕장어가 바닷가재에게 잡히면 바닷가재의 거친 돌기들 때문에 미끄러운 몸으로도 벗어날 수 없다. 하지만 붕장어는 문어를 잡아먹는다. 미끄러운 붕장어에게 문어는 속수무책으로 당할 수밖에 없다.

6 바닷가재는 작은 물고기를 잡아먹고 사는데, 구멍 속에 있다가 지나가는 물고기를 잡는다. 바닷가재는 주로 바닥이 울퉁불퉁하고 돌이 많은 곳을 은신처로 삼고 그곳에서 산다. 바닷가재는 일단 먹이를 잡으면 게와 마찬가지로 집게발을 이용해 입으로 가져간다. 바닷가재는 촉수를 옆으로 늘어뜨리고 거침없이 앞으로 나가는 성질이 있다. 바닷가재는 두려움을 느끼면 뒷걸음질로 멀리 줄행랑친다. 이 동물은 숫양이 뿔로 겨루는 것과 똑같이 집게발을 들어 상대를 내리치면서 자기들끼리 싸

움을 벌인다. 바닷가재 여러 마리가 무리를 이루어 지내는 것도 종종 볼
수 있다.

7 연체동물은 모두 육식성이다. 연체동물 가운데 오징어와 갑오징어는
자신보다 큰 물고기도 잡아먹는다. 문어는 대부분 조개를 잡아서 살
을 꺼내 먹고 산다. 실제로 어부들은 주변에 조개껍데기가 많이 있는 것
을 보고 문어가 숨어 있는 구멍을 알아차린다. 어떤 사람은 문어가 서로
잡아먹는다고 주장한다. 그러나 그것은 사실이 아니다. 종종 촉완이 떨어
져 나간 문어를 보고 그런 말을 하는 게 분명한데, 사실 떨어져 나간 촉
완은 붕장어에게 먹힌 것이다.

제 4 장

물고기의
먹이

1 물고기는 예외 없이 산란기에는 알을 먹고 산다. 그러나 알 이외의
다른 먹이는 물고기 종류에 따라 각양각색으로 다르다. 연골어류, 붕
장어, 바리, 참치, 농어, 매퉁이,* 동갈치, 망상어, 곰치 등과 같은 물고기
는 오로지 육식만 한다. 노랑촉수는 육식성이지만 해초와 조개 그리고
개흙도 먹는다. 숭어는 개흙을 먹고, 자리돔은 개흙과 작은 물고기를 먹
는다. 파랑비늘돔과 흑돔**은 해초를 먹고 살파***는 작은 물고기와 해초
를 먹고 산다. 살파는 해초인 거머리말도 먹는다. 살파는 박으로 잡을 수
있는 유일한 물고기다.****

---

*   συνοδον(synodon). Synodontidae. 도마뱀처럼 생긴 물고기다.

**   μελανοῦρα(melanura). 학명은 *Oblada melanura*.

***   σάλπη(salpe). 학명은 *Sarpa salpa*. 몸에 금빛 가로줄이 있는 작은 도미 종류.

****   이 문장의 의미는 박을 미끼로 써서 물고기를 잡았다고 보는 것이 일반적이다. 그러나 아포스톨리데
       스 소포클레스의 설명에 따르면, 이 물고기는 낚시에 걸리면 구멍으로 들어가 가시가 있는 아감딱지
       를 벌려 구멍 속에서 버티며 나오지 않는다. 그래서 어부들은 낚싯줄을 속이 빈 박에 매달아 띄워놓
       고 며칠 뒤에 가서 지친 물고기를 끌어내 잡는다.

2 숭어를 제외한 모든 물고기는 같은 종끼리 서로 잡아먹는다. 이점에서 붕장어는 유난히 게걸스럽다. 납작머리숭어와 숭어는 일반적으로 살을 먹지 않는 유일한 물고기다. 이 점은 숭어를 잡아 보면 내장에 살이 들어 있는 경우가 없다는 사실로 알 수 있다. 숭어를 잡을 때는 생선 살이 아니라 보릿가루로 만든 떡밥을 미끼로 쓴다. 숭어류에 속하는 모든 물고기는 해초와 모래를 먹는다. 사람들이 '가숭어'라고도 하는 납작머리숭어는 육지 가까운 연안에 서식하고, 페라이오스숭어*는 육지에서 멀리 떨어진 곳에서 사는데 자신의 몸에서 나오는 점액질의 물질만 먹고 살기 때문에 항상 굶주려 있는 상태다. 납작머리숭어는 개흙에서 산다. 그래서 무게가 많이 나가며 미끄럽다. 납작머리숭어는 다른 물고기를 먹지 않는다. 이 물고기는 개흙에서 살면서 가끔 몸에서 진흙을 씻어내기 위해 위로 뛰어오른다. 숭어의 알을 먹고 사는 동물은 없다. 그래서 숭어는 개체 수가 유난히 많다. 그러나 성체로 성장했을 때는 수많은 물고기, 그중에서도 특히 농어**의 먹잇감이 된다.

3 모든 물고기 중에서 숭어는 가장 게걸스럽고 식탐이 많은 물고기다. 따라서 숭어의 배는 늘 가득 차 있다. 배가 부른 숭어는 식용으로 별로 좋지 않은 것으로 여겨지기도 한다. 숭어는 놀라면 머리만 개흙 속에 처박고 온몸을 숨겼다고 생각한다. 매퉁이는 육식성인데 연체동물을

---

* φεραίος(pheraios). 그리스 테살리아 해안의 고대 도시 Φεραί(Pherae)에서 유래된 것 같다.

** ἀχάρνα(acharna). 그리스 아티카의 지명이자 농어를 의미한다. 농어를 닮은 지형에서 지명이 유래했다는 설도 있다. 그러나 그 지명은 아티카 신화에 나오는 영웅 아카르나스(Ἀχάρνας)에서 유래했다고도 한다.

먹고 산다. 매퉁이와 가물치는 작은 물고기를 잡아먹으러 쫓아가다가 위가 밖으로 튀어나오기도 한다. 기억하겠지만 물고기는 위가 입에 바짝 붙어 있고 식도가 없기 때문이다.

4 돌고래, 매퉁이, 청돔 그리고 연골어류와 연체동물 같은 물고기는 이미 언급했듯이 육식만 한다. 다른 물고기들, 예를 들어 수염대구,* 망둥이, 볼락 등은 습성상 개흙이나 모자반 또는 바다에 사는 이끼나 줄기가 있는 해초 등 바다에서 자라는 것이라면 무엇이든 먹는다. 그런데 수염대구가 유일하게 먹는 동물의 살은 새우살이다. 그리고 앞에서 설명했듯이 물고기들이 서로 잡아먹는 일은 흔히 벌어지는데 특히 큰 물고기가 작은 물고기를 잡아먹는다. 그들이 육식성이라는 증거는 생선살을 미끼로 해서 잡을 수 있다는 사실이다. 고등어, 참치, 농어 등은 대부분 육식을 하지만 간혹 해초를 먹기도 한다. 감성돔은 노랑촉수가 먹다 남긴 것을 먹고 산다. 노랑촉수는 개흙에 구멍을 파는 소질이 있는데 노랑촉수가 개흙을 파고 들어가 자취를 감추면 감성돔이 나타나 그 자리를 차지하고 자기보다 작은 다른 물고기들이 가까이 다가오지 못하도록 한 다음 남아 있는 것을 먹는다. 놀래기는 네발짐승과 같이 되새김을 하는 것으로 보이는 유일한 물고기다. 일반적으로 물고기들은 자연스럽게 유영하며 자신보다 작은 물고기를 쫓아가 입으로 잡는다. 그러나 연골어류 그리고 돌고래를 비롯한 고래들은 작은 물고기를 잡기 위해 등이 아래로 가게

---

* φύκις(phykis). 그리스어로 해초를 뜻하는 φύκι(phyki)에서 유래한 이름의 물고기로 북대서양과 지중해에 서식하는 대구 종류다.

몸을 뒤집는다. 왜냐하면 이 동물들은 입이 몸의 아래쪽에 있으므로 그렇게 하지 않으면 물고기가 모두 도망쳐 몇 마리밖에 잡지 못하기 때문이다. 돌고래의 민첩함과 먹이에 대한 집요함은 정말 대단하다.

5 뱀장어 가운데 특정한 곳에 서식하는 몇몇 뱀장어는 개흙과 우연히 물에 떨어지는 작은 먹이들을 먹고 한다. 일반적으로 뱀장어의 대부분은 민물을 먹고 산다. 그래서 뱀장어를 양식하는 사람들은 바닥에 평평한 돌을 깔아 물이 끊임없이 흘러 들어오고 다시 흘러 나가게 하면서 물을 맑게 유지하는 데 특별히 신경을 쓴다. 양식업자들은 뱀장어를 키우는 수조를 회반죽으로 마감하기도 한다. 뱀장어는 아가미가 유난히 작아서 물이 맑지 않으면 이내 질식해 죽는다. 이런 까닭에 뱀장어를 잡는 어부들은 물을 휘저어 탁하게 만든다. 스트뤼몬강*에서는 묘성이 나타날 때 뱀장어잡이를 한다. 그 시기에 역풍이 불어 물결이 거세고 흙탕물이 일어나기 때문이다. 물이 그런 상태가 아니라면 뱀장어를 잡으러 나서지 않는 게 좋다. 뱀장어는 죽어도 다른 물고기들과는 달리 부유하거나 물 위로 떠오르지 않는다. 그것은 위장이 작기 때문이다. 뱀장어 가운데는 기름이 끼어 있는 것들도 있지만 대부분은 기름이 없다.

6 뱀장어는 물에서 꺼내놓아도 5~6일 동안 죽지 않는다. 물에서 꺼내놓으면 남풍이 불 때보다는 북풍이 불 때 더 오래 산다.** 여름에는

---

*   Στρυμών(Strymon). 불가리아 비토샤(Vitosha)산에서 발원하여 그리스 켄트리키 마케도니아(Κεντρικὴ Μακεδονία)를 거쳐 에게해로 들어가는 강.

**   날씨가 더울 때보다는 추울 때 더 오래 산다고 해석할 수 있다.

연못에서 뱀장어를 잡아 양식 수조에 넣으면 죽지만 겨울에는 죽지 않는다. 뱀장어는 급격한 환경 변화를 견디지 못한다. 그래서 뱀장어를 한 곳에서 다른 곳으로 옮겨 찬물에 집어넣으면 대부분이 죽는다. 호흡하는 동물을 공기가 통하지 않는 곳에 가두면 질식해 죽는 것과 마찬가지로 뱀장어도 물이 부족하거나 물을 갈아주지 않으면 질식해 죽는다. 어떤 뱀장어는 7~8년 산다. 민물에 사는 뱀장어는 다른 뱀장어나 수초 또는 풀뿌리 등을 먹고 산다. 그리고 때로는 개흙에서 나오는 다른 먹이를 먹기도 한다. 뱀장어는 주로 밤에 먹이활동을 하고 낮에는 깊은 곳으로 들어가 숨어 지낸다.

물고기의 먹이에 대해서는 이쯤 해두기로 하자.

제5장

조류의
먹이와 습성

1 갈고리발톱을 가진 조류는 예외 없이 모두 육식성이다. 이런 새들은 부리 안에 곡식이나 빵조각을 넣어주어도 먹을 수 없다. 갈고리발톱을 가진 조류로는 독수리와 솔개, 두 종류의 매, 더 정확히 말하자면 크기가 천양지차인 송골매와 새매 그리고 말똥가리가 있다. 말똥가리는 솔개와 크기가 같고 일 년 내내 볼 수 있다. 또 수염수리와 대머리수리가 있다. 수염수리는 일반 독수리보다 크고 잿빛을 띠고 있다. 죽은 고기를 먹는 독수리는 두 종류다. 하나*는 작고 희며, 다른 하나**는 상대적으로 크고 거무죽죽하다.

---

* '이집트 독수리' 또는 '파라오의 닭'이라는 독수리. 학명은 *Neophron percnopterus*.
** 흰목대머리독수리. 학명은 *Gyps fulvus*.

2 그뿐만 아니라 야행성 조류 중에서 칡올빼미, 부엉이, 수리부엉이 등은 갈고리발톱을 가지고 있다. 수리부엉이는 생김새는 부엉이를 닮았지만 크기는 독수리만 하다. 그리고 엘레오스, 아이골리오스,* 작은 수리부엉이도 갈고리발톱을 가진 야행성 조류다. 그중에서 엘레오스는 집에서 키우는 닭보다 좀 큰 편이다. 아이골리오스는 엘레오스와 크기가 엇비슷하다. 이 두 종류의 새는 어치를 잡아먹는다. 작은수리부엉이는 일반 부엉이보다 작다. 이 세 종류의 새는 생김새가 비슷하며 모두 육식성이다.

3 제비처럼 갈고리발톱은 없지만 육식성인 새들도 있다. 되새, 참새, 딱새, 방울새, 박새 등은 벌레를 먹고 산다. 박새는 세 가지 종류다. 가장 큰 것은 방울박새**로 크기가 방울새만 하다. 두 번째는 꼬리가 긴데 산에 산다고 해서 멧박새***라고 한다. 그리고 세 번째는 아주 작은데 크기를 제외하고는 앞의 두 종류와 생김새가 같다.**** 그리고 꾀꼬리, 검은머리꾀꼬리, 멋쟁이새,***** 유럽 울새,****** 노란휘파람새, 난장이새,******* 상모솔새******** 등은 곤충을 먹는다. 상모솔새는 메뚜기보

---

*   ελεος(eleos)와 αἰγωλιός(aigoliós)는 모두 부엉이 또는 올빼미의 한 종류로 여겨진다.

**   σπιζίτες(spizites). 크레스웰은 그대로 음역했고, 톰슨은 각주를 달아 이 새를 박새(great tit) 또는 쇠눈박새(oxeye tit)로 추정했다.

***   ορίνος(orinos). 톰슨은 이 새를 오목눈이 또는 매단둥우리박새로 추정했다.

****   톰슨은 이 새를 진박새(coletit)로 추정했다.

***** πυρρούλα(pyrrhula).

****** ερἰθακος(erithakos).

******* οἶστρος(oîstros).

******** τυραννίς(tyrannis). 톰슨은 golden-crest bird로 번역했다.

다 조금 크고 금빛 선홍색을 띤 볏이 있다. 이 새는 어느 모로 보나 아름답고 우아한 모습을 지니고 있다. 그다음에는 방울새와 크기가 비슷한 종다리가 있다. 멧울새*는 방울새를 닮았고 크기도 거의 비슷한데, 목 부위가 푸른색을 띠고 있다. 산에 살기 때문에 그런 이름이 붙었다. 그리고 마지막으로 굴뚝새와 떼까마귀가 있다. 지금까지 열거된 새들과 그 아류는 곤충만 먹거나 곤충을 주로 먹는다.

4 하지만 다음에 열거하는 새들과 그 아류는 엉겅퀴같이 가시가 있는 식물을 먹고 산다. 정확히 말하면 홍방울새, 작은방울새, 오색방울새 등이 여기에 속한다. 이 새들은 엉컹퀴만 먹고 벌레나 살아 있는 동물은 아예 먹지 않는다. 이 새들은 먹이를 얻을 수 있는 식물에 둥지를 틀고 산다. 나무껍질 속에 들어 있는 곤충을 즐겨 먹는 새들도 있다. 큰딱따구리와 탁목조(啄木鳥)라는 별명을 가진 작은딱따구리다. 이 두 종류의 새는 깃털과 울음소리가 서로 닮았는데, 큰딱따구리의 울음소리가 더 크다. 이 새들은 나무둥치를 오가며 먹이활동을 한다. 그리고 크기가 호도애와 비슷한 셀레오스**는 온몸이 푸른색을 띠고 있으며 대단히 강한 힘으로 나무껍질을 찍어댄다. 이 새는 보통 나뭇가지에서 살고 울음소리가 크며, 주로 펠로폰네소스반도에 산다. 벌레잡이새***는 크기가 매단둥우

---

* ὀρόσπιζος(orospizos). 톰슨은 이 새를 mountain-finch로 번역했다. 우리말 명칭은 흰눈썹울새다.
** σελέος(seleos). 크레스웰은 단순 음영하고 온몸이 노란색이라고 이 새를 묘사했다. 하지만 톰슨은 이 새를 greenpie로 번역하고 온몸이 녹색이라고 묘사했다. 아리스토텔레스가 이 새에 관해 설명한 내용을 보면 딱따구릿과에 속하는 새로 보인다.
*** κνιπολόγος(knipologos). κνίψ(kníps; '벌레'라는 뜻)와 λέγω(légo; '잡는다'는 뜻)의 합성어.

리박새 정도이며 잿빛의 얼룩덜룩한 깃털을 가지고 있으며 울음소리가 작다. 이 새도 딱따구리의 한 종류다.

5 과일과 풀을 먹고 사는 새들이 있다. 야생비둘기, 산비둘기, 집비둘기, 들비둘기,* 호도애 같이 과일과 풀을 먹고 사는 새들도 있다. 산비둘기와 집비둘기는 사시사철 볼 수 있다. 호도애는 여름에만 나타나며 겨울에는 구멍에 들어가 은신한다. 들비둘기는 주로 가을에 나타나기 때문에 그때 사냥감이 된다. 들비둘기는 집비둘기보다는 크지만 야생비둘기보다는 작다. 들비둘기는 주로 물을 마실 때 잡는다.** 들비둘기는 그리스로 날아올 때 새끼들과 함께 온다. 그리스에 찾아오는 새들은 주로 여름에 와서 둥지를 짓는다. 그중 비둘기 종류를 제외한 대부분은 동물성 먹이로 새끼를 키운다.

6 조류 전체를 놓고 보면 육지에서 먹이를 얻는 새, 강과 호수에서 먹이를 얻는 새, 바다에서 먹이를 얻거나 생활을 하는 새 등으로 나눌 수 있다. 물새 가운데 물갈퀴발을 가진 새는 물에서 살고, 발가락이 각각 따로 떨어진 지리족(趾離足)을 가진 새는 물가에서 산다.*** 물새 가운데 육식성이 아닌 새는 수초를 먹고 산다. 하지만 대부분의 물새는 호수나 강에 자주 나타나는 왜가리와 저어새처럼 물고기를 잡아먹고 산다. 저어

---

*   οἰνάς(oinás). 학명은 *Columba oenas*. 서유럽과 지중해 연안에 주로 서식한다.
**   지금도 이탈리아 지방에서는 덫을 놓고 물로 들비둘기를 유인해 잡는다.
***   포유류를 비롯한 동물 대부분은 발생기에는 물갈퀴가 있다. 그러나 산소 공급이 풍부하면 물갈퀴를 구성하는 세포들이 죽는 것으로 밝혀졌다.

새는 왜가리보다는 작지만 납작하고 큰 부리를 가지고 있다.

7 그 밖에도 황새와 갈매기가 있다. 또 검은머리쑥새,* 물까마귀,** 개구리매***가 있다. 이러한 작은 새 중에서는 개구리매가 가장 크다. 크기가 개똥지빠귀만 하다. 이 세 종류 모두 '꼬리를 깝작거리는 새'로 묘사된다. 도요새****는 깃털이 얼룩덜룩한 회색이다. 물총새 종류는 물가에 산다. 물총새는 두 가지 종류가 있다. 한 종류는 갈대에 앉아서 울고, 두 종류 가운데 몸집이 더 큰 다른 하나는 울지 않는다. 두 종류의 물총새 모두 등에 푸른색을 띠고 있다. 유럽물떼새와 물총새 그리고 물총새의 변종인 호반새*****는 바닷가에서도 산다. 잡식성인 까마귀는 해변에 밀려온 동물들도 먹는다. 그리고 해변에는 흰갈매기, 바다오리, 슴새, 물떼새****** 등도 있다.

8 물갈퀴가 있는 새 중에서 고니, 오리, 검둥오리, 논병아리, 오리와 비슷하지만 몸집이 작은 쇠오리, 가마우지 등과 같이 큰 새들은 강과 호수 주변에 산다. 가마우지는 황새와 크기가 비슷하지만 다만 다리가 짧다. 가마우지는 물갈퀴발을 가지고 있고 헤엄을 잘 치며 깃털은 검은색이

---

* σχοινῖκλος(schoeniklos). 그리스어로 갈대를 뜻하는 σχοῖνος(schoînos)에서 파생된 이름이다. 학명은 *Emberiza schoeniclus*.
** κίγκλος(kinklos). 학명은 *Cinclus cinclus*.
*** πύγαργος(pygargos). 학명은 *Circus pygargus*.
**** καλίδρις(kalidris). 서식지가 유라시아 대륙과 지중해 연안인 민물도요(Calidris alpina)를 지칭하는 것으로 추정된다.
***** κηρύλος(kérylos). ἀλκυών(alkyōn, halcyon)이라고도 한다.
****** χαραδριός(charadrios). 물떼새의 총칭. 학명은 *Charadrius*.

청둥오리

다. 가마우지는 물새 중에서는 유일하게 나무에 둥지를 짓는다. 그 밖에도 큰거위와 떼 지어 다니는 작은거위, 황오리, 귀뿔논병아리, 홍머리오리* 등이 물가에 산다. 흰꼬리수리는 바닷가에 살면서 석호(潟湖)에서 먹이를 사냥한다. 대부분의 새는 잡식성이다. 맹금류는 다른 맹금류를 제외하고 잡을 수 있는 포유류와 조류 등을 가리지 않고 무엇이든 먹는다. 맹금류는 같은 종류의 맹금류에게는 범접하지 않는다. 반면에 물고기는 실제로 같은 종류끼리도 서로 잡아먹는 경우가 종종 있다. 새는 물을 많이 마시지 않는다. 실제로 맹금류는 극소수를 제외하고는 물을 전혀 마시지 않는다. 물을 마시는 맹금류도 물을 많이 마시지 않는다. 맹금류 중에서는 황조롱이가 물을 가장 많이 마시는 축에 속한다. 솔개가 물을 마시는 것이 관찰되기는 했지만, 솔개가 물을 마시는 경우는 매우 드물다.

---

*   πηνέλοψ(penelops). 오리의 일종으로 학명은 *Anas penelope*.

제 6 장

도마뱀과 뱀의
먹이 및 습성

1 쪽매붙임 형태의 비늘로 덮여 있는 도마뱀을 비롯한 다른 네발짐승과 뱀은 잡식성이다. 어쨌든 이 동물들은 고기도 먹고 풀도 먹는다. 그런데 모든 동물 중에서 뱀이 가장 폭식한다. 비늘이 있는 동물은 물을 많이 마시지 않는데 이 동물들은 모두 다른 난생동물에서 볼 수 있는 것과 같이 피가 별로 없는 해면 구조의 허파를 가지고 있다. 뱀은 포도주를 매우 좋아한다. 그래서 포도주를 담은 그릇을 울타리 틈새에 둔 다음 뱀이 포도주를 마시고 취했을 때 잡기도 한다. 뱀은 육식성이다. 그래서 잡을 수 있는 동물은 모두 잡아 통째로 삼켜 즙을 빨아 먹고 찌꺼기를 토해 낸다. 비슷한 습성을 가진 다른 동물들도 이런 식으로 먹이를 잡아먹는다. 예를 들면 거미도 먹이를 잡아 즙을 빨아 먹는다. 다만 거미는 먹이를 삼키지 않고 밖에서 즙을 빨아 먹고, 뱀은 일단 배 속에 넣은 다음 즙을 빨아 먹는다.

2 뱀은 눈에 띄는 것은 새든 네발짐승이든 가리지 않고 먹는다. 알도 통째로 삼킨다. 그리고 먹이를 잡아먹은 다음에는 꼬리까지 몸을 똑바로 곧추세웠다가 똬리를 틀고 몸을 수축시킨다. 그러고 나서 몸을 곧게 뻗으면 삼킨 먹이가 위로 내려간다. 뱀은 식도가 가늘고 길어서 이런 행동을 한다. 거미와 뱀은 오랫동안 먹이를 먹지 않고도 살 수 있다. 이런 이야기가 틀리지 않다는 것은 약재상에 가서 살아 있는 뱀을 보면 알 수 있다.

제 7 장

야생 네발짐승의 먹이와 습성

1 태생 네발짐승 가운데 야생이며 이빨이 날카로운 동물은 육식성이
다. 그러나 일부 늑대는 예외다. 늑대는 극도로 배가 고프면 특정한
종류의 흙을 먹는다고 한다. 하지만 이것은 예외에 해당한다. 육식성 동
물은 아플 때를 제외하고는 풀을 결코 먹지 않는다. 개는 몸이 아프면 풀
을 먹고 배 속에 든 것을 토해내 몸을 정화한다. 외로운 늑대는 무리를
이루어 사냥하는 늑대보다 사람을 공격하기 쉽다.

2 '글라노스'*라고도 하고 하이에나**라고도 하는 동물은 크기가 늑대
만 하다. 등뼈를 따라 꼬리까지 말 같은 갈기가 나 있는데 털이 말의
갈기보다는 더 억세고 뻣뻣하다. 하이에나는 몰래 숨어 있다 사람을 공격

---

*   γλάνος(glános).

**   ὕαινα(húaina).

하기도 하고, 개가 들을 만한 곳에서 사람이 구토하는 소리를 내서 개를 유인하기도 한다.* 하이에나는 썩은 고기를 유난히 좋아하는 습성이 있어서 무덤을 파헤치기도 한다.

3 곰은 잡식성이다. 곰은 과일을 먹는데, 몸이 유연해서 나무를 오를 수 있다. 곰은 콩과식물도 먹는다. 그리고 꿀을 얻기 위해 벌집을 헤집기도 한다. 곰은 게와 개미도 먹는다. 전체적으로 보면 곰은 육식성이라고 할 수 있는데 힘이 세서 사슴과 멧돼지를 잡아먹고 몰래 황소를 덮치기도 한다. 곰은 황소와 가까운 거리에서 마주치면 황소 등에 올라탄다. 그리고 황소가 곰을 떼어내려고 하면 앞발로 황소의 뿔을 잡고 이빨로 어깨를 물면서 바닥에 함께 쓰러진다. 그리고 나서 이내 뒷발로 일어선다. 곰은 어떤 고기든 일단 썩은 다음에 먹는다.**

4 사자는 뾰족한 이빨을 가진 다른 맹수들과 마찬가지로 육식성이다. 사자는 욕심 사납게 먹어대는데 큰 고깃덩어리를 자르지 않고 통째로 삼킨다. 그리고 나서 포만감을 느끼면 이삼일 동안 먹이활동을 하지 않는다. 폭식했기 때문에 그렇게 금식할 수 있다. 사자는 물을 많이 마시지 않는다. 그리고 똥도 이삼일에 한 번 또는 일정한 간격을 두고 매우 적게 싼다. 사자 똥은 개똥과 마찬가지로 딱딱하고 마른 고형 성분으로 이루어져 있다. 사자의 방귀는 냄새가 고약하고 오줌도 지독한 냄새를 풍긴다. 개는

---

*   슈나이더의 기록에 따르면, 이때 하이에나가 내는 소리는 매우 독특한데 처음에는 사람이 신음하는 소리를 내다가 나중에는 토하려고 애쓰는 소리를 낸다.

**   아우베르트와 비머는 이 문장을 하이에나에 대한 설명을 그대로 가져다 쓴 것이 아닌가 의심한다.

나무에 가서 냄새를 맡는다.* 그런데 사자도 개와 같이 다리를 들고 오줌을 눈다. 사자는 자기가 먹을 먹이에 강렬한 냄새가 나는 입김을 불어 넣어 냄새가 배도록 한다. 사자의 내장을 절개하면 지독한 냄새가 난다.

5 몇몇 네발짐승은 호수나 강에서 먹이활동을 한다. 물개는 바다에서 먹고사는 유일한 네발짐승이다. 호수나 강에서 먹이활동을 하는 동물로는 비버, 사튀리온,** 수달, 라탁스*** 등이 있다. 비버는 수달보다 몸이 넓적하고 이빨이 강하다. 비버는 가끔 밤에 물에서 나와 강변에 있는 사시나무 껍질을 갉아먹는다. 수달은 사람도 무는데 일단 물면 뼈가 부서지는 소리가 날 때까지 놓지 않는다고 한다. 비버의 털은 거칠기가 물개와 사슴의 중간 정도다.

비버

---

*   이 문장은 맥락에서 볼 때 뭔가 빠진 느낌이 든다. 아마 개와 마찬가지로 오줌으로 영역을 표시한다는 의미로 쓴 것 같은데 문장이 훼손된 것 같다.

**   σατύριον(satyrion). 이 동물의 정체에 대해서는 여러 가지 설이 있지만, 유라시아 대륙에 서식하는 사향뒤쥐(sorex moschatus)라는 설이 유력하다.

***   λάταξ(latax). 이 동물의 정체도 명확하지 않다. 비버의 한 종류로 추정된다.

제 8 장

동물의 물 마시기
그리고 돼지 살찌우기

1 이빨이 날카로운 동물은 핥아먹듯 물을 마신다. 쥐처럼 이빨의 생김 새가 다른 동물도 그런 식으로 물을 마시기도 한다. 위아래 이빨이 정교합으로 이루어진 동물, 예를 들면 말이나 소는 빨아들이듯이 물을 마신다. 곰은 핥거나 빨아 마시지 않고 벌컥벌컥 들이켠다. 새는 일반적으로 빨아 마시지만 목이 긴 새는 이따금씩 멈춰 고개를 들었다가 물을 마신다. 목이 긴 새 중에서는 유일하게 자주쇠물닭이 벌컥벌컥 물을 마신다. 뿔 달린 짐승은 가축이든 야생이든 배고픔을 견딜 수 없을 때를 제외하고는 모두 과일과 채소로 물을 보충한다.

2 돼지는 좀 다르다. 풀이나 과일은 거의 먹지 않고 식물의 뿌리는 동물 중에서 가장 좋아한다. 그래서인지 돼지주둥이는 땅에서 뿌리를 캐내기 좋게 생겼다. 그리고 돼지는 모든 동물 중에서 먹는 것을 가장 즐

기는 동물이기도 하다. 이 동물은 몸집을 감안할 때 그 어떤 동물보다 빨리 살이 찐다. 사실 돼지는 생후 60일이면 시장에 내놓을 수 있을 만큼 살이 찐다. 돼지를 기르는 사람들은 말랐을 때 무게를 달아 보기 때문에 돼지가 얼마나 빨리 살이 찌는지 알 수 있다. 돼지를 비육하기 전에는 사흘간 굶길 필요가 있다. 동물은 일반적으로 한동안 굶겼다가 먹이면 살이 찐다. 양돈가들은 돼지를 사흘 동안 굶기고 나서 잘 먹인다.

3 트라케에서 양돈하는 사람들은 돼지를 비육할 때 첫날은 돼지에게 물을 먹인다. 그리고 나서 처음에는 하루, 이틀, 사흘, 나흘씩 건너 뛰며 간격이 이레가 될 때까지 물을 주지 않는다. 돼지 사료는 보리, 기장, 무화과, 도토리, 돌배, 오이 등을 섞어 만든다. 돼지를 비롯한 위장이 따뜻한 동물은 편히 쉬어야 살이 찐다. 또 돼지를 진흙에 뒹굴게 하면 살이 더 잘 찐다. 돼지는 늑대와도 맞서 싸운다. 돼지를 잡아 무게를 달면 살이 있을 때 무게의 6분의 5밖에 안 된다. 털과 피 등의 무게가 6분의 1이라는 것이다. 돼지도 다른 동물들과 마찬가지로 새끼에게 젖을 먹이는 동안에는 살이 빠진다.

제 9 장

소의
사료와 비육

1 소는 곡물과 풀을 먹는다. 그리고 살갈퀴나 상한 콩 또는 콩대처럼 고창증(鼓脹症)*을 일으키는 식물을 먹고 살이 찐다. 늙은 소는 가죽을 절개하고 그 안으로 공기를 불어 넣으면 살이 찐다.** 소는 또 생보리나 탈곡한 보리, 또는 무화과, 압착기에서 나오는 포도주 지게미, 느릅나무잎 등과 같이 달달한 사료를 먹이면 살이 찐다. 하지만 따뜻한 햇볕을 쬐고 미지근한 물에서 뒹구는 것보다 비육에 더 좋은 것은 없다. 어린 소의 뿔에 뜨거운 밀랍을 바르면 원하는 모양으로 뿔의 형태를 잡을 수 있다. 밀랍, 역청 또는 올리브유를 발굽에 바르면 부제병(腐蹄病)***에 잘 걸리지 않는다.

---

* 　　반추동물의 질병으로 부패하거나 수분이 많은 먹이를 먹고 장에 가스가 차 부글거리는 소화기 병이다. 가스가 찼을 때 배를 두드리면 북소리가 난다고 한 데서 병명이 유래했다.

** 　　아우베르트와 비머는 이를 전혀 근거 없는 낭설이라고 비판했다.

*** 　　발굽이 있는 유제류 동물의 발굽에 균이 침투하여 염증을 일으키는 병.

2 떼 지어 다니는 소들은 눈보다는 서리가 내려 어쩔 수 없이 다른 목초지로 이동할 때 더 힘들어한다. 소를 몇 년 동안 교미하지 못하게 하면 덩치가 더 커진다. 에피로스 지방에서는 이른바 퓌로스 암소를 키우는데 소의 덩치를 키울 목적으로 생후 8년까지는 수소와 교미하지 못하게 한다. 이런 이유로 이 암소들은 '숫처녀 암소들'*이라는 별명을 얻었다. 에페이로스 왕가가 소유한 퓌로스 지방의 소들은 세상에 약 400마리밖에 없는데, 다른 곳에서도 키워보려고 했지만 잘 자라지 않아 성공하지 못했다고 한다.

---

* ἀποταῦρι(apotauri). '수소와 교미하지 못한 암소들'이라는 뜻이다.

제10장

말, 노새, 당나귀 등의 먹이

1 말, 노새 그리고 당나귀는 곡식과 풀을 먹는다. 그러나 주로 물을 마시고 살이 찐다. 짐을 나르는 역축(役畜)은 마시는 물의 양에 맞춰 먹이를 먹는다. 그리고 물이 좋은 곳은 먹이도 좋고 물이 나쁜 곳은 먹이도 나쁘기 마련이다. 때맞춰 익은 풋곡식은 껍질이 부드럽다. 그러나 곡식 이삭이 너무 뻣뻣하거나 껄끄러우면 상처를 내기도 한다. 첫물 토끼풀은 가축에게 해롭다. 그리고 주변에 악취 나는 물이 흐르는 곳에서 자란 토끼풀은 냄새가 나기 때문에 가축에게 나쁘다. 소는 맑은 물을 즐겨 마시지만, 말은 이런 점에서는 낙타를 닮았다. 낙타는 탁하고 더러운 물을 좋아한다. 낙타는 발로 휘적거려 물이 탁해진 연후에 비로소 개울물을 마신다. 낙타는 최대 나흘 동안 물을 마시지 않고 버틸 수 있다. 그리고 나서 물을 마실 때는 엄청나게 많은 양을 마신다.

제11장

코끼리와
낙타의 수명

1 코끼리는 한 번에 최대 9마케도니아 메딤노스*의 먹이를 먹는다. 하지만 그렇게 많이 먹으면 건강에 좋지 못하다. 보통 코끼리는 한 번에 5메딤노스의 풀이나 밀, 그리고 5마레이스** 즉 6코튈레의 포도주를 마신다. 어떤 코끼리는 물을 한 번에 14메트레테*** 마시고 그날 저녁에 또다시 8메트레테를 마셨다고 한다. 낙타는 약 30년을 산다. 예외적으로 이보다 훨씬 더 오래 사는 낙타도 있다. 예를 들면 100년을 살았다는 낙타도 있다고 한다. 코끼리는 200년까지 산다고 말하는 사람도 있고 300년까지 산다고 말하는 사람도 있다.

---

*　　μέδιμνος(medimnos). 고대 그리스의 곡물 계량 단위로 부피를 기준으로 하는데, 도량형이 통일된 시대가 아니라 지역에 따라 차이가 있다. 아테네를 중심으로 하는 아티카 지역에서는 1메딤노스는 약 52리터, 스파르타에서는 약 71리터에 해당한다. 무게 단위로 사용할 때는 밀 40킬로그램, 보리 31킬로그램이 1메딤노스. 그러나 마케도니아에서는 1메딤노스가 어느 정도의 부피와 무게에 해당하는지는 정확히 알 수 없다. 다만 50~70리터였을 것으로 추정된다.

**　　μάρις(mareis). 이 액체 계량 단위에 대해서는 분명히 알려진 바가 없다. 다만 본문에서 1마레이스가 6코튈레(κοτύλη)라고 한 것을 적용하면 약 1.6리터쯤으로 추정된다. 1코튈레는 약 272밀리리터다.

***　　μετρητή(metrete). 고대 그리스의 액체 계량 단위로 약 39.3리터다.

제12장

양과 염소의 먹이

1 양과 염소는 초식성이다. 그러나 양은 열심히 그리고 알뜰하게 풀을 뜯어 먹는 반면, 염소는 바쁘게 장소를 옮겨 가며 목초의 끝부분만 듬성듬성 잘라 먹는다. 양은 물을 마시면 빨리 살이 찐다. 그래서 목부들은 여름에 닷새에 한 번꼴로 양 100마리에 1메딤노스 정도의 소금을 먹인다. 이렇게 하면 양들이 살이 붙고 건강해진다. 실제로 양치기들은 겨에 소금을 조금 섞어 준다. 양은 갈증이 나면 물을 많이 마시기 때문이다. 그리고 가을에는 오이에 소금을 뿌려서 먹인다. 이렇게 사료에 소금을 섞어 먹이면 암양은 젖을 더 많이 내는 경향이 있다. 한낮에 양들을 몰아 움직이게 하면 저녁까지 더 많은 물을 먹는다. 양이 새끼를 낳을 때가 되었을 때 먹이에 소금을 섞어 먹이면 젖통이 더 커진다.

2 양에게 올리브나무나 보리수나무 가지, 살갈퀴, 그리고 모든 종류의 겨를 먹이면 살이 찐다. 그리고 이런 사료를 소금물에 적셔주면 훨씬 더 살이 찐다. 그리고 먹이를 주기 전에 먼저 사흘간 금식시키면 살이 더 잘 오른다. 가을에는 북쪽에서 흘러오는 물이 남쪽에서 흘러오는 물보다 훨씬 더 양에게 좋다. 목초지는 서쪽 사면에 있는 목초지가 좋다. 양을 많이 걷게 하거나 피곤하게 하면 살이 빠진다. 양치기는 겨울철에 양에게 서리가 있고 없고를 보고 건강한 양과 허약한 양을 쉽게 구분할 수 있다. 허약한 양은 서리의 무게를 견디지 못해 몸을 흔들어서 떨어버리기 때문이다.

3 모든 네발짐승은 습지에서 자라는 풀을 먹으면 육질이 나빠지고 고원에서 자라는 풀을 먹으면 육질이 좋아진다. 꼬리가 납작한 양이 꼬리가 길쭉한 양보다, 양모가 짧은 양이 양모가 덥수룩한 양보다 겨울을 잘 견뎌낼 수 있다. 양모가 곱슬곱슬한 양은 추위를 많이 탄다. 양은 염소보다 건강하고 염소는 양보다 힘이 세다. 늑대에게 잡아먹힌 양의 가죽이나 털, 그리고 이런 것들로 만든 옷에는 유난히 이가 들끓는다.

제13장

곤충의
먹이

1 곤충 중에서 이빨 있는 것은 잡식성이다. 그리고 혀가 있는 것은 온
갖 것으로부터 즙을 빨아 먹는다. 후자의 경우에 속하는 곤충은 온
갖 즙을 다 먹기 때문에 잡식성이라고 할 수 있다. 예를 들면 파리가 그렇
다. 쇠파리나 말파리 등은 피를 빠는 곤충이다. 그리고 식물과 과일의 즙
을 빨아 먹는 것도 있다. 벌은 더러운 것을 피하는 유일한 곤충이다. 벌은
단맛의 즙이 없는 것은 어떤 것도 건드리지 않는다. 벌은 땅속 샘에서 거
품을 일으키며 맑게 솟아오르는 물을 즐겨 마신다.

동물의 먹이에 대해서는 이쯤 해두자.

새들의
이동

제14장

1 동물의 습성은 번식과 양육 또는 먹이활동과 관련되어 있다. 동물의 습성은 추위와 더위 그리고 계절 변화에 적응하기 위해 조절된다. 모든 동물은 온도의 변화를 본능적으로 알아챈다. 인간을 예로 들면, 겨울이 되면 집으로 들어가고 신분이 고귀한 인간은 여름에는 시원한 곳을 찾아가 피서를 하고 겨울에는 따뜻한 곳에서 피한을 한다. 이렇듯 모든 동물은 계절에 따라 서식지를 옮길 수 있다. 어떤 동물은 원래 살던 서식지를 떠나지 않고 계절의 변화에 대비한다. 어떤 동물은 추분이 지나면 추위를 피하려고 폰토스와 한랭한 지역을 떠나 이동하고 춘분이 지나면 다가오는 더위를 피하려고 더운 곳에서 시원한 곳으로 이동한다. 어떤 동물은 가까운 거리를 이동하고 어떤 동물은 두루미처럼 아주 먼 거리를 이동한다.

2 두루미는 스키티아 초원지대에서 나일강의 발원지가 있는 이집트 남
부의 습지로 날아온다. 두루미가 피그미족과 싸웠다는 곳이다.* 그
런데 이것은 터무니없는 이야기가 아니라 실제로 그곳에는 난장이족, 난
장이만큼 작은 말, 지하 동굴 속에 사는 인간 등이 있다. 펠리컨은 스트
뤼모나스강**에서 이스트로스강***까지 날아가서 그곳의 강변에서 번식
한다. 펠리컨은 무리를 지어 떠나는데 도중에 산맥을 넘어갈 때는 후미에
있는 새들이 선두에 있는 새들을 시야에서 놓치지 않도록 선두의 새들은
후미의 새들을 기다린다.

3 물고기도 비슷한 방법으로 서식지를 옮기는데, 계절에 따라 흑해에
서 나가기도 하고 다시 들어오기도 한다. 겨울에는 먼바다에서 따뜻
한 곳을 찾아 육지 가까운 연안으로 이동하고, 여름에는 열기를 피하려
고 연안에서 깊은 바다로 이동한다.

4 연약한 새들은 겨울에 날씨가 추워지면 따뜻한 평원지대로 내려오
고 여름에는 시원한 산으로 올라간다. 연약한 동물일수록 덥거나
추운 극단의 기온을 피해 좀 더 서둘러 이동한다. 고등어는 참치보다 먼
저 이동하고 메추라기는 두루미보다 빨리 떠난다. 메추라기가 보에드로미
온****에, 두루미는 마에막테리온*****에 이동한다. 모든 동물은 더운 곳

---

*   호메로스의 『일리아스』 3장 6절에 나오는 이야기.
**   Στρυμόνας(Strymonas). 불가리아에서 마케도니아를 거쳐 에게해로 흘러드는 강.
***   Ἴστρος(Ístros). 다뉴브강을 가리키는 고대 그리스식 표기.
****   8월 중순에서 9월 중순.
*****   9월 중순에서 10월 중순.

에서 추운 곳으로 갈 때보다는 추운 곳에서 더운 곳으로 갈 때 더 살이
쪄 있다. 따라서 메추라기는 봄에 도착할 때보다는 가을에 떠날 때 더 살
이 쪄 있다. 추운 곳에서 철새가 날아오는 것은 여름이 끝나면서 시작된
다. 동물은 더운 곳에서 시원한 곳으로 이동하는 봄에 번식을 위해 몸매
를 가다듬는다.

5 새 중에서 두루미는 세상 끝에서 끝으로 이동한다. 두루미는 바람
을 안고 날아간다. 돌에 관한 이야기는 사실이 아니다. 무슨 이야기
냐 하면, 두루미는 무게중심을 잡는 평형추로 몸 안에 돌을 넣고 날아가
는데, 두루미가 토해 놓은 돌이 금을 식별하는 시금석으로 쓰인다는 이
야기다. 흙비둘기와 양비둘기도 이동한다. 그래서 겨울에는 호도애와 마
찬가지로 그리스에 없다. 하지만 집비둘기는 남아 있다. 메추라기도 이동
한다. 그런데 기온이 따뜻한 지역에 가면 여기저기 메추라기와 호도애가
몇 마리 남아 있는 것을 볼 수 있다. 흙비둘기와 호도애는 떠날 때와 돌
아올 때 모두 무리를 지어 이동한다. 메추라기는 날씨가 좋고 북풍이 불
면 이동을 시작한다. 메추라기는 짝을 지어 순조롭게 날아간다. 그러나
남풍이 불면 큰 어려움을 겪는다. 남풍은 맞바람이라 속도를 내기 어려운
데다 습하고 세차기 때문이다. 이런 이유로 새잡이들은 남풍이 강하게 불
어 메추라기가 날 수 없을 때만 잡고 날씨가 좋을 때는 나서지 않는다. 그
런데 이 새가 날아가는 동안 계속 울음소리를 내는 것은 비행이 힘들기
때문이다.

6 메추라기가 다른 곳에서 돌아올 때는 길잡이 새가 없지만 떠나갈 때는 글로티스,* 흰눈썹뜸부기, 칡올빼미,** 뜸부기*** 등이 함께 날아간다. 뜸부기는 밤에 메추라기가 있을 곳을 찾아간다. 새잡이들은 밤에 뜸부기가 우는 소리를 듣고 메추라기 무리가 이동을 시작한다는 것을 알아챈다. 흰눈썹뜸부기는 습지에 사는 새다. 글로티스는 부리 밖으로 길게 내밀 수 있는 혀를 가지고 있다. 칡올빼미는 보통 올빼미와 마찬가지로 귀 주위에 깃털이 있다. 이 새를 밤까마귀****라고 하는 사람도 있다. 이 새는 대단한 장난꾸러기이자 뛰어난 흉내쟁이다. 새잡이들이 이 새 앞에서 춤을 추면 이 새는 그 동작을 따라 한다. 그때 다른 새잡이가 뒤로 가서 이 새를 잡는다. 부엉이도 이와 비슷한 속임수로 잡는다. 일반적으로 구부러진 발톱을 가진 새는 목이 짧고 혀가 납작하며 흉내를 잘 낸다. 인도에 사는 어떤 앵무새는 사람 말을 따라 하고 묻는 말에 대답도 한다고 한다. 이 새는 술을 마시면 평소보다 더 말이 많아진다고 한다. 새 중에서는 두루미, 백조, 펠리컨 그리고 작은 거위 등이 철새에 속한다.*****

---

* γλωττίς(glottis). 이 새의 정체에 대해서는 알려진 바가 없다. γλωττίς가 뜸부기를 뜻하는 γλωσσίς (glōssís)의 고어라는 점에서 뜸부기의 일종으로 추정한다.

** ὦτος(otos). 학명은 Asio otus.

*** κύχραμος(kychramos). 이 새의 정체에 대해서는 뜸부기라는 설도 있고 멧새라는 설도 있다. 북아프리카와 유라시아 대륙에 걸쳐 서식하는 철새인 뜸부기가 더 적절한 추정인 것 같다.

**** νυκόραξ(nycorax). 밤을 뜻하는 νύξ(núx)와 까마귀를 뜻하는 κόραξ(kórax)의 합성어. 이 새는 까마귀와는 거리가 먼 올빼미 종류다.

***** '철새에 속한다'는 부분을 크레스웰은 '떼 지어 다니는 새들'라고 번역했다.

제15장

어류의
이동

1 이미 설명했지만, 어류 가운데 어떤 것은 극심한 추위와 더위를 피해
서 원양에서 근해로 또는 근해에서 원양으로 이동한다. 근해에는 원
양보다 먹이가 풍부하다. 왜냐하면 일반 정원에서도 볼 수 있듯이 햇빛이
닿을 수 있는 곳에서 자라는 식물이 더 크고 질도 우수하며 먹기 좋기 때
문이다. 검은 해조류*는 연안에서 자란다. 다른 해초는 들풀과 같다.** 게
다가 해안에 가까운 근해는 수온이 먼바다에 비해 차지도 덥지도 않게
더 일정하게 유지되는 경향이 있다. 따라서 얕은 바다에 사는 어류는 살
이 단단하고 균질하지만 심해에 사는 어류는 살이 무르고 흐물흐물
하다. 매퉁이, 흑돔,*** 다금바리,**** 귀족도미, 숭어, 노랑촉수, 놀래기,

---

*   μέλας(melas). '검은'이라는 뜻이지만 연안에 산다는 것으로 보아 갈조류에 해당한다고 추정할 수 있다.
**   이 문장의 의미는 모호하다. 문장이 훼손된 것으로 추정된다. 톰슨은 "해초의 잎은 다른 들풀과 같
        다"라는 의미로 해석하는 것이 적절하다고 보았다.
***   κάνθαρος(kantharos). 학명은 *Spondyliosoma cantharus*.
****   ὀρφώς(orphos). 학명은 *Epinephelus marginatus*.

얼룩통구멍,* 모샘치,** 모든 볼락류 등은 근해에 산다. 그리고 노랑가오리, 연골어류, 흰붕장어, 농어, 도미, 동갈민어*** 등은 깊은 바다에 산다. 참돔, 쏨뱅이, 붕장어, 곰치, 성대 등은 깊이에 관계없이 얕은 바다에도 살고 깊은 바다에도 산다.

2 하지만 물고기는 사는 곳에 따라 모습이 달라진다. 예를 들면 크레타 연안에 사는 모샘치와 볼락은 통통하다. 참치는 대각성이 나타난 다음이 제철이다. 왜냐하면 그때부터 기생충에게 시달리지 않기 때문이다. 바다가 육지로 깊이 들어온 내해에는 벤자리돔,**** 귀족도미, 노랑촉수 그리고 무리 지어 다니는 여러 종류의 어류가 산다. 예를 들면 알로페코네소스*****에는 가다랑어도 산다. 그리고 많은 물고기 종류가 비스토니스****** 석호에도 산다. 대부분의 대서양고등어*******는 보통 흑해까지 들어가지 않고 프로폰티스********에서 여름을 난다. 참치, 펠라미스********* 그리고 가다랑어는 여름은 흑해에서 보내고 겨울은 에게해에서 보낸다. 조류를 타고 떼 지어 이동하거나 떼 지어 모여 있는 어류의

---

*   καλλιώνυμος(kalliônumos). 학명은 *Uranoscopus japonicus*.
**   κωβιός(kōbiós).
***   γλαύκος(glaukós). 이 물고기에 대해서는 설이 정말 다양하다. 프랑스의 고전학자 퀴비에는 이 물고기를 언급한 고전 문헌들을 비교·분석하여 동갈민어의 일종인 *Sciæna aquila*라고 결론지었다.
****   σάυπε(saupe). 아리스토텔레스가 어떤 물고기를 지칭했는지 분명하지 않다. 퀴비에는 작은 대구 종류로 추정했다. 하지만 학명이 *Sarpa salpa*인 작은 도미 종류로 보는 것이 적절하다. 다만 이 물고기에 조응하는 우리말 명칭이 없어 벤자리돔으로 번역했다.
***** Ἀλωπεκόννησος(Alōpekónnēsos, Alopeconnesus). 발칸반도 동남부의 에게해 연안.
****** Βιστωνίς(Bistonis). 그리스 트라케 지방에 있는 오늘날의 비스토니다호.
******* κολίας(kolias). 대서양과 지중해에 서식하는 살이 통통한 고등어. 학명은 *Scomber colias*.
******** Προποντίς(Propontis). 에게해에서 흑해로 들어가는 마르마라해의 고대 그리스식 이름.
********* πηλαμύς(pēlamys). 1년 미만 참치의 별칭.

대부분도 같은 방식으로 이동한다. 여러 종류의 어류가 떼 지어 다니며, 그 물고기 떼에는 항상 길잡이가 있다.

3 물고기는 두 가지 이유로 흑해로 들어간다. 첫째는 먹이 때문이다. 바다로 민물이 많이 유입되는 흑해에는 물고기의 먹이가 많고 질도 좋다. 두 번째는 흑해에 사는 큰 물고기들은 외해에 사는 큰 물고기들보다 크기가 작기 때문이다. 사실 흑해에는 돌고래와 알락돌고래를 제외하고는 위협적으로 큰 물고기가 없다. 그리고 돌고래도 크기가 작은 종류가 산다. 그러나 외해로 나가자마자 큰 물고기를 엄청나게 많이 만나게 된다. 이런 이유뿐만 아니라 물고기는 번식을 위해 흑해로 들어간다. 흑해에는 산란하기 좋은 아늑한 장소들이 있으며 유난히 신선하고 쾌적한 물은 알에 활력을 불어넣어 준다. 산란한 뒤 치어가 어느 정도 자라면 어미 물고기는 묘성이 나타나자마자 흑해를 빠져나간다. 겨울에 남풍이 불면 조금 머뭇거리며 빠져나가지만 물고기가 이동하려는 방향과 같은 북풍이 불면 쏜살같이 빠져나간다. 그런데 그 무렵에 비잔티움 근처에서 잡히는 물고기는 흑해에서 지낸 기간이 짧기 때문에 예상했던 대로 크기가 매우 작다.*

4 다른 물고기 떼가 흑해를 드나드는 것을 모두 볼 수 있지만, 트리키아**는 흑해로 들어갈 때만 볼 수 있고 나오는 것을 볼 수 없다. 실

---

* 비잔티움 근처에서 가을에 잡히는 물고기 떼는 그해 태어났기 때문에 크기가 매우 작다.

** τριχία(trikhía). 멸치의 한 종류인 색줄멸이라는 설도 있지만, 퀴비에는 청어과에 속하는 물고기로 추정했다.

제로 비잔티움 근처에서 흑해에서 나오는 트리키아가 잡히면 특이하고 이례적인 일이므로 어부들은 그물을 놓고 정성스레 정화의식을 치른다. 이런 현상에 대해 트리키아가 이스테르강을 거슬러 헤엄쳐 올라가다가 강이 갈라지는 곳에서 다시 남쪽으로 내려와 아드리아해로 들어오기 때문이라고 설명하기도 한다.* 그리고 이러한 설명이 정확하다는 증거로 아드리아해에서 일어나는 그 반대 현상을 들고 있다. 즉 아드리아해에서는 트리키아가 흑해로 들어갈 때는 잡히지 않고 나올 때만 잡힌다는 것이다.

5 참치가 흑해를 드나드는 것을 보면, 들어갈 때는 우안을 따라 들어가고 나올 때는 좌안을 따라 빠져나온다.** 참치는 천성적으로 시력이 좋지 못한데 그나마 오른쪽 눈의 시력이 좋아서 그렇게 이동한다는 것이다.*** 떼 지어 다니는 물고기는 낮에는 회유 경로를 따라 이동하고 밤에는 쉬면서 먹이를 먹는다. 그러나 달빛이 밝은 밤에는 쉬지 않고 계속 이동한다. 바다에 대해서 잘 아는 사람들은 무리를 짓는 물고기는 동지가 되면 있는 자리에서 이동을 중단하고 춘분이 될 때까지 미동도 하지 않는다고 말한다.

---

* 　플리니우스는 『박물지』 9책 20장에서 이 물고기들이 아드리아해로 내려올 때는 '지하로 흐르는 수로(subterraneous passages)'를 이용한다고 기록하고 있다.
** 　이러한 참치의 회유 경로에 대해서 플리니우스는 『박물지』 9책 20장에서 자세히 설명하고 있다. 물론 플리니우스는 아리스토텔레스의 『동물지』를 참고한 것으로 보인다.
*** 　『박물지』 5책 31장에 이와 같은 내용이 있다.

6 대서양고등어는 흑해로 들어갈 때보다 나올 때 많이 잡힌다. 프로폰티스에서는 산란기 전에 잡힌 참치가 가장 좋다. 물고기 떼는 일반적으로 흑해를 빠져나갈 때 가장 많이 잡히는데, 그때가 가장 맛도 좋다. 흑해로 들어갈 때 육지 가까이에서 잡은 물고기는 살이 포동포동하고 외해에서 잡은 물고기는 상대적으로 살이 없다. 대서양고등어와 고등어가 흑해를 빠져나갈 무렵 남풍이 불 때가 더러 있는데 그때는 비잔티움보다 남쪽에서 더 많이 잡힌다.

어류의 회유 현상에 대해서는 이쯤 해두자.

제16장

동물의
이동

1 육상동물 역시 서식지를 옮기는 습성이 있다. 겨울이 되면 으슥한 곳
으로 숨어들었다가 날씨가 따뜻해지면 은신처에서 나온다. 동물은
극심한 추위뿐만 아니라 더위를 피해서 숨는다. 어떤 때는 종 전체가 자
취를 감추기도 하고 어떤 때는 일부는 사라지고 일부는 남기도 한다. 예
를 들면 바다에 사는 자주고둥, 쇠고둥 같은 유각류는 예외 없이 숨으려
고 하는데 이런 잠복 현상은 바위에 붙어 있지 않는 유각류에서 더 두드
러지게 나타난다. 가리비 등은 스스로 숨는다. 그리고 육지 달팽이처럼
외부에 선개가 있는 동물도 있다. 바위에 붙어 있는 조개들이 숨는 것은
별로 보이지 않는다. 이렇게 숨는 동물도 모두 같은 시기에 숨는 것은 아
니다. 달팽이는 겨울철에는 휴면 상태에 들어가고 자주고둥과 쇠고둥은
천랑성이 뜨는 기간에 30일 동안 자취를 감춘다. 그리고 가리비도 거의
비슷한 시기에 숨는다. 대체로 동물은 날씨가 너무 춥거나 더울 때 숨는
다.

2 인간의 주거 공간에 함께 사는 곤충과 일 년 넘기지 못하고 죽는 곤충을 제외하면 대부분의 곤충은 겨울에 무기력해진다. 어떤 곤충은 꽤 오랫동안 숨어서 지내고 벌 같은 것은 가장 추운 기간에만 숨는다. 벌이 동면한다는 사실은 먹이를 놓아두어도 건드리지도 않는 것을 보면 알 수 있다. 그때 벌통 밖으로 기어 나온 벌은 배가 투명해 보이는데, 위 속에 아무것도 없다. 벌의 휴면 기간은 묘성이 질 때부터 봄이 올 때까지 계속된다. 동물은 온화한 곳이나 이전에 휴면기를 보냈던 은신처에서 겨울잠이나 여름잠을 잔다.

제17장

유혈동물과 어류의
휴면과 동면

1 유혈동물 중에도 동면을 하는 것이 있다. 쪽매붙임 형태의 비늘이 있
는 천산갑, 뱀, 도마뱀, 도마뱀붙이, 강악어 등은 모두 겨울에는 넉
달 동안 동면한다. 그리고 동면하는 동안에는 아무것도 먹지 않는다. 뱀
은 보통 동면하기 위해 땅에 굴을 파고, 독사는 바위 밑으로 숨어든다.
어류도 대부분 이런 식으로 휴면한다. 특히 만새기*와 까마귀고기는 겨울
철에 휴면한다. 이 물고기들은 언제나 특정 시기가 아니면 잡을 수 없다.
곰치, 귀족도미, 붕장어 등도 휴면한다. 볼락은 암수가 짝을 이뤄 휴면한
다. 이런 현상은 놀래깃과에 속하는 물고기들과 농어에서도 볼 수 있다.
이 물고기들**은 이렇게 짝을 이루어 번식을 준비한다.

---

*　　κορύφαινα(korúphaina). 학명은 Coryphaena hippurus.

**　　아리스토텔레스는 여기서 κίχλη(kíkhlē)와 κοττύφος(kóttuphos), 두 종류의 물고기를 특정했는데, 톰
슨은 두 종류 모두 놀래기로 보았다. 지중해에는 24종의 놀래기가 있는데 개똥지빠귀를 뜻하는 κίχλ
η라는 이름을 붙일 수 있는 놀래기가 여럿 있다고 각주에서 덧붙이고 있다. 옮긴이는 확인되지 않는
놀래깃과의 어종을 열거하는 것이 무의미하다고 생각해 '놀래깃과에 속하는 물고기들'로 번역했다.

2 참치도 겨울에 깊은 곳으로 들어가 동면하는데, 동면한 뒤에는 살이 많이 찐다. 참치잡이는 묘성이 뜰 때 시작하여 가장 길면 대각성이 질 때까지 이어진다. 그때가 지나면 참치는 조용히 숨어 지낸다. 참치가 동면하는 시기에도 소수의 참치와 휴면 중인 다른 물고기들이 수온이 따뜻한 곳에서 유난히 날씨가 좋거나 만월이 떴을 때 돌아다니다 잡히는 경우가 있다. 이 물고기들은 따뜻한 수온이나 밝은 빛에 이끌려 숨어 있던 은신처에서 먹이를 찾아 나온 것이다. 대부분의 물고기는 여름잠이나 겨울잠을 잘 때 잡힌 것들이 가장 맛이 좋다. 어린 참치는 개흙 속에 몸을 숨기는데, 그것은 특정 시기에는 참치가 전혀 잡히지 않고 그 시기가 지난 이후에 잡힌 참치들이 개흙을 뒤집어쓰고 있고 지느러미가 손상된 사실로 추정할 수 있다.

3 봄이 되면 참치는 이동을 시작해 연안으로 나가 짝을 짓고 번식하는데 그때 잡힌 참치에는 알이 가득 들어 있다. 참치는 그때가 제철이다. 가을이나 겨울에는 맛이 덜하다. 그때는 참치 수컷도 이리가 가득 차 있다. 참치는 알이 조금 들어 있을 때는 잡기 쉽지 않다. 그러나 알이 많이 들어 있을 때는 기생충에 감염된 경우가 많아서 잡기 쉽다.* 어떤 물고기는 모래 속으로, 어떤 물고기는 개흙 속으로 파고 들어가 입만 내놓고 숨어 지낸다. 대부분의 물고기는 겨울에만 숨는다. 그러나 갑각류, 볼락, 가오리, 연골어류 등은 날씨가 극도로 추울 때만 숨는다. 이것은 이 물고

---

* 기생충에 감염된 참치는 고통을 느끼기 때문에 움직임이 느려 잡기 쉽다고 한다.

기들이 날씨가 심하게 추울 때는 결코 잡히지 않는 사실로 알 수 있다.

4 반면에 동갈민어 같은 물고기는 여름에 숨는다. 이 물고기는 여름에 60일 동안 숨는다. 대구와 귀족도미도 휴면한다. 그리고 대구가 오랫동안 휴면한다는 것은 대구가 상당히 긴 시간 간격을 두고 잡히는 사실로 미루어 알 수 있다. 또 특정 별자리가 뜨고 지는 것에 맞추어 특정 어종에 대한 고기잡이가 이루어지는 것으로 물고기들이 여름에도 휴면한다는 것을 알 수 있다. 특히 천랑성이 뜨는 시기에는 바다 깊은 곳부터 뒤집히기 시작한다.* 이런 현상은 보스포루스 해협에서 가장 잘 관찰할 수 있다. 여기서는 바닥의 개흙이 수면으로 올라오는데 그때 물고기들도 함께 따라 올라온다. 어부들은 바다가 바닥부터 뒤집힐 때는 첫 번째 투망보다는 두 번째 투망에 고기가 더 많이 잡힌다고 말한다. 그리고 비가 많이 내린 뒤에는 이전에는 전혀 볼 수 없거나 이따금 볼 수 있었던 기이한 물고기들이 나타난다.

---

* 플리니우스는 『박물지』 9권 25장에서 천랑성이 뜬 것을 온 바다가 다 안다고 기록했다. 이는 물론 아리스토텔레스의 기록을 인용한 것으로 보인다.

제18장

조류의
동면

1 많은 종류의 새도 동면한다. 어떤 사람은 새들이 기후가 온화한 곳으로 이동한다고 생각하지만 모든 새가 다 그런 것은 아니다. 솔개와 제비 같은 새는 기후가 온화한 곳이 원래 살던 곳에서 멀지 않으면 그곳으로 날아가지만, 멀리 떨어져 있으면 이동하지 않고 원래 살던 곳에서 동면하는 경향이 있다. 그래서 제비들이 깃털이 대부분 빠진 채 구멍 속에 들어 있는 것을 종종 볼 수 있고, 동면에서 깨어난 솔개가 은신처에서 나와 날아가는 것도 볼 수 있다. 이런 주기적인 동면 현상에 관해서는 갈고리발톱을 가진 새나 곧은 발톱을 가진 새나 별 차이가 없다. 황새, 검은새, 호도애, 종달새 등은 동면을 한다. 그중에서도 호도애가 동면한다는 것에는 이론의 여지가 없다. 왜냐하면 겨울에 어디서고 호도애를 보았다는 사람이 아무도 없기 때문이다. 호도애는 동면을 시작할 때 살이 많이 쪄 있다. 동면하는 동안 털갈이를 하지만 살집은 그대로 유지된다. 흑비둘기 중에

도 어떤 것은 동면을 하고 어떤 것은 제비와 마찬가지로 다른 곳으로 이동을 한다. 개똥지빠귀와 찌르레기도 동면을 한다. 갈고리발톱을 가진 새 가운데 솔개와 부엉이는 며칠 동안 동면한다.

제19장

동물의 동면
그리고 탈각, 탈피

1 태생의 네발짐승 가운데 호저와 곰은 동면한다. 곰이 동면한다는 사실에 대해서는 이론의 여지가 없다. 하지만 그 이유가 추위 때문인지 아니면 다른 어떤 까닭이 있는지 분명하지 않다. 동면에 들어갈 시기가 가까워지면 곰은 암수 모두 움직이기 힘들 정도로 살이 찐다. 암컷은 그때 새끼를 낳아 함께 동면한다. 그리고 동지에서 석 달이 지나 봄이 되면 새끼를 데리고 나온다. 곰은 40일 이상 동면한다. 동면에 들어가 처음 14일 동안은 전혀 움직이지 않는다. 하지만 그 이후로는 움직이기도 하고 때로는 깨어나기도 한다고 한다. 임신한 곰은 전혀 또는 거의 잡히지 않는다. 동면 중에 있는 곰이 아무것도 먹지 않는 것은 의심의 여지 없이 확실하다. 왜냐하면 동면하는 은신처에서 나오는 곰을 볼 수 없을 뿐만 아니라 동면이 끝난 시기에 잡힌 곰의 위와 창자는 거의 비어 있기 때문이다. 이렇게 아무것도 들어 있지 않은 창자가 거의 맞붙을 지경이므로 곰

은 은신처에서 나오자마자 창자를 팽창시키기 위해 아룸*을 먹는다.

2 동면 쥐는 나무 속에서 겨울잠을 자는데, 그때는 살이 많이 쪄 있
다. 폰토스에 서식하는 쥐들도 겨울잠을 잔다. 앞에서 곰이 겨울잠
을 자는 이유를 잘 모르겠다고 말했다. 그러나 비늘이 있는 동물은 대부
분 겨울잠을 잔다. 동면이나 휴면을 하는 동물 중에 어떤 것은 이른바 '
구각(舊殼)'을 탈피한다. 구각은 동물이 태어나면서부터 씌워 있던 가장 바
깥쪽의 가죽 또는 외피다. 껍질이 부드러우면 구각을 탈피한 동물이고 껍
질이 귀갑(龜甲)처럼 단단하면 구각을 벗지 못한 것이다. 곁가지 이야기지
만 거북과 남생이도 쪽매붙임 껍질이 있는 동물이다. 도마뱀붙이, 도마뱀
그리고 무엇보다도 뱀은 껍질을 벗는 동물에 속한다. 그리고 뱀은 겨울잠
에서 깨어난 뒤 봄에 껍질을 벗고 가을에 또 껍질을 벗는다.

3 독사도 봄가을로 두 번 껍질을 벗는다. 어떤 사람은 독사는 뱀 종
류에 속하지만 예외적으로 껍질을 벗지 않는다고 주장하는데, 사실
이 아니다. 뱀이 껍질을 벗을 때는 눈부터 탈피한다. 그래서 뱀의 탈피 현
상에 대해 잘 모르는 사람은 뱀이 눈이 멀었다고 생각한다. 다음에는 머
리 그리고 몸 전체가 하얗게 보일 때까지 탈피가 이루어진다. 머리부터 꼬
리까지의 탈피 과정은 꼬박 하루 밤낮에 걸쳐 진행된다. 구각을 탈피하는

---

*   천남성과의 아룸(arum)속 식물. 그리스어 명칭은 ἄρον(aron). 고대 그리스인은 이 식물의 뿌리를 말려
    가루를 내어 식초와 꿀을 섞은 다음 위궤양 치료제로 사용했다. 그 밖에도 이뇨제와 통경제 등 거의
    만병통치약처럼 썼다.

동안 뱀 새끼가 융모막을 벗어버리는 것과 똑같이 안쪽에 있던 새로운 껍질이 겉으로 드러나게 된다.

4 탈피하는 곤충은 모두 같은 방식으로 껍질을 벗는다. 바퀴벌레,* 각다귀, 쇠똥구리 등과 같이 날개가 덮개 속에 들어 있는 곤충**은 모두 탈피한다. 이 곤충들은 모두 알에서 깨어난 뒤부터 탈피를 한다. 태생동물 새끼가 융모막을 벗고 나오는 것과 똑같이 곤충의 새끼는 고치라는 껍질을 뚫고 나온다. 벌이나 메뚜기도 마찬가지다. 매미는 껍질을 벗고 나오자마자 올리브나무나 갈대에 올라간다. 곤충이 벗어버리고 나온 껍질은 축축하다. 탈피한 매미는 잠시 가만히 있다가 날아올라 울기 시작한다.

5 해양동물 가운데 유럽가재***는 어떤 때는 봄에 그리고 어떤 때는 가을에 알을 낳고 나서 탈피한다. 간혹 가슴 부위만 말랑말랑한 가재가 잡히는데 가슴 부위는 탈피했지만, 아랫부분인 배는 아직 탈피를 하지 않아 딱딱하다. 그런데 가재는 탈피 방식이 뱀과는 다르다. 새우는 약

---

* σίλφη(silphe). 아리스토텔레스가 어떤 곤충을 이렇게 지칭했는지 분명치 않지만, 톰슨은 여러 정황상 이 곤충이 라틴어로 blatta 즉 바퀴벌레의 일종인 Blatta germanica일 것으로 추정했다.

** 이런 곤충을 κολεός(koleós; 덮개)와 πτερόν(pterón; 날개)의 합성어인 κολεόπτερος(koleópteros), 라틴어로 coleopterus, 복수는 coleoptera로 부른다. 분류학상으로 딱정벌레목이며 대표적으로 풍뎅이, 쇠똥구리 등이 있다.

*** ἀστακός(astakós). 지중해와 흑해에 서식하는 가재와 북대서양 연안과 지중해에 서식하는 가재로 크게 나뉜다. 모양에 차이가 있지만 생태는 비슷하다. 학명으로는 *Astacus astacus*, *Astacus pachypus*, *Astacus leptodactylus* 등으로 나뉜다. 그러나 우리나라 해역에서는 서식하지 않을 뿐만 아니라 조응하는 명칭이 없어서 '유럽가재'로 번역했다.

5개월간 휴면한다. 게도 구각을 탈피한다. 일반적으로 껍질이 연한 게가 탈피하는 것으로 알려져 있는데, 껍질이 딱딱한 게도 탈피한다고 한다. 예를 들면 커다란 '할머니게'*도 탈피한다. 이 게는 탈피할 때가 되면 거의 기어 다닐 수 없을 정도로 몸 전체가 흐물흐물해진다. 또 게도 한 번만 탈피하는 것이 아니라 여러 차례를 거듭한다.

동면이나 휴면에 들어가는 동물과 동면 시기와 방법에 대해서, 그리고 탈피하는 동물과 탈피 과정에 대해서는 이 정도로 해두자.

---

* 아리스토텔레스는 μαίας(maiás; 산파)와 γραῦς(graûs; 노파)로 표기했는데, 어떤 게인지 모호하다. 톰슨은 이 게를 그냥 'granny crab' 즉 할머니게로 번역했다.

제20장

동물의
생태와 기후

1 모든 동물이 같은 계절에 동시에 번성하는 것은 아니다. 또한 한랭과
온난의 같은 기온에서 왕성해지는 것도 아니다. 게다가 동물은 종류
에 따라 저마다 왕성해지거나 허약해지는 계절이 따로 있다. 사실 이 동
물이 앓는 병을 저 동물은 앓지 않는다. 조류는 건기에 건강이나 번식이
활발해진다. 특히 비둘기가 그렇다. 그러나 어류는 일부를 제외하면 우기
가 호시절이다. 우기에는 새들이 지내기 힘들고 건기에는 물고기들이 지
내기 힘들다.

2 이미 설명했듯이 맹금류는 보통 물을 마시지 않는다고 한다. 헤시오
도스는 이런 사실을 몰랐던 것 같다. 왜냐하면 그는 니네베 공성전*

---

*   니네베(Nineveh)는 메소포타미아 북부에 있던 아시리아의 고대 도시로 오늘날의 모술 외곽 지역이다.
고대 그리스 문명권의 니누스(Ninus) 왕이 자신의 이름을 따 건설한 도시로 기원전 614년경 신바빌로
니아—메디아 연합군과 벌인 '니네베 공성전'에서 패하기 전까지는 세계에서 가장 큰 도시였던 것으로
알려져 있다.

을 소재로 한 그의 시에서 독수리가 물을 마시며 점을 치는 것으로 묘사했기 때문이다. 다른 새들은 물을 마시기는 하지만 많이 마시지는 않는다. 그리고 허파가 해면 조직으로 이루어진 난생동물도 마찬가지다. 병든 새는 깃털을 보면 알 수 있다. 건강한 새의 깃털은 함함하지만 병든 새의 깃털은 부스스하다.

3 대부분의 물고기는 우기에 가장 활기를 띤다. 우기에는 먹이가 풍부할 뿐만 아니라 일반적으로 비는 땅에서 자라는 식물에게만큼이나 물고기에게도 유익하다. 식용으로 기르는 채소는 인공적으로 물을 주어도 비가 오지 않으면 잘 자라지 않는다. 심지어는 습지에서 자라는 갈대도 그렇다. 갈대조차도 비가 오지 않으면 잘 자라지 않는다.

4 비가 물고기에게 좋다는 것은 대부분의 물고기가 여름을 보내기 위해 흑해로 들어간다는 사실로 알 수 있다. 여러 개의 강이 흑해로 흘러들기 때문에 흑해의 물은 신선하다. 강은 또 많은 먹이를 흑해로 유입시킨다. 그뿐만 아니라 가다랑어와 숭어는 강물을 거슬러 올라가 강과 습지에서 번성한다. 모샘치도 강에서 먹이활동을 하며 살을 찌운다. 일반적으로 석호가 많은 곳에서는 유난히 맛좋은 생선이 많이 난다.

5 비는 그 자체로 대부분의 물고기에게 유익하지만 여름에 내리는 비가 가장 좋다. 그리고 봄·여름·가을에 비가 많이 내리면 겨울에 날씨가 좋다. 일반적으로 사람에게 좋은 것은 물고기에게도 좋다. 한랭한

곳에서는 물고기가 잘 자라지 못한다. 자리돔, 농어, 민어 그리고 참돔같이 머리에 이석(耳石)*이 들어 있는 물고기는 겨울에 가장 어려움을 겪는다. 이석이 냉각되어 물고기를 얼게 하고 해안가로 내몰기 때문이다.

6 비는 대부분의 물고기에게 유익하다. 하지만 숭어와 마리노스라고도 하는 납작머리숭어에게는 해롭다. 비가 내리면 이 물고기들은 시력을 잃게 되는데 비가 많이 내릴수록 더 빨리 그렇게 된다. 특히 납작머리숭어는 겨울에 비가 많이 내리면 이러한 병에 많이 걸린다. 이 물고기들은 눈에 백태가 끼고 잡혔을 때 보면 살이 없는데 결국 죽게 된다. 이 병은 비가 많이 내려서라기보다는 추위가 심해 걸리는 것 같다. 왜냐하면 도처에서 특히 아르골리다의 나플리오** 연안 얕은 바다에서 한파가 극심할 때 백태가 낀 납작머리숭어가 많이 보이고 잡히기 때문이다.

7 귀족도미도 겨울에 어려움을 겪는다. 농어는 여름에 무기력해지고 살이 빠진다. 동갈민어는 물고기 가운데는 드물게 가뭄에 활기를 띤다. 더위와 가뭄은 함께 오는 경향이 있기 때문이다. 물고기에게는 나름대로 살기 좋은 곳이 있다. 어떤 물고기는 천성적으로 얕은 곳을 좋아하고 어떤 물고기는 깊은 곳을 좋아한다. 그리고 한곳에 붙박여 사는 데 익숙한 물고기도 있고 이곳저곳을 오가며 양쪽에 다 잘 적응하는 물고기도

---

* ὠτολίθος(ōtolithos). ὠτο(귀)와 λίθος(돌)의 합성어. 물고기가 유영할 때 평형을 잡아주는 역할을 한다고 한다.

** 아르골리다(Αργολίδα)는 펠로폰네소스반도 동쪽에 있는 지역이며, 그 중심지는 나플리오(Ναύπλιο) 항구다.

있다. 또 물고기 중에는 특정 장소에서만 잘 자라는 것도 있다. 일반적으로 수초가 풍부한 곳이 물고기가 살기 좋은 곳이라고 할 수 있다. 아무튼 그런 곳에서 잡힌 물고기들은 살이 통통하다. 수초를 먹는 물고기에게는 먹이가 많은 곳이고 육식성 물고기에게는 작은 물고기가 유별나게 많은 곳이기 때문이다.

8 위치 즉 북쪽 지역이냐 남쪽 지역이냐도 영향을 받는다. 기다란 물고기는 북쪽 지역에서 잘 자라는데, 특히 여름철에 그곳에서 납작한 물고기보다 기다란 물고기가 더 많이 잡힌다. 시기도 중요하다. 천랑성이 뜰 무렵에 참치와 황새치에는 기생충이 들끓는다. 다시 말해 그때쯤 이 두 종류 물고기의 지느러미 부위에 '쇠파리'라는 별명을 가진 기생충이 달라붙는다.* 이 기생충은 생김새는 전갈을 닮았고 크기는 거미만 하다. 이 기생충에게 당하는 고통이 너무 심해서 황새치는 종종 수면 위로 돌고래처럼 높이 튀어오른다. 실제로 가끔 황새치가 뱃전을 뛰어넘어 갑판에 떨어지는 일도 있다.

9 참치는 따뜻한 날씨를 어떤 물고기보다 좋아한다. 육지 가까운 곳에 있는 얕은 물에서 온기를 찾아 모래를 파고 들어가거나 따뜻한 해수면 위로 올라와 장난치며 논다. 크기가 작은 물고기의 치어는 관심을 끌지 못하기 때문에 살아남는다. 큰 물고기는 다 자란 작은 물고기들을 잡

---

* 참치에 기생하는 기생충인 οἶστρος(oîstros, oestrus)에 대해서는 이 책에서 이미 두 차례 이야기한 바 있다.

아먹기 때문이다. 물고기의 알과 이리의 대부분은 햇볕 때문에 죽는다. 햇볕을 쬐면 무엇이든 살아남지 못한다.

10 물고기는 해가 뜨기 전과 해가 지기 전 즉 일출과 일몰 때 가장 잘 잡힌다. 어부들은 그때 그물을 걷어 올린다. 어부들은 그때의 그물 걷기를 '시기적절한' 양망(揚網)이라고 말한다. 사실 물고기는 그때 가장 시야가 좁다. 물고기는 밤에는 조용히 쉰다. 날이 밝아 빛이 강해지면 물고기의 시야가 상대적으로 넓어진다.

11 물고기는 인간과 태생 네발짐승 중 말과 소, 그리고 가축이든 야생동물이든 다른 동물들이 흔하게 걸리는 역병에 걸리지 않는다. 하지만 물고기도 병을 앓는 것 같다. 잡아 올린 건강하고 살찐 물고기 가운데 때로 병든 것처럼 상태가 좋지 않고 색깔이 변한 물고기가 있는 것을 보면 물고기도 병을 앓는다는 것을 알 수 있다.

12 강과 호수에 사는 물고기는 지독한 병에 걸리지 않는다. 그러나 물고기에게도 병이 있다. 예를 들면 유럽메기는 천랑성이 나타나기 직전에는 수면 가까이에서 돌아다니기 때문에 일사병에 걸리기 쉽고 커다란 천둥소리에 마비가 일어나기도 한다. 잉어도 이런 일을 겪는다. 하지만 정도가 약하다. 얕은 물에 사는 메기는 용이라고 불리는 악마 때문에 떼죽음을 당한다.* 천랑성이 뜰 무렵 잉어와 민물농어에는 벌레가 생

---

* 이 문장에 대한 해석이 분분하다. '용'을 천둥의 은유로 보기도 한다. 톰슨은 '천둥의 불꽃(βροντῆς φλογί, brontēs phlogí)' 즉 벼락으로 해석해야 한다고 조심스럽게 의견을 제시했다.

긴다. 이 벌레들 때문에 물고기들이 병에 걸려 수면으로 올라오고 결국 수면에서 강한 햇빛을 받고 죽게 된다. 달고기는 고약한 병에 걸린다. 아가미 안에 이가 엄청나게 많이 생겨 죽는 병이다. 다른 종류의 물고기들은 이 병에 걸리지 않는다.

13 우단담배풀*을 물에 넣으면 그 주변에 있는 물고기가 죽는다. 이 식물은 강과 연못에서 물고기를 잡는 데 널리 쓰인다. 페니키아인은 바다에서 물고기를 잡을 때도 이것을 쓴다. 물고기를 잡는 두 가지 방법이 더 있다. 겨울에 물고기들이 강의 깊은 곳에서 나오는 것은 잘 알려진 사실이다. 그리고 그때 강물은 견딜 만큼 차다. 그래서 강으로 이어지는 도랑을 파고 갈대와 돌로 덮어 땅굴처럼 만든 다음 구멍을 내 강물이 도랑으로 흘러들 수 있도록 해놓는다. 그리고 서리가 내리면 이 도랑에서 바구니로 물고기를 잡는다. 또 다른 방법은 여름과 겨울에 모두 쓸 수 있다. 먼저 강을 가로질러 좁은 통로만 남겨놓고 돌과 나뭇가지로 둑을 만들고 이 통로에 바구니를 끼워둔다. 그리고 넓은 물에서 노는 물고기를 우리에 몰아넣듯 이 바구니 쪽으로 몬다.**

---

*   φλόμος(phlómos). 현삼 또는 모예화(毛蕊花)라고도 한다. 약재로 많이 쓰인다. 학명은 *Verbascum thapsus*.

**   옮긴이도 어렸을 때 안성천 상류에서 이런 식으로 물고기를 잡은 경험이 있다. 물살이 센 하천 한가운데 물이 흘러가는 방향으로 좁아지는 쐐기 형태로 둑을 쌓고 좁아진 부분에 바구니나 커다란 체를 받쳐 놓고 물고기를 잡았다. 이런 방법은 그리스의 독특한 어로법이 아니라 보편적인 원시적 어로법으로 여겨진다.

14 　일반적으로 조개에게는 비가 오는 것이 유익하다. 하지만 자주고둥은 예외다. 자주고둥은 강물이 유입되는 곳에서 민물을 먹게 되면 하루를 넘기지 못하고 죽는다. 뿔고둥류는 잡아 놓으면 50여 일을 산다. 그렇게 놓아두면 자기들끼리 서로 잡아먹는데 껍데기에는 해초나 이끼가 자라난다. 그때 뿔고둥에게 무엇이든 먹을 것을 던져주면 무게가 늘어난다고 한다.

15 　하지만 가뭄이 들면 조개는 견디기 힘들다. 조개는 건기에 크기도 작아지고 맛도 떨어진다. 그리고 건기에 가리비의 색깔이 평소보다 더 붉게 변한다.* 퓌라 해협에 사는 가리비는 어부들이 사용하는 바닥을 훑는 어구(漁具) 때문에 일부가 죽고 일부는 오랜 가뭄 때문에 죽는다. 우기가 되면 평소보다 바닷물이 맑아지기 때문에 대부분의 조개가 건강해진다. 날씨가 추워지면 흑해에서는 조개가 보이지 않는다. 여기저기 보이는 몇몇 쌍각류 조개를 제외하면 흑해로 들어오는 강에서도 조개를 보기 어렵다. 그런데 단각류 조개는 한파가 심하면 잘 얼어 죽는다.

---

* 　톰슨은 "붉은색 가리비가 평소보다 더 많이 나타난다"고 번역했다. 하지만 "가리비가 붉은색으로 변한다"는 크레스웰의 번역이 문맥상 적절한 것으로 보인다.

제21장*

돼지의
질병

1 다시 네발짐승으로 돌아가자. 돼지는 세 가지 병을 앓는다. 그중 하나
는 브란코스**라는 병으로 이 병에 걸리면 기도와 턱이 붓는다. 그리
고 몸 전체에서 병변이 나타날 수 있는데 주로 발에 염증이 생기고 때로
는 귀에도 염증이 생긴다. 그리고 그 주위가 썩어들어가고 병변이 허파까
지 번지면 돼지가 죽게 된다. 이 병은 진행 속도가 매우 빠른데, 돼지가
이 병에 걸리면 일단 먹이를 먹지 않는다. 양돈가들이 이 병을 치료하는
방법은 하나밖에 없다. 병변이 나타나면 번지기 전에 즉시 절제하는 것
이다.

---

* 이후로 제8책의 내용은 수의학에 관한 내용을 담고 있는데, 아리스토텔레스가 아닌 다른 사람이 쓴
  흔적이 역력하다.
** βράγχος(bránkhos). 기도에 염증이 생기고 발에도 괴저가 일어난다. 탄저병과 구제역을 동반한 질병
  으로 묘사되고 있다.

2 나머지 두 가지 질병은 크라우라스*로 병명이 같다. 하나는 머리가 처진다. 두 가지 중 이 병이 더 흔하다. 다른 하나는 설사를 일으킨다. 설사가 나는 병은 치료가 불가능하다. 머리가 처지는 병은 주둥이에 포도주를 적신 습포제를 붙이고 콧구멍을 포도주로 헹구는 방법으로 치료한다. 하지만 이렇게 해도 낫기는 매우 어렵다. 이 병에 걸리면 3~4일 만에 죽는 것으로 알려져 있다.

3 여름에 무화과가 많이 열리고** 돼지가 살이 많이 찌면 특히 목에 통증을 유발하는 병에 걸리기 쉽다. 이 병은 오디를 갈아 먹이면서 따뜻한 물로 반복해서 목욕시키고 혀 밑을 자혈(刺血)하는 방법으로 치료한다. 살에 탄력이 없어 다리, 목 그리고 어깨 부위가 늘어진 돼지는 홍역***에 잘 걸린다. 발진이 많지 않을 때는 살이 탄력이 있지만 발진이 많아지면 살이 짓물러 늘어진다.

4 홍역에 걸리면 주로 혀 밑에 발진이 생기기 때문에 분명히 증상을 알 수 있다. 그리고 등줄기의 털을 뽑으면 피부에 피가 흥건해지는 것으로도 알 수 있다. 홍역에 걸린 돼지는 뒷다리를 지탱하지 못한다. 젖

---

* κραούρα(kraura), κραούρας(krauras). 두 가지 모두 '타다'는 뜻의 그리스어 καίω(kaio)에서 파생되었다.
** 문맥상 어떤 의미인지 분명치 않지만 '돼지가 먹을 것이 많다'는 것을 은유적으로 표현한 것으로 추정된다.
*** χάλαζα(chalaza). '발진(pimple)'을 의미한다. 촌충 감염 때문에 돼지 혀를 비롯해 살에 발진이 생기는 병이다. 낭포성 발진을 동반하는 질병으로 홍역을 빗대서 쓴 것으로 사람이 걸리는 홍역과는 관계가 없다.

먹이 새끼 돼지들은 이 병에 걸리지 않는다. 이 병에 걸린 돼지에게는 티페*라고 하는 밀을 먹이면 발진이 없어진다. 이 밀은 평상시 돼지의 사료로 매우 훌륭하다. 돼지를 길러 살을 찌우는 데 가장 좋은 사료는 병아리콩과 무화과다. 그러나 돼지에게 한 가지 사료만 먹여서는 안 된다. 가능한 한 사료를 다양하게 바꿔주는 것이 필수적이다. 다른 동물도 그렇지만 돼지는 먹이를 바꿔주는 것을 좋아한다. 그래서 생육하는 사료, 비육하는 사료, 비계를 만드는 사료가 각각 따로 있다고들 한다. 돼지는 도토리를 좋아하는데 도토리는 돼지의 살을 무르게 한다. 그 밖에도 암돼지가 도토리를 많이 먹으면 유산한다. 그런데 도토리는 암돼지보다 암양에게 훨씬 영향을 미친다. 돼지는 홍역에 걸리는 유일한 동물로 알려져 있다.

---

*   τίφη(típhē). 유럽에서 가축 사료용으로 쓰이는 외알밀(einkorn wheat), 스펠트밀(spelt wheat) 또는 독일소맥.

제22장

개, 소 등의 질병

1 　개는 광견병, 후두염,* 무지통풍,** 이렇게 세 가지 병에 걸린다. 광견
　병에 걸리면 개가 미친다. 광견병에 걸린 개에게 물린 동물도 이 병에
걸린다. 인간은 예외다. 광견병은 개에게도 치명적이고 개에게 물린 다른
동물에게도 치명적이다. 후두염도 개에게 치명적이다. 무지통풍에서 회
복되는 개도 소수에 불과하다. 낙타도 개와 마찬가지로 광견병에 걸린다.
병에 안 걸리기로 유명한 코끼리도 가끔 고창증에 걸리는 경우가 있다.

---

* 　κυνάγχη(kunánkhē). 개후두염. 후두에 염증이 생겨 혀를 늘어뜨린다.

** 　ποδάγρα(podágrā). 踝趾痛風.

*** 　ποδάγρα(podágrā). 병명은 같지만 개가 걸리는 무지통풍과는 달리 부제병(腐蹄病)은 발굽이 썩는 병
이다. 톰슨은 이 병이 구제역(口蹄疫)일 수 있다고 했다. 하지만 본문에 설명된 내용으로 볼 때 부제병
이 확실하다.

**** 　κραῦρος(kraûros, craurus). 톰슨은 고열, 식욕 저하, 호흡곤란은 이 병의 전조 증상이며 감염에 의해
폐가 손상되는 늑막폐렴(pleuro-pneumonia)으로 추정했다.

2 가축으로 키우는 소는 부제병***과 열병****에 걸린다. 부제병에 걸리면 발에 염증이 생겨 고통을 받는다. 소가 병에서 회복된다고 해도 발굽을 잃게 된다. 발굽에 역청을 데워 발라주면 도움이 된다. 폐렴에 걸리면 입김이 뜨겁고 호흡이 가빠진다. 사실 사람의 열병과 소의 열병은 증상이 같다. 이 병에 걸리면 귀가 처지고 먹이를 먹지 않는다. 이 병에 걸린 소는 얼마 살지 못하고 죽는다. 죽은 소를 해부하면 허파가 상한 것을 볼 수 있다.

제23장

말의 질병

1 초원에서 풀을 뜯는 말은 부제병을 제외하고는 다른 병에 걸리지 않는다. 부제병에 걸린 말은 간혹 발굽을 잃게 되지만 바로 다시 발굽이 자라난다. 이전에 있던 발굽이 썩으면 다른 발굽이 자라나 그 자리를 메꾼다.* 이 병의 증상은 콧구멍 밑에 있는 가운데 입술이 늘어져 주름이 잡히고 수말은 오른쪽 음낭에 경련이 일어난다. 마구간에서 사육하는 말은 여러 가지 질병에 걸린다. 사육 말은 장폐색**에 걸리기 쉽다. 이 병에 걸린 말은 궁둥이를 깔고 뒤로 넘어질 정도까지 뒷다리를 배 밑으로 바짝 끌어당긴다. 말은 며칠 동안 먹이를 먹지 못하고 미쳐 날뛴다. 사혈(瀉血)을 하거나 거세하는 것이 도움이 된다.

---

* 발굽이 빠지는 것은 발에 맥각균이 감염되어 염증이 생기기 때문이다.

** εἰλεός(eileós, ileus). 장이 막히는 질병. 여기서는 일반적인 복통까지 포함하는 의미로 쓰인 것 같다.

2 말은 강직경련*에도 걸린다. 머리와 목 그리고 힘줄이 경직되어 뻗정
다리로 걷는다. 말은 종기로 고생하기도 한다. 말을 고통스럽게 만드
는 또 다른 질병은 보리중독**이다. 증상은 입천장이 짓무르고 입에서 더
운 김이 나온다. 말의 체질이 강하면 낫기도 하지만 별다른 치료법은 없
다. 회선병(回旋病)***도 있다. 이 병은 피리소리를 들으면 치료된다. 이 병
에 걸린 말에 올라타면 고삐를 당겨 말을 세울 때까지 전속력으로 원을
그리며 돈다. 이 발작증이 깊어지면 말은 풀이 죽어 멍한 상태를 보인다.
그리고 귀가 갈기 밑으로 늘어졌다가 앞쪽을 향하게 되고 활기 없이 숨
을 몰아쉬며 헐떡거리는 증상도 나타난다.

3 심장병에 걸리면 치료가 불가능하다. 이 병의 증상은 옆구리가 홀쭉
해지는 것이다. 방광탈출증도 치료가 불가능하다. 이 병에 걸린 말
은 배뇨가 곤란하고 발굽과 엉덩이를 치켜올린다. 말이 홍합만 한 크기
의 딱정벌레의 일종인 포도벌레****를 산 채로 삼켜도 약이 없다. 다른 역
축과 마찬가지로 말도 들쥐에게 물리면 위험해진다. 들쥐에게 물리면 종
기가 생긴다. 임신 상태에서 들쥐에게 물렸다면 더욱 위험하다. 종기가 곪
아 터지기 때문이다. 임신하지 않은 말은 물려도 죽지는 않는다. 키키그

---

*   τέτανος(tétanos, tetanus).

**   κρίθινα(krithina). '보리'를 뜻하는 κριθή(krithê)에서 파생된 말로 직역하면 '보리병'이다. 발정기에 보
          리를 많이 먹으면 걸린다고 한다.

***   νύμφια(nymphia). 발작을 동반한 일종의 정신병으로 보인다.

****   σταφυλῖνος(staphulînos). 그리스어 σταφυλή(staphyle)는 '포도'를 의미한다.

***** κικιγνα(kikigna). 시칠리아에 서식하는 독이 있는 도마뱀.

나*****에게 물리면 죽거나 또는 죽지 않아도 고통이 심하다. 키키그나는 작은 도마뱀으로 색깔은 장님뱀*과 같다.

4 사실 전문가들은 말과 양은 인간만큼이나 병이 많다고 말한다. 산다라케** 또는 계관석(鷄冠石)으로 알려진 약은 말을 비롯해 모든 역축에게 해롭다. 이것을 물에 녹인 다음 체에 걸러 동물에게 약으로 준다.*** 암말이 임신했을 때 촛불 꺼지는 냄새를 맡으면 유산한다. 인간의 여성에게도 비슷한 현상이 일어난다. 말의 질병에 대해서는 이쯤 해두자.

5 이미 설명했지만 망아지에게서는 히포마네스라는 것이 나오는데, 암말은 망아지를 핥아주면서 이것을 조금씩 뜯어 먹는다. 나이 든 여성과 마술사는 이것에 관해서 이런저런 흥미있는 이야기를 많이 만들어 낸다. 암말이 망아지를 낳기 전에 폴리온**** 또는 망아지 막을 먼저 배출한다고 모두들 이구동성으로 말한다.

6 말은 이전에 싸운 적이 있는 말의 울음소리를 알아듣는다. 말은 초원과 습지를 좋아하고 흙탕물을 즐겨 마신다. 실제로 말은 맑은 물

---

*	τυφλῶψ(tuphlōps). τυφλός(tuphlōs; 앞이 안 보이는)와 ὤψ(óps; 눈)의 합성어. 이 뱀은 검은색을 띠고 있으며 주로 땅굴을 파고 산다.

**	σανδαράκη(sandarake). 북아프리카와 몰타에 자생하는 편백나무인 식투스나무(Tetraclinis articulata)의 수지에서 얻는다. 주성분은 황화비소(arsenic sulfid)다.

***	문맥상 의심의 여지가 있다. 톰슨은 산다라케는 말의 가죽을 좋아하게 하는 데 쓰인다고 밝히고 있다. 따라서 이것은 병을 치료하는 약이 아니라 땀을 내게 하는 발한제(發汗劑)라고 해석한다.

****	πόλιον(pólion). '희끗한' 또는 '회색'이라는 뜻인데, 정확히 무엇을 뜻하는지 알 수 없다.

을 발로 첨벙거려 탁하게 만든 다음 마신다. 그러고 나서 그 물에서 뒹군다. 어쨌든 말은 마시든 목욕하든 물을 좋아한다. 그래서 하마도 이런 특별한 기질을 가지고 있다. 물에 관해서라면 소는 말과 반대다. 소는 더럽거나 차가운 물 또는 이물질이 들어 있는 물은 마시지 않는다.

제 24 장

당나귀의 질병

1 당나귀는 대부분 한 가지 특이한 병에만 걸린다. 비저(鼻疽)*라는 병이
다. 이 병은 처음에는 머리에서 발병하는데 콧구멍에서 진하고 피가
섞인 점액이 흘러내린다. 이 병이 머리에서 그치면 당나귀는 낫지만 허파
까지 내려가면 죽는다. 당나귀는 역축 중에서 추위에 가장 약하다. 그런
까닭에 흑해 연안과 스키티아에서는 당나귀를 볼 수 없다.

---

* μελίς(melís). 톰슨은 여러 문헌을 종합해 '비저'라고 해석했다. 말, 당나귀, 노새 등의 비강, 기관점막,
폐, 비장, 간장 등에 결절을 형성하는 전염병이다.

제25장

코끼리의
질병

1 코끼리는 고창증에 걸린다. 이 병에 걸리면 오줌과 똥을 싸지 못한다. 코끼리는 흙*을 먹으면 몸이 약해진다. 그러나 흙을 먹는 데 적응하면 탈이 없다. 코끼리는 때때로 돌을 삼킨다. 그리고 설사를 하기도 한다. 코끼리가 설사하면 미지근한 물을 많이 마시게 하거나 먹이에 꿀을 섞어 먹인다. 둘 중 하나를 처치하면 설사가 멈춘다. 코끼리가 불면증에 시달릴 때는 어깨를 소금과 올리브유 그리고 따뜻한 물로 문질러 주면 건강을 회복한다. 코끼리가 어깨에 통증을 느낄 때는 구운 돼지고기를 붙이면 효과가 매우 좋다. 어떤 코끼리는 올리브유를 좋아하고 어떤 코끼리는 싫어한다. 코끼리 배 속에 쇳조각이 걸려 있을 때 올리브유를 먹이면 빠져나온다. 코끼리가 올리브유를 마시지 않으려고 할 때는 식물 뿌리에 올리브유를 적셔 삼키도록 한다.

　네발짐승에 대해서는 이쯤 해두자.

* 　톰슨은 코끼리가 설사가 나게 하는 성분이 들어 있는 ἀλθαία(althaía), 영어로 tree mallow 즉 당아욱을 먹는 것이 와전된 것으로 추정된다.

제26장

곤충
그리고 천적

1 곤충은 일반적으로 태어났을 때와 같은 시기에 가장 번성한다. 특히
봄같이 고온다습한 계절을 좋아한다.* 벌집에는 엄청난 해악을 끼치
는 동물이 들어와 산다. 예를 들면 거미줄을 치는 벌레는 벌집을 망쳐 놓
는다. 클레로스**의 유충은 나중에 거미 같은 모습으로 변하는데 벌 떼를
병들게 한다. 그리고 나방을 닮은 다른 곤충도 있다. 어떤 사람은 이 곤
충을 '이화명아(二化螟蛾)'***라고 부른다. 이 곤충은 촛불 주위를 날아다닌
다. 이 나방은 작은 솜털로 뒤덮인 유충을 깐다. 이 유충은 벌에 쏘이지
도 않는다. 훈증하는 것이 이 벌레를 벌집에서 몰아낼 수 있는 유일한 방
법이다. 테레돈**** 또는 나무좀벌레라는 별명을 가진 곤충의 유충도 벌

---

*   사실 곤충이 가장 번성하는 계절은 봄이 아니라 가을이다. 톰슨은 이 문장의 의미를 다음과 같이 추
                정한다. '곤충은 다습하고 온화한 봄날 같은 가을에 특히 왕성하고 번창한다.'
**   κλῆρος(klēros). 벌집에 알을 낳아 애벌레를 까는 딱정벌레의 일종인 것 같다.
***   πυραυστα(pyrausta). '꿀벌부채명나방'이라고도 한다. 학명은 *Galleria mellonella*.
****   τερηδών(terēdōn). woodworm. 나무를 갉아먹는 벌레로 대단히 많은 종류가 있다.

집에서 태어난다. 벌은 이 벌레를 쫓아내지 않는다. 벌은 꽃에 흰곰팡이가 필 때 그리고 가뭄이 들었을 때 가장 어려움을 겪는다. 모든 곤충은 예외 없이 기름에 빠지면 죽는다. 그리고 머리에 기름이 묻었을 때 햇볕을 쬐면 가장 빨리 죽는다.

제 2 7 장

서식지가 동물의
특성에 미치는 영향

1 동물의 생태가 다양한 것은 저마다 서식지가 다르기 때문이다. 따라
서 같은 동물이라고 해도 어떤 곳에서는 전혀 볼 수 없고 어떤 곳에
서는 크기가 작거나 개체수가 적다. 때로 이러한 차이는 바로 인접한 서
식지에서도 나타난다. 밀레토스에서는 어떤 동네에는 매미가 있지만 바로
옆 동네에는 매미가 없다. 케팔레니아*에서는 하천을 사이에 두고 한쪽에
는 매미가 있지만 다른 쪽에는 매미가 없다.

2 포르도셀레네**에는 공공 도로가 하나 지나가는데, 한쪽에는 족제비
가 살고 다른 쪽에는 족제비가 없다. 보에오티아의 오르코메노스***

---

*   Κεφαληνία(Kephalenía). Cephalenia. 그리스 서부 해안의 섬.

**   Πορδοσελήνη(Pordoselene). 소아시아 에게해 연안 헤카토네소이('Εκατόννησοι)섬에 있던 고대 도시.

***   'Ορχομενός(Orkhomenós). Orchomenus.

에는 두더쥐가 대단히 많은데, 인근의 레바데이아*에는 한 마리도 없다. 그리고 두더쥐를 잡아다가 다른 곳으로 옮겨 놓으면 땅속으로 굴을 파고 들어가지 않는다. 이타카섬에 토끼를 데려다 놓으면 살지 못한다. 실제로 토끼는 섬으로 들어올 때 상륙한 해안을 바라보며 죽는다. 시칠리아에는 마부개미**가 살지 않는다. 퀴레네에는 개구리가 최근에서야 살기 시작했다.

3 리비아 전역에는 멧돼지, 사슴, 야생염소가 살지 않는다. 믿을 만한 이야기는 아니지만, 크테시아스에 따르면 인도에는 야생이든 가축이든 돼지가 없다. 그러나 인도에 사는 무혈동물과 동면하는 동물은 모두 다 크기가 크다. 흑해에는 드문드문 보이는 몇몇을 제외하면 연체동물과 유각류가 없다. 그러나 홍해에 사는 유각류는 크기가 대단히 크다. 시리아에는 꼬리의 폭이 1퓌그메***나 되는 양, 귀의 길이가 1팔라이스테**** 4닥튈로스*****인 염소가 사는데 어떤 것은 귀가 땅바닥에 닿을 정도다. 그리고 소는 낙타처럼 어깨 부위에 혹이 붙어 있다. 뤼키아에서는 다른 곳에 사는 양들과 마찬가지로 털을 깎는다.

---

*   Λεβάδεια(Lebádeia).

**   ἱππεύςμύρμηξ(hippeúsmyrmex). '마부'를 뜻하는 ἱππεύς와 '개미'를 뜻하는 μύρμηξ의 합성어.

***   πυγμή(pygme). 약 35센티미터. 1퓌그메는 팔꿈치에서 팔목까지의 길이.

****   παλαιστή(palaiste). 약 7.7센티미터.

*****   δάκτυλος(daktylos). 약 2센티미터.

4 리비아에서는 뿔이 긴 숫양이 뿔이 난 채로 태어난다. 숫양만 그런 것이 아니라, 호메로스가 이야기한 대로 암양에게도 뿔이 있다.* 스키티아와 접하고 있는 폰토스에는 뿔이 없는 숫양이 산다. 이집트에 서식하는 소와 양 등은 대체적으로 그리스에 서식하는 같은 종류의 동물보다 크다. 그러나 개, 늑대, 토끼, 여우, 큰까마귀, 매 등은 이집트에 서식하는 것들이 작다. 염소와 까마귀 등은 크기가 거의 같다. 이와 같은 크기의 차이는 먹이에 기인한다. 어떤 동물에게는 먹이가 풍부하고 어떤 동물에게는 먹이가 부족한 데서 오는 차이다. 예를 들면 이집트는 늑대, 매 그리고 육식동물에게 먹이가 풍족한 곳이 아니다. 왜냐하면 이집트에는 작은 새들이 별로 없기 때문이다.** 토끼와 과일을 먹는 동물도 먹이가 부족하다. 왜냐하면 견과와 과일이 달려 있는 시기는 길지 않기 때문이다.***

5 지역에 따른 온도의 차이도 동물의 특성에 작용한다. 일뤼아·트라케·에피로스에 사는 당나귀는 왜소하고 갈리티아****와 스키티아는 추운 지방이기 때문에 당나귀가 살지 않는다. 아라비아에 사는 도마뱀은 크기가 1퓌그메가 넘고, 쥐는 그리스의 들쥐보다 훨씬 크다. 그리고 이 쥐는 뒷다리는 1팔라이스테 정도로 길고 앞다리는 1닥튈로스에 불과하다.

---

*   호메로스, 『오디세이아』 4책 85절.
**   이 문장은 문맥상 어떤 의미인지 불분명하다.
***   토끼가 작다는 것도 이해할 수 없다. 왜냐하면 토끼는 소나 양과 마찬가지로 풀을 먹고 살기 때문에 소와 양의 먹이가 풍부하면 당연히 토끼의 먹이도 풍부할 수밖에 없기 때문이다.
****   Γαλατία(Galatia). 오늘날의 프랑스 골(Gaul) 지방을 포함하는 중부 유럽.

6 여러 이야기를 종합하면 리비아에 사는 뱀은 길이가 놀랄 만큼 길다. 언젠가 일단의 뱃사람이 어느 해변에 상륙했을 때 소뼈가 여럿 널려 있는 것을 보았다. 그것은 뱀에게 잡아먹힌 소들의 뼈였다. 그래서 서둘러 배를 띄웠지만 뱀이 3단 노를 단 갤리선을 전속력으로 쫓아와 배를 뒤엎고 선원들을 덮쳤다는 장황한 이야기가 뱃사람 사이에서 전해오기도 한다. 그뿐만 아니라 리비아에는 유럽의 아켈로우스강과 네스토스강 사이의 지역*에 사는 것보다 많은 사자가 살고 있다.

7 일반적으로 맹수는 아시아에 사는 것이 가장 사납고 유럽에 사는 것은 늠름하며, 종류는 리비아에 사는 것이 가장 다양하다. 실제로 이런 옛말도 있다. "리비아에 가면 항상 새로운 것들이 있다." 리비아는 비가 오지 않는 기후로 물이 부족하다. 그래서 다양한 종류의 동물이 물을 마시는 장소**에서 만나 교미하고 새끼를 번식한다. 종류가 다른 동물이라고 해도 크기가 거의 같고 임신 기간이 같은 것끼리 교미하면 종종 새끼를 낳게 된다. 이 동물들은 갈증이 심하기 때문에 서로에게 온순하게 대한다고 한다. 그런데 다른 지역에 사는 동물과는 달리 그 동물들은 여름보다 겨울에 물을 더 많이 마신다. 왜냐하면 그 지역의 동물들은 물이 없는 여름에 물을 마시지 않는 것에 익숙해졌기 때문이다. 리비아에 사는

---

* 이 부분은 헤로도토스의 『역사』 7권 26장에 나온 이야기를 인용한 것으로 보인다. 그 내용은 다음과 같다. "사자가 사는 나라의 경계는 아부데라를 가로질러 흐르는 네스토스강과 아카르나니아를 관통하는 아켈로우스강 사이다. 네스토스강 동쪽 지방의 가까운 유럽이나 아켈로우스강 서쪽의 그리스 본토에서는 사자를 볼 수 없지만 이 두 강 사이에서는 볼 수 있다."
** 오아시스를 가리키는 것으로 보인다.

쥐는 물을 마시면 죽는다.

8 다른 곳에서도 다른 종류 사이의 결합으로 잡종이 태어난다. 퀴레네에서는 늑대 수컷과 암캐가 교미해 새끼를 낳는다. 라코니아 사냥개는 개와 여우 사이에서 태어난 잡종이다. 인도의 개 중에는 호랑이와 암캐가 교미해 태어난 것이 있는데 잡종 1세대는 아니고 2세대라고 한다. 잡종 1세대는 매우 사납다고 한다. 암캐를 인적이 드문 곳으로 데려가 묶어 놓으면 호랑이가 나타나 암캐가 마음에 들면 교미하고 그렇지 않으면 잡아먹는다는 것이다. 그런 식으로 개들이 죽는 일이 빈번히 일어난다.

제28장

서식지가 동물의
습성에 미치는 영향

1 서식지에 따라서 동물의 습성도 달라진다. 예를 들면 거친 산악지대
  에 사는 동물과 평탄한 저지대에 사는 동물은 습성이 다르다. 산악지
대에 사는 동물은 아토스산에 사는 멧돼지처럼 사납고 용맹하다. 하지만
저지대에 사는 수컷 멧돼지는 산악지대에 사는 암컷만도 못하다. 서식지
는 동물의 공격성에도 지대한 영향을 미친다. 파로스와 인근 지역에 사
는 전갈은 위험하지 않다. 그러나 다른 곳, 예를 들면 카리아와 그 주변
에 사는 전갈은 크고 개체수도 많은 데다 독이 있어서 그것에 쏘이면 사
람이나 동물, 심지에 다른 동물에게 물려도 별 영향이 없는 흑돼지조차
목숨을 잃는다. 돼지가 전갈에게 쏘인 다음 물로 들어가면 그 돼지는 반
드시 죽는다.

2 뱀에게 물렸을 때 나타나는 결과도 대단히 다양하다. 리비아에는 이 집트코브라가 산다. 이 뱀은 몸에서 이른바 '패혈증약'을 만들어 내는데, 이것이 이 뱀에게 물렸을 때 유일한 치료제다. 아위(阿魏)*라는 식물이 있는 곳에 사는 뱀이 있다. 이 뱀에게 물리면 고대의 어떤 왕 무덤에서 가져온 돌로 치료하는데, 그 돌을 담근 물을 마신다. 이탈리아의 어떤 지방에는 물리면 치명적인 도마뱀붙이가 산다. 하지만 가장 치명적인 것은 전갈을 잡아먹은 독사처럼 독이 있는 동물이 독이 있는 다른 동물을 잡아먹은 뒤 물리는 것이다. 독이 있는 동물에게 인간의 침은 치명적이다. '성스러운 뱀'**이라는 매우 작은 뱀은 큰 뱀도 무서워하며 피해 다닌다. 이 뱀의 길이는 1페퀴스***밖에 안 되고 몸에 털이 난 것처럼 보인다. 어떤 동물이든 이 뱀에게 물리면 즉시 물린 상처 부위가 괴사한다. 인도에도 작은 뱀이 있는데 이 뱀에게 물리면 약이 없다.

---

* σίλφιον(silophion). 미나리과 식물. 약용으로 많이 쓰인다. 학명은 *Ferula assafoetida*.
** ἱερός(hierós). '초자연적인', '성스러운'이라는 뜻이다. 얼룩뱀의 한 종류로 추정된다.
*** πῆχυς(pēchys). 약 46.2센티미터.

제29장

해양동물의 생태와 계절

1 동물마다 임신 중의 건강 상태가 다르다. 가리비와 굴 같은 유각류 그리고 가재 같은 갑각류는 알을 배고 있을 때 가장 상태가 좋다. 유각류도 알을 밴다고는 한다. 갑각류는 짝짓기를 하고 알을 낳는 것을 볼 수 있지만, 유각류에서는 그런 일을 관찰한 적이 없다. 오징어, 갑오징어, 문어 같은 연체동물은 번식기에 가장 활기가 있다. 물고기는 거의 대부분 번식을 시작할 때 가장 맛이 좋다. 하지만 어떤 물고기는 암컷이 알을 밸 때가 제철이고 어떤 물고기는 그때가 되면 제맛이 나지 않는다.

2 지중해산 작은얼룩돔*은 번식기에 맛이 좋다. 이 물고기의 암컷은 통통하고 수컷은 납작하다. 암컷이 알을 낳기 시작하면 수컷은 색이 짙고 얼룩덜룩하게 변한다. 그때는 식용으로 적합하지 않다. 그때 이 물

---

*   μαίνις(mainís). μαίνη(maine, maena)의 복수형. 대서양과 지중해에 주로 서식하는 작은얼룩무늬돔.

고기는 '염소'라는 별명으로 불린다. 찌르레기놀래기, 지빠귀놀래기 등으로 불리는 놀래기류 그리고 지중해산 작은 돔*은 철 따라 색깔이 변한다. 마치 철 따라 깃털의 색이 바뀌는 새와 같다. 즉 놀래기는 봄에는 검은색을 띠고 봄이 지나면 다시 흰색을 띤다.

3 놀락민태도 색깔이 변한다. 이 물고기는 원래 흰색인데 봄에는 얼룩덜룩하게 변한다. 놀락민태는 물고기 가운데 유일하게 스스로 보금자리를 만든다. 암컷은 그곳에 알을 낳는다. 앞서 이야기했지만 작은얼룩돔도 작은돔처럼 색깔이 변한다. 여름철에는 희끄무레한 색에서 검은색으로 바뀌는데, 색깔의 변화는 지느러미와 아가미 부위에서 특히 두드러지게 나타난다. 흑돔도 작은얼룩돔처럼 번식기에 가장 맛이 좋다. 일반적으로 숭어, 농어 등 비늘이 있는 물고기는 번식기에는 맛이 없다.

4 동갈민어를 비롯한 몇몇 물고기는 연중 한결같은 상태를 유지한다. 늙은 물고기는 식용으로 적합하지 않다. 늙은 참치는 살이 문들어지기 때문에 젓갈을 담그는 데 적합하지 않다. 다른 물고기도 나이가 들면 같은 상태가 된다. 비늘이 있는 물고기의 나이는 비늘의 크기와 단단한 정도로 알 수 있다. 늙은 참치가 한 마리 잡힌 적이 있는데 무게는 15탈란톤**에 꼬리지느러미의 폭은 2페퀴스 1팔라이스테***였다.

---

* σμαρίς(smarís). 유럽산 작은 도미로 영어 명칭은 picarel.
** τάλαντον(tálanton). 그리스의 무게 단위로 약 26킬로그램. 15탈란톤은 약 390킬로그램이다. 이 늙은 참치에 대한 기록은 과장됐거나 비현실적이다.
*** παλαιστή(palaistê). 1페퀴스는 약 46.2센티미터, 1팔라이스테는 7.7센티미터이므로 이 참치의 꼬리지느러미 폭은 1미터 정도로 추정된다.

5 강과 호수에 사는 민물고기의 암컷과 수컷은 배란과 사정으로 기력
이 쇠잔해진 상태에서 완전히 회복됐을 때 가장 맛이 좋다. 사페르
데스*를 비롯한 몇몇 물고기는 알을 배고 있을 때 맛이 좋고 메기는 알을
배고 있을 때는 맛이 없다. 일반적으로 민물고기는 암컷보다는 수컷이 더
맛있다. 그러나 메기는 반대다. 뱀장어는 암컷이 수컷보다 식용으로 좋다.
그런데 암컷이라고 하지만, 사실은 겉모습만 다른 뱀장어.**

---

* σαπέρδης(sáperdēs). saperda. 이 물고기는 흑해와 나일강에 서식하는 정어리나 청어 종류로 알려
져 있다.

** 아리스토텔레스는 본문 제4책 11장에서 뱀장어는 암수가 없다고 주장했다. 하지만 뱀장어도 암수가
있다. 겉으로 보아서는 암수를 구별하기 어렵지만 해부하면 암컷과 수컷은 생식소가 완전히 다르다.

제

책

제 9 책

제1장

동물의
성격과 성향 I

1　상대적으로 작고 수명이 짧은 동물의 성격이나 성향을 파악하기란 수명이 긴 동물에 비해 어렵다. 수명이 긴 동물은 나름대로 정신작용에 대응하는 타고난 성격 또는 성품이라고 할 수 있는 교활 또는 순박, 대담 또는 소심, 온순 또는 잔인 등의 정신적 기질을 가지고 있다. 예를 들면 청각능력이 있는 몇몇 동물은 서로서로 그리고 인간으로부터 교육과 훈육을 받을 수 있다. 단순히 소리를 듣는 데 그치지 않고 언어와 몸짓이 나타내는 의미를 분간할 수 있는 능력을 가지고 있다.

2　암수 구분이 있는 모든 동물의 정신적 특성이 성별에 따라 다르다는 것은 자연의 섭리라고 할 수 있다. 이러한 남녀 간의 차이는 인간과 태생 네발짐승 가운데 체구가 큰 동물에서 분명히 나타난다. 태생 네발짐승의 암컷은 수컷보다 더 빨리 순치되고 순종적이고 영리하다. 예를 들면

라코니아종 개는 암컷이 수컷보다 더 영리하다. 몰로소이종 가운데 사냥 개는 다른 개들과 크게 다르지 않다.* 그러나 몰로소이종 중에서 양몰이 개는 크기와 다른 야생동물을 만났을 때 보여주는 용맹성에서 다른 개들보다 우수하다. 라코니아종과 몰로소이종 사이에서 태어난 잡종견은 용기와 어려움을 견디는 인내심이 대단하다.

3 곰과 표범을 제외한 모든 동물은 암컷이 수컷보다 얌전하다. 곰과 표범은 예외적으로 암컷이 더 활동적이다. 다른 동물들은 암컷이 수컷보다 성격이 순하면서도 장난을 좋아하고, 덜 고지식하고, 세심하게 새끼를 돌본다. 반면에 수컷은 암컷보다 더 용맹하고, 포악하고, 단순하며 덜 영악하다. 이러한 성격 차이의 징표는 거의 모든 동물에서 나타난다. 하지만 이러한 차이는 정신적으로 더 발달된 동물, 그중에서도 특히 인간에게서 두드러지게 나타난다.

4 인간의 본성은 가장 원숙하고 완성된 단계에 이르렀기 때문에 앞에서 언급한 기질과 능력은 인간에게서 가장 오롯이 나타난다. 따라서 여성은 남성보다 동정심이 강해 쉽게 감동의 눈물을 흘리지만, 동시에 질투심이 강하고 불평불만이 많아 걸핏하면 잔소리를 하고 짜증을 낸다. 그뿐만 아니라 여성은 남성보다 쉽게 낙담하고 덜 낙관적이며 수치심과 자

---

* Λακωνία(Lakonia)는 펠로폰네소스반도 남부 해안 지방으로 라코니아종 개가 유명하다. Μολοσσοί (Molossoi)는 그리스 서부 이오니아의 한 지역으로 '작은 바위가 많은 언덕'이라는 뜻으로 몰로소이 종 개가 유명하다.

존심이 약하고, 말을 더 함부로 하며 더 쉽게 현혹되고, 원한에 더욱 사무친다. 또 여성은 남성보다 더 조심스럽고 겁이 많으며 덜 분발한다. 그리고 여성이 먹는 것도 적다. 앞서 말한 바와 같이 남성은 여성보다 더 용감하며 더 적극적으로 남을 도우러 나선다. 심지어는 연체동물조차 암컷 오징어가 작살을 맞으면 수컷은 도우려고 나서지만, 수컷이 맞으면 암컷은 도망친다.

제 2 장

동물의
성격과 성향 II

1 같은 장소에 살거나 같은 먹이를 먹는 동물끼리는 적대적인 경향이
  있다. 먹을 게 부족하면 동족끼리도 싸운다. 따라서 동일한 장소에
사는 물개는 수컷은 수컷끼리 암컷은 암컷끼리 상대가 죽거나 도망갈 때
까지 싸운다. 그리고 물개 새끼도 같은 방식으로 싸운다. 모든 동물은 육
식동물과 그리고 육식동물은 나머지 다른 동물들과 적대관계에 있다. 육
식동물은 살아 있는 동물을 잡아먹고 살기 때문이다. 점쟁이는 동물이
서로 따로 노는지 같이 잘 어울리는지 관찰하여 동물이 경원하면 전쟁의
징조이고 잘 어울려 지내면 평화의 징조라고 본다.

2 먹을 게 부족하지 않고 넉넉하면 인간을 두려워하거나 천성적으로
  사나운 동물도 인간에게 순치되어 인간을 잘 따르고 동물끼리도 서
로 온순한 태도로 대한다고 해도 과언이 아니다. 이런 사례는 이집트에서

동물을 다루는 방법을 보면 알 수 있다. 먹을 것을 계속 주면 가장 사나운 맹수조차도 평화롭게 어울려 지내는 게 사실이기 때문이다. 자상하게 보살피면 동물은 순치된다. 어떤 곳에서는 사제들이 악어에게 먹이를 잘 주었더니 악어가 온순해졌다. 이와 같은 현상은 다른 곳에서도 볼 수 있다.

3 독수리와 뱀은 적대적이다. 왜냐하면 독수리는 뱀을 먹고 살기 때문이다. 몽구스와 독사도 적대적이다. 몽구스는 뱀을 잡아먹는다. 조류 가운데 박새, 뿔종다리, 딱따구리와 청딱따구리는 서로 적대관계다. 왜냐하면 이 새들은 다른 새들이 낳은 알을 먹기 때문이다. 까마귀와 올빼미도 적대관계다. 낮에는 올빼미가 눈이 잘 보이지 않아서 까마귀가 올

올빼미

빼미 알을 몰래 가져다 먹고, 밤이 되면 까마귀가 잘 볼 수 없으므로 올빼미가 까마귀 알을 먹는다. 두 새는 각각 낮과 밤을 서로 번갈아 가며 우월한 지위를 차지한다. 이런 적대관계는 올빼미와 굴뚝새 사이에서도 볼 수 있다. 굴뚝새는 올빼미 알을 먹는다. 낮에는 모든 새가 올빼미 둥지 주위를 날아다니며 놀라게 하여 올빼미를 괴롭히고 깃털을 잡아 뽑는다. 이런 습성 때문에 새잡이들은 온갖 작은 새를 잡을 때 올빼미를 유인책으로 이용한다.

4 '장로(長老)' 또는 '노인'이라고 불리는 굴뚝새는 족제비 그리고 까마귀와 싸운다. 왜냐하면 족제비와 까마귀가 굴뚝새의 알과 새끼들을 먹기 때문이다. 호도애와 퓌랄리스*도 적대관계에 있다. 왜냐하면 두 새는 서식지와 먹이가 같기 때문이다. 청딱따구리와 리뷔오스,** 솔개와 까마귀도 적대관계에 있다. 솔개는 억센 갈고리발톱과 빠른 비행 속도로 까마귀가 가지고 있는 것이면 무엇이든 빼앗는다. 이렇게 보면 먹이다툼이 적대관계를 만든다. 마찬가지로 브렌토스,*** 갈매기, 하르페**** 등과 같이 바다에서 먹이를 얻는 새들 사이에도 적대관계가 있다. 말똥가리는 두꺼비와 뱀의 천적이다. 말똥가리는 두꺼비와 뱀을 잡아먹는다. 호도애와 청딱따구리도 천적관계에 있다. 청딱따구리는 비둘기를 죽이고 까마귀는

---

*   πυραλίς(pyralis). 이 새의 정체를 알 수 없다. 다만 비둘기의 한 종류로 추정된다.
**   λιβυός(libyos). 이 새의 정체도 알 수 없다. 다만 어원으로 북아프리카 리비아에 서식하는 새로 추정된다.
***   βρένθος(brénthos). '오만'이라는 뜻의 이름을 가진 물새의 일종이지만, 어떤 새인지 특정할 수 없다.
****   ἅρπη(harpe). 물수리나 습새로 추정된다.

'북치는 새'*를 죽인다.

5 작은올빼밋**과의 맹금류는 칼라리스***를 잡아먹는다. 따라서 올빼미와 칼라리스 사이에서 전쟁이 벌어진다. 그리고 도마뱀붙이와 거미도 적대관계에 있다. 왜냐하면 도마뱀붙이는 거미를 잡아먹기 때문이다. 그리고 딱따구리와 왜가리도 천적관계다. 딱따구리는 왜가리의 알과 새끼들을 잡아먹는다. 홍방울새****와 당나귀도 적대관계다. 당나귀는 가시금작화덤불숲을 지나가면서 상처와 가려운 곳을 가시에 대고 비빈다. 나귀가 시끄럽게 울음소리를 내면서 이렇게 행동하면 홍방울새의 알과 새끼들은 둥지에서 떨어지고 어린 새들은 놀라서 둥지 밖으로 뛰쳐나온다. 그러면 어미 새가 이런 횡포를 응징하기 위해 당나귀에게 날아가 상처난 곳을 쪼아버린다. 늑대는 나귀, 소 그리고 여우의 적이다. 늑대는 육식성 동물이기 때문에 이 동물들을 공격한다. 여우와 매도 마찬가지다. 매는 육식성에 갈고리발톱을 가지고 있어서 여우를 공격해 발톱으로 상처를 입힌다.

6 까마귀도 소와 당나귀를 공격한다. 까마귀는 소와 당나귀에게 날아가 주위를 선회하다 눈을 쪼아 공격한다. 독수리와 왜가리도 적대관

---

* τυπανος(typanos). 톰슨은 'drummer-bird'로 번역했다. 이는 '북'을 뜻하는 τύπανον(typanon)에서 파생된 명칭으로 보인다. 이 새는 딱따구리를 가리키는 것으로 보인다.

** αἰγωλιός(aígolios). 작은올빼미류에 대한 총칭이다.

*** κάλαρις(kalaris). 이 새의 정체에 대해서는 알 수 없으나 어원으로 미루어볼 때 올새 종류로 추정된다.

**** αἴγιθος(aígithos). 그리스 신화에 나오는 미케네의 왕 이름에서 유래한다.

계다. 독수리는 갈고리발톱으로 왜가리를 공격하고 그렇게 공격당한 왜가리는 죽는다. 황조롱이와 죽은 고기를 먹는 독수리도 마찬가지다. 흰눈썹뜸부기와 청딱따구리, 검은새, 꾀꼬리*(속설에 이 새가 화장용 장작더미에서 태어나는 이야기가 있다) 등과 다투는 이유는 흰눈썹뜸부기가 다른 새들의 새끼와 성체를 모두 해치기 때문이다. 동고비와 굴뚝새는 독수리의 먹잇감이다. 동고비와 굴뚝새는 독수리의 알을 깨뜨린다. 독수리는 맹금류로 주위에 있는 새들과 적대관계에 있지만, 동고비·굴뚝새와는 이런 특별한 이유로 싸운다.

7 말과 할미새**는 적대관계에 있다. 말이 풀을 뜯는 풀밭에 사는 할미새는 풀을 먹으려는 말에게 내몰리게 되는데, 시력이 약하고 민첩성이 떨어지는 할미새는 말에게 느닷없이 공격을 당한다. 그때 할미새는 말 울음소리를 흉내 내며 말을 놀라게 해 쫓아버리려고 한다. 그러면 말이 새들을 쫓아내며 잡히는 새들은 모두 죽인다. 할미새는 강가나 습지에서도 서식한다. 이 새는 깃털이 아름답고 쉽게 먹이를 구할 수 있다. 당나귀는 도마뱀과 적대관계에 있다. 왜냐하면 도마뱀이 당나귀의 구유에서 잠을 자다가 당나귀 콧구멍으로 들어가 먹이를 못 먹게 만들기 때문이다.

8 해오라기에는 세 종류가 있다. 검은해오라기, 흰해오라기, 알락해오라기다. 이 세 종류 중에서 검은해오라기는 포란(抱卵)이나 교미를 꺼

---

*   χλωρίων(khlōríōn). 유럽산 노란꾀꼬리.
**   ἄνθος(ánthos). 학명은 *Motacilla flava*.

린다. 해오라기는 교미 중에 소리를 지르고 눈에서는 피를 흘린다고 한다. 그리고 산란 과정에도 고통이 따른다고 한다. 이 새는 해를 끼치는 동물들, 예를 들면 둥지를 덮치는 독수리, 야음을 틈타 공격하는 여우, 그리고 알을 훔쳐가는 종다리와 싸운다.

9 뱀은 족제비 그리고 돼지와 싸운다. 족제비와는 같은 곳에 살면서 같은 먹이를 놓고 경쟁할 때 싸운다. 돼지는 뱀을 잡아먹는다. 황조롱이는 여우와 싸운다. 황조롱이는 갈고리발톱으로 여우를 할퀴며 공격하며 새끼들을 죽인다. 까마귀와 여우는 사이가 좋다. 왜냐하면 까마귀 역시 황조롱이와 적대관계이기 때문이다. 그래서 황조롱이가 여우를 공격할 때 까마귀가 와서 여우를 도와준다. 둘 다 갈고리발톱을 가지고 있고 죽은 고기를 먹는 독수리와 황조롱이는 적대관계다. 죽은 고기를 먹는 독수리는 다른 독수리와도 싸운다. 그리고 백조는 독수리와 싸운다. 간혹 백조가 이길 때도 있다. 모든 새 가운데 백조는 동족끼리 서로 죽이는 성향이 가장 강하다.*

10 동물 가운데 어떤 것은 때와 장소를 가리지 않고 서로 적대적이다. 또 어떤 동물은 인간처럼 특별한 때와 문제가 있는 경우에만 적대적이다. 당나귀와 홍방울새는 서로 적대적이다. 홍방울새는 엉겅퀴꽃을 먹고 사는데, 당나귀가 어리고 연한 엉겅퀴 줄기를 뜯어 먹기 때문이

---

* 아리스토텔레스는 백조를 '상대를 잡아먹는다'는 뜻을 가진 ἀλληλοφάγοι(allelophagoi)로 묘사했다. 하지만 구조적으로 백조가 다른 백조를 잡아먹는 경우는 거의 없다.

다. 밭종다리, 홍방울새, 박새 등은 서로 적대적이다. 밭종다리의 피는 박새의 피와는 섞이지 않는다고 한다. 까마귀와 왜가리는 울새와 종다리, 라이도스*와 청딱따구리 등과 마찬가지로 서로 우호관계다. 청딱따구리는 강둑과 덤불숲에 산다. 라이도스는 암벽이나 산에 사는데 둥지에 대한 애착이 강하다. 피핑크스,** 매 그리고 솔개는 우호관계다. 여우와 뱀도 그렇다. 이 두 동물은 모두 굴을 파고 산다. 검은새와 호도애도 친하다.

11 사자와 자칼은 적대관계다. 둘 다 육식성이면서 같은 먹이를 잡아먹기 때문이다. 코끼리는 서로 치열하게 싸우는데 엄니로 서로 찌른다. 싸움에서 진 코끼리는 상대에게 완전히 굴복하고 이긴 코끼리의 목소리만 들어도 기겁한다. 코끼리는 용맹함에서 개체별로 놀랄 만큼 차이가 있다. 암컷 코끼리는 체구도 작고 용맹함도 덜하지만 인도인은 암수 코끼리 모두를 전쟁에 쓰기 위해 동원했다. 코끼리는 커다란 엄니로 벽을 들이받아 부수기도 하고 야자수를 머리로 받아 쓰러뜨린 다음 발로 짓밟아 가지런히 만들어 놓기도 한다.

12 코끼리 사냥은 다음과 같은 방법으로 이루어진다. 먼저 길들인 코끼리 중에서 용맹한 코끼리를 골라서 올라타고 야생 코끼리

---

*   λαεδός(laedos). 이 새의 정체는 전혀 알 수 없다. 아리스토텔레스가 살던 시대에 그리스 문명권은 수많은 방언이 있었으며, 지역에 따라 같은 사물에 대한 명칭이 다른 경우가 많았다.

**   πίφιγξ(piphinx). 이 새를 뿔종다리의 일종인 코뤼달로스(κορυδαλλός)로 추정하는 학자도 있다. 그러나 정체가 분명하지 않다.

를 잡으러 나간다. 야생 코끼리들을 발견하면 길들인 코끼리들이 야생 코끼리들을 완전히 지칠 때까지 몰아붙인다. 야생 코끼리가 완전히 지치면 그때 조련사가 야생 코끼리에 올라타 창*으로 코끼리에게 방향을 지시한다. 그러면 곧바로 순치되어 조련사의 지시를 따른다. 그러나 조련사가 내려가면 어떤 코끼리는 순하게 그대로 있지만 어떤 것은 다시 사나워진다. 그래서 후자에 속하는 코끼리를 순하게 만들기 위해 앞다리를 밧줄로 묶는다. 코끼리를 잡아 순치시킬 때는 어린 코끼리나 완전히 성체가 된 코끼리를 가리지 않는다.

앞에 언급한 동물들의 사례를 통해 알아본 바와 같이 동물끼리 서로 우호적인 관계나 적대적인 관계를 형성하는 것은 동물이 먹는 먹이와 생활습성에 달려 있다.

---

*   δρεπάνω(drepano). '낫'이라는 뜻인데, 코끼리를 조련할 때 사용하는 끝이 뾰족한 쇠막대기를 가리키는 것으로 보인다.

제 3 장

무리를 이루는 물고기와
서로 적대적인 물고기

1 물고기 가운데 함께 무리를 이루어 몰려다니는 것은 서로 우호적이고
무리를 이루지 않는 것은 적대적이다. 어떤 물고기는 산란기가 되면 무
리를 이루고 어떤 물고기는 산란하고 난 다음에 무리를 이룬다. 개괄적으
로 말하면 다음과 같은 물고기가 무리를 이룬다. 참치, 피카렐,* 모샘치,
큰눈감성돔,** 전갱이, 동갈민어, 유럽황돔, 노랑촉수, 창꼬치,*** 농어, 엘
레기노스,**** 색줄멸, 도미, 동갈치,***** 오징어, 무지개놀래기, 가다랑
어, 고등어, 콜리고등어.****** 이 가운데 어떤 것은 무리를 이룰 뿐만 아

---

*   μαίνη(maína). picarel. 지중해산 작은얼룩무늬도미.

**   βῶξ(box), βούπα(boupa). 동부 대서양에 서식하는 눈이 큰 작은 도미 종류. 학명은 *Boops boops*.

***   σφύραινα(sphyraina). barracuda.

****   ἐλεγῖνος(eleginos). 이 물고기의 정체는 알 수 없다.

***** βελόνη(belone). '바늘'을 뜻하는 그리스어. garfish.

****** κολίας(kolias). 대서양과 지중해에 서식하는 고등어의 한 종류. 학명은 *Scomber colias*. 보통 고등어
에 비해 크기가 작다.

니라 무리 안에서 암수가 짝을 지어 다닌다. 나머지들은 암수가 짝을 이루어 다니다가 특정 시기 즉 알이 뱄을 때나 산란한 이후에만 무리를 이룬다.

2 농어와 숭어는 서로 상극이다. 그러나 이 물고기들도 특정 시기에는 함께 어울려 다닌다. 물고기는 때로는 유유상종할 뿐만 아니라 먹이 활동을 하는 공간이 같거나 인접해 있고 먹이가 풍족하면 다른 물고기들과도 함께 어울려 지낸다. 가끔 꼬리가 없는 숭어와 항문이 있는 곳까지 뒷부분이 잘려나간 붕장어가 살아 돌아다니는 것을 볼 수 있는데 농어가 숭어의 꼬리를 잘라 먹은 것이고, 붕장어의 뒷부분을 곰치에게 먹힌 것이다. 큰 물고기와 작은 물고기 간에 전쟁이 벌어진다. 큰 물고기가 작은 물고기를 먹고 살기 때문이다. 물고기에 대해서는 이쯤 해두자.

제 4 장

**양과 염소의
습성과 지능**

1 이미 설명했지만 동물의 기질은 소심함, 점잖음, 용감함, 온순함, 영리함, 우둔함 등으로 볼 때 각각 다르다. 양은 천성이 둔하고 어리석다고 한다. 모든 네발짐승 가운데 양이 가장 멍청하다. 양은 하릴없이 무턱대고 외진 곳을 헤매고 다닌다. 폭풍우가 몰아치는 날씨에도 번번이 우리에서 빠져나가 돌아다니고 눈보라가 몰아쳐도 양치기가 몰지 않으면 꼼짝달싹하지 않고 그대로 있다. 양치기가 숫양을 끌고 가지 않으면 양들은 뒤에 처져 있다 죽게 된다. 숫양을 끌고 가야 비로소 나머지 양들이 따라간다.

2 끝에 있는 염소의 수염(수염은 털과 비슷한 물질로 이루어져 있다)을 잡으면 같이 가던 다른 염소가 일제히 멈춰서 얼이 빠진 것처럼 쳐다본다. 그리고 양들 사이에서 자는 것보다 염소들 사이에서 잠을 자는 것이 더

따뜻하다. 염소는 조용하고 양보다 내한성이 약해 사람에게 바짝 달라붙기 때문이다.* 양치기들은 손뼉을 치면 양들이 밀집 대형을 이루도록 훈련시킨다. 왜냐하면 뇌우가 몰려올 때 암양이 무리의 가운데로 들어오지 못하면 임신한 양들이 유산하기 때문이다. 따라서 갑자기 손뼉을 치면 양들은 훈련받은 대로 밀집 대형을 이루어 우리로 들어온다. 심지어는 황소조차도 무리에서 떨어져 나가면 야수에게 잡아먹힌다.** 양과 염소는 각각 끼리끼리 무리를 이룬다. 해가 질 때면 염소는 서로 얼굴을 마주 보지 않고 등을 돌리고 앉는다.

---

*   이 부분에 대한 해석도 다양하다. 크레스웰은 톰슨과는 완전히 다르게, 양들이 염소보다 더 얌전하고 인간에게 헌신적이라고 번역했다. 하지만 원문이 많이 훼손되어 어떤 해석이 옳다고 말할 수 없다.

**   아리스토텔레스의 저작을 번역한 테오도로스 가지스, 율리우스 스칼리제르 등은 맥락에 맞지 않는 이 문장을 아예 생략해버렸다.

제 5 장

소와 말의
습성과 지능

1 소는 풀밭에서 늘 어울리던 소들과 무리를 이룬다. 한 마리가 무리에서 벗어나면 다른 소들이 따라간다. 따라서 목부(牧夫)들은 소 한 마리가 사라지면 나머지 다른 소들을 유심히 지켜본다. 암말은 망아지들과 함께 같은 풀밭에서 어울려 풀을 뜯는다. 그런데 어미가 죽으면 다른 암말들이 그 말의 망아지를 돌본다. 사실 암말은 천성적으로 모성애가 대단히 강하다. 그 증거로 새끼를 낳지 못하는 암말은 다른 암말이 낳은 망아지를 훔쳐 와 어미로서 할 수 있는 모든 정성을 다해 돌본다. 하지만 젖이 나오지 않기 때문에 이 암말의 모성애는 결국 망아지를 죽게 만든다.

제 6 장

사슴의
습성과 지능

1 모든 네발짐승 가운데 암사슴의 지능이 가장 출중한 것 같다. 암사슴은 사람이 무서워서 다른 야생동물이 나타나지 않는 길가에서 새끼를 낳는다. 그뿐만 아니라 분만 후에는 태반을 먹고 사슴풀*을 찾아서 그것을 먹은 다음 새끼에게 돌아온다. 어미 사슴은 새끼를 데리고 은신처로 가서 위험에 처했을 때 도피할 수 있는 곳이라고 알려준다. 사슴의 은신처는 깎아지른 절벽의 바위틈에 있는데, 접근로가 하나밖에 없어서 그 안에 들어가면 침입자를 막아낼 수 있다. 수사슴은 가을이 되면 살이 많이 찌는데 그때가 되면 잡아먹히기 쉽다고 생각해 평소에 지내던 곳을 떠나 자취를 감춘다. 수사슴은 눈에 띄거나 접근하기 어려운 곳에 가서 뿔 갈이를 한다. 그래서 '사슴이 뿔 갈이 하는 곳'이라는 속담이 생겨났다.

---

* σέσελις(seselis). 당근과에 속하는 식물. 학명은 *Tordylium officinale*. 플리니우스의 『박물지』 20권 18장에도 암사슴이 출산 때 이 식물의 잎을 먹는다고 나와 있다.

뿔이 떨어져 나가면 사슴으로서는 무기가 없기 때문에 눈에 띄지 않으려고 주의한다는 뜻이다. 사슴이 떨군 왼쪽 뿔*은 발견된 적이 없다고 하는데, 사슴은 이 뿔에 약효 성분이 들어 있기 때문에 눈에 띄지 않는 곳에 둔다고 한다.

2 수사슴은 생후 1년이 될 때까지 뿔이 나지 않는다. 그러나 짧고 두툼한 혹이 있어서 뿔이 날 자리를 알 수 있다. 두 살이 되면 처음으로 뿔이 자라난다. 그때 나는 뿔은 반듯한 형태로 옷을 걸어두는 나무못같이 생겨서 '옷걸이'**라는 별명을 얻었다. 세 살이 되면 뿔이 두 갈래로 분기(分岐)하고 네 살이 되면 세 갈래로 분기한다. 그렇게 여섯 살이 될 때까지 뿔이 분기하며 복잡한 형태를 이루게 된다. 그 이후로는 뿔의 형태가 바뀌지 않는다. 따라서 뿔을 보고 나이를 헤아릴 수 없게 된다. 하지만 사슴 가운데 늙은 사슴은 대개 두 가지 징표로 알 수 있다. 우선 늙은 사슴은 이빨이 거의 또는 전혀 없다. 두 번째로 늙은 사슴은 뿔의 날카로운 끝부분이 더 이상 자라지 않는다. 나이가 들면 사슴이 방어하는 데 사용하는 앞쪽을 향하고 있는 뿔 즉 '방어용 무기'인 이마 뿔의 뾰족한 부분이 앞으로 구부러지면서 자라지 않고 위로만 자란다.

3 수사슴은 매년 4월 또는 그 전후로 뿔 갈이를 한다. 뿔이 떨어지면 낮에는 울창한 덤불숲에 들어가 숨어 지낸다고 한다. 그리고 뿔이

---

*   플리니우스는 『박물지』 8권 50장에서 왼쪽 뿔이 아니라 오른쪽 뿔이라고 기록했다.

**   παττάλος(pattalos). 옷을 걸어두는 나무못을 가리킨다.

다시 자라날 때까지 밤에 먹이활동을 한다. 뿔은 처음에는 피부로 이루어진 주머니 형태를 띠다가 점점 딱딱해진다. 뿔이 다 자라면 햇볕에 노출시켜 굳고 단단하게 만든다. 뿔을 더 이상 나무줄기에 문질러 갈고 닦을 필요가 없게 되면 공격과 방어용 무기를 지니게 되어 안전해졌다는 생각에서 은신처에서 나온다. 아카이아*에서는 마치 살아 있는 나무에서 자라듯 어리고 부드러운 뿔에 담쟁이덩굴이 자라는 사슴 한 마리가 잡힌 적이 있다.**

4 수사슴은 독거미나 독충에 쏘이면 게를 여러 마리 잡아먹는다. 게의 즙을 마시는 것은 사람에게도 좋다고 알려져 있는데, 그 맛은 역하다. 암사슴은 새끼를 분만하자마자 태를 먹는다. 태가 땅에 떨어지기도 전에 먹어치우므로 암사슴의 태를 구하는 것은 불가능하다. 사슴의 태에는 약효 성분이 들었을 것으로 보인다. 사슴을 잡을 때는 피리를 불거나 노래를 부른다. 그러면 사슴이 음악에 취해 풀밭에 눕는다. 사슴을 잡으러 나선 사람이 두 명일 때는 한 사람은 사슴 앞에서 피리를 불거나 노래를 부르고 다른 한 사람은 숨어 있다가 동료가 신호를 보내면 활을 쏜다. 사슴의 귀가 쫑긋해 있을 때는 청각이 예민하므로 몰래 접근할 수 없다. 하지만 귀가 늘어져 있을 때는 몰래 다가갈 수 있다.

---

*   Αχαία(Akhaia). Achaea. 펠로폰네소스반도의 가장 북쪽 지방.
**   고대 그리스에서는 뿔에 식물이 자리는 사슴이 나타나는 것을 흉조로 여겼다.

제 7 장

동물의
자가 치료법

1 곰이 쫓겨 도망칠 때는 새끼들을 앞세우거나 집어 올려서 데리고 간
다. 잡힐 위기에 처하면 나무 위로 올라간다. 앞에서 설명했듯이 곰들
은 은신처에서 겨울잠을 자고 나오면 즉시 아룸을 먹고 이가 새로 날 때
처럼 나뭇가지를 씹는다. 다른 네발짐승들도 나름대로 지혜로운 방법으로
살길을 찾는다. 크레타섬에 사는 야생 염소는 화살을 맞으면 꽃박하*를 찾
는다. 이 식물은 몸에 박힌 화살을 빼내는 데 효과가 있다고 한다.

2 개는 아프면 특정한 풀을 뜯어 먹고 배 속에 든 것을 토해낸다. 표
범은 표범독**를 먹고 중독되면 사람 똥을 찾아 나선다. 인분(人糞)

---

*   ὀρίγανον(origanum). 학명은 *Origanum vulgare*. 약재와 향료로 쓰인다.

**   παρδαλιαγχής(pardalianches). 원래는 '표범의 목을 조른다'라는 의미다. 톰슨은 이 독을 panther's
bane 즉 '표범의 파멸'로 번역했다. 이 독은 아코나이트(aconite) 즉 부자(附子)에 함유되어 있는 것으
로 추정된다. 아프리카에서는 표범을 잡기 위해 부자즙을 묻힌 고기를 미끼로 사용한다.

이집트몽구스

은 부자에 중독되었을 때 고통을 덜어준다고 한다. 표범독은 사자도 죽인
다. 사냥꾼들은 표범이 근처에서 멀리 가지 않도록 인분을 병에 담아 나
뭇가지에 매달아 둔다. 표범은 똥을 먹으려고 가지를 향해 뛰어오르다가
죽는다. 표범은 다른 동물들이 표범이 내는 독특한 냄새를 좋아한다는
것을 알고 있다고 한다. 그래서 표범이 숨어 있으면 다른 동물이 점점 가
까이 다가가고 그때 표범은 사냥감을 덮쳐 잡아먹는다. 이런 책략으로 표
범은 수사슴처럼 발이 빠른 동물도 잡을 수 있다.

3 이집트몽구스는 아스피스*라는 작은 독사를 만나면 도와줄 다른 몽
구스들을 불러 모을 때까지 공격하지 않는다. 몽구스는 독사가 달려
들어 물었을 때 방어하기 위해 일단 강에 들어가 몸을 적신 다음 땅에서

---

*   ἀσπίς(aspis). 이집트 토종의 작은 코브라.

고슴도치

굴러 진흙으로 칠갑을 한다. 악어가 하품하듯 입을 쩍 벌리면 악어새가 입안으로 날아든다. 악어새는 악어의 이빨을 청소하면서 먹이를 얻는다.* 악어도 이 사실을 알고 있기 때문에 악어새를 해치지 않는다. 악어는 악어새가 나가기를 원할 때는 행여 악어새를 물어 다치지 않도록 목**에서 떨어져 나가라는 신호를 보낸다.

4 거북은 독사를 먹으면 꽃박하를 먹는다. 이런 행동은 실제로 관찰 되었다. 어떤 사람이 거북이 와서 꽃박하를 뜯어 먹고 뱀을 잡아먹

---

* 악어새에 대해서는 헤로도토스, 아리스토텔레스, 플리니우스, 아일리아노스 등 고대의 많은 학자가 기록을 남기고 있다. 그러나 헤로도토스, 플리니우스, 아일리아노스는 악어새가 악어 입속에 기생하는 거머리를 잡아먹는다고 기술한 반면에, 아리스토텔레스는 이빨을 청소한다고 설명했다.

** αυχέν(auchēn). '목덜미'를 의미하는데, 아우베르트와 비머는 이것을 σιαγών(siagōn) 즉 '턱뼈'로 해석했다.

는 것을 보고 꽃박하를 뿌리째 뽑아 버렸는데, 그 후에 거북이 죽었다고 한다. 족제비는 뱀과 싸울 때 먼저 야생 루타*를 먹는다. 뱀은 이 약초 냄새를 싫어한다. 도마뱀은 과일을 먹을 때 꽃상추** 즙을 마신다. 이런 습성도 실제로 관찰된 바 있다. 개는 기생충 때문에 몸이 아플 때 풀을 뜯어 먹는다. 황새 등은 싸우다 다치면 상처 난 곳에 꽃박하를 바른다. 메뚜기가 뱀과 싸울 때 뱀의 목덜미를 꽉 물고 있는 것을 목격한 사람이 많다.*** 족제비는 영리한 책략을 써서 새를 이긴다. 족제비는 늑대가 양을 잡을 때 하는 것처럼 새의 목을 물어뜯는다. 족제비는 쥐를 잡아먹는 뱀과도 죽기 살기로 싸운다. 두 동물 모두 쥐를 먹이로 삼기 때문이다.

5 고슴도치의 타고난 습성은 여러 곳에서 관찰된 바가 있다. 고슴도치는 바람이 북풍에서 남풍으로 그리고 남풍에서 북풍으로 바뀔 때마다 땅굴의 입구를 바꾼다. 그리고 집에서 키우는 고슴도치는 이쪽 벽에서 저쪽 벽으로 옮겨간다. 비잔티움에 사는 한 남자는 날씨의 변화를 예측하기로 명성이 높았는데 고슴도치의 행동을 보고 날씨를 예측했다는 이야기가 있다. 담비는 크기가 작은 몰티스종 개 정도다. 털이 촘촘한 모피와 생김새 그리고 배가 희고 장난치기를 좋아한다는 점에서 족제비와 비슷

---

*   ῥυτή(ruta). 지중해 연안에 자생하는 식물. 약초와 향신료로 쓰인다.

**   ἔντυβον(éntubon). 학명은 *Cichorium endivia*. 우리가 흔히 먹는 치커리와는 다르다.

*** 이 문장의 해석은 다양하다. 원래 주어인 흰담비는 메뚜기를 의미하는 ἀκρίδα(acpida)로 되어 있다. 그러나 메뚜기가 뱀의 목을 문다는 것은 상상하기 어렵다. 그래서 아우베르트와 비머는 이것을 담비를 의미하는 ἴκτις(ictis)로 해석했다. 그러나 요한 슈나이더는 플리니우스의 『박물지』 11권 35장에 다리와 허벅지를 말려 톱으로 쓸 만큼 크기가 3피트에 달하는 커다란 메뚜기가 있다는 기록을 예로 들어 그대로 메뚜기로 번역했다.

하다. 담비는 쉽게 순치된다. 담비는 꿀을 좋아하기 때문에 벌통을 망쳐 놓는다. 담비는 고양이와 마찬가지로 새를 잡아먹는다. 앞에서 설명한 바와 같이 담비의 생식기는 뼈로 이루어져 있다. 수컷의 생식기는 배뇨 장애에 효험이 있는 것으로 알려져 있다. 의사들은 수컷의 생식기를 가루로 만들어 투약한다.

제 8 장

제비의
집짓기와 짝짓기

1 일반적으로 동물의 행태를 관찰해보면 여러 가지 면에서 인간과 비
슷하다. 체구가 큰 동물보다는 작은 동물이 지능이 뛰어난 경우가 많
다. 한 가지 예로 제비가 집을 짓는 것을 들 수 있다. 제비는 인간과 마찬
가지로 진흙과 왕겨를 섞어 집을 짓는데, 진흙이 부족하면 물에 들어가
깃털을 적신 다음 마른 먼지에 구른다. 그뿐만 아니라 인간이 하는 것과
똑같이 밀짚으로 잠자리를 만드는데, 딱딱한 것을 밑에 깔아 기초로 삼고
몸집에 맞게 밀짚을 정돈하여 잠자리를 만든다. 새끼를 키울 때는 암수가
함께 협력한다. 부모 제비는 새끼 한 마리가 두 번 받아먹지 않도록 예의
주시하며 순서대로 먹이를 준다. 처음에는 부모 제비가 새끼들이 싼 똥을
둥지 밖으로 처리하지만, 새끼가 자라면 자세를 바꿔 똥이 둥지 밖으로
떨어지게 싸도록 가르친다.

2 비둘기는 인간과 비슷한 면모를 보여준다. 비둘기는 상대를 바꿔가며 교미하지 않는다. 짝이 죽는 경우에만 짝짓기 상대를 바꾼다. 암컷이 산란할 때 수컷이 고통을 함께하는 자세로 지켜보는 것은 특기할 만하다. 암컷이 산란에 임박해 둥지로 들어가는 것을 주저하면 수컷이 암컷을 다독거리며 데리고 들어간다. 새끼가 알에서 깨어나면 부모 비둘기는 먹이를 먹이기 위한 준비 작업으로 소금기가 있는 흙을 물어와 부리를 벌리고 새끼들에게 먹인다. 수컷 비둘기는 새끼들을 둥지에서 독립시킬 때가 되면 모든 새끼와 교미한다.*

3 일반적으로 비둘기는 짝에 대한 신의를 지키지만, 간혹 짝이 아닌 다른 수컷과 바람 피우는 암컷도 있다. 이런 새들은 호전적이며 서로 잘 싸운다. 그리고 드물기는 하지만 다른 새의 둥지를 침범하기도 한다. 둥지에서 먼 곳에서 싸움이 벌어질 때는 그리 치열하지 않지만 둥지 근처에서 싸움이 벌어지면 목숨을 걸고 싸운다. 집비둘기, 산비둘기, 호도애의 공통적인 특성은 갈증을 충분히 해소했을 때를 제외하고는 물을 마실 때 머리를 뒤로 젖히지 않는 것이다. 호도애와 산비둘기는 한 마리하고만 짝을 짓고 다른 새들이 범접하지 못하도록 한다. 비둘기는 암수가 번갈아 가며 알을 품는다. 해부해보기 전에는 비둘기의 암수를 구분하기란 쉽지 않다.

---

* 이런 습성은 자고새에 해당한다. 따라서 아우베르트와 비머는 '모든 새끼들과(πάντας)'를 '또다시 (πάλιν)'로 해석했다.

4 산비둘기는 오래 산다. 산비둘기는 25~30년, 어떤 것은 40년까지도 산다고 알려져 있다. 비둘기는 나이가 들면 발톱이 커진다. 비둘기를 키우는 사람은 발톱을 깎아준다. 그것을 제외하면 나이가 들어도 비둘기에게 눈에 보이는 다른 장애가 나타나지 않는다. 키우는 사람이 유인용으로 쓰기 위해 눈을 멀게 한 호도애나 비둘기는 8년을 산다. 자고새는 약 15년 산다. 산비둘기와 호도애는 해마다 같은 곳에 둥지를 튼다.

5 일반적으로 수컷이 암컷보다 오래 산다. 그런데 집비둘기는 수컷이 암컷보다 먼저 죽는다고 주장하는 사람도 있다. 집에서 유인용으로 기르는 비둘기를 보고 그런 주장을 하는 것으로 보인다. 참새 수컷은 1년밖에 살지 못한다고 주장하는 사람도 있다. 초봄에는 턱밑에 검은색 깃털이 있는 참새가 한 마리도 없다가 검은색 깃털이 나타나는 것을 보고 턱밑에 검은색 깃털이 있던 새가 모두 죽었다고 생각하는 것이다. 참새 암컷이 어린 참새와 함께 잡히는 것을 보고 참새 암컷이 더 오래 살고 부리가 딱딱해진 정도를 보면 나이를 알 수 있다고 주장하는 사람도 있다. 호도애는 여름에는 시원한 곳에서, 겨울에는 따뜻한 곳에서 지낸다. 되새는 여름에는 더운 곳을 좋아하고 겨울에는 추운 곳을 좋아한다.

제 9 장

**조류의
양육 방식**

1 메추라기, 자고새 등과 같이 몸집이 큰 새는 둥지를 짓지 않는다. 둥
지는 이런 새들의 비행 형태와는 맞지 않기 때문이다. 이런 새들은
평탄한 곳에 구멍을 파고 알 낳는 장소로만 사용한다. 그리고 매나 독수
리가 접근하지 못하도록 가시덤불과 나뭇가지로 덮어 놓는다. 그리고 알
을 낳고 새끼를 깐 다음에는 날아다니며 새끼들에게 먹이를 줄 수 없으
므로 바로 새끼들을 데리고 나간다. 메추라기와 자고새는 집에서 키우는
닭과 마찬가지로 잠을 잘 때 새끼들을 날개 밑에 숨긴다.

2 같은 장소에 오래 머물면 들킬 수 있으므로 이 새들은 같은 장소에
서 알을 낳고 새끼를 키우지 않는다. 사람이 우연히 새끼들을 찾아
내 잡으려고 하면 어미는 앞을 가로막고 잘 날지 못하는 흉내를 낸다. 그
러면 그 사람은 금방이라도 어미를 잡을 것 같아 쫓아간다. 어미는 그렇
게 조금씩 도망치면서 새끼를 잡으려던 사람을 유인해 새끼들에게 도망칠

시간을 준다. 그리고 나중에 원래 있던 곳으로 날아와 새끼들을 불러 모은다. 자고새는 알을 열 개 이상 낳는데, 열여섯 개까지 낳는 경우도 드물지 않다. 자고새는 짓궂고 속임수를 쓰기도 한다. 봄이 되면 암수가 짝을 지어 시끌벅적하게 난투극을 벌인다. 강한 성욕을 가진 자고새의 수컷은 암컷이 품고 앉아 있는 알을 보면 산산이 깨질 때까지 굴리고 다닌다. 그래서 암컷은 그런 일을 방지하기 위해 멀리 떨어진 곳으로 가서 알을 낳는다. 그러나 산란이 급해지면 종종 아무 데나 알을 낳기도 한다. 알 낳은 곳 가까이에 수컷이 있으면 암컷은 알이 발견되지 않도록 그곳으로 가는 것을 삼간다. 자고새의 암컷은 그곳이 사람들 눈에 띄면 새끼를 데리고 있을 때 했던 방식으로 사람들을 알에서 먼 곳으로 유인한다.

3 암컷이 멀리 도망가 알을 품으면 무리 안의 수컷들은 소란스럽게 울며 싸운다. 그런 상태의 수컷들을 '홀아비'라고 한다. 싸움에서 진 자고새는 승자에게 복종하고 승자에게만 교미를 허락한다. 그리고 다시 싸움을 걸어 이긴 자고새는 먼저 이긴 새와 비밀리에 교미한다. 늘 그런 것은 아니고 연중 특정한 시기에만 그런 일이 벌어진다. 메추라기와 닭도 같은 습성을 나타낸다. 암탉이 없는 신전에 수탉 한 마리를 새로 들이면 모든 수컷이 돌아가며 신참 수탉과 교미한다. 집에서 키우는 자고새는 야생 자고새와 교미하고 야생 자고새의 머리를 쪼며 괴롭힌다.

4 야생 자고새의 우두머리는 크게 울부짖으며 야생 조류 사냥에 이용하는 새를 공격한다. 그리고 그 새가 그물에 붙잡히면 다른 자고새

가 비슷한 울음소리를 내며 나타난다. 야생 자고새는 유인용 새가 수컷일 때 이런 행동을 한다. 유인용 새가 암컷이면서 울음소리를 내면 야생 자고새들의 우두머리는 거기에 화답하는 울음소리를 낸다. 그러면 다른 자고새 수컷들이 그 우두머리를 공격하여 암컷에게서 쫓아버린다. 왜냐하면 우두머리 새가 자기들 대신 암컷에게 접근했기 때문이다. 그래서 수컷 자고새는 다른 새들이 소리를 듣고 와서 싸움을 걸지 못하도록 아무 소리도 내지 않고 암컷에게 접근한다. 노련한 새잡이들은 수컷 자고새가 다른 수컷이 소리를 듣고 와서 싸움을 걸어올지 모르기 때문에 조용히 암컷에게 접근하는 경우도 있다고 증언한다. 자고새는 여기서 언급한 울음소리 외에도 날카로운 소리와 다른 소리들을 내기도 한다.

5 자고새 암컷은 종종 수컷이 유인용 암컷에게 관심을 나타내는 것을 보면 새끼를 품고 있다가 자리에서 일어나 수컷을 부르는 울음소리를 낸다. 수컷이 유인용 새에게서 관심을 돌려 자기와 교미하도록 만드는 것이다. 메추라기와 자고새는 교미에 대한 욕망이 강해 유인하는 새에게 이끌려 그 머리에 날아가 앉기도 한다.* 자고새의 짝짓기 성향, 자고새를 사냥하는 방법 그리고 자고새의 타고난 습성에 대해서는 이쯤 해두자. 앞서 이야기했지만 메추라기와 자고새 등은 땅에 둥지를 짓는다. 오래 날 수 있는 새 중에서도 땅에 깃들이는 새들이 있다. 예를 들면 메추라기 그리고 종달새와 누런도요는 나뭇가지에 앉지 않고 땅에 앉는다.

---

* 플리니우스는 이것을 유인하는 새가 아니라 사냥꾼의 머리에 앉는 것으로 해석했다.

제10장

딱따구리

1 딱따구리는 땅에 앉지 않고 나무껍질을 쪼아 그 밑에 들어 있는 유충과 날벌레를 끄집어내 크고 넓적한 혀로 감아서 잡아먹는다. 딱따구리는 어떤 자세로도 나무를 오르내릴 수 있다. 심지어는 도마뱀붙이처럼 머리를 아래로 하고도 나무를 탄다. 나무를 타면서 안전을 확보하는 데는 딱따구리 발톱이 갈까마귀 발톱보다 더 적합하다. 딱따구리는 발톱으로 나무껍질을 찍어가며 나무를 탄다. 딱따구리 중 첫 번째 종류는 지빠귀보다 작은데 불그스름한 반점이 있다. 두 번째 종류는 지빠귀보다 크고, 세 번째 종류는 크기가 거의 집에서 키우는 닭만 하다.* 딱따구리는 앞에서도 이야기했지만, 나무줄기에 구멍을 뚫어 둥지를 짓고 나무껍질 속에 있는 애벌레와 개미를 먹는다. 이 새는 매우 열심히 애벌레를 찾기

---

*   아마도 첫 번째는 오색딱따구리, 두 번째는 청딱따구리, 세 번째는 까막딱따구리로 보인다.

때문에 때로 나무가 쓰러질 정도로 구멍을 내기도 한다. 순치된 딱따구리에게 나무를 쪼는 훈련을 시키기 위해 아몬드(扁桃)를 나무둥치에 끼워놓고 쪼도록 했는데 세 번 만에 껍데기를 부수고 알맹이를 꺼내 먹은 사례도 있다고 한다.

제11장

두루미와
펠리컨

1 두루미의 행동을 보면 지능이 높다는 것을 알 수 있다. 두루미는 시
야를 넓히기 위해 높은 고도에서 장거리 비행을 한다. 구름을 만나
거나 악천후의 징조가 보이면 다시 땅으로 내려와 휴식을 취한다. 그뿐만
아니라 비행할 때 길잡이를 앞세우고 후미에 순찰조를 두어 모든 새가 순
찰조의 경고음을 듣고 무리를 벗어나지 않도록 한다. 그리고 비행을 멈추
고 쉴 때는 본진에 속한 새들은 머리를 날개 밑에 묻고 다리를 번갈아 가
며 서서 잠을 자지만 우두머리는 목을 길게 빼고 날카로운 시선으로 불
침번을 선다. 그러다 뭔가 이상한 것을 발견하면 울음소리로 경보를 보낸
다. 강가에 사는 펠리컨은 크고 연한 조개를 삼켜 위 앞에 있는 모래주머
니에서 익혀 다시 뱉은 다음 조개껍데기가 열리면 살을 꺼내 먹는다.

제12장

야생 조류의
생활방식

1 야생 조류의 둥지는 생활방식에 맞고 새끼들의 안전을 확보할 수 있
도록 설계된다. 야생 조류 가운데 어떤 새는 새끼들에 대한 애착이
강해 새끼들을 정성껏 돌본다. 하지만 그렇지 않은 습성을 가진 새도 있
다. 어떤 새는 영리하게 먹이를 구하지만 어떤 새는 그렇지 못하다. 어떤
새는 협곡과 험준한 바위틈 그리고 절벽에 둥지를 짓는다. 돌물떼새*가
그렇다. 이 새의 깃털이나 울음소리는 별로 내세울 게 없다. 이 새는 낮에
는 보이지 않다가 밤이 되면 나타난다.

---

*   χαραδριός(charadrius). 물떼새의 한 종류.

매

2 매도 다른 동물이 쉽게 접근할 수 없는 곳에 둥지를 짓는다. 매는 식탐이 강하지만 잡은 새의 심장은 먹지 않는다. 그런 행동은 메추라기, 개똥지빠귀 등에서도 볼 수 있다. 매는 계절에 맞춰 사냥 방법을 바꾼다. 매는 다른 계절에는 사냥을 하지만 여름에는 사냥하지 않는다. 죽은 고기를 먹는 큰독수리에 대해 이야기하자면, 이 새의 새끼나 둥지를 본 사람이 아무도 없다고 한다. 이 새들의 발생지를 말할 수 있는 사람이 아무도 없는데, 갑자기 이 새들이 많이 나타나기 때문에 이런 이야기를 한다. 궤변가 브뤼손의 아버지 헤로도로스는 이 새들이 멀리 떨어진 고원지대에서 온다고 말한다. 그 근거로 이 새들이 사람들의 접근이 어려운 험준한 바위에 둥지를 틀고 몇 지역에만 나타난다는 점을 들었다. 암컷은 보통 알을 하나만 낳고 많아야 두 개를 낳는다.

3 후투티와 브렌토스*는 산이나 숲에 산다. 브렌토스는 쉽게 먹이를 구하며 울음소리가 아름답다. 굴뚝새는 덤불숲이나 바위틈에 산다. 이 새는 잡기가 어렵고 눈에 잘 띄지 않는다. 그리고 성격이 점잖고 쉽게 먹이를 구하며 숙련된 면모를 보인다. 이 새는 '노장' 그리고 '왕'이라는 별명으로 불리기도 한다. 독수리와도 맞서 싸우기 때문에 이런 이름이 붙었다는 이야기가 나돈다.

---

* βρένθος(brenthos). 이 새의 정체에 대해서는 알려진 바가 없다.

제13장

물가에 사는 새,
산에 사는 새

1 어떤 새들은 할미새처럼 물가에 산다. 할미새는 장난기가 있고 쉽게 잡히지 않는다. 그러나 한번 잡으면 완전히 순치시킬 수 있다. 할미새는 뒷부분이 약해 절름거리는 것처럼 보인다.* 물갈퀴를 가진 새는 예외 없이 바다나 강 또는 연못 근처에 산다. 왜냐하면 동물은 자연스럽게 신체적 구조에 맞는 곳에서 살기 때문이다. 하지만 물갈퀴가 없는 새도 연못이나 습지에 산다. 예를 들면, 노랑할미새는 강가에 산다. 이 새는 깃털이 아름답고 쉽게 먹이를 구한다. 습새**는 바닷가에 산다. 이 새는 한 번 잠수하면 사람이 1플레트론***을 걸어갈 시간만큼 물속에서 나오지 않는

---

* 원문에는 이 새가 κίγκλος(kinklos)로 되어 있다. 톰슨은 wagtail 즉 할미새로 번역했다. 하지만 각주를 달아 이 새가 할미새인지 도요새인지 불분명하다고 밝히고 있다. 물가에 산다면 이 새를 도요새로 보는 것이 더 적절한 해석일 수 있겠다.

** καταρράκτης(katarraktes). 원래 '폭포' 또는 '낙하'라는 의미를 가진 말이다. 바닷새들이 먹이를 잡기 위해 바다로 뛰어드는 장면을 묘사한 것으로 보인다. 그런 새는 여러 종류지만, 여기서는 petrel 즉 슴새로 번역했다.

*** πλέθρον(plethron). 그리스의 거리 단위로 약 200미터다.

다. 이 새는 보통 매보다 작다.

2 백조도 발에 물갈퀴가 있는데 연못과 호수에 산다. 백조는 쉽게 먹이를 구하고 성격도 온순하며 새끼에 대한 애착도 강하고 나이가 들어도 활력이 있다. 독수리가 백조를 공격하면 백조는 반격을 가해 독수리를 쫓아버린다. 하지만 먼저 싸움을 걸지는 않는다. 백조는 노래를 부를 줄 아는데, 죽을 때가 다가오면 노래를 부른다. 죽을 때가 되면 백조는 바다로 나간다. 리비아 해안을 항해하던 사람들이 바다로 나와 슬픔에 겨워 노래를 부르는 수많은 백조를 만났고 실제로 그중에 일부가 죽어가는 것을 보았다.

3 퀴민디스*는 산에 살기 때문에 보기 쉽지 않다. 이 새는 검은색을 띠고 있고 크기는 매와 비슷하며 '비둘기 사냥꾼'으로 불린다. 형태는 길고 날렵하다. 이오니아인이 이 새를 퀴민디스라고 부른다. 호메로스는 『일리아스』의 한 행에서 이 새를 언급했다.** "천상에서 태어난 신들은 이 새를 칼키스라고 부르지만/ 지상의 인간들은 이 새를 퀴민디스라고 부르네." 어떤 사람은 휘브리스***가 수리부엉이****와 같은 새라고 말한다. 이 새는 시력이 나쁘기 때문에 낮에는 나타나지 않는다. 수리부엉이와 독

---

*　κύμινδις(kymindis). 이 새의 정체도 확실하지 않다. 톰슨은 이 새의 이름이 산스크리트어로 솔개를 뜻하는 govinda(गोविन्द)에서 왔을 가능성을 염두에 두고 솔개로 추정했다.

**　『일리아스』 14장 291행.

***　ὕβρις(hybris). 이 새의 정체도 불분명하다.

****　στρίξ(strix).

수리는 필사적으로 싸우기 때문에 둘이 싸우다가 종종 양치기들에게 산 채로 잡힌다. 이 새는 알을 두 개 낳는다. 그리고 앞서 언급한 다른 새들과 마찬가지로 바위와 동굴에 둥지를 짓는다. 두루미도 서로 결사적으로 싸운다. 싸우는 도중에는 도망치지 않기 때문에 양치기들에게 산 채로 잡히기도 한다. 두루미도 알을 두 개 낳는다.

제14장

어치, 황새, 딱새

1 어치는 울음소리를 자주 바꾼다. 연중 거의 매일 다른 소리를 낸다고
할 수 있다. 어치는 알을 아홉 개 낳는다. 이 새는 나무 위에 털오라
기와 곱슬한 양털로 둥지를 짓는다. 도토리가 떨어지면 어치는 도토리를
숨겨 저장해 놓는다. 많은 사람이 황새는 자식들의 봉양을 받는다고 말한
다. 어떤 사람은 딱새*도 자식들이 부모에게 먹이를 물어다 주는데 나이
가 들어서뿐만 아니라 부모가 둥지를 떠나지 않는 한 자식들이 먹이를 가
져올 수 있는 능력이 생기면 그 즉시 부모를 봉양한다고 주장한다. 어치의
날개는 물총새와 같이 아래쪽은 연노란색이고 위쪽은 짙푸른색이다. 그
리고 날개 끝은 붉은색이다. 어치는 가을에 땅속으로 4완척** 정도 파들

---

*   μέροψ(merops). bee-eater.
**   cubit. 완척(腕尺)은 손가락에서 팔꿈치까지의 길이로 약 45센티미터다. 따라서 4완척은 180센티미
         터다.

어 간 진흙 구멍에 알을 예닐곱 개 낳는다.

2 배 부위의 색깔에서 이름을 따온 녹색방울새*는 크기가 종달새만 하다. 이 새는 알을 네댓 개 낳고 나래지치라는 식물로 둥지를 짓는 다. 나래지치를 뿌리째 뽑아다 그 위에 밀짚, 털, 양모 등을 덮어 잠자리 를 만든다. 지빠귀와 어치도 같은 방식으로 둥지를 짓는다. 매단둥우리새 의 둥지는 대단히 능숙한 기술을 보여준다. 이 둥지는 아마(亞麻)로 만든 공 같은 모습인데 입구가 매우 작다. 새가 떠나온 곳**에 사는 원주민은 미지의 세계에서 계피를 가져와 그것으로 둥지를 짓는 계수나무새가 있다 고 말한다. 이 새는 나무 꼭대기 가느다란 가지에 둥지를 짓는다. 그곳 원 주민은 납으로 화살 끝에 납을 달아 이 새의 둥지를 떨어뜨려 둥지에 섞 여 있는 계피를 추려낸다.

---

*   χλωρίς(chloris). 연녹색을 의미하는 χλωρός(chloros)의 복수형이다.

**   헤로도토스의 『역사』 3권 111장, 플리니우스의 『박물지』 10권 50장 등에도 계수나무새에 대한 내용이
       있다. 그런데 모두 아라비아의 새를 기술하는 대목에 있다. 이것에 근거해서 '새가 떠나온 곳'은 아라
       비아인 듯하다.

물총새

물총새는 참새보다 그리 크지 않다. 이 새는 짙은 청색과 녹색 그리고 옅은 보라색을 띠고 있다. 날개와 목뿐만 아니라 몸 전체 깃털이 그런 색깔로 어우러져 있으며 어떤 부위도 한 가지 색만으로 이루어져 있지 않다. 부리는 연녹색을 띠고 있는데, 길고 가늘다. 이 새의 외모는 대충 이렇다. 이 새의 둥지는 바다거품 같은 형태로 이루어져 있는데, 색깔을 제외하면 할리사키네* 또는 '바다거품'과 비슷하다. 물총새 둥지는 옅은 빨강색에 목이 긴 조롱박 모양이다. 둥지의 크기는 다양하지만 가장 큰 해면보다는 더 크다. 둥지에는 지붕이 씌워져 있으며 대부분 단단하고 속이 비어 있다. 예리한 칼을 사용한다고 해도 자르기가 쉽지 않다. 그러나 일단 잘라내면 손으로 쳐도 거품처럼 산산조각 낼 수 있다. 입구라고

---

* ἁλιοσάχνη(halisachne). '둥근 공 형태의 포말'이라는 뜻이다. 고착형 바다생물인 해면의 일종으로 추정된다.

할 수 있는 작은 구멍이 뚫려 있는데, 매우 작아서 뒤집어져도 바닷물이 들어올 수 없다. 둥지의 빈 공간은 해면과 비슷하다. 이 둥지가 어떤 물질로 만들어졌는지는 정확히 알 수 없다. 아마 동갈치의 등뼈로 만들어졌을 가능성이 있다. 왜냐하면 이 새는 물고기를 먹고 살기 때문이다. 물총새는 물가에 살면서 강을 따라 상류로 올라가기도 한다. 이 새는 일반적으로 알을 다섯 개 낳는데 생후 4개월부터 알을 낳기 시작해 죽을 때까지 알을 낳는다.

제16장

개개비, 동고비, 나무발바리

1 후투티는 보통 사람의 똥으로 둥지를 만든다.* 후투티는 다른 대부분
의 야생 조류와 마찬가지로 여름과 겨울에 모습이 달라진다. 박새는
알을 매우 많이 낳는다. 검은머리박새는 리비아참새 다음으로 알을 많이
낳는 것으로 알려져 있다. 열일곱 개의 알을 낳은 사례가 관찰되었지만
스무 개 이상 알을 낳는다고도 한다. 이 새는 항상 홀수로 알을 낳는다.
그리고 다른 새들과 마찬가지로 나무에 둥지를 짓고 애벌레를 먹고 산다.
후투티와 나이팅게일의 특이한 점은 혀의 바깥쪽 끝부분이 뾰족하지 않
다는 것이다. 홍방울새는 먹이를 쉽게 구하고 새끼를 많이 깐다. 그리고 절
름거리며 걷는다. 유럽꾀꼬리**는 학습능력이 뛰어나고 지혜롭지만 잘 날

---

* 아리스토텔레스의 이 같은 주장은 근거가 없다. 후투티는 사람의 똥으로 둥지를 만들지 않는다. 후
  투티의 둥지에서 역겨운 인분 냄새가 나기 때문에 억측한 것으로 보인다.
** χλωρίων(chlorion). 유라시아 대륙에서 여름을 보내는 철새로 겨울에는 아프리카로 이동한다. 학명은
  Oriolus oriolus.

지 못하고 깃털 색도 아름답지 않다.

2 개개비는 다른 새들 못지않게 멋진 삶을 산다. 여름에는 바람을 안
고 그늘진 곳에 자리 잡고 겨울에는 물가에 있는 갈대숲의 햇볕이
드는 아늑한 곳에 깃들인다. 이 새는 크기가 작고 울음소리는 명랑하다.

3 울음소리가 듣기 좋고 깃털이 아름다운 수다꾼새*는 생활방식이 지
혜롭고 생김새가 우아하다. 이 새는 그리스에 자생하는 새가 아닌
것 같다. 왜냐하면 집 밖에서는 쉽게 볼 수 없기 때문이다.

4 뜸부기**는 싸우기를 좋아하며 지혜롭게 산다. 그러나 다른 면에서
보면 '재수 없는 새'***다. 동고비도 잘 싸우지만, 천성이 영리하고
순하며 쉽게 먹이를 구한다. 동고비의 용의주도한 면모는 초자연적이라고
할 수 있다. 이 새는 새끼를 여러 마리 까서 정성껏 돌보며, 나무껍질을
쪼아 먹이를 얻는다.

5 부엉이****는 밤에 먹이활동을 하고 낮에는 잘 나다니지 않는다. 이
새는 절벽이나 동굴에 집을 짓는다. 부엉이는 두 가지 종류의 먹이

---

* γναφαλος(gnaphalos). 시끄럽게 우는 새를 지칭한 것으로 보이는데 그 정체는 모호하다.
** κρέξ(krex). 명칭은 뜸부기가 확실하지만 설명한 내용은 뜸부기보다는 검은머리물떼새나 왜가리에
가깝다.
*** κακόποτμος ὄρνις(kakopotmos ornis). '흉조', '해로운 새'라는 뜻이다.
**** αἰγωλιός(aigōliós). 작은 종류의 올빼미.

부엉이

를 먹는데 타고난 기질이 부지런하고 영리하다. 나무발바리*는 크기가 작
지만 겁이 없다. 이 새는 숲에서 삽주벌레**를 먹고 산다. 쉽게 먹이를 구
하며 울음소리가 크고 맑다. 작은홍방울새***는 어렵사리 먹이를 구한다.
깃털은 보잘것없지만 울음소리는 듣기 좋다.

* κέρθιος(certhius). 영어 명칭은 treecreeper. 이름 그대로 나무둥치를 오르내리며 먹이활동을 한다.

** θρίψ(thrips). 나무에 기생하는 좀벌레.

*** ἄκανθίς(acanthis). 학명은 *Acanthis cabaret*.

제17장

해오라기,
포윙스

1 이미 이야기한 바 있지만 왜
가리 가운데 해오라기는 교
미할 때 수컷이 고통을 느낀다.
이 새는 재주가 많다. 먹을 것
을 가지고 다니며 열심히 먹을
것을 찾는다. 이 새는 낮에 먹
이활동을 한다. 이 새의 깃털은
보잘것없고 배설물은 항상 질퍽
하다. 왜가리는 세 종류가 있는
데 다른 두 종류 가운데 하나인
백로는 깃털이 아름답고 교미

왜가리

할 때 고통을 느끼지 않는다. 이 새는 나무 위에 둥지를 잘 짓고 알을 낳는다. 이 새는 습지와 호수 그리고 들판과 목초지에 자주 출몰한다. '게으름뱅이'라는 별명을 가진 알락해오라기는 설화에 따르면 원래 노예였다고 하는데, 세 종류 가운데 가장 게으르다. 왜가리의 생태는 이렇다.

2 포윙스*는 매우 특이한 새다. 이 새는 다른 동물들의 눈알을 파먹고 산다. 그래서 하르퓌아**와 적대관계다. 왜냐하면 두 동물 다 눈알을 먹고 살기 때문이다.

---

* φώϋξ(poynx). 이 새의 정체에 대해서는 알려진 바가 없다. 톰슨은 왜가리를 외래어로 표기했을 수 있다고 추정했다.
** ἅρπυια(hárpyia). 하르피(harpy)는 그리스 신화에 나오는 여성의 머리와 새의 몸을 가진 탐욕스러운 괴물이다. 수리류에 속하는 맹금류인 듯하다.

제18장

찌르레기,
바다직박구리

1 찌르레기는 두 가지 종류다. 하나는 검은색을 띠고 있으며 도처에서
볼 수 있다. 다른 하나는 크기와 울음소리는 같은데, 깃털 색만 희다.
후자는 아카디아의 퀼레네* 말고는 다른 곳에서는 볼 수 없다. 바다직박
구리**는 검은색이고, 찌르레기와 비슷한데 크기만 좀 작다. 이 새는 절벽
이나 기와지붕에 산다. 바다직박구리의 부리는 지빠귀의 부리와는 달리
붉은색이 아니다.

2 지빠귀는 세 종류가 있다. 그 하나는 큰지빠귀다. 이 새는 겨우살이
와 수지(樹脂)만 먹고 산다. 크기는 어치와 비슷하다. 두 번째는 노래

---

*   Κυλλήνη(Kyllini). 펠로폰네소스반도 중앙에 있는 퀼리니산.

**   λαιός(laius). 학명은 *Monticola solitarius*.

지빠귀가 있다. 이 새는 날카로운 울음소리를 내며 크기는 검은지빠귀만하다. 그리고 세 번째로 일라스*라고도 하는 붉은깃지빠귀가 있다. 이 새는 셋 중에서 가장 작고 다른 두 가지 종류에 비해 깃털이 덜 얼룩덜룩하다.

3 바위에 사는 새가 있는데, 깃털 색 때문에 파랑새라고 불린다. 이 새는 니쉬로스**에서 흔히 볼 수 있다. 지빠귀보다 좀 작고 되새보다 약간 큰 이 새는 큰 발톱을 이용해 바위 절벽을 타고 올라간다. 이 새는 몸 전체가 강청색(鋼靑色)이다. 부리는 길고 가늘다. 다리는 짧고 딱따구리 다리와 비슷하다.

꾀꼬리,
갈까마귀, 따오기

1 꾀꼬리는 몸 전체가 노르스름한 녹색이다. 이 새는 겨울에는 나타나지 않고 하지 무렵에 모습을 보였다가 대각성이 나타날 때 떠난다. 크기는 호도애만 하다. 멍청이*라고 하는 때까치는 언제나 같은 나뭇가지에 내려앉기 때문에 새잡이들의 먹잇감이 된다. 머리는 크고 연골질로 되어 있다. 크기는 지빠귀보다 좀 작다. 때까치의 부리는 단단하고 작으며 둥그스름하다. 몸 전체가 잿빛인데 발놀림은 빠르지만 날갯짓은 느리다. 새잡이들이 때까치를 잡을 때는 보통 올빼미의 도움을 받는다.

2 파라달로스**는 보통 떼 지어 다니는데 몸 전체가 잿빛을 띠고 있다. 그리고 크기는 앞서 이야기한 새들과 비슷하다. 이 새는 발놀림이

---

*   μαλακόςκρανίος(malakoskranios). μαλακός(soft)와 κρανίος(skull)의 합성어. 직역하면 '부드러운 머리통'이다.

**   παρδαλός(paradalos). '얼룩덜룩한'이라는 의미를 가지고 있는데, 어떤 새를 말하는지는 불분명하다.

빠르고 튼튼한 날개를 가지고 있다. 울음소리는 높고 우렁차다. 티티새*
는 지빠귀와 같은 먹이를 먹고 산다. 크기는 앞서 이야기한 새들과 비슷
하다. 이 새는 주로 겨울에 잡는다. 이런 새들은 항상 볼 수 있다. 그 밖
에도 도시에 사는 큰까마귀와 까마귀도 있다. 이 새들도 사시사철 볼 수
있다. 이 새들은 서식지를 옮기지도 않고 겨울을 나기 위해 다른 곳으로
가지도 않는다.

3 갈까마귀는 세 종류가 있다. 하나는 붉은부리까마귀다. 이 새는 크
기가 까마귀만 하다. 하지만 부리가 붉은색이다. 다른 종류는 '늑대'라
는 별칭을 가진 갈까마귀다. 그 밖에도 '욕쟁이'** 작은갈까마귀도 있다.
그리고 리디아와 프뤼기아에는 물갈퀴발을 가진 또 다른 종류의 갈까마
귀가 있다.***

4 종달새는 두 종류다. 하나는 땅에 둥지를 트는데, 머리에 뿔 같은 댕
기깃이 있다. 다른 종류는 따로 떨어져 살지 않고 무리를 이루며, 깃
털 색깔은 뿔종다리와 같지만 크기가 더 작고 머리에 댕기깃이 없다. 이
새는 식용으로 쓰인다.

---

*   원본에는 κολλύριον(kollyrion)이라는 명칭을 썼는데, 톰슨은 여기에 괄호로 지빠귀의 한 종류인 티티
        새(fieldfare)라고 덧붙였다.

**   βωμολόχος(bomolóchos).

***   톰슨은 이 새를 갈까마귀가 아니라 '피그미 가마우지'로 불리는 Phalacrocorax pygmaeus로 추정
        했다.

5 멧도요*는 밭에 그물을 쳐놓고 잡는다. 크기는 집에서 키우는 암탉만 하고 부리는 길다. 깃털은 자고새와 비슷하고 발놀림이 빠르다. 이 새는 길들이기 쉽다. 찌르레기는 깃털이 얼룩덜룩하다. 크기는 검은지빠귀와 같다.

6 이집트따오기는 흰색과 검은색 두 종류가 있다. 흰색따오기는 펠루시움**을 제외한 이집트 전역에서 볼 수 있다. 검은색따오기는 펠루시움에만 살고 이집트 어디에도 살지 않는다.

7 작은수리부엉이는 두 종류가 있다. 한 종류는 사시사철 볼 수 있어서 '사철부엉이'라는 별명을 얻었다. 이 새는 식용으로는 적합하지 않다. 다른 한 종류는 가을철에 기껏해야 하루 이틀 모습을 보인다. 이 새는 맛이 좋은 것으로 알려져 있다. 첫 번째 부엉이가 좀 몸집이 크다는 것을 제외하면 이 두 종류가 별로 다르지 않다. 다른 부엉이들은 울지만 이 두 종류의 부엉이는 울지 않는다. 이 부엉이들이 어디서 오는지에 대해서는 실증적으로 관찰된 바가 없다. 유일하게 확인된 사실은 이 부엉이들이 서풍이 불 때 처음 나타난다는 것이다.

제20장

뻐꾸기

1 뻐꾸기는 이 책의 어딘가에서 이야기한 바와 같이 둥지를 짓지 않고 다른 새의 둥지, 보통 산비둘기 둥지에 알을 낳는다.* 그리고 땅에서는 딱새나 종다리, 나무에서는 방울새 둥지에 알을 낳기도 한다. 뻐꾸기는 알을 하나만 낳는데 직접 품지 않고 알을 낳아놓은 둥지에 사는 새가 알을 품어 새끼를 까도록 한다. 이 어미 새는 뻐꾸기 새끼가 자라면 막상 자기 새끼들을 둥지에서 밀어내 죽게 만든다고 말하는 사람도 있다.

2 그러나 뻐꾸기 새끼의 멋진 모습에 반한 나머지 자기 새끼들을 경멸해 뻐꾸기 새끼에게 먹인다고 말하는 사람도 있다. 직접 관찰한 사

---

*   플리니우스는 『박물지』 10권 11장에서 뻐꾸기의 탁란에 대해 자세히 기록하고 있는데, 아리스토텔레스가 여기서 이야기한 내용을 인용하고 있다. 하지만 뻐꾸기는 벌레를 잡아먹고 자신보다 덩치가 작은 새의 둥지에만 알을 낳는다는 점에서 뻐꾸기가 산비둘기 둥지에 알을 낳는다는 것은 사실과 다르다.

람들은 대체로 이런 설명에 대해 수긍하지만, 새끼들을 죽인다는 부분에 대해서는 견해를 달리한다. 어떤 사람은 어미 뻐꾸기가 날아와서 대리모의 새끼들을 잡아먹는다고 주장하고 어떤 사람들은 덩치가 다른 새끼들에 비해 월등한 뻐꾸기 새끼가 먹이를 다 가로채 먹기 때문에 다른 새끼들이 굶어 죽게 된다고 말한다. 또 뻐꾸기 새끼가 힘이 세기 때문에 사실은 다른 새끼들과 함께 자라는 과정에서 다른 새끼들을 죽인다고 말한다.

3 뻐꾸기는 매우 신중하게 알을 낳는 것처럼 보인다. 사실 뻐꾸기는 위기 상황에서 새끼를 보호할 만한 용기가 없다는 것을 잘 알고 있기 때문에 다른 새의 둥지에 탁란(托卵)하고 새끼를 바꿔치기해서 키우도록 한다. 사실 뻐꾸기는 겁이 많기로 유명하다. 이 새는 자기보다 작은 새들이 쪼아도 그저 도망치기에 바쁘다.

제 21 장

칼새, 쏙독새

1 이미 설명한 바 있지만 발이 없는 칼새는 제비를 닮았다.* 사실 칼새
의 다리에 털이 있다는 점을 제외하면 칼새와 제비를 구분하기는 쉽
지 않다. 이 새는 진흙으로 기다란 방을 만들어 드나들 수 있는 구멍을
뚫고 그 안에서 새끼를 키운다. 그리고 다른 동물이나 인간의 공격을 방
어할 수 있도록 바위 밑이나 동굴같이 지붕으로 삼을 만한 곳에 둥지를
짓는다.

2 쏙독새는 산에 사는데 크기는 검은지빠귀보다 좀 크고 뻐꾸기보다
는 작다. 이 새는 알을 두세 개 낳는다. 그리고 매우 굼뜨다. 이 새는
암염소에게 날아가 젖을 빨아 먹는다. 여기서 '염소 젖을 먹는 새'**라는

---

*   본문 제1책 제1장 9 참조.

**   κατσίκα κορόιδο(katsika koróido). 그리스어로 '양 젖을 빠는 것'이라는 뜻이다. 라틴어로는
     caprimulgus.

별명을 얻었다. 쏙독새가 염소의 젖을 빨아 먹으면 그 염소는 젖꼭지가 말라붙고 눈이 먼다는 속설이 있다. 이 새는 낮에는 눈이 어둡다. 그러나 밤에는 잘 본다.

3 두 마리 이상이 먹고살 만큼 먹이가 충분치 않은 협소한 지역에서 큰까마귀는 암수가 한쌍을 이루어 따로 떨어져 산다. 새끼들이 날 수 있을 정도로 성장하면 부모 새는 새끼들을 둥지에서 내보내고 점점 더 먼 곳으로 쫓아 보낸다. 큰까마귀는 알을 네댓 개 낳는다. 메디오스* 휘하의 용병들이 파르살로스**에서 도륙당할 때 아테네와 펠로폰네소스 일대에서 큰까마귀를 볼 수 없었다.*** 이런 사실로 미루어 큰까마귀는 서로 소통할 수 있는 어떤 수단을 가지고 있는 것으로 보인다.

---

*   Μήδειος(Medeios). Medius. 그리스 테살리아 지방에 있던 고대 도시 라리사(Λάρισα)의 왕으로 알려져 있다.
**   Φάρσαλος(Pharsalos). 그리스 테살리아에 있던 고대 도시.
***   아리스토텔레스가 어떤 사실을 빗대어 이런 기술을 했는지 불분명하다. 다만 알렉산드로스 대왕의 죽음을 까마귀가 예언했다는 설로 미루어 큰까마귀가 죽음을 예언한다는 은유로 사용했을 가능성이 높다.

제22장

독수리

1 독수리는 몇 가지 종류가 있다. 그중 하나가 '흰꼬리수리'로 평야지대
와 수풀 그리고 도시 근교에 서식한다. 어떤 사람은 이 새를 '왜가리
사냥꾼'이라고 부른다. 이 새는 대담해서 산이나 숲속으로도 날아간다.
다른 독수리는 수풀이나 평원지대에는 잘 나타나지 않는다. 플랑고스* 독
수리는 크기와 힘에서 두 번째다. 산골짜기와 협곡 그리고 호숫가에 산다.
이 새는 '오리사냥꾼'과 '까무잡잡한 독수리'라는 별명을 가지고 있다. 호
메로스는 프리아모스가 아킬레우스의 숙영지를 방문하는 대목에서 이 새
를 언급했다.**

---

* π λάγγος(plángos). plangus. '돌아다닌다'라는 의미를 가진 고대 그리스어 πλάζομαι(plázomai)에서
  명칭이 유래했다는 설이 있다.
** 『일리아스』 24권 315-317행. 여기서 검독수리는 가장 확실한 예언 능력을 지닌 새로 묘사되고 있다.

2 깃털이 검은 또 다른 종류의 독수리도 있다. 크기는 가장 작지만 독수리 중에서 가장 용맹하다. 이 새는 산과 숲속에 사는데 '검독수리'와 '토끼사냥꾼'이라는 이름을 가지고 있다. 독수리 중에는 유일하게 새끼들이 다 자랄 때까지 키우고 비행 방법도 가르친다. 비행 속도가 빠르고 깔끔한 습성과 당당하고 용맹하며 호전적인 기질을 가지고 있다. 이 새는 소리가 없다. 울지도 않고 괴성을 지르지도 않는다. 이집트독수리*라는 또 다른 종류가 있다. 매우 크고 머리가 희다. 날개는 매우 작은데 꽁지깃털은 길다. 외모가 죽은 고기를 먹는 큰독수리처럼 생겼다. '멧황새'** 또는 '반편독수리'***는 작은 숲에 사는데, 독수리들의 온갖 단점은 다 가지고 있으나 장점은 하나도 가지고 있지 않다. 이 독수리는 큰까마귀를 비롯해 다른 새들에게 쫓겨 다닌다. 먹이를 구하는 데 서툴러 죽은 고기를 먹고 사는데 항상 걸신들린 듯 걸터듬으며 소리를 질러댄다.

3 물수리 또는 오스프리라는 또 다른 독수리도 있다. 이 새는 크고 구부러진 목에 곡선을 이루는 날개와 넓은 꼬리깃털을 가지고 있다. 이 새는 바닷가에 서식하며 갈고리발톱으로 먹이를 낚아채 잡는다. 간혹 여의치 않으면 물속으로 뛰어들기도 한다. '참수리'라는 또 다른 종류의 독수리가 있는데, 사람들은 이 새가 유일하게 순종 독수리이고 나머지 독수리와 매, 작은수리 등은 이종교배로 생긴 잡종이라고 말한다. 이 새

---

*   περκνόπτερος(perknopteros). περκνός(얼룩덜룩한)와 πτερον(날개 또는 깃털)의 합성어. 얼룩덜룩한 깃털을 가지고 있어서 이런 이름을 얻었다.

**   ορειπελάργος(oreipelargos). '산'·'언덕'을 의미하는 ὄρος와 '황새'를 의미하는 πελαργός의 합성어.

***   ὕπαετός(hupaetós). hup(가짜)+aetós(독수리).

는 수염수리*보다 크고 보통 독수리의 1.5배 크기이며 노란색 깃털을 가지고 있다. 퀴민디스와 마찬가지로 흔히 볼 수 없다.

4 독수리는 낮에 날아다니며 먹이활동을 한다. 독수리가 날아다니며 먹이활동을 하는 시간은 한낮에서 정오까지다. 오전에는 시장이 열릴 때까지 둥지에 머문다. 나이가 들면 독수리의 위쪽 부리는 점점 자라나 더 구부러지고 결국 굶어 죽게 된다.** 독수리는 과거에 인간이었는데 길손을 푸대접한 죄로 독수리가 되는 형벌을 받았다는 설화가 전해 내려온다. 독수리는 매일같이 먹이를 구하는 것이 어려워 아무것도 없이 둥지로 올 때도 있어서 새끼들을 위해 먹이를 남겨둔다.

5 독수리는 둥지 주위를 서성거리는 사람을 보면 날개로 후려치고 발톱으로 할퀸다. 독수리는 보통 평야지대가 아니라 높은 곳, 그중에서도 접근하기 어려운 벼랑의 돌출된 바위에 둥지를 짓는다. 하지만 나무에 둥지를 지을 때도 있다. 독수리는 새끼들이 날 수 있을 때까지 먹이를 날라다 준다. 그러다 새끼가 날 수 있게 되면 둥지에서 내보내 자신의 영역 밖으로 쫓아버린다. 실제로 독수리 한 쌍이 먹고살기 위해서는 대단히 넓은 영역이 필요하다. 따라서 먹이활동을 하는 영역 가까운 곳에 다른 새가 살지 못하도록 하는 것이다.

---

*   φήνη(phene). 유럽에서 가장 상위에 있는 맹금류. 학명은 *Gypaetus barbatus*.
**   이집트 신화에 나오는 이야기를 그대로 옮긴 것으로 보인다. 호루스(Horus)와 아폴론(Apollon)을 합성한 이름을 가진 호라폴론(Ὡραπόλλων)의 저서 『히에로글리피카(Hieroglyphica, 상형문자)』에 이런 이야기가 나온다.

6 독수리는 둥지 주변에서는 사냥하지 않고 멀리 떨어진 곳에 가서 먹이를 잡는다. 독수리는 짐승을 잡으면 즉시 가져가려고 시도하지 않고 일단 땅에 내려놓는다. 그리고 무게를 가늠하여 너무 무거우면 그냥 놓아두고 간다. 독수리가 하늘에서 토끼를 발견하면 그 즉시 급강하지 않고 토끼가 개활지로 나가도록 한다. 독수리는 단번에 하강하는 것이 아니라 단계적으로 고도를 낮춘다. 그것은 사냥꾼의 술수에 대한 방어책이다. 독수리는 평지에서 상승 비행을 하는 데 어려움을 겪기 때문에 높은 곳에 하강 비행을 한다. 독수리는 넓은 시야를 확보하기 위해 높이 난다. 그렇게 높이 날기 때문에 유일하게 신을 닮은 새라고 한다.*

7 맹금류는 구부러진 갈고리발톱이 딱딱한 돌 위에서는 자세를 불안정하게 만들기 때문에 보통 바위에 잘 앉지 않는다. 독수리는 토끼, 새끼 사슴, 여우 등을 비롯해 쉽게 제압할 수 있는 모든 동물을 사냥한다. 독수리는 장수한다. 이런 사실은 같은 독수리의 둥지가 오래 유지되는 것으로 알 수 있다.

8 스키티아에는 느시만큼 큰 새가 산다. 이 새는 새끼를 두 마리 깐다. 이 새는 알을 품지 않고 토끼나 여우의 털가죽으로 싸서 숨겨놓는다. 그리고 사냥하지 않을 때는 가까운 곳에 있는 나무에 올라가 숨겨놓은 알을 지켜본다. 누군가가 알을 숨겨둔 곳으로 접근하면 독수리처럼 날개로 후려치며 싸운다.

---

*   이것 역시 이집트의 신화에 나오는 이야기를 옮긴 것으로 보인다.

제 2 3 장

수염수리, 물수리

1 올빼미와 해오라기 그리고 낮에는 시력이 떨어지는 새들은 밤에 먹이
활동을 한다. 그러나 밤새도록 먹이활동을 하는 것은 아니고 저녁 어
스름과 새벽에만 활동한다. 이 새들은 쥐, 도마뱀, 풍뎅이 등과 작은 동
물을 잡아먹는다.

2 페네 또는 수염수리는 새끼들을 정성껏 돌보며 쉽게 먹이를 사냥해
둥지로 나른다. 그리고 이 새는 다정한 기질이 있어서 자기 새끼들뿐
만 아니라 다른 독수리들의 새끼까지 돌본다. 독수리가 새끼들을 둥지에
서 쫓아내면 수염수리는 그 새끼들이 떨어질 때 받아안아서 먹이를 준다.
그런데 독수리는 먹이활동이나 비행을 할 수 없는 미숙한 상태의 새끼들
을 내쫓는다. 독점욕에서 그런 행동이 나오는 것 같다. 독수리는 천성적

으로 시샘이 강하고 탐욕스러워 먹잇감을 사납게 움켜쥔다. 먹이를 잡을 때도 될 수 있는 한 큰 것을 잡는다. 그래서 독수리는 새끼가 자라면 새끼들도 경계한다. 새끼들의 먹성이 커지기 때문에 새끼들을 발톱으로 할퀸다. 새끼들도 먹이나 좋은 자리를 차지하기 위해 서로 싸운다. 그래서 어미는 새끼들을 둥지에서 쫓아낸다. 어미의 이런 행동에 새끼들은 소리를 지르고 수염수리는 이 소리를 듣고 날아와 떨어지는 새끼들을 받아안는다. 수염수리는 눈에 막이 씌워져 있어서 시력이 좋지 않다.

3 하지만 물수리는 예리한 시각을 가지고 있고 새끼들로 하여금 깃털이 나기 전에 태양을 응시하도록 만든다. 거부하는 새끼들은 때려서라도 해를 바라보도록 만든다.* 태양을 응시하는 과정에서 눈물을 흘리는 새끼는 죽이고 다른 새끼들은 키운다. 이미 이야기했지만 물수리는 바닷가에 살면서 물새들을 잡아먹는다. 물새들이 잠수했다가 수면으로 올라올 때를 노리고 있다가 쫓아가 잡는다. 물속에서 올라오던 물새가 물수리를 보면 겁에 질려 다른 곳에서 올라오려고 다시 잠수한다. 하지만 예리한 시력을 가진 물수리는 쫓아가서 그 물새가 물에 빠져 죽거나 잡힐 때까지 그 위를 선회한다. 물수리는 떼 지어 있는 물새들은 공격하지 않는다. 왜냐하면 물새들이 날개로 물보라를 일으켜 물수리를 쫓아버리기 때문이다.

---

* 　　　이집트 신화에 나오는 내용을 차용한 것으로 보인다.

4 검은바다오리*는 바다의 포말을 이용해 잡는다. 바다오리가 거품 속으로 들어가면 어부들은 물을 뿌려 거품을 씻어내고 바다오리를 잡는다. 이 새는 통통하고 기름기가 많다. 살에서는 해초 냄새가 나는 엉덩이 부분을 제외하고는 맛있는 냄새가 난다.

---

* κέπφος(kepphos). 학명은 *Cepphus grylle*.

제24장

매

1 매 중에서 말똥가리가 가장 강력하다. 용맹성에서 볼 때 그다음은 쇠
황조롱이고, 그다음이 키르코스매*다. 그 밖에 뿔매,** 참매, 벌매***
등이 있다. 날개가 넓은 말똥가리 아류도 있다. 다른 종류들은 새호리기,
새매, 엘레이오이,**** 두껍이잡이매 등이다. 이런 새들은 지면 가까이에
서 날아다니며 별 어려움 없이 먹이를 구한다.

2 어떤 사람은 매가 족히 열 종류는 되는데, 각각 다르다고 말한다. 그
가운데는 비둘기가 땅에 내려앉아 있을 때만 공격하고 날아다니는

---

* κίρκος(kircos).

** ἀστερίας(asterias).

*** πτερνις(pternis). 학명은 *Pernis apivorus*.

**** ελειοι(eleioi). '부드러운'·'자비로운'의 의미를 가진 말이다. 여기서는 '깃털이 부드러운'이라는 뜻으로
쓰였지만 어떤 새를 말하는지 알 수 없다.

비둘기는 잡지 않는 매가 있고, 비둘기가 나무나 다른 높은 곳에 앉아 있을 때만 잡고 땅에 있거나 날아다닐 때는 잡지 않는 매도 있다. 그런가 하면 나는 새만 잡는 매도 있다.

3 비둘기는 그런 매의 종류를 다 분간할 수 있다고 한다. 그래서 매가 나타났을 때 그 매가 날고 있는 먹잇감을 잡는 매라면 그 자리에 앉아 있고, 앉아 있는 먹잇감을 공격하는 매라면 자리에서 날아올라 도망친다.

4 트라케 지방의 삼나무가 많은 곳에서는 매를 이용해 습지에 사는 작은 새들을 사냥한다. 사냥꾼들은 막대기를 손에 들고 갈대나 떨기나무를 후려쳐 놀란 새들이 날아오르도록 한다. 그때 상공에 매가 나타나면 새들은 기겁하고 다시 내려와 앉는다. 그러면 사냥꾼들은 막대기로 후려쳐 새들을 잡는다. 사냥꾼들은 노획물의 일부를 매에게 나눠준다. 다시 말해 잡은 새 가운데 몇 마리를 매가 낚아채도록 공중으로 던져준다.

5 마이오티스* 인근에서는 늑대가 어부들과 협업하는데, 어부들이 잡은 물고기를 나눠주지 않으면 늑대가 어부들이 물가에 널어 말리는 그물을 찢는다고 한다.

---

* Μαιῶτις(Maiotis). 아조우해를 일컫는 고대 그리스 지명.

제25장

어류의
생존 방식

1 해양동물도 나름대로 생활환경에 맞는 여러 가지 기발한 생존 방식
을 가지고 있는 것을 볼 수 있다. 고기잡이개구리*라고도 하는 아귀에
대한 이야기도 사실이고 시끈가오리**에 대한 이야기도 마찬가지다. 아귀
는 눈 위에 머리카락처럼 길고 가늘며 끝은 둥글게 뭉친 섬유상(纖維狀) 조
직이 양쪽으로 돌출해 있다. 아귀는 이것을 미끼로 이용한다. 아귀는 모
래와 개흙을 파헤쳐 몸을 숨긴 다음 이 섬유상 조직을 위로 내놓고 있다
가 작은 물고기들이 이것을 물면 밑으로 끌어내려 입으로 삼킨다.

---

* βάτραχος(batrachos). 원래 '개구리'라는 뜻이지만 여기서는 아귀를 의미한다. 아귀는 영어로는
toadfish 즉 '두꺼비고기'로 부르기도 한다.

** νάρκη(narke). 전기가오리라고도 한다.

2 시끈가오리는 몸 안에서 충격파를 발생시켜 동물을 마비시켜 제압한 다음 잡아먹는다.* 이 물고기도 모래와 개흙 속에 몸을 숨기고 있다가 마비시키는 힘이 작용하는 범위에 들어오는 물고기들을 닥치는 대로 잡아먹는다. 실제로 많은 사람이 그런 현상을 관찰했다. 노랑가오리도 똑같은 방법은 아니지만 어쨌든 몸을 숨긴다. 이런 물고기들이 이와 같은 방법으로 먹이를 얻는다는 것은 이 물고기들이 느리지만, 물고기 중에서 가장 빠르다는 숭어를 잡아먹어 배 속에 들어 있는 상태로 잡힌다는 사실을 보면 알 수 있다. 그뿐만 아니라 섬유상 조직의 끝부분이 잘려 나간 채 잡히는 아귀는 살이 없다. 시끈가오리는 사람도 마비시키는 것으로 알려져 있다.

3 오노스,** 가오리, 넙치 그리고 전자리상어도 몸을 숨긴 상태에서 어부들이 낚싯대라고 부르는 입 부근에 있는 섬유상 조직을 이용해 물고기를 잡는다. 작은 물고기들은 이런 섬유상 조직을 자신들이 늘 먹는 해초로 알고 접근했다가 잡아먹힌다. 어디든 바다금붕어가 있는 곳에는 위험한 동물이 없다. 그래서 해면을 채취하는 잠수부들은 안전을 알려주는 이 물고기를 '신성한 물고기'라고 부른다. 하지만 이것은 돼지와 자고새가 달팽이를 다 잡아먹기 때문에 달팽이가 있는 곳에는 돼지와 자고새가 없다고 느끼는 것과 같이 흔히 볼 수 있는 동시 발생 현상일 뿐이다.***

---

*   아리스토텔레스가 이 책을 쓰던 시대에는 이것이 전기(電氣)라는 개념은 없었다.

**   ὄνος(ónus). 대구목에 속하는 것 중에서 입 주변에 수염이나 촉수가 있는 물고기는 큰포크수염대구 (great forkbeard), 학명으로 *Phycis blennoides*가 유일하다.

***   바다금붕어는 먹이사슬에서 하위에 있는 물고기로 포식자들이 보이는 족족 잡아먹는다. 따라서 바다금붕어가 돌아다니는 곳에는 포식자들이 없다는 것을 반증한다.

4 바다뱀*은 색깔과 생김새가 붕장어를 닮았다. 그러나 크기가 뱀장
어보다 더 작고 행동도 더 민첩하다. 바다뱀은 잡았다가 놓치면 주
둥이로 잽싸게 모래에 구멍을 파고 들어간다. 그런데 이 동물의 주둥이는
일반 뱀의 주둥이보다 더 뾰족하다. 바다지네**는 낚싯바늘을 삼키면 몸
의 안팎을 뒤집어 낚싯바늘을 뱉어낸 다음 다시 원래 모습으로 몸을 뒤
집는다. 바다지네는 땅에 사는 지네와 마찬가지로 맛있는 냄새가 나는 미
끼에 꼬여든다. 이 동물은 이빨로 물지 않고 해파리처럼 몸에 접촉하는
것들을 침으로 쏜다. 환도상어***는 낚싯바늘을 삼킨 것을 알면 제거하
려고 하는데 바다지네와는 다른 방법을 쓴다. 환도상어는 낚싯줄을 따라
가 중간에 끊어버린다. 수심이 깊고 조류가 거센 곳에서는 주낙을 이용해
환도상어를 잡는다.

5 가다랑어는 위험한 포식자를 발견하면 가장 큰 가다랑어들이 그 주
위를 선회하며 헤엄친다. 포식자가 무리 중 한 마리를 공격하면 격퇴
하기 위해 함께 나선다. 가다랑어는 이빨이 강하다. 다른 대형 물고기 중
에 라미아****가 가다랑어 떼를 공격했다가 온몸에 상처를 입고 물러나
는 사례도 목격된 바 있다.

---

*   ὄφις ὁ θαλάττιος(ophis o thálattios). 영어로 직역하면 sea-serpent다. 플리니우스는 이것을 Draco
   marinus 즉 바다뱀으로 표기했다. 그러나 톰슨은 뱀이 아니라 Ophisurus colubrinus 같은 뱀장어의
   일종으로 보았다.

**   σκολόπενδρα ὁ θαλάττιος(skolopendra o thalattios). sea-scolopendra.

***   ἀλώπηξ(alopex). 원래 '여우'라는 뜻인데 여기서는 fox-shark 즉 환도상어의 의미로 쓰였다.

****   λάμια(lamia). 라미아는 원래 그리스 신화에서 어린아이를 잡아먹는 괴수의 이름이다. 아리스토텔레
    스는 공격성이 강하고 난폭한 상어의 한 종류를 라미아에 빗대 언급한 것으로 보인다.

6 강에 사는 물고기 가운데 메기의 수컷은 유난히 새끼들을 정성껏
돌본다. 암컷은 알을 낳으면 그만이다. 수컷이 기꺼이 남아서 알이나
치어를 먹어치울 수 있는 다른 물고기들이 접근하지 못하도록 알이 가장
많은 곳을 지킨다. 수컷은 새끼들이 다른 물고기들을 따돌릴 수 있을 만
큼 충분히 성장할 때까지 40~50일 동안 그렇게 새끼들을 돌본다. 어부들
은 메기 수컷이 지키고 있는 곳을 안다. 왜냐하면 메기 수컷은 작은 물고
기들의 접근을 막을 때 그들에게 돌진하며 웅얼대는 것 같은 소리를 내기
때문이다. 메기 수컷은 열심히 알을 돌보기 때문에 알이 깊은 물속 수초
뿌리에 붙어 있으면 어부들은 알을 될 수 있는 한 낮은 곳으로 옮겨놓는
다. 그래도 수컷 메기는 새끼들 곁에서 떠나지 않는다. 그렇게 되면 메기
는 지나가던 작은 물고기들을 잡으려다 어부의 낚시에 쉽게 걸린다. 하지
만 그전에 낚싯바늘에 걸린 적이 있는 노련한 메기는 그대로 알을 지키면
서 엄청나게 강한 이빨로 낚싯바늘을 끊어버린다.

7 헤엄치며 돌아다니는 어류든 아니면 한곳에 머물러 사는 어류든 물
고기는 태어난 곳 아니면 태어난 곳과 가장 비슷한 환경에서 산다.
왜냐하면 그곳에 나름대로 좋아하는 먹이가 있기 때문이다. 육식성 물고
기는 많이 돌아다닌다. 숭어, 도미, 노랑촉수, 정어리 같은 일부 예외를
제외하면 물고기는 대부분 육식성이다. 베도라치는 점액질을 방출하고 이
것을 둥지 삼아 몸을 감싼다. 조개와 지느러미가 없는 물고기 중에서 가
리비는 내부의 추진력을 이용해 매우 빨리 그리고 멀리 이동한다. 뿔고둥
이나 자주고둥 그리고 비슷하게 생긴 것들은 거의 이동하지 않는다.

8 퓌라* 해협에서는 겨울이 되면 모샘치를 제외한 모든 물고기가 추위를 피하기 위해 다른 곳으로 간다. 좁은 바다는 먼바다에 비해 수온이 낮기 때문이다. 이 물고기들은 초여름에 다시 돌아온다. 이 해협에는 비늘돔, 전어**를 비롯한 가시가 있는 물고기뿐만 아니라 두톱상어, 돔발상어, 바닷가재, 문어류 등이 없다. 여기서 발견되는 모샘치는 바닷물고기가 아니다. 난생 물고기는 알을 낳기 전인 봄이 제철이고 태생 물고기는 가을이 제철이다. 숭어와 노랑촉수는 가을이 제철이다. 레스보스 지방에서는 원양에 사는 물고기든 만(灣)에 사는 물고기든 알을 만에 낳는다.*** 이 물고기들은 가을에 교미하고 봄에 알을 낳는다. 연골어류는 가을이 되면 암수 여러 마리가 교미하기 위해 무리를 이룬다. 그리고 봄이 되면 새끼를 낳을 때까지 암수가 따로 논다. 교미철에는 암수가 붙어 있는 상태로 잡히는 경우도 드물지 않다.

9 연체동물 중에서는 갑오징어가 가장 영리하다. 갑오징어는 무서울 때뿐만 아니라 은폐할 때도 먹물을 사용한다. 문어와 오징어는 겁을 먹었을 때만 먹물을 쏜다. 이 동물들은 먹물을 남김없이 방출하는 일이 결코 없다. 먹물은 방출한 만큼 다시 분비된다. 위장하기 위해 먹물을 방출할 때 갑오징어는 앞으로 나오는 척하다가 먹물을 방출하고 그 뒤에 몸을 숨긴다. 갑오징어는 긴 촉완을 이용해 작은 물고기뿐만 아니라 때로는

---

*   Πύρρα(Pyrrha). 레스보스섬에 있는 입구가 좁은 만. 톰슨은 lagoon 즉 석호(潟湖)로 번역했다. 하지만 모래톱에 의해 형성된 석호는 아니다. 입구가 좁은 만이다.

** θρίσσα(thrissa) 또는 θρίττα(thritta).

*** 레스보스섬에는 두 개의 큰 만이 있다.

653

숭어까지 잡는다. 문어는 머리가 나쁘다. 물속에 사람이 손을 넣으면 손 가까이 다가온다. 하지만 문어는 습성이 깔끔하고 알뜰하다. 문어는 먹이를 잡으면 살고 있는 구멍 안에 저장하고 먹을 수 있는 부위만 발라먹은 다음 게 껍질이나 조개껍데기 그리고 작은 물고기의 뼈는 밖으로 내다버린다. 문어는 주위에 있는 바위와 같은 색깔로 몸의 색깔을 바꿔 지나가는 물고기를 잡는다. 문어는 겁먹었을 때도 색깔이 변한다.

10 오징어도 같은 수법을 쓴다고 주장하는 사람이 있다. 즉 오징어도 주변 환경과 비슷한 색으로 몸 색깔을 바꿀 수 있다는 것이다. 물고기 가운데는 유일하게 전자리상어*가 이런 재주를 가지고 있어 문어처럼 색깔을 바꾼다. 문어는 물에 풀어지는 속성을 가지고 있어서 일반적으로 생후 1년 이상 가는 것이 드물다. 문어를 눌러 짜면 체액이 흘러나오고 남는 게 없다는 사실이 그 증거라고 할 수 있다. 암컷은 알을 낳고 나면 그렇게 풀어지는 현상이 두드러지게 나타난다. 그렇게 되면 문어는 감각이 떨어져 그냥 물결에 몸을 맡기고 휩쓸려 다니기 때문에 잠수부들은 문어를 쉽게 손으로 잡는다. 그때 문어는 점액처럼 녹아서 늘 하던 먹이활동도 하지 않는다.

11 수컷은 가죽같이 뻣뻣해지면서 끈적거리게 된다. 수컷도 1년 이상 살지 못한다. 그 증거로 늦가을이나 초겨울에 문어 새끼들이

---

* ῥίνη(rhine). 학명은 *Squatina squatina*.

알에서 부화하고 나면 그전까지 흔히 볼 수 있었던 큰 문어들이 거의 보이지 않는다는 사실을 들 수 있다. 알을 낳고 나면 암수 문어는 허약해져서 작은 물고기들에 의해 구멍에서 끌려 나와 먹잇감이 된다. 이전에는 어림도 없었던 일이 벌어지는 것이다. 이런 현상은 작고 어린 문어에게는 해당되지 않는다. 어린 문어는 나이 든 문어보다 힘이 세다. 오징어도 일 년 이상 살지 못한다. 문어는 과감하게 육지로 올라오는 유일한 연체동물이다. 문어는 요철이 있는 곳을 좋아하고 평탄한 곳을 피한다. 문어를 눌러 보면 목을 제외하고는 몸 전체가 탄탄하다.

12 연체동물에 대해서는 이쯤 해두자. 어떤 문어는 얇고 단단한 조개껍데기를 외피처럼 몸에 쓰고 있다. 문어가 자라면 이것도 점점 커지는데 마치 은신처에서 나오듯이 이것을 벗어버릴 수도 있다고 한다. 앵무조개는 문어의 한 종류다. 그러나 기질과 습성에서 한 가지 다른 특징이 있다. 앵무조개는 깊은 바다에서 올라와 수면에서 헤엄친다. 물속에서 부상할 때는 조개껍데기를 위로 뒤집은 상태로 올라온다. 그렇게 하면 물이 들어가지 않아 수영하는 데 용이하기 때문이다. 그러다가 일단 수면으로 올라오면 조개껍데기를 다시 뒤집는다. 앵무조개의 촉완 사이에는 조류의 물갈퀴와 비슷하지만 그것보다는 얇고 거미줄같이 생긴 조직이 있다. 바람이 불면 앵무조개는 이것을 돛으로 삼고 다른 다리는 물속에 넣어 상앗대로 쓴다. 앵무조개는 놀라면 조개껍데기에 물을 채워 잠수한다. 조개껍데기가 어떻게 만들어지고 자라는지에 관해서 여지껏 만족할 만한 관찰이 이루어지지 못했다. 그러나 처음부터 조개껍데기를

쓰고 태어난 것 같지는 않다. 하지만 다른 조개류와 마찬가지로 이 껍데기도 커진다. 조개껍데기를 벗어버리고도 살 수 있는지에 대해서도 확인된 바가 없다.

제26장

거미

1 모든 곤충 중에서 개미, 벌, 호박벌, 말벌 그리고 그 아류들이 가장 부지런하다고 할 수 있다. 거미는 다른 곤충에 비해 솜씨가 좋고 지략이 뛰어나다. 개미가 일하는 방식은 일상적으로 관찰할 수 있다. 개미가 먹이를 가져가서 저장할 때 일렬로 움직이는 것도 볼 수 있다. 개미는 달빛이 환할 때는 밤에도 멈추지 않고 일한다.

2 거미류에는 많은 종류가 있다. 독거미는 두 종류가 있는데, 하나는 일명 늑대거미다. 작고 점이 있으며 꽁무니가 뾰족하다. 이 거미는 뛰어오르며 이동하는데 이런 습성 때문에 '벼룩'이라는 별명을 얻었다. 다른 하나는 몸집이 크고 색깔이 검고 앞다리가 길다. 이 거미는 느릿느릿 걷고 활력이 없으며 절대 뛰지 않는다. 또 다른 거미는 약장수들이 파는 것으로 약하게 물거나 전혀 물지 않는다.

3 늘대거미에 속하는 다른 종류가 하나 더 있다. 그 거미 중 작은 거미들은 아예 집을 짓지 않는다. 큰 거미들은 땅바닥이나 담장에 조잡한 거미집을 짓는다. 거미는 언제나 속이 비어 있는 곳에 거미줄을 치고 가장자리 줄에서 예의주시하고 있다가 다른 곤충이 줄에 걸려 빠져나가려고 버둥거리기 시작하면 그때 나가 먹잇감을 덮친다. 점무늬가 있는 거미는 나무 밑에 허술하게 거미줄을 친다.

4 거미 가운데 대단히 영리하고 솜씨가 좋은 세 번째 종류가 있다. 이 거미는 사방팔방으로 바깥쪽 끝이 될 지점에 줄을 거는 것으로 집을 짓기 시작한다. 그 작업이 끝나면 줄을 정확히 중심을 잡아 날줄을 연결한다. 그리고 거기에 씨줄을 엮어 거미줄을 완성한다. 이 거미가 잠을 자고 먹이를 저장해놓는 곳은 멀리 떨어진 곳에 있다. 먹이를 잡을 때는 거미줄 가운데 자리 잡고 지켜본다. 거미줄에 뭔가가 걸리면 중앙이 흔들린다. 그러면 거미는 그것을 거미줄로 칭칭 감싸 제압한 다음 힘이 빠지면 먹이를 모아 두는 곳으로 가져간다. 그리고 배가 고프면 거미가 먹이를 먹는 방식대로 내장을 빨아 먹고 배가 고프지 않으면 다시 먹이를 잡으러 서둘러 거미줄로 돌아와 망가진 거미줄을 수선한다.

5 거미줄에 뭔가가 걸리면 거미는 일단 거미줄 중앙으로 간 다음 거기서 이전과 마찬가지로 걸려 있는 먹잇감을 공격한다. 누군가가 거미줄을 훼손하면 거미는 해가 뜨거나 질 때 다시 거미줄을 친다. 왜냐하면 대부분 그때 먹이가 거미줄에 걸리기 때문이다. 거미줄을 치고 먹이를 잡

는 것은 보통 암컷이 한다. 수컷은 암컷과 함께 먹이를 먹기만 한다.

6 거미 중에는 촘촘하게 거미줄을 치는 솜씨 좋은 거미가 두 종류 있다. 하나는 크고 하나는 작다. 하나는 다리가 긴데 거미줄에 거꾸로 매달려 망을 본다. 몸집이 커서 쉽게 몸을 숨길 수 없다. 그래서 먹잇감이 경계하지 않고 거미줄의 윗부분에 걸리도록 밑에서 지켜보는 것이다. 그러나 작은 거미는 거미줄 위쪽에 있는 작은 고치에 숨어서 감시한다.

7 거미는 태어나면서부터 거미줄을 자아낼 수 있다. 데모크리토스가 주장하듯 몸 안에서 분비물로 나오는 것이 아니라 나무껍질처럼 몸 밖에서 나온다. 마치 고슴도치의 가시가 떨어져 나오는 것과 같다. 거미는 자신보다 큰 동물을 공격해 거미줄로 감쌀 수 있다. 예를 들면 거미는 작은 도마뱀을 공격해 도마뱀의 입 주위를 돌면서 입을 벌리지 못하도록 묶어버린다.

거미의 습성에 대해서는 이쯤 해두자.

제27장

벌

1 형태는 서로 닮았지만 이름이 없는 곤충류가 있다. 벌과 벌의 아류들처럼 밀랍을 만드는 곤충들도 그렇다. 그 곤충은 대략 아홉 종류로 나눌 수 있는데 그 가운데 여섯 종류, 즉 일벌, 여왕벌, 일벌들과 함께 사는 수벌, 한해살이 말벌, 호박벌, 땅벌* 등은 군집 생활을 한다. 나머지세 종류는 군집 생활을 하지 않는데, 그중에 작은 것은 황갈색이고, 다른것은 크고 얼룩덜룩한 검은색을 띠고 있다. 세 번째 것은 앞의 두 종류보다 큰데 '등애'다. 개미는 먹잇감을 사냥하지 않고 널려 있는 먹이를 모으기만 한다. 거미는 어떤 먹이도 생산하거나 저장하지 않고 사냥한 먹이만먹고 산다.

---

*   τενθρηδών(tenthredon). 땅속에 집을 짓는 말벌 종류.

2 앞서 언급한 아홉 종류 가운데 나머지에 대해 지금부터 설명하겠다. 벌은 먹이를 사냥하지 않고 먹이를 생산하고 저장한다. 꿀은 벌들의 식량이다. 양봉가들이 꿀을 따려고 할 때 그런 사실이 분명히 드러난다. 양봉가들이 연기를 피우면 벌들은 연기 때문에 고통스러워하면서도 욕심껏 꿀을 먹는다. 그런 일은 평소에는 볼 수 없다. 벌들은 나중에 먹으려고 꿀을 아껴서 저장하는 게 분명해 보인다. 벌들은 벌떡(蜜餅)이라는 다른 먹이도 저장한다. 그것은 꿀보다 귀한데, 잘 익은 무화과 맛이 난다. 벌은 밀랍을 만들 때 그것을 발에 묻혀 온다.

3 관찰된 바로는 벌들이 일하는 방식과 일반적인 습성은 놀랄 만큼 다양하다. 벌들에게 빈 벌통을 만들어주면 벌들은 밀랍으로 방을 만들고 온갖 꽃의 즙과 버드나무와 느릅나무 그리고 나무에서 스며 나오는 끈끈한 진액, 이른바 '눈물'이라고 하는 수액을 가져온다. 그런 물질들을 다른 벌레들의 침입을 막아낼 수 있도록 벌집의 뼈대에 바른다. 양봉가들은 그런 물질을 코모시스*라고 한다. 벌들은 벌통으로 들어가는 입구가 너무 넓으면 그것으로 입구를 좁힌다. 일벌들은 먼저 밀랍으로 자신들이 들어갈 방을 만들고 이어서 여왕벌과 수벌이 들어갈 방을 만든다. 자신들이 들어갈 방은 항상 만들지만, 여왕벌을 위한 방은 애벌레가 많을 때 만든다. 그리고 꿀이 남아돌 때만 수벌들을 위한 방을 만든다.

---

* κόμμωσις(kommosis). '마감재' 또는 '장식물'이라는 뜻이다. 톰슨은 밀랍을 마감한다는 의미로 stop-wax로 번역했다.

4 일벌들은 여왕벌을 위한 방을 자신들의 방 옆에 만드는데, 그 방은 크기가 작다.* 수벌을 위한 방은 여왕벌을 위한 방 다음에 만든다. 그 방 역시 크기가 작다. 일벌들은 벌통 위에서부터 아래로 바닥에 닿을 때까지 연쇄적으로 벌집을 형성해 나간다. 벌집을 이루는 방들은 꿀을 모아두는 방이든 아니면 애벌레를 키우는 방이든 모두 맞대고 있다. 즉 하나의 구조물에 양쪽으로 두 개의 방이 있다. 두 개의 방이 하나는 한쪽으로 다른 하나는 반대 방향으로 맞대놓은 술잔(또는 모래시계 같은) 모양이다. 벌집이 처음으로 만들어진 부분에 있는 방들은 두세 개의 동심원을 그리며 벌집에 붙어 있는데, 크기가 작고 꿀이 들어 있지 않다. 꿀이 채워진 방은 밀랍으로 완전히 밀폐돼 있다.

5 벌통으로 들어가는 입구에는 미튀스**가 칠해져 있다. 그것은 검디 검은 색을 띠고 있는데 밀랍을 만드는 과정에서 나오는 일종의 부산물이다. 그 물질은 자극적인 냄새를 풍기는데 타박상과 종기를 치료하는 약으로도 쓰인다. 그다음에는 피소케로스***라는 물질이 벌집 바닥에 발라져 있다. 그것은 미튀스에 비해 냄새가 덜 자극적이고 약효도 떨어진다. 수벌은 일벌과 같은 벌통, 같은 벌집에 스스로 자기가 들어가 살 방을 짓는다고 말하는 사람도 있다. 그러나 수벌은 꿀을 모으지 않고 일벌이 모아놓은 꿀을 먹기만 한다. 수벌의 애벌레들도 마찬가지다. 수벌은 일반적

---

* 이 문장은 사실과 크게 다르다. 여왕벌의 방은 일벌의 방보다 더 크고 벌집에 붙어 있지 않고 어느 정도 떨어져 있다.

** μίτυς(mitys). 플리니우스는 이 물질 대신에 앞서 언급한 코모시스(κόμμωσις)를 썼다.

*** πισσόκερος(pissocerus). 톰슨은 pitch-wax 즉 '역청질 밀랍'으로 번역했다.

으로 벌통 안을 떠나지 않는다. 수벌이 벌통 밖으로 나갈 때는 윙윙거리는 소리를 내며 공중으로 높이 솟아올라 마치 체조하듯이 계속해서 맴돈다. 그런 행동이 끝나면 다시 벌통으로 돌아와 꿀을 욕심껏 먹는다.

6 여왕벌은 먹이나 다른 이유로 벌 떼 전체가 함께 이동할 때를 제외하고는 벌통을 떠나지 않는다. 어린 일벌은 무리에서 벗어나면 지나간 길을 되짚어 돌아오는데 여왕벌이 내는 독특한 냄새로 여왕벌이 있는 곳을 찾는다고 한다. 여왕벌이 날지 못할 때는 일벌들이 무리를 이루어 여왕벌을 옮긴다. 여왕벌이 죽으면 벌 떼도 없어진다고 한다. 벌 떼가 여왕벌보다 조금 더 오래 살면서 벌집을 지어도 벌들은 꿀을 생산하지 못하고 얼마 못 가 죽는다고 한다.

7 일벌은 꽃대에 기어올라 앞발을 이용해 순식간에 밀랍을 모은다. 그리고 그것을 중간다리에 문질러 묻히고 다시 뒷다리의 오목한 곳으로 옮긴다. 벌통에서 멀리 떨어진 곳까지 날아가 그렇게 밀랍을 모으면 일벌들에게 분명 버거운 짐이 될 것으로 보인다. 일벌들은 한 번의 원정에서 한 종류의 꽃에서 다른 종류의 꽃으로 옮겨 다니지 않는다. 다시 말하면 벌집으로 다시 돌아올 때까지 처음에 제비꽃에 앉았으면 제비꽃에만 앉고 벌통으로 다시 돌아올 때까지 다른 꽃에는 앉지 않는다. 벌통에 돌아오면 일벌들은 짐을 부린다. 벌통으로 돌아올 때는 일벌 서너 마리가 함께 온다. 일벌들이 모은 물질의 실체나 그것을 모으는 과정에 대해 제대로 말할 수 있는 사람은 없다. 일벌들이 올리브나무에서 밀랍을 채취하

는 방식은 잎이 무성해 벌들이 꽤 오래 머물기 때문에 관찰된 바가 있다.

8 그렇게 밀랍을 모으는 작업이 끝나면 일벌들은 애벌레를 돌본다. 같은 벌통 속에 애벌레, 꿀 그리고 수벌이 함께 있어서 문제가 될 것은 없다. 여왕벌이 살아 있으면 수벌은 별도의 공간에서 태어나는 것으로 알려져 있다. 그러나 여왕벌이 없는 벌통에서는 일벌들이 자신들의 방에서 수벌을 키운다. 그런 상태로 태어난 수벌이 더 힘이 있다고 한다. 그 수벌을 '쏘는 수벌'이라고 한다. 실제로 침이 있어서 그렇게 부르는 것은 아니고 헛되이 침을 쏘려 들기 때문이다. 수벌의 방은 다른 방들에 비해 더 크다. 때로 일벌들은 수벌들이 들어갈 방을 별도의 공간에 만들기도 하지만 보통은 일벌들이 사는 방들 사이에 수벌들의 방을 만든다. 그리고 양봉가들은 벌집에서 수벌들의 방을 없애기도 한다.

9 앞에서 이야기했듯, 벌은 여러 종류다. 두 가지 종류의 여왕벌이 있다.* 하나는 붉은색을 띠고 있는 유익한 벌이고, 다른 하나는 검고 얼룩덜룩한데 크기가 유익한 벌의 두 배다. 가장 좋은 일벌은 작고 몸이 둥글며 점이 있다. 다른 종류는 몸이 길고 말벌처럼 생겼다. 또 다른 종류는 '도둑벌'이라고 하는데 검고 배가 납작하다. 그다음으로 수벌이 있다. 수벌은 벌 중에서 가장 크지만 침이 없고 게으르다. 농경지에 서식하는 벌과 산악지대에 사는 벌은 차이가 있다. 그리고 숲에 사는 벌은 털이

---

*   보통 벌과 리구리아벌(Ligurian bee), 두 종류를 가리킨다는 설이 유력하다.

많고 더 작고 부지런하며 공격적이다. 일벌은 벌집을 균일하게 그리고 표면이 고르게 만드는데, 일벌용, 애벌레용, 꿀 저장용 등 종류별로 만든다. 만약에 한 벌집에 여러 방을 섞어 만드는 경우 방을 용도별로 정교하게 열을 지어 만든다.

10 몸이 긴 벌은 방들이 들쭉날쭉 고르지 않은 벌집을 짓는다. 말벌집과 비슷하다. 애벌레를 비롯해 그 벌들이 만들어내는 다른 것들을 놓아두는 곳이 따로 정해져 있지 않고 아무 곳에나 둔다. 그런 벌떼 가운데는 열등한 여왕벌, 수벌 그리고 꿀을 거의 만들지 않거나 조금밖에 만들지 않는 도둑벌이 많다. 일벌들은 이런 벌들을 돌봐 성체가 되도록 만든다. 일벌들이 그렇게 하지 못하면 벌집이 망가져 거미줄 같은 것으로 뒤덮인다. 일벌들이 손상되지 않은 부분을 다시 관리하면 손상된 부분은 없어진다. 그러나 일벌들이 그렇게 할 수 없을 때는 벌집 전체가 썩는다. 썩은 벌집에는 구더기들이 생긴다. 그 구더기는 날개가 나서 날아간다. 벌집이 무너져 내리면 벌들은 바닥을 고르게 한 다음 그 밑에 받침대를 집어넣어 밑으로 드나들 수 있도록 만든다. 일벌들이 드나들 통로가 없으면 벌집을 돌볼 수 없고 그렇게 되면 거미가 거미줄을 친다.

11 도둑벌과 수벌은 스스로 일을 하지 않을 뿐만 아니라 일벌들이 하는 일을 망친다. 그렇게 행동하다 걸리면 일벌들은 그 벌들을 죽인다. 일벌들은 여왕벌들도 대부분 죽이는데 형질이 열등한 여왕벌들을 골라 죽인다. 일벌들이 여왕벌을 죽이는 것은 여왕벌이 많으면 같은

벌집 안에 사는 벌 떼가 분열될 수 있기 때문이다. 일벌들은 특히 애벌레가 부족해 벌 떼를 형성하기 어려울 때 여왕벌들을 죽인다. 이런 상황을 맞게 된 일벌들은 기존의 여왕벌 방은 파괴한다. 여왕벌들이 각자 일단의 무리를 이끌고 나갈 수 있기 때문이다. 일벌들은 또 꿀을 만들기 어려워 먹을 게 부족하면 수벌들의 방도 파괴한다. 이런 상황을 맞으면 일벌들은 꿀을 먹으려고 하는 것들과 필사적으로 싸우고 벌통 안에 있는 모든 수벌을 쫓아낸다. 그래서 종종 벌통 위에 앉아 있는 수벌을 볼 수 있다.

12 작은 벌들은 긴 벌들과 치열하게 싸워 이 벌들을 벌통에서 쫓아내려고 한다. 쫓아내는 데 성공하면 이 벌통의 벌 떼들은 번성한다. 그러나 긴 벌이 이기게 되면 홀로 남아 빈둥거리며 무익한 시간을 보내다가 가을이 오기 전에 죽는다. 일벌들이 적들을 죽일 때는 벌통 밖에서 죽인다. 그리고 일벌이 죽으면 죽은 벌을 벌통 밖으로 가지고 나간다. 도둑벌은 들키지 않고 할 수만 있다면 다른 벌집에 들어가 벌집을 망쳐놓는다. 만약 그런 짓을 하다가 발각되면 도둑벌은 죽음을 면치 못한다. 하지만 도둑벌이 들키지 않고 다른 벌집에 들어가는 것은 쉬운 일이 아니다. 벌통 입구마다 일벌들이 보초를 서고 있기 때문이다. 그리고 들키지 않고 들어간다고 해도 꿀을 폭식해 날지 못하고 벌집 앞에서 구르게 된다. 그렇게 되면 탈출할 가능성은 매우 희박하다.

13 여왕벌은 벌 떼와 함께 이동하는 경우가 아니라면 벌집 밖에서는 결코 볼 수 없다. 벌 떼가 이동할 때는 다른 모든 벌이 여왕벌

을 에워싼다. 벌 떼가 이동할 때가 다가오면 며칠 동안 벌들이 단조롭고 특이한 소리를 내는 것을 들을 수 있다. 그리고 2~3일 전에는 벌 몇 마리가 벌통 주위를 맴돈다. 관찰하기가 어려워서 거기에 여왕벌이 들었는지 확인할 수는 없다. 벌들이 무리를 형성해 멀리 날아가면 벌 떼는 분리되어 여왕벌들이 제각각 무리를 이룬다. 만약 작은 무리가 큰 무리 근처에 정착하게 되면 작은 무리는 큰 무리에 합류한다. 그때 벌 떼가 버리고 떠난 여왕벌이 벌 떼를 따라오면 일벌들은 여왕벌을 죽인다. 벌 떼가 벌통을 버리고 떠나는 것 그리고 벌 떼의 이동에 대해서는 이쯤 해두자.

14 벌들은 다양한 기능에 따라서 분업화되어 있다. 즉 어떤 벌은 꽃에서 채취한 것을 나르고 어떤 벌을 물을 길어오며 어떤 벌은 벌집을 청소하고 정리한다. 벌은 애벌레를 키울 때 물을 길어온다. 벌은 결코 동물의 고기에는 내려앉거나 동물성 먹이를 먹지 않는다. 벌들이 일을 시작하는 날은 정해져 있지 않다. 먹이가 널려 있고 건강 상태가 괜찮으면 일을 시작한다. 벌은 특히 여름에 일하는 것을 선호한다. 날씨가 좋으면 쉬지 않고 일한다. 번데기에서 벗어난 지 사흘밖에 안 된 어린 벌들도 잘 먹으면 일을 시작한다. 벌 떼가 한곳에 정착하면 몇몇 벌은 먹이를 찾아 무리에서 떨어져 나갔다가 다시 돌아온다. 건강한 벌 공동체에서는 동지 이후 40일간을 제외하고는 늘 새끼들이 태어난다. 애벌레들이 알에서 깨면 벌들은 먹이를 옆에 놓아주고 밀랍을 발라 방을 막아준다. 애벌레는 웬만큼 힘이 세지면 스스로 방을 막고 있는 덮개를 뚫고 나온다.

15 일벌들은 벌통에 들어와 벌집을 망쳐놓는 곤충을 모두 죽인다. 그러나 다른 벌들은 태만하기 그지없어서 불청객의 행동을 수수방관한다. 양봉가들이 벌집을 꺼낼 때는 벌들이 겨울을 나도록 먹이를 남겨둔다. 먹이가 충분히 남아 있으면 벌들이 살아남지만, 먹이가 충분치 않고 날씨마저 나쁘면 벌들은 거기서 죽는다. 그러나 날씨가 좋으면 벌들은 벌통을 버리고 다른 곳으로 날아간다. 벌들은 여름·겨울 가리지 않고 꿀을 먹는다. 벌들은 꿀 이외에 산다라케* 또는 벌떡을 저장한다.

16 벌의 천적으로는 말벌과 박새가 있다. 그 밖에도 제비와 벌잡이새도 벌을 잡아먹는다. 개구리도 물가로 날아오는 벌들을 잡아먹는다. 그래서 양봉가들은 벌들이 물을 먹는 연못에서 개구리들을 잡아 없애고, 벌통 근처에 있는 말벌집과 제비집과 벌잡이새 둥지 등도 부숴 없앤다. 벌은 다른 벌을 제외하고 어떤 동물도 무서워하지 않는다. 벌은 같은 종류의 벌들끼리 그리고 말벌과 싸운다. 벌은 벌통에서 멀리 떨어진 곳에서는 벌이나 다른 동물들을 공격하지 않는다. 그러나 벌통 주변에서는 무엇이든 닥치는 대로 죽인다.

17 벌은 침을 쏘면 내장이 딸려 나올 수밖에 없어서 죽는다. 그러나 벌에 쏘인 사람이 조심스럽게 침을 뽑아내면 살아남는 경우가 많다. 그러나 일단 침을 쏘고 나면 벌은 죽는다. 벌은 침으로 큰 동물도 죽

---

* σανδαράκη(sandarake). 산다락나무의 수지가 결정 상태로 굳은 것을 일컫는 말인데, 벌떡의 색깔과 형상이 그것과 비슷해서 같은 이름을 쓴 것으로 보인다. 영어 명칭은 bee-bread.

일 수 있다. 실제로 벌에 쏘여 죽은 말이 있다고 한다. 여왕벌은 공격성이 가장 약하고 침을 쏘지도 않는다.

18 일벌들은 죽은 벌을 벌통 밖으로 내버린다. 벌은 모든 면에서 유별나게 청결을 유지하는 습성이 있다. 그래서 실제로 악취가 나는 똥을 멀리 날라다 버린다. 이미 언급했지만, 벌은 모든 악취와 향기를 싫어한다. 그래서 향수를 뿌리고 다니는 사람은 벌에게 쏘이기 쉽다. 벌 공동체는 여러 가지 원인으로 위협받는다. 여왕벌 여러 마리가 각자 벌 떼와 분리하려고 들면 공동체가 분열되어 사라지기도 한다. 또 두꺼비도 벌 공동체를 파괴한다. 두꺼비도 벌을 잡아먹는다. 두꺼비는 벌통 입구로 찾아와 몸을 부풀린 채 지키고 앉아서 날아 나오는 벌들을 잡아먹는다. 양봉가가 두꺼비를 죽이지 않는다면 벌들은 속수무책으로 당할 수밖에 없다.

19 열등하거나 아무짝에도 쓸모없다는 벌들에 관해 이야기하자면, 그 벌들은 집을 허술하게 짓는데 양봉가들은 어린 벌들이 경험이 없어서 그런 식으로 집을 짓는다고 말한다. 어린 벌은 그해에 태어난 벌을 말한다. 어린 벌은 다른 벌처럼 쏘지 않는다. 그래서 어린 벌들로 이루어진 벌 떼는 안전하게 양봉장으로 데려갈 수 있다. 꿀이 부족해지면 일벌들은 수벌들을 내쫓고, 양봉가들은 벌에게 무화과와 단맛이 나는 다른 먹이를 준다. 늙은 벌들은 벌통 안에서 일한다. 그렇게 벌통 안에서 지내기 때문에 늙은 벌은 부스스하게 털이 많다. 어린 벌은 밖에서 활동하

는데 상대적으로 말쑥하다. 어린 일벌들은 자기들이 들어갈 방이 부족하면 수벌들을 죽인다. 그런데 수벌들은 벌통의 가장 안쪽 구석에 산다. 한번은 벌통의 상태가 나빠지자 다른 벌들이 와서 그 벌통을 공격하고 꿀을 약탈해 갔다. 양봉가가 그 벌들을 잡아 죽이자 다른 벌들이 나와서 침입자들을 격퇴했다. 그러나 그 벌들은 양봉가를 공격하지 않았다.

20 번성하는 벌통을 주로 공격하는 병으로는 우선 클레로스*를 들 수 있다. 작은 벌레들이 벌통 바닥에 나타나고 이것이 자라면서 거미줄 같은 것이 벌통 전체를 채워 벌집이 잠식되는 되는 병이다. 또 다른 증상은 몇몇 벌들이 무기력해지고 벌통에서 악취가 나는 것이다. 그때는 벌들에게 백리향을 먹여야 한다. 흰 백리향이 붉은 백리향보다 약효가 더 좋다. 날씨가 후텁지근하면 벌통을 시원한 곳으로 옮기고 겨울에는 따뜻한 곳으로 옮겨야 한다. 벌들이 흰곰팡이가 슨 식물에서 꿀을 채취하면 병에 걸리기 쉽다.

21 바람이 세차게 불 때면 벌들은 평형을 유지하는 도구로 작은 돌 을 가지고 다닌다. 가까운 곳에 물이 흐르면 벌들은 거기서 물을 마시고 다른 곳에서는 물을 마시지 않는다. 물을 마시기 전에 벌들은 짐을 내려놓는다. 가까운 곳에 물이 없으면 다른 곳에 가서 물을 마실 때는 꿀을 토해 놓는다. 그리고 바로 일하러 간다. 벌들은 봄가을 두 계절에 꿀

---

* κλῆρος(klerus). 작은 딱정벌레를 가리키는데, 정확히 알 수 없다.

을 모은다. 봄꿀이 더 달고 색이 맑다. 모든 면에서 가을꿀보다 낫다. 어린 꽃에서 채취해 새로 지은 벌집에 모아놓은 꿀이 질이 좋다. 붉은색 꿀은 질이 좋지 않은데, 꿀을 저장한 벌집 상태가 좋지 않기 때문이다. 통이 나쁘면 포도주 맛이 나쁘게 변하는 것과 같은 이치다. 그래서 잘 살펴보고 이런 꿀은 없애야 한다. 백리향꽃이 피고 벌집에 꿀이 가득할 때는 꿀이 걸쭉해지지 않는다. 금빛이 도는 꿀이 가장 좋은 꿀이다.

22 흰 꿀은 사실 백리향에서 나오는 게 아니다. 그 꿀은 안질이나 상처에 바르면 좋다. 나쁜 꿀은 언제나 표면으로 떠오르기 때문에 걷어내야 한다. 순수하고 맑은 꿀은 밑에 가라앉는다. 온갖 꽃이 만개할 때가 되면 벌들은 벌집을 만든다. 그때가 벌통에서 벌집을 꺼낼 때다. 그래야 벌들이 바로 새로운 벌집을 만들기 때문이다. 벌들이 꿀을 모으는 꽃은 사철나무, 전동싸리, 수선화, 도금양,* 꽃갈대,** 버드나무, 금작화 등이다. 벌들은 백리향을 구해오면 그것을 물에 희석한 다음 벌집을 봉하는 데 쓴다. 벌들은 벌집에서 멀리 떨어진 곳에 또는 방을 하나 정해 놓고 그 안에 똥을 싼다. 이미 설명한 것과 같이 작은 벌이 큰 벌보다 훨씬 부지런하다. 그래서 작은 벌들은 날개 끝이 닳아 해어지고 몸은 햇볕에 그을려 검게 변한다. 밝고 윤기가 흐르는 벌들은 화려한 여성이 그렇듯이 아무짝에도 쓸모없다.

---

*   桃金孃(myrtle). 학명은 *Myrtus*.

**   φλέως(phleos). 갈대의 한 종류. ravenna grass 또는 plume grass. 톰슨은 flowering grass로 번역했다.

23 벌들은 달가닥거리는 소리를 좋아하는 것 같다. 그래서 그릇이 나 돌로 달가닥거리는 소리를 내서 벌통에 벌을 불러 모은다고 한다. 그러나 벌이 소리를 들을 수는 있는지, 그리고 그런 과정에서 기쁨을 느끼는지 또는 경계심을 갖는지조차 확실하지 않다. 일벌들은 벌통 안에서 게으름을 피우거나 낭비하는 벌들이 있으면 모두 쫓아낸다. 이미 말한 바와 같이 벌들은 분업화되어 있다. 어떤 벌은 밀랍을 만들고 어떤 벌은 꿀을 모으며 어떤 벌은 벌떡을 만든다. 그리고 또 어떤 벌은 벌집을 짓고 어떤 벌은 물을 길어와 방에 저장한 꿀과 섞고 어떤 벌은 밖에 나가 일을 한다. 이른 새벽에 벌들은 아무런 소리도 내지 않는다. 그러다 어떤 특정한 벌 한 마리가 윙윙거리는 소리를 두세 번 내서 나머지 벌들을 깨운다. 그리고 나면 벌들은 일제히 날아가 일한다. 벌들이 일터에서 돌아오면 처음에는 조금 소란스럽지만, 점차 조용해지고 마침내 취침 신호를 보내듯이 한 마리만 윙윙거리며 날아다닌다. 그러다 일순 죽은 듯이 적막해진다.

24 벌통에서 윙윙거리는 소리가 크게 나고 벌들이 날개를 파닥거리며 드나들면 벌통 안의 상태가 건강하다는 징표다. 벌들이 애벌레들을 키우는 데 분주하기 때문이다. 벌들은 겨울이 지나고 다시 일을 시작할 때 굶주림으로 가장 고생한다. 양봉가가 꿀을 채취하면서 꿀을 너무 많이 남겨두면 벌들이 조금 게을러진다. 그래도 벌 떼의 규모에 맞춰 꿀을 남겨야 한다. 꿀이 너무 적으면 벌들이 활력을 잃기 때문이다. 벌통이 너무 커도 벌들이 일이 많을까 봐 지레 겁을 먹고 게으름을 피우게 된

다. 양봉가들은 벌통 하나에서는 보통 6~9파인트의 꿀을 채취한다. 벌들이 왕성한 벌통에서는 꿀이 12~15파인트까지도 나온다. 그리고 아주 좋은 벌통에서는 18파인트까지도 꿀을 채취할 수 있다.

25 양과 말벌은 벌의 천적이다. 양봉가들은 고기를 담은 접시를 땅에 놓고 말벌을 유인해 잡는다. 말벌 여러 마리가 접시에 앉으면 뚜껑을 덮어 불 위에 올려놓는다. 벌통 안에 수벌이 몇 마리 있으면 좋다. 일벌들이 더 부지런해지기 때문이다. 벌들은 악천후나 비가 오는 것을 미리 알 수 있다. 그 증거로 그럴 조짐이 있으면 벌들은 아직 날씨가 맑아도 멀리 가지 않고 제한된 구역 안에서만 날아다닌다. 양봉가는 벌의 그런 행동을 보고 날씨가 나빠질 것이라고 예상한다.

26 벌통 안에 있는 벌들이 서로 엉겨 붙어 매달려 있으면 벌통을 떠나려는 징조다. 그래서 양봉가들은 그런 모습을 보면 벌통에 달콤한 포도주를 뿌린다. 벌통 주위에는 배나무, 콩, 개자리, 시리아그라스, 양귀비, 덩굴백리향, 아몬드 등을 심는 것이 좋다. 어떤 양봉가들은 자신이 키우는 벌들이 밖에 나와 있을 때 알아보기 위해 벌에 밀가루를 뿌린다. 봄이 늦게 오거나 가뭄이나 병충해가 들면 벌통 속에 애벌레가 크게 줄어든다.

벌들의 습성에 대해서는 이쯤 해두자.

제 28 장

말벌

1 말벌은 두 종류다. 하나는 인가가 없는 산악지대에 살며 개체 수가 적고 땅속이 아니라 참나무에서 애벌레를 까서 키운다. 이 말벌은 다른 말벌에 비해 크고 길며 더 짙은 색을 띠고 있다. 그리고 하나같이 얼룩덜룩하며 침을 가지고 있다. 그리고 대단히 공격적이다. 이 벌에 쏘이면 다른 벌에 쏘인 것보다 통증이 더 심하다. 몸집에 걸맞게 침도 크기 때문이다. 이 야생 말벌의 수명은 2년이다. 겨울에 참나무를 베어 쓰러뜨리면 말벌이 나와 날아가는 것을 볼 수 있다. 말벌은 겨울에는 나무에 구멍을 뚫고 들어가 숨어 지낸다. 키우는 말벌과 마찬가지로 야생 말벌 가운데 일부는 어미 말벌이고 일부는 일하는 말벌이다. 그러나 키우는 말벌을 관찰해보면 어미 말벌과 일하는 말벌의 특징이 나름대로 다르다는 것을 알 수 있다.

2 키우는 말벌도 두 가지 종류다. 하나는 어미 말벌이라는 여왕말벌이고 다른 하나는 일하는 말벌이다. 여왕말벌은 다른 말벌에 비해 훨씬 크고 성질이 온순하다. 일하는 말벌은 1년 이상 살지 못하고 겨울이 오면 모두 죽는다. 그리고 이러한 사실은 겨울이 시작되면 일하는 말벌들의 행동이 둔해지고 동지 무렵에는 말벌을 전혀 볼 수 없는 것으로 입증할 수 있다. 어미라고 불리는 여왕말벌은 겨울 내내 볼 수 있는데 땅속에 구멍을 뚫고 지낸다. 겨울에 밭을 갈거나 땅을 파다가 종종 어미 말벌을 볼 수 있지만 일하는 말벌은 전혀 볼 수 없다.

3 말벌들이 번식하는 방법은 다음과 같다. 여름이 다가오면 여왕말벌은 적당한 장소를 찾아 벌집을 짓기 시작해 방이 네 개 정도 있는 스페콘*이라는 작은 벌집 만든다. 거기에 여왕말벌이 아니라 일하는 말벌을 낳는다. 이 말벌들이 성장해 첫 번째 벌집 위에 더 큰 벌집을 짓는다. 그리고 이와 같은 방법으로 계속해서 또 다른 집들을 짓는다. 그래서 가을이 끝날 무렵에는 여러 개의 커다란 벌집이 생기고 어미 말벌(여왕말벌)은 그 안에 일하는 말벌이 아니라 여왕말벌을 낳는다. 즉 벌집 위쪽에 있는 네 개 이상의 방에 커다란 여왕말벌의 애벌레를 낳는다. 우리가 여왕말벌들이 각자의 방에 애벌레를 낳는 것에 대해 이미 알아본 바 있는데 그것과 거의 같은 방식이다. 벌집 안에 일하는 말벌의 애벌레가 태어난 뒤에는 여왕말벌은 아무 일도 하지 않고 일하는 말벌들이 여왕말벌에게 먹

---

* σφήκων(sphekon). 그리스어로 '말벌'을 뜻하는 σφήξ(sphex)에서 파생된 것 같다.

이를 가지고 온다. 이것은 그때가 되면 여왕말벌은 밖으로 나다니지 않고 벌집 안에 가만히 있다는 사실로 미루어 알 수 있다.

4 새로운 여왕말벌이 태어나면 이전의 여왕말벌은 새끼들에게 죽임을 당하는지, 그리고 그런 일이 한결같이 일어나는지 또는 여왕말벌들이 더 오래 살 수도 있는 것인지에 대해서는 실증적으로 확인된 바가 없다. 어미 말벌 또는 야생 말벌이 수명이 얼마나 되는지 등에 대해서도 관찰을 통해 확실히 말해 줄 수 있는 사람은 아무도 없다. 어미 말벌은 넓적하고 무겁다. 그리고 보통 말벌보다 더 통통하고 크다. 어미 말벌은 무게가 많이 나가기 때문에 빨리 멀리 날지 못한다. 그래서 늘 벌집 안에 머물면서 벌집을 가꾸고 벌집 내부를 정리한다.

5 대부분의 말벌집 안에는 어미 말벌이 있다. 그러나 어미 말벌에게 침이 있는지 없는지는 알 수 없다. 어미 말벌은 십중팔구 침을 가지고 있겠지만, 방어를 위해 침을 쏘지 않을 개연성이 매우 높다. 보통 말벌 가운데도 수벌처럼 침이 없는 말벌이 있고 침이 있는 말벌도 있다. 침이 없는 말벌은 작고 소극적이며 절대 싸우지 않는다. 반면에 다른 말벌들은 크고 공격적이다. 후자는 수컷 말벌이고 침이 없는 말벌은 암컷 말벌이라고 말하는 사람도 있다. 겨울이 다가오면 침이 있는 말벌은 침을 상실하는 것처럼 보인다. 하지만 이런 현상을 눈으로 확인한 바는 없다.

6 말벌들은 가뭄이 들었을 때 그리고 황량한 지역에 더 많이 나타난
다. 말벌들은 지하에 산다. 말벌들은 지푸라기와 흙을 섞어 집을 짓
는다. 집은 나무뿌리처럼 하나로 이어져 있다. 말벌들은 특정한 꽃과 과
일도 먹지만 주로 동물성 먹이를 먹는다. 집에서 기르는 말벌들의 교미는
관찰된 적이 있다. 하지만 말벌이 침이 있는지 없는지, 또는 암수 둘 중
하나는 침이 있고 다른 하나는 없는지는 확인된 바가 없다. 교미하고 있
는 야생 말벌을 관찰한 적이 있는데 하나는 침이 있는 것을 확인했지만
다른 하나도 침이 있는지는 확인하지 못했다. 말벌의 애벌레는 출산을 통
해 태어난 것 같지 않다. 애당초 말벌의 새끼라고 하기에는 너무 크기 때
문이다.

7 말벌의 다리를 잡고 날개를 잉잉거리며 떨어 댈 수 있도록 놓아두면
침이 없는 말벌은 이 말벌에게 날아오고 침이 있는 말벌은 날아오지
않는다. 어떤 사람은 이런 사실을 근거로 하나는 수컷이고 다른 하나는
암컷이라고 추정한다. 겨울에 말벌은 땅속 구멍에 들어가 있는데 어떤 것
은 침이 있고 어떤 것은 침이 없다. 어떤 말벌들은 몇 개 안 되는 작은 방
을 만드는데 어떤 말벌은 큰 방을 여러 개 만든다. 어미 말벌은 계절이 바
뀔 때 주로 느릅나무에서 끈적끈적한 고무 같은 물질을 모으다가 잡힌다.
지난해 말벌이 많이 나타났고 비가 오는 날이 많았으면 어미 말벌의 개체
수가 크게 는다. 어미 말벌은 깎아지른 벼랑과 수직으로 갈라진 협곡에
많이 서식한다. 이 벌들은 모두 침을 가지고 있는 것으로 보인다.

말벌의 습성에 대해서는 이쯤 해두자.

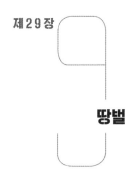

제29장

땅벌

1 땅벌*은 벌처럼 꽃에서 먹이를 구하지 않고 주로 동물성 먹이를 먹고 산다. 그래서 땅벌은 똥파리를 잡아먹기 위해 똥 위를 맴돈다. 똥파리를 잡으면 머리는 잘라 버리고 몸통만 가지고 날아간다. 그뿐만 아니라 땅벌은 과일도 즐겨 먹는다. 땅벌의 먹이활동은 이렇다. 땅벌 중에도 벌이나 말벌과 마찬가지로 여왕벌 또는 우두머리벌이 있다. 땅벌의 여왕벌은 말벌과 여왕말벌, 벌과 여왕벌 등의 크기 차이에 비해서 그 차이가 훨씬 크다. 여왕땅벌은 여왕말벌과 마찬가지로 벌집 안에서만 지낸다.

2 땅벌은 개미처럼 흙을 파내고 그 안에 집을 짓는다. 땅벌이나 말벌은 보통 벌처럼 무리를 이루지는 않지만, 새끼들과는 같은 집에서 함께 지내며 계속 흙을 더 파내 집을 넓혀 나간다. 그래서 집이 커진다.

---

* &ἀνθρήνη(anthrene). 수시렁이도 같은 이름이지만, 여기서는 땅벌, 영어로 hornet이다.

실제로 유난히 번창한 어떤 땅벌집은 흙을 서너 바구니나 파내고 만든 사례가 있다. 땅벌은 벌과는 달리 먹이를 저장하지 않고 휴면 상태로 겨울을 난다. 겨울에 많은 땅벌이 죽지만 모두 죽는다고 확언할 수는 없다. 벌통에는 여왕벌이 여러 마리 있어서 벌 떼를 분리해 분봉하지만 땅벌집에는 여왕벌이 한 마리밖에 없다.

3 땅벌은 벌집에서 나와 제각각 흩어진 뒤에는 나무에 모여 땅 위에서 흔히 볼 수 있는 것과 같은 집을 짓는다.* 그리고 여기에 여왕벌을 낳는다. 완전히 자란 여왕벌은 벌들을 데리고 나가 다른 벌집에 정착한다. 이 벌들의 교미와 번식 방법에 관해서는 실증적으로 알려진 바가 없다. 벌 중에서 수벌과 여왕벌은 침이 없다. 그리고 말벌 중에도 그런 벌이 있다고 이미 설명했다. 여왕땅벌이 침이 있는지 없는지는 더 알아봐야겠지만, 땅벌은 모두 침을 가지고 있는 것으로 보인다.

---

* 아마도 다른 종류의 벌을 설명하는 것 같다.

제30장

호박벌

1 호박벌은 바위 밑에 있는 땅바닥에 몇 개의 방을 만들어 새끼를 낳는다. 그 방에는 질이 떨어지는 꿀이 조금 있다. 텐트레돈*이라는 벌은 말벌과 비슷하지만 얼룩덜룩한 무늬가 있고 벌만큼 몸통이 펑퍼짐하다. 이 벌은 식도락가 같은 습성이 있어서 한 번에 한 마리씩 부엌으로 날아들어 생선살 같은 진미를 먹는다. 이 벌은 땅속에 새끼를 낳는데 다산성이다.

벌과 말벌 그리고 그 아류들의 먹이활동과 생활습성에 대해서는 이쯤 해두자.

---

* τενθρηδών(tenthredon). 그리스 신화에 나오는 마그네시아(Μαγνησία)의 왕자 이름이다. 여기서는 말벌의 한 종류를 가리킨다.

제 31 장

동물의 기질

1 이미 언급했듯이 동물의 기질 또는 성향에는 차이가 있다. 특히 담대하고 소심함에서 그렇다. 그리고 온순함과 난폭함의 차이도 마찬가지다. 사자는 먹이를 잡아먹을 때 가장 잔인하다. 그러나 배가 고프지 않고 먹이를 충분히 먹었다면 지극히 점잖다. 사자는 의심이나 두려움이 없다. 사자는 함께 자란 동물들 그리고 낯익은 동물들과는 어울려 놀기를 좋아하고 그런 동물들을 매우 다정한 태도로 대한다. 사자는 사냥꾼들에게 쫓길 때도 물러서거나 두려워하지 않는다. 많은 사냥꾼이 달려들어 어쩔수 없이 피할 때조차도 이따금 머리를 돌려 사냥꾼들을 쳐다보며 유유히 한 발 한 발 물러선다. 도망치다가 숲에 이르면 개활지가 나올 때까지 달려간 다음 다시 느긋하게 걸어간다. 개활지에서 노출된 채 많은 사냥꾼에게 공격받으면 전력을 다해 도망가지만, 껑충껑충 뛰지는 않는다. 사자가 달릴 때는 개와 마찬가지로 시종일관 한결같은 속도로 달린다. 사냥감을

잡을 때는 뒤쪽으로 가까이 다가가 느닷없이 덮친다.

2 사자에 대해 전해 내려오는 두 가지 속설은 사실에 가깝다. 하나는 호메로스가 "사자는 사납지만 타오르는 횃불을 무서워한다"*고 썼듯이 사자는 불을 유난히 무서워한다는 속설이다. 그리고 다른 하나는 사자는 자신에게 화살을 쏜 사냥꾼을 찾아내 공격하는데 사냥꾼이 사자에게 활을 쏘아 상처를 입히지 못하면 사자는 일격에 그 사냥꾼을 덮쳐 붙잡지만, 발톱으로조차 상처를 입히지 않고 흔들어 겁만 주고 다시 놓아준다는 이야기다. 사자는 나이가 들면 마을로 내려와 가축과 사람을 공격하는 성향이 늘어난다. 사자도 늙으면 병으로 이빨이 상해 평소에 잡아먹던 먹잇감을 사냥할 수 없기 때문이다. 사자는 꽤 오래 산다. 다리가 온전하지 않은 상태에서 잡힌 사자는 이빨이 여러 개 빠져 있다. 이런 사실을 사람들은 사자가 장수하는 증거라고 여긴다. 고령이 되기 전에는 상태가 그렇게 나빠지지 않기 때문이다.

3 사자는 살집이 풍만하고 갈기가 곱슬곱슬한 사자와 날씬하고 갈기가 직모인 사자, 이렇게 두 종류가 있다. 후자는 용맹하고 전자는 비교적 겁이 많다. 겁이 많은 사자는 간혹 개처럼 다리 사이에 꼬리를 끼고 도망간다. 한번은 멧돼지를 공격하려던 사자가 멧돼지가 방어 자세를 취하고 등줄기의 털을 곤두세우자 그대로 도망치는 것이 목격된 적이 있다.

---

* 『일리아스』 11권 553행과 17권 663행.

사자는 배 부위가 공격에 취약하다. 하지만 몸의 다른 부위는 웬만큼 맞아도 끄떡없으며 특히 머리는 대단히 강하다. 사자가 이빨이나 발톱으로 상처를 입히면 상처 부위에서 누런 고름 같은 액체가 흘러나오는데, 붕대나 해면으로는 막을 수가 없다. 그런 상처는 개에게 물렸을 때와 같은 방법으로 치료한다.

4 자칼은 사람을 좋아한다. 자칼은 사람을 해치지도 않고 무서워하지도 않는다. 그러나 들개와 사자에게는 적대적이다. 따라서 들개와 사자가 사는 곳에는 자칼이 없다. 자칼은 작은 종류가 가장 우수하다. 자칼은 두 종류라고 말하는 사람도 있고, 세 종류라고 하는 사람도 있다. 하지만 어류, 조류 그리고 일부 네발짐승과 마찬가지로 자칼도 계절에 따라 모습이 달라진다. 자칼은 여름에는 털이 함함하고 겨울에는 털북숭이가 된다.

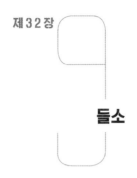

제32장

들소

1 들소는 파이오니아와 마이도이*를 가르는 메사피오** 산지의 파이오
니아 쪽에 서식한다. 파이오니아인은 들소를 모나포스***라고 부른
다. 이 들소는 크기가 황소만 한데 몸집이 더 다부지고 짧은 편이다. 가
죽을 늘려 펼치면 일곱 명은 너끈히 앉을 만한 장의자를 만들 수 있다.
전체적인 외모는 암소와 비슷하지만, 말처럼 갈기가 어깨까지 있다. 하지
만 털 자체는 말의 갈기보다 부드러워 곤두서 있지 않다. 털 색깔은 황갈색
이다. 갈기는 눈이 있는 곳까지 이어져 있는데 색이 짙고 촘촘하다. 몸 색
깔은 두 가지 색이 섞인 말과 같이 붉은색과 회색이 섞여 있는데, 말보다
더 짙다. 배 부위의 털은 양모처럼 생겼다. 검은색이나 붉은색 들소는 아

---

* Παιονία(Paionia), Μαῖδοι(Maidoi). 두 곳 모두 발칸반도 북서부에 있던 고대 국가다.
** Μεσσάπιο(Messapio). 그리스 보이오티아 북쪽의 낮은 산들로 이루어진 지역.
*** μόναπος(monapos). 이 동물의 이름은 모노프스(μόνοψ), 모나토스(μόνατος), 모노토스(μόνωτος) 등
    다양한 명칭으로 기록되어 있다.

직 본 적이 없다.

2 이 들소도 황소처럼 우렁찬 소리를 낸다. 뿔은 안쪽으로 서로 마주 보며 구부러져 있어서 방어하는 데는 쓸모가 없다. 뿔은 넓이가 한 뼘 이상으로 뿔 하나에 3파인트의 액체를 담을 수 있을 정도다. 뿔은 검은색이며 아름답고 광채가 난다. 이마 부위의 털은 눈까지 내려와 있어서 정면보다는 측면에 있는 사물을 더 잘 본다. 이 들소는 소나 다른 뿔 달린 짐승처럼 위쪽에는 앞니가 없다. 다리에는 털이 많고 발굽은 갈라져 있으며 꼬리는 암소 꼬리와 비슷한데 몸집에 비해서는 작은 편이다. 이 동물은 황소처럼 발굽으로 먼지를 일으키며 땅을 파헤친다. 가죽은 질겨 충격에 강하다. 이 들소의 고기는 맛이 좋아 사냥감으로 인기가 있다.

3 이 들소는 부상당하면 도망치는데 완전히 탈진했을 때만 멈춘다. 포식자로부터 자신을 방어할 때는 발길질을 하고 4오르귀이아*까지 멀리 똥을 싸지른다. 이 무기는 반복적으로 사용할 수 있다. 이 들소의 똥은 매우 독해서 사냥개의 털에 묻으면 털이 삭는다. 그런데 들소가 화났을 때만 똥이 그런 부식성을 갖게 되고 평상시에는 그렇게 독하지 않다. 들소의 생김새와 습성에 대해서는 이쯤 해두자. 출산이 임박하면 임신한 소 여러 마리가 산에 모여 새끼를 낳는다. 이 소들은 새끼를 낳기 전에 마치 원형으로 된 성채를 구축하듯이 사방으로 똥을 싸놓는다. 이 동물은 똥을 엄청나게 많이 싸는 특징이 있다.

---

*   ὄργυια(orgyia). 고대 그리스의 길이 단위로 1오르귀이아는 대략 1.85미터다.

코끼리

1 모든 동물 가운데 가장 길들이기 쉽고 온순한 동물이 코끼리다. 대부분의 코끼리는 지시하면 그 취지와 의미를 이해할 수 있다. 예를 들면 왕 앞에서는 무릎을 꿇으라고 가르칠 수 있다. 코끼리는 매우 예민하고 다른 동물들에 비해 지능이 뛰어나다. 수컷 코끼리는 한번 교미해서 임신시킨 암컷과는 더 이상 교미하지 않는다. 어떤 사람은 코끼리가 200년을 산다고 말한다. 또 어떤 사람은 120년을 살고 암컷도 수컷과 거의 수명이 같다고 말한다. 코끼리는 60세 전후가 전성기다. 코끼리는 악천후와 서리에 민감하다. 코끼리는 주로 강변에 살지만, 그렇다고 해서 물에 사는 동물은 아니다. 코끼리는 코로 호흡하기 때문에 코끝을 물 밖으로 내놓을 수 있는 한 어떤 물도 건너갈 수 있다. 하지만 몸무게가 많이 나가서 헤엄치는 것은 미숙하다.

제 3 4 장

낙타, 말

1 낙타는 자신을 낳은 어미 낙타와는 교미하지 않는다. 낙타몰이꾼이 아무리 시키려고 해도 완강히 거부한다. 한번은 젊은 수컷이 어미와 교미를 거부하자 낙타몰이꾼이 어미에게 너울을 씌워 새끼 수컷에게 데려가 교미하도록 했다. 그러다 교미하던 중 너울이 벗겨졌고 돌이킬 수 없는 일이 벌어졌다. 그 낙타는 낙타몰이꾼을 곧바로 물어 죽였다. 다음과 같은 전설이 있다. 스키티아의 어떤 왕이 품종이 좋은 암말을 한 마리 키우고 있었는데 이 암말이 낳은 새끼들이 아주 훌륭했다. 왕은 그중에 수컷 한 마리를 마구간으로 데려가 어미와 교미시키려고 했다. 젊은 수컷이 교미를 거부하자 어미의 머리를 천으로 감쌌다. 젊은 수컷은 어미인 줄 모른 채 교미했다. 그러고 나서 머리를 감싼 천을 벗겨내 어미인 것을 알게 된 젊은 수컷은 그대로 달려나가 절벽에 몸을 던졌다.

제35장

돌고래

1 해양동물 중 하나인 돌고래의 순하고 다정한 기질과 어린 것에 대한
애정 어린 관심을 보여주는 많은 일화가 타라스,* 카리아 등지에서 전
해오고 있다. 이야기인즉 이렇다. 카리아 해안에서 돌고래 한 마리가 상
처를 입은 채 잡히자 돌고래가 떼를 지어 항구로 몰려와 머물다가 어부가
잡힌 돌고래를 놓아주자 떠났다. 그리고 이런 이야기도 있다. 어떤 큰 돌
고래는 작은 돌고래들을 보호하기 위해 항상 따라다녔다. 한번은 크고 작
은 돌고래 무리가 나타났는데 조금 떨어진 곳에서 돌고래 두 마리가 어린
돌고래가 죽어 가라앉으려고 하자 그 밑에 들어가 등으로 떠받치며 헤엄
치는 모습이 목격되었다. 죽은 돌고래를 불쌍히 여겨 육식성 어류가 먹지
못하도록 한 것이다.

---

*   Τάρᾱς(Taras). Tarentum. 이탈리아반도 남단에 있었던 마그나 그라에시아(Magna Graecia)의 고대
    도시.

2 돌고래의 민첩성에 대해서도 놀라운 이야기들이 전해져 온다. 돌고래는 바다와 육지를 통틀어 가장 빠른 동물인 것 같다. 돌고래는 큰 배의 돛대를 뛰어넘을 수 있다. 돌고래의 민첩성은 주로 먹잇감을 쫓을 때 발휘된다. 돌고래는 배가 고프면 바다 깊은 곳으로 도망치는 물고기들도 쫓아간다. 깊은 곳에서 올라오는 시간이 오래 걸리면 돌고래는 깊이를 계산하여 중간에 숨을 참았다가 다시 기운을 차린 다음 숨을 쉬기 위해 쏜살처럼 빠르게 올라온다. 그리고 그런 과정에서 주위에 배가 있으면 돛대 위로도 뛰어오른다. 잠수부들도 깊은 곳에 잠수했을 때 이와 같은 행동을 하는 것을 볼 수 있다. 다시 말해 잠수부들도 기운을 회복해가며 힘에 맞춰 수면으로 올라온다.* 돌고래는 암수가 짝을 이루어 산다. 돌고래가 육지에서 좌초하는 이유에 대해서는 알려진 바가 없다. 어쨌든 돌고래들은 때때로 분명한 이유 없이 육지로 몰려와 좌초한다.

---

* 잠수부들이 한 번에 떠오르지 않고 시간을 끌며 단계적으로 올라오는 것은 잠수병을 막기 위한 것이다. 돌고래도 역시 깊이 잠수했을 때는 잠수병을 막기 위해 이런 행동을 하는 것으로 보인다.

제36장

특이한 기질을 지닌 조류

1 모든 동물이 환경이 바뀌면 행동이 바뀌는 것처럼 행동이 바뀌면 성격도 달라진다. 그리고 조류에서 볼 수 있듯이 종종 신체적으로도 변화가 일어난다.* 예를 들어 암탉은 다른 수탉과 교미하려고 싸울 때는 수탉처럼 울고 머리의 볏과 엉덩이의 꽁지깃털을 곧추세운다. 그래서 암탉인지 수탉인지 분간하기 어렵다. 그리고 작은 며느리발톱까지 자라나기도 한다.** 어떤 수탉은 암탉이 죽으면 병아리들을 돌보는데 암탉이 하는 것처럼 데리고 다니며 먹이를 준다. 병아리들을 돌보는 데 헌신적인 수탉은 울지도 않고 교미에도 관심을 보이지 않는다. 어떤 수탉은 태생적으로 암컷 기질을 가지고 있어서 교미하려고 들이대는 수컷에게 순순히 뒤를 내준다.

---

* 체계적으로 설명하지는 않았지만, 아리스토텔레스 시대에도 이미 진화와 그 인과관계에 대한 인식이 있었다는 것을 알 수 있다.

** 고대 그리스에서는 암탉이 수탉처럼 변하는 것을 흉조로 보았다.

2 조류 가운데 상당수는 계절에 따라 깃털의 색깔과 목소리가 달라진다. 예를 들면 찌르레기는 깃털이 검은색 대신 노란색으로 변하고 울음소리도 달라진다. 여름에는 아름다운 울음소리를 내고 겨울에는 시끄러운 불협화음으로 찍찍거린다. 개똥지빠귀도 색깔이 달라진다. 겨울에는 목 부위가 찌르레기와 같은 색을 띠다가 여름에는 얼룩덜룩해진다. 하지만 울음소리는 바뀌지 않는다. 나이팅게일은 산에 신록이 물들면 15일 동안 밤낮으로 계속 울어댄다. 그러고 나면 울기는 하지만 계속 울지는 않는다. 여름이 되면 울음소리가 달라져 이전처럼 다양한 음조나 낮은 소리 그리고 정교한 화음으로 울지 않고 단조로운 소리를 낸다. 나이팅게일은 깃털 색깔도 바꾼다. 이탈리아에서는 그때가 되면 다른 이름으로 부른다.* 나이팅게일은 여름에는 숨기 때문에 짧은 기간에만 볼 수 있다.

3 가슴이 붉은 방울새인 꼬까울새와 흰이마딱새**는 서로 색깔이 바뀐다. 전자는 겨울새고 후자는 여름새다. 이 두 새는 깃털 색이 다르다는 차이밖에 없다. 꾀꼬리와 검은머리솔새도 마찬가지로 서로 색깔이 바뀐다. 꾀꼬리는 초가을에 나타나고 검은머리솔새는 초봄에 나타난다. 이 두 종류도 색깔과 울음소리만 다르다. 이 새들은 이름이 둘이지만 사실은 같은 새라는 것은 변화가 진행되는 시기에 아직 변화가 끝나지 않은 상태로 두 종류의 새를 보면 알 수 있다. 그때 이 두 종류의 새는 전혀 다르지 않다. 새들의 울음소리와 깃털 색깔에 일어나는 변화는 그리 이상

---

*　　　이탈리아에서는 나이팅게일을 우시뇰로(usignòlo)와 로시뇰로(rosignòlo) 두 가지 이름으로 부른다.

**　　φοινίκουρος(phoinicoros). 학명은 *Phoenicurus phoenicurus*.

한 일이 아니다. 심지어 산비둘기는 겨울에는 울지 않고 봄이 찾아오면 다시 울기 시작한다. 그러나 겨울에 눈보라가 몰아치다가 맑은 날이 이어지면 울음소리를 내기도 해서 겨울에 울지 않는 이 새의 습성을 잘 아는 사람들을 놀라게 한다. 산비둘기는 봄이 오면 기다렸다는 듯이 울기 시작한다. 일반적으로 새들은 짝짓기 시기에는 가장 크고 다양한 소리를 내며 울어댄다.

4 뻐꾸기는 깃털 색깔이 변한다. 그리고 뻐꾸기가 이동하기 직전 한동안은 울음소리를 들을 수 없다. 뻐꾸기는 봄부터 천랑성이 뜰 무렵까지 나타나다가 천랑성이 뜨기 직전에 떠나간다. 천랑성이 나타나면 사람들이 사막딱새*라고 부르는 새가 사라졌다가 이 별이 지면 다시 나타난다. 이 새들은 극심한 추위와 더위가 찾아올 때는 자취를 감춘다. 후투티도 깃털 색깔을 비롯해 모습이 달라진다. 아이스퀼로스**는 그런 내용을 다음과 같은 시로 표현했다. "제우스는 자신의 고통을 보여주기 위해/ 후투티에게 변화무쌍한 옷을 입혔다./ 이제 기사들처럼 장식 깃을 뽐내는 이 화려한 산새는/ 때맞춰 매의 흰 날개와 은빛 깃털로 변신해/ 다가오는 봄을 맞는다./ 젊고 늙음을 가리지 않고 한 가지/ 새에 두 가지 색과 형상이 주어졌다./ 윤기 나는 깃털은 젊은 날을 상징하고/ 은백색의 깃털은 노

---

* οἰνάνθη(oinanthē). οἴνη(wine)와 ἄνθη(blossom)의 합성어로 '포도꽃'이라는 뜻이다. wheatear. 유럽과 북아프리카를 오가며 사는 철새다.
** Αἰσχύλος(Aiskhýlos, 기원전 525/524~456/455). 그리스의 비극 시인으로 비극의 아버지로 불린다. 아리스토텔레스에 따르면 등장하는 인물 간의 대화를 통해 인간의 갈등을 표현하는 형식을 최초로 시도했다. 이전까지 그리스 비극은 무대에 등장하는 인물들은 합창단하고만 대사를 주고받았다.

숙함을 상징한다./ 들판이 익은 곡식들로 누렇게 변하면 다시 얼룩덜룩한 깃털을 하게 된다./ 그러나 항상 시무룩하게 이곳 팔레네*를/ 혐오하며 인적이 끊긴 숲과 산을 찾는다."

5 새 중에 어떤 것은 흙으로 목욕하고 어떤 것은 물에 들어가 목욕한다. 그리고 어떤 것은 아예 목욕하지 않는다. 닭, 자고새, 뇌조, 뿔종다리, 꿩 등 땅에서 사는 새는 흙으로 목욕한다. 발톱이 구부러지지 않은 새 가운데 강변이나 습지 그리고 바다에 사는 새는 물로 목욕한다. 비둘기와 참새처럼 흙과 물 두 가지로 목욕하는 새도 있다. 구부러진 발톱을 가진 새는 대부분 목욕하지 않는다. 조류의 습성에 대해서는 이쯤 해두자. 그러나 특이하게 꽁무니에서 소리를 내는 새가 있다. 예를 들면 호도애는 꽁무니를 세차게 흔들어 소리를 낸다.

---

* Παλλήνη(Pallene). 그리스 아티카 지방에 있던 고대 도시. 고대 그리스의 문학작품과 명문에 자주 등장한다.

제 3 7 장

동물의
특이한 변화

1 어떤 동물은 특정한 나이와 계절에만 형태와 성질이 변하는 것이 아
 니라 거세했을 때도 변한다. 고환이 있는 모든 동물은 거세할 수 있
다. 조류는 고환이 체내에 있다. 난생 네발짐승은 고환이 생식기 가까운
곳에 있다. 걸어 다니는 태생동물 가운데 어떤 것은 고환이 체내에 있지
만, 대부분은 체외에 달려 있다. 그러나 걸어 다니는 태생동물의 고환은
모두 하복부에 있다. 조류는 거세할 때 암컷과 교미할 때 연결되는 부분
을 잘라낸다. 새가 다 자란 다음 이 부분을 뜨겁게 달군 쇠로 두세 번 지
지면 볏이 누렇게 변색한다. 그리고 울지도 않고 교미하려고 들이대지도
않는다. 그러나 새가 다 자라기 전에 그곳을 지지면 그 새는 커서도 수컷
의 형태나 기질을 나타내지 않는다.

2 이것은 인간도 비슷하다. 어렸을 때 거세하면 나중에 자라서도 체모가 나지 않는다. 목소리도 바뀌지 않아 새된 소리를 낸다. 성년이 되었을 때 거세하면 음모를 제외하고는 성인이 되어 자라는 체모가 그 이상 자라지 않고 완전히 빠지는 것은 아니지만 줄어든다. 그러나 태어나면서부터 있었던 머리털은 빠지지 않는다. 그래서 환관 중에는 대머리가 없다. 거세를 당하거나 성불구가 된 수컷 네발짐승은 모두 목소리가 암컷 목소리로 변한다. 다른 동물들은 어렸을 때 거세하지 않으면 거세를 당하고 나면 죽는다. 그러나 멧돼지는 유일하게 언제 거세해도 상관이 없다. 동물은 모두 어렸을 때 거세하면 거세하지 않은 것보다 더 크고 멋있어진다. 그러나 다 커서 거세하면 더 이상 자라지 않는다.

암수 멧돼지

3 수사슴은 뿔이 나기 전에 거세하면 그 이후로는 아예 뿔이 나지 않는다. 뿔이 있을 때 거세하면 뿔의 크기가 변하지 않고 뿔 갈이도 하지 않는다. 송아지는 한 살 때 거세한다. 그러지 않고 나중에 거세하면 작고 볼품없게 된다. 수말은 다음과 같은 방법으로 거세한다. 수말을 등을 대고 눕힌 다음 음낭을 조금 절개하고 음낭을 압박해 고환을 빼낸다. 그러고 나서 고환에 붙어 있는 혈관을 할 수 있는 만큼 깊이 다시 넣어준다. 그리고 절개한 부위를 곪지 않도록 털로 막아준다. 만약 염증이 생기면 음낭을 지지고 회반죽을 발라준다. 다 자란 소는 거세해도 여전히 교미할 수 있는 것 같다.

4 교미하려는 욕구를 억제해 빨리 크고 살이 많이 찌게 하려고 암소의 난소를 적출한다. 우선 암소를 이틀 동안 굶긴 다음 뒷다리를 묶어 매달고 하복부 즉 멧돼지라면 고환이 있을 만한 부위를 절개한다. 자궁이 둘로 갈라지는 곳과 인접한 바로 그 부위에서 난소가 형성되기 때문이다. 그곳의 일부를 잘라내고 절개한 곳을 꿰맨다.

5 암낙타는 전쟁에 동원할 목적과 새끼를 갖지 못하도록 난소를 적출한다. 아시아 북쪽에 사는 주민 중에는 낙타를 3천 마리나 키우는 사람도 있다. 낙타가 달리면 보폭이 넓어 니사이아*의 말보다 훨씬 빨리 달린다. 일반적으로 거세한 동물은 거세하지 않은 동물보다 더 크게 성

* Νισαία(Nisaia). Nisaea. 페르시아의 자그로스산맥 남부 평원지대를 가리키는 지명. 여기서 사육하는 말들은 품종이 훌륭하다고 한다. 헤로도토스의 『역사』 7권 40장에 이 말에 관한 언급이 있다.

장한다.

6 모든 반추동물은 먹는 것 못지않게 되새김질에서 실익과 기쁨을 얻는다. 소, 양, 염소 같은 반추동물은 위턱의 앞니가 없다. 사슴처럼 되새김을 하면서도 간혹 사람들이 순치시켜 키우는 경우를 제외하고 야생 반추동물에 관해서 알려진 바가 없다. 모든 반추동물은 보통 땅바닥에 앉아 되새김질을 한다. 그리고 겨울철에 가장 길게 되새김질을 한다. 그리고 우리에 가둬 키우는 동물은 일 년에 약 일곱 달 동안 되새김질을 한다. 무리를 지어 방목하는 반추동물은 되새김질을 적게 그리고 짧게 한다. 폰토스에 사는 쥐들과 되새김질을 해서 '메뤽스*'라고 부르는 물고기처럼 상하 양쪽 턱에 앞니가 있는 동물 중에도 되새김질을 하는 것이 있다. 팔다리가 긴 동물은 똥이 묽다. 가슴이 넓은 동물은 상대적으로 쉽게 토한다. 이런 이야기들은 네발짐승과 새 그리고 인간에게 일반적으로 적용될 수 있다.

---

* μηρυχ(meryx). 그리스어로 '되새김을 하다'는 μηρυκάζω(merykazo)에서 나온 말이다.

부록

부 록

『동물지』 편찬에 이용했거나 이용했다고 알려진 문헌 및 재원(財源)에 관한 논고

_요한 슈나이더의 라틴어판에서

아리스토텔레스는 그가 실명을 밝힌 것보다 훨씬 더 많은 저자의 견해를 모방하거나 자신의 목적을 위해 전용했을 개연성이 매우 높다. 그가 이름을 밝힌 저자는 알크마이온,* 디오뉘시우스,** 헤로도로스,*** 크테시아스, 할리카르나소스의 헤로도토스, 쉬엔네시스,**** 폴뤼보스,***** 데모크리토스,****** 아낙사고라스,******* 엠페도클레스******** 등이다. 나는 아리스토텔레스가 이름을 밝힌 것보다 더 많은 저자로부터 정보를 얻

---

*   Alkmaiōn(Alcmaeon). 기원전 5세기에 활동한 자연철학자이자 의학자.

**   Dionysios. 기원전 30년경에 활동한 역사가이자 문학비평가.

***   Heródōros(Herodorus). 기원전 5세기에 활동한 작가로 헤라클레스에 관한 글을 쓴 것으로 알려져 있다.

****   Syennesis. 기원전 4세기 이전에 활동한 그리스의 의사.

*****   Polybos(Polybus). 기원전 400년경에 활동한 의사로 히포크라테스의 제자이자 사위.

******   Dēmókritos(Democritus, 기원전 460~370). 고대 그리스의 철학자로 만물이 원자로 이루어졌다는 '원자론'을 주장한 것으로 유명하다.

*******   Anaxagóras(Anaxagoras, 기원전 500~428). 소크라테스 이전에 활동한 그리스 철학자.

********   Empedocles(기원전 494~434). 시칠리아 아크라가스에서 활동한 그리스의 철학자.

『동물지』를 라틴어로 번역한 독일의 고전학자이자 박물학자 요한 슈나이더(Johann Gottlob Theaenus Schneider, 1750~1822). 작센주의 베름스도르프에 있는 콜름(Collm) 출신이다. 주요 저서로 『그리스-독일어 중요어 소사전(Kritisches griechisch-deutsches Handwörterbuch)』(1797~1798)이 있다. 그는 1811년부터 브레슬라우(현 폴란드의 브로츠와프) 대학에서 고전어와 수사법을 가르치기도 했다.

었을 것이라고 말했다. 이런 추측을 하는 이유는 그가 나일강에 서식하는 악어에 관해 서술하면서 헤로도토스의 기술을 거의 그대로 발췌한 대목에서도 드러난다.

아리스토텔레스의 자연사와 동물에 관한 저술에는 많은 지명이 등장한다. 아리스토텔레스는 다양한 동물의 종류와 형태로 변신한 사람들에 관한 옛날이야기를 언급하면서 이 장소들을 거명한다. 그런 이야기를 지어낸 사람들 가운데 가장 오래전에 살았던 사람은 보이오스*(또는 보이오. 어떤 사람은 그가 여성일 것으로 추정한다)다. 보이오스가 지은 책에서 안토니우

---

*   Boios(Βοῖος). 고대 그리스의 신화편찬자이자 문법학자로 신화에 등장한 인물들이 새로 변신하는 이야기를 다룬 『새의 발생(Ornithogonia)』을 쓴 것으로 알려졌으나 작품은 전해지지 않는다.

스 리테랄리스*는 그리스어로 된 많은 부분을 발췌한다. 니칸데르**를 비롯한 여러 사람이 보이오스를 하나의 전범(典範)으로 삼았다. 라틴어로 된 작품 가운데는 오비디우스***의 『변신 이야기(Metamorphōseōn librī)』가 항상 주목을 받았다.

안토니우스의 작품과 오비디우스의 작품을 읽은 사람들은 누구나 아리스토텔레스가 아주 먼 옛날부터 그가 살던 시대까지 전해 내려오는 책에 등장하는 인물에서 동물들의 기질과 습성에 관한 정보를 얼마나 많이 얻었는지 쉽게 알 수 있다. 고대의 물리적 현상을 연구한 학자들이 동물의 습성을 항상 인간의 습성과 비교하고 인간에 내재한 유사한 충동에서 동물들의 행동에 대한 근거와 동기를 추론한다는 것을 유념하면 특히 더 그렇다.

이런 사례는 이솝 우화에서 찾을 수 있다. 왜냐하면 이솝 우화에는 물리적 현상과 도덕에 관해 고대인이 생각한 기본적 원리가 나타나 있기 때문이다. 또한 에우독소스****의 저작과 『일주 항해(Periplus)』를 쓴 스퀼락스***** 등을 인용했을 가능성도 추정할 수 있다. 스퀼락스는 여러 나라에 사는 동물들에 관해 기술하고 있다. 또한 아리스토텔레스는 에우독소스의 『기상학』에 공감하고 있었고, 다른 책에서 이 두 사람의 생각에

---

*   Antonius Literalis. Antoninus Liberalis(Ἀντωνῖνος Λιβεράλις)의 오기로 보인다. 그는 1세기에서 3세기경에 살았던 것으로 추정되는 그리스 문법학자로 신화에 나타난 변신의 이야기를 수집·정리한 것으로 유명하다.

**   Níkandros(Nicander). 기원전 2세기경에 활동한 그리스 시인이자 문법학자.

***   Publius Ovidius Naso(기원전 43~기원후 17). 고대 로마의 시인.

****   Eúdoxos(Eudoxus, 기원전 408~355). 그리스의 천문학자, 수학자. 플라톤의 제자.

*****   Scylax(Σκύλαξ). 기원전 6세기 후반과 5세기 초반에 활동한 그리스 탐험가이자 작가.

관심이 많음을 표현하고 있기 때문이다.

아리스토텔레스가 알렉산드로스 대왕의 아시아와 인도 원정에 수행했던 사람들이 그리스로 가져온 아시아와 인도 내륙 지방에 서식하는 동물들에 관한 수많은 기록을 이용했거나 이용할 수 있었는지는 매우 확실하지 않다. 아리스토텔레스의 제자이자 아리스토텔레스 학파의 후계자인 테오프라스토스*는 그의 『식물지(Historia Plantarum)』에서 이런 기록들을 많이 이용한 것으로 밝혀졌다. 이런 이유로 나는 출판연도를 특정할 수 있는 근거는 없지만 알렉산드로스 대왕 수행원들의 기록이 그의 사후에 출판되었다는 것이 분명하다고 생각한다. 사실 나는 아리스토텔레스가 알렉산드로스와 함께 원정에 나섰던 수행원들이 전해준 지식을 접하고 아시아와 인도 내륙의 동물들에 대해 알게 되었다고 보이는 어떤 증거도 『동물지』에서 찾지 못했으며, 『동물지』를 쓴 장소나 시기를 추정할 만한 최소한의 정보도 발견할 수 없었다.

하지만 『동물지』가 저술된 장소와 시기에 관해 더 열심히 천착하여 내가 찾지 못한 정보들을 찾을 수 있도록 이와 관련된 아리스토텔레스의 연대기 부분을 독자들에게 제시한다.

아리스토텔레스는 마케도니아의 필리포스 왕의 초빙으로 당시 열세 살이던 그의 아들 알렉산드로스를 가르치게 된다. 109회 올림픽이 열리던 두 번째 해였다.** 아리스토텔레스는 111회 올림픽이 열리던 두 번째

---

* Theóphrastos(Theophrastus, 기원전 372~287). 그리스 레스보스 출신의 철학자. 아리스토텔레스의 제자이자 아리스토텔레스를 추종하는 소요학파의 지도자. 아리스토텔레스를 레스보스섬으로 안내하기도 했다.

** 올림픽은 기원전 780년에 시작하여 4년 주기로 열렸다. 109회 올림픽은 기원전 344년에 열렸으며 두 번째 해는 기원전 343년에 해당한다. 아리스토텔레스가 쉰 살 때다.

해에 아테네로 돌아왔다. 그는 아테네에서 13년 동안 제자들을 가르친 다음 할키스로 가서 거기서 생을 마감한다. 114회 올림픽이 열리던 세 번째 해였다.

사실 플리니우스는 『박물지』에서 다른 여러 이야기도 있지만 아리스토텔레스가 『동물지』에서 페르시아 쥐의 태아에 관해 말했다고 전하고 있다. 하지만 그리스어 원전을 보면 플리니우스가 어떤 대목을 보고 이런 이야기를 덧붙였는지 알 수 없다. 여기와 다른 두 대목에서 아리스토텔레스는 다른 사람들이 습관적으로 알렉산드로스 대왕의 헤타이로이(Hetairoi)*라고 부른 군인들을 언급하고 있다. 아리스토텔레스의 『기상학』에는 알렉산드로스가 태어나던 날 헤로스트라토스라는 방화범이 에페소스의 신전을 불태워 파괴한 사건을 기술한 대목도 있다. 따라서 『기상학』은 106회 올림픽이 시작하던 해에 기록된 것으로 보인다. 그런데 『기상학』과 『동물지』는 매우 밀접하게 연관되어 있다. 따라서 우리가 모르는 어떤 단절이 없었다면, 이 두 책은 106회 올림픽이 열리던 때에 집필된 것으로 볼 수 있다.

한편으로 아리스토텔레스는 『기상학』에서 달무지개에 대해 언급하면서 이것이 드물게 나타나는 현상이라고 말하고 "50년 넘도록 두 번밖에 나타나지 않았다"고 덧붙였다. 우리가 이 50년을 아리스토텔레스가 태어난 99회 올림픽의 첫 번째 해를 기점으로 생각하면 그 책이 집필된 시기는 111회 올림픽이 열리던 두 번째 또는 세 번째 해에 해당한다. 이런 계산에 의하면 『동물지』 역시 아테네에서 썼으나 집필에 착수한 날짜는 좀

---

*   '왕의 친구'라는 뜻으로 귀족 자제들로 구성된 기병대.

더 생각해볼 문제다.

이 모든 것으로 미루어보면 많고도 다양한 정보를 담은 책을 구상하고 완성하면서 아리스토텔레스가 접했던 고대 또는 당대의 저자들로부터 수집한 정보의 출처에 대해 우리가 완전히 무지하다는 것을 쉽게 알 수 있다. 아리스토텔레스의 생각이 폭넓고 예리하며 정확한 만큼 지식의 원천이 폭넓다는 것을 인정한다손 치더라도 바다, 강, 대지, 하늘을 널리 망라하는 다양하고 광범위한 주제를 다룬 책을 쓰려면 아리스토텔레스 같은 박식한 사람도 여러 지역에서 수집된 각양각색의 동물에 대한 자료와 그 동물들을 목·강·속·종의 체계로 묘사하고 분류하는 데 사용할 관찰기록은 물론 하나의 일반적 지식체계를 형성하는 데 참조할 만한 다른 문헌이 필요했을 것이다.

플리니우스가 인용한 성명 미상의 저자가 남긴 다음과 같은 진술은 아리스토텔레스가 인용한 문헌에 관한 것이다.

알렉산드로스 대왕은 동물의 세계를 알고자 하는 욕심에 사로잡혀 그 일을 박학다식한 아리스토텔레스에게 맡겼다. 아시아*와 그리스의 전역에서 수천 명이 아리스토텔레스의 명에 따라 사냥과 매사냥 그리고 고기잡이를 하거나 동물원, 목축장, 양어장, 조류사육장을 돌보는 것으로 밥벌이를 했다. 그리하여 아리스토텔레스는 모르는 동물이 없었다. 그리고 이 동물들에 관한 자료를 조사하여 널리

---

*   여기서 아시아는 오늘날의 아나톨리아반도를 의미한다.

알려진 『동물지』 50권을 편찬했다. 나는 그 책들과 그가 몰랐던 동물들에 관한 글을 합쳐 한 권으로 묶었다. 그리고 역량 있는 학자들이 이 문헌들을 참고했으면 한다.*

이 모든 일은 알렉산드로스가 베푼 물심양면의 지원과 신뢰 그리고 그가 지배한 제국의 강성함으로 가능했다.

아일리아노스**가 어떤 출전에 근거해 이야기를 썼는지는 모르지만, 어떤 이들은 그가 편찬한 다양한 역사 기록 가운데 알렉산드로스의 부왕인 필리포스에 대한 기록을 더 선호할지도 모른다. "필리포스는 아리스토텔레스에게 엄청난 재물을 제공하여 많은 일, 특히 동물에 관한 지식을 수집하는 일을 하도록 했다. 니코마코스의 아들인 아리스토텔레스***는 필리포스의 아낌없는 지원을 받아 『동물지』를 완성했다. 필리포스는 또한 플라톤과 테오프라스토스도 공경했다."

이러한 기록이 사실이라면 아리스토텔레스가 마케도니아에서 필리포스의 아들인 알렉산드로스의 교육을 도맡았던 7~8년을 뜻하는 것이 분명하다. 아리스토텔레스의 학술적 작업을 위한 풍족한 지원은 필리포스 왕의 넓은 도량이나 그의 아들과 아들의 스승에 대한 애정에 부합하기 때문에 믿을 만하다. 필리포스 왕가가 소유한 금광은 필리포스의 풍족하고 아낌없는 지원의 바탕이 되었다.

---

*   플리니우스. 『박물지』 제8권 제16·17장.

**   Aelianus Tacticus(Αἰλιανὸς ὁΤακτικός). 2세기에 로마에서 활동한 군사 부문 저술가.

*** 아리스토텔레스의 아들 이름도 니코마코스다. 행복한 삶이 인생의 목적이라는 상식에서 출발하는 『니코마코스 윤리학』은 아들 니코마코스에게 들려준 것으로 아리스토텔레스가 말한 삶의 궁극적 가치가 담겨 있다.

그러나 이러한 아낌없는 지원에는 기록의 신뢰성에 대해 의문을 갖게 하는 이해할 수 없는 점들이 있다. 예를 들면 플라톤과 테오프라스토스의 이름이 언급되었는데, 테오프라스토스는 그리스인에게는 이름이 알려져 있었더라도 아리스토텔레스의 생전에는 필리포스의 아낌없는 지원을 받을 만큼 유명하고 걸출한 학자라고 할 수 없었다. 그는 아테네 학당에서 아리스토텔레스의 후계자였다. 따라서 나는 역사 기록의 충실성보다는 아테네의 언어를 정확하게 쓰는 데 더 열심이었던 아일리아노스가 그의 역사 기술 가운데 필리포스나 플라톤 그리고 테오프라스토스에 관해 부연한 대목에서 오류를 범한 것으로 볼 수밖에 없다.

성명 미상의 저자가 쓴 기록에서 발췌한 아테나이오스*의 말은 매우 다르다. 그는 『동물지』가 돈이 많이 들어간 값비싼 책이라면서 다음과 같이 덧붙인다. "아리스토텔레스는 알렉산드로스로부터 『동물지』를 쓰는 대가로 800탤런트**를 받았다." 페리조니우스***는 '아일리아노스에 관한 기록'에 대해 언급하면서 이 금액은 144만 카롤루스****에 해당한다고 추정했다. 이런 이야기, 좀 더 정확하게 말하면 이런 소문은 요한 하인리히 슐츠*****가 그의 저서 『의학사』에서 밝힌 견해와는 상반된다.

---

*   Athenaeus of Naucratis(Ἀθήναιος ὁΝαυκρατίτης). 2세기 말에서 3세기 초에 활동한 그리스의 수사학자이자 문법학자.

**   talent. 고대 그리스와 중근동 지역의 무게와 화폐 단위. 아리스토텔레스가 활동한 시기에 아테네 지역에서는 1탤런트는 금 25.8킬로그램에 해당한다는 것이 정설이다.

*** Perizonius 또는 Perigonius. 네덜란드 흐로닝언 출신의 고전학자인 야코프 포르브루크(Jakob Voorbroek, 1651~1715)의 라틴어 필명.

**** carolusguldden의 약자로 신성로마제국 카를 5세 치세에 네덜란드에서 주조되기 시작한 은화. 16세기에는 은 약 19그램, 17세기에는 은 약 10그램으로 만들어졌다.

***** Johann Heinrich Schulze(1687~1744). 독일 콜비츠 출신의 과학자이자 박물학자. 염화은의 감광효과를 발견하여 사진술의 발전에 크게 기여했다.

이 문제를 잘 생각해 보면 이야기가 전반적으로 매우 분명치 않고 대부분 터무니없어 보인다. 알렉산드로스가 그 많은 돈을 여러 해 동안 아리스토텔레스에게 주었다고 하는데 마케도니아의 재정수입 총액도 여기에 미치지 못했을 것이다. 따라서 알렉산드로스가 아시아를 정복하기 전에 그 많은 돈을 아리스토텔레스에게 주는 것은 불가능했을 것이다. 그리고 성공적으로 동방 원정을 끝낸 뒤에 알렉산드로스는 아리스토텔레스와 소원해졌다. 알렉산드로스는 후원을 받을 만한 업적이 전혀 없는 다른 학자들을 통 크게 지원하여 아리스토텔레스의 애를 태웠다. 그들은 뛰어난 학자인 아리스토텔레스의 사후에까지도 처벌을 요구했지만 아리스토텔레스가 방대한 『동물지』를 편찬하는 데 그리 많은 돈을 쓰지 않았기 때문에 그들의 노력은 수포로 돌아갔다.

나는 늘 그렇듯이 작은 데서 큰 차이가 난다고 생각한다. 즉 아리스토텔레스가 마케도니아 왕국에서 어떤 지원을 받았다면 그에게 제공된 모든 물질적 지원은 필리포스가 살아 있을 때이거나 알렉산드로스가 동방 원정에 나서기 이전이나 시작한 해에 이뤄진 것이다. 그러나 나중에 알렉산드로스가 동방 원정을 떠나자 아리스토텔레스는 다시 아테네로 돌아와 제자들을 가르치는 데 전념한다. 그는 플리니우스가 언급한 문헌들, 그리고 그의 문하에 들어와 배우는 많은 사람으로부터 어떤 도움도 받을 수 없었다. 그는 다른 일을 하고 있었을 뿐만 아니라 인체가 아니라 동물을 해부하려고 했음에도 불구하고 전례없는 일을 한다는 이유로 분노한 아테네 시민으로부터 죽임을 당할 위험에 내몰리곤 했기 때문이다.*

슐체는 한 메모에서 다음과 같은 의견을 덧붙이고 있다.

플루타르코스에 따르면 알렉산드로스가 동방 원정에 나섰을 때 수행했던 중요한 인물인 아리스토불로스**는 원정군의 군자금 총액이 70탤런트가 안 됐다고 증언하고 있다. 하지만 그는 이 어려운 과업을 준비하기 위해 상호교역용으로 200탤런트를 마련해야만 했다고 말하고 있다. 나는 에우스타티오스***가 쓴 호메로스의 작품에 대한 평론에서 알렉산드로스의 동방 원정 당시 마케도니아 군대에 자금이 매우 부족했다는 논고를 읽은 기억이 있지만 그 구절을 찾을 수는 없다.

나는 이런 문헌들의 영향을 받지도 않았거니와 이런 논쟁이 적절하게 이뤄진 것 같지도 않다는 것을 고백하지 않을 수 없다. 알렉산드로스가 아리스토텔레스의 저술을 지원하기 위해 지불한 것으로 알려진 엄청난 액수의 탤런트에 관해서는 의문이 많기 때문이다. 그리고 그러한 주장은 알렉산드로스가 죽고 나서 수 세기 이후에 등장한 어떤 저술가가 쓴 문헌을 유일한 근거로 삼고 있다. 이러한 주장을 논박하는 것은 쓸데없는 일

---

*   *Historia medicinae*, Leipsic, 1738, p.358.
**   Aristobulus of Cassandreia(Ἀριστόβουλος ὁΚασσάνδρειας, 기원전 375~301). 알렉산드로스의 친구이자 그리스의 역사학자로 알렉산드로스의 동방 원정에 건축가이자 공병참모로 참여했다.
***   Eustathius of Thessalonica(Εὐστάθιος Θεσσαλονίκης, 1115~1195/6). 12세기 비잔틴 제국의 학자로 테살로니카의 대주교를 지냈다.

이다. 그러한 주장의 출처가 불분명하고 숫자로 적힌 금액은 옮겨적는 사람들에 의해 쉽게 와전되기 때문이다. 그러나 아리스토텔레스가 마케도니아에 체류하면서 알렉산드로스를 가르치는 동안 자연사에 관한 연구를 수행할 수 있도록 필리포스나 알렉산드로스가 거액의 돈을 아리스토텔레스에게 주었다는 주장이 개연성이 높은 것으로 본다면 아리스토불로스의 증언은 거의 또는 전혀 도움이 되지 않을 것이다.

아리스토텔레스가 수집한 자료와 문헌을 정리해 편찬 출판한 시점에 대한 의문은 분명히 존재하지만, 오늘날에 와서 그것을 정확히 짚어내는 것은 불가능하다고 생각한다. 내가 어림짐작으로 추정하는 시점은 필리포스나 알렉산드로스가 『동물지』를 편찬하기 위해 아리스토텔레스에게 엄청난 재물을 주었다는 설에 유리하지 않다. 이런 주장을 하는 사람들은 아리스토텔레스가 『동물지』를 편찬하기 위해 쏟은 연구와 노력을 과소평가하면서 유구한 세월 속에 망실된 책이 있다는 것을 잊은 채 아리스토텔레스가 현재 남아 있는 책들만 썼을 것으로 생각한다.

무엇보다도 아쉬운 점은 아리스토텔레스가 동물에 관해 더 자세히 기록했을 것으로 보이는 『조이카(Ζωϊκά)』*와 동물 체내 구조를 더 상세히 기록하고 동물의 신체 기관과 발생에 대해서 쓴 저서들뿐만 아니라 『자연학』**에서도 자주 언급되는 동물들의 삽화가 들어 있는 『아나토미카(άνατομικά)』***가 전해지지 않는 것이다. 오랜 세월에 걸쳐 누적된 사서

---

*   동물이라는 뜻이다.

**   『자연학(Φυσικὴ ἀκρόασις)』. 아리스토텔레스의 자연철학에 대한 논고로 모두 8책으로 이뤄져 있다.

***   해부학 책.

들이 부주의함 그리고 문자로 기록하는 방식 때문에 필사자들이 쉽게 범하는 온갖 오류가 저질러진 뒤에 지금에 와서 아리스토텔레스가 참고한 서적들의 숫자를 정확하게 특정하는 것은 거의 불가능할 것이다.

안티고노스 카리스티오스*는 자신의 책 66장에서 70권이라고 써 플리니우스가 말한 것보다 더 많은 책을 언급하고 있다. 모든 책의 각 권을 별도의 책으로 간주하고 그 목록을 플리니우스가 말한 숫자와 비교할 수밖에 없다고 해도 디오게네스 라에르티오스**와 아테나이오스***가 언급한 책들의 제목을 출판된 책과 비교한다면 아리스토텔레스가 『동물지』를 쓰면서 참고했을 만한 책의 숫자가 쉽게 추정된다.

우리 아버지와 할아버지 세대의 기억에 따르면 (아! 이제는 고대인들이 쓴 책 때문에 속을 끓이는 사람도 별로 없지만) 많은 사람이 아리스토텔레스가 남긴 책들을 보고 주제를 다루는 방식과 동물들의 종류와 습성에 대한 서술방식, 이 두 가지를 놓고 그를 비난했으며 그 책에 관해 문제를 제기하고 논쟁을 벌였다. 이런 문제 제기에 대해서는 『동물지』에 나오는 구절들로 답하는 것이 더 바람직할 것이다. 하지만 전체적으로 볼 때 아리스토텔레스의 교수법에 대한 논박은 그만두게 하는 게 좋을 것 같다. 대신에 아

---

*   Antigonus of Carystus(Ἀντίγονος ὁΚαρύστιος). 기원전 3세기경에 활동한 문필가. 『철학자들의 계보(Διαδοχῆτῶν φιλοσόφων)』를 썼다. 그 내용의 일부가 디오게네스 라에르티오스(Diogenes Laërtius)의 『저명한 철학자들의 생애와 사상』에 전해진다.

**   Diogenes Laërtius(Διογένης Λαέρτιος). 3세기에 활동한 그리스 철학자들의 전기 작가. 그가 쓴 『저명한 철학자들의 생애와 사상(Βίοι καὶγνῶμαι τῶν ἐν φιλοσοφίαεὐδοκιμησάντων)』은 고대 그리스 철학에 대한 문헌으로 자주 인용된다.

***   Athenaeus of Naucratis(Ἀθήναιος ὁΝαυκρατίτης). 2세기 말에서 3세기 초에 걸쳐 활동한 그리스의 수사학자이자 문필가.

리스토텔레스의 『동물지』에서 보다 더 난해한 대목들을 발췌했을 것으로 보이는 몇몇 특별한 원전들과 논쟁을 피할 수 없는 출처들에 주목하고 싶다.

아테나이오스가 쓴 『현자들의 만찬』*에 등장하는 어떤 문법학자가 아리스토텔레스를 비난할 뿐만 아니라 파멸시키기 위해 제기한 어리석고 경박한 질문들 가운데는 다음과 같은 질문도 있다. "다른 사람들은 아리스토텔레스를 우러러 상찬하지만 나는 그의 학문적 성실성을 별로 높이 평가하지 않는다. 나는 아리스토텔레스에게 알려주기 위해 프로테우스**와 네레우스***가 언제 그리고 무엇으로부터 발생하여 심연에서 올라왔는지 알고 싶다. 아리스토텔레스는 물고기들이 깊은 바다에서 어떻게 지내는지, 어떻게 잠을 자고 먹이를 먹는지 알고 있었을까. 그는 이런 것들을 다루면서 희극시인이 말하는 '바보들의 기적'에 불과한 내용을 쓰고 있다."

나는 길짐승과 날짐승들에 관한 이야기를 담고 있는 그의 주장을 여기에 덧붙일 생각은 없다. 수생동물, 그중에서도 특히 해양동물이 아리스토텔레스가 기술한 내용의 정확성에 의문을 제기할 만한 가장 많은 자료를 제공하고 있기 때문이다. 그리고 무엇보다도 영웅들이 등장하는 호메로스의 시대 이후로 인류를 통틀어 그리스인이 생선을 가장 많이 먹는 민족 가운데 하나였다고 볼 수 있다. 호메로스가 그의 작품에 등장하는

---

*　『현자들의 만찬(Δειπνοσοφισταί, Deipnosophistae)』. 3세기에 아테나이오스가 쓴 책으로 저녁 식사를 하며 철학자, 역사가, 골동품 애호가 등이 나눈 이야기를 담고 있다.

**　Proteus(Πρωτεύς). 그리스 신화에 나오는 바다의 신 포세이돈의 아들. 대양의 조류를 가리키기도 한다.

***　Nereus(Νηρεύς). 그리스 신화의 대지의 여신인 가이아와 그의 아들 폰투스 사이에 태어난 아들.

영웅들의 만찬이나 축제 때 생선을 언급한 적은 없기 때문이다.

나는 어부들이 그리스 시민의 식탁을 풍요롭게 하기 위해 강과 바다에서 물고기를 잡은 다음, 빈번히 그리고 반복적으로 물고기들을 연구하고 관찰한 것이 야생동물 조사에 전념하던 학자들에게 풍부하고 다양한 정보를 제공했을 것이라는 데는 의심의 여지가 없다고 생각한다. 마찬가지로 학자들은 야생동물의 서식지와 습성에 대해서는 사냥꾼들로부터, 가축들에 대해서는 목부들로부터 배웠을 것이다. 이런 사람들의 일상과 노동은 인간의 편의와 음식을 위해 기여하는 것이었다.

그리고 그들은 인간의 노동을 거들어줄 수 있는 동물이나 고기와 다른 부위가 인간에게 음식이나 약이 될 수 있는 동물들을 특별히 눈여겨 관찰했다. 그들은 동물의 출산과 적절한 출산 시기, 새끼의 수, 새끼를 키우는 방법, 새끼들의 먹이, 성체의 서식지나 먹이, 적당한 사냥시기 등을 더할 수 없이 세심하게 관찰했다. 그리고 날씨, 먹이 또는 물 때문에 질병이 발생하여 출산이나 생존을 위협하는 경우나 이런저런 천적들이 한 마리 또는 전체 무리의 목숨을 노리는 경우도 빼놓지 않고 관찰했다.

이러한 정황으로 볼 때 우리는 동물에 관한 이야기와 설명의 연원을 분명히 유추할 수 있다. 사냥꾼, 어부, 그리고 무지렁이같이 생각이 단순한 사람들이 이해할 수 있도록 인간의 생활과 습성에 비교해 동물에 대한 설명이 이루어지고 있다. 여기서 일일이 적시할 필요는 없지만, 자연사에 관한 이 책에서 우리는 이런 온갖 이야기의 흔적들을 발견하게 된다.

수생동물과 해양동물 대목에는 이런 정보를 담은 문헌들 외에도 바다와 강에 사는 식용 가능한 물고기와 연체동물, 조개류 그리고 벌레를 식품으로 이용하던 당시 그리스의 강과 바다를 부지런히 뒤지고 다닌 학자들이 조사한 내용이 있으며 짝짓기 시기와 방법, 산란, 포란 그리고 생활 습성, 먹이의 종류, 물고기를 잡는 장소와 방법, 수생동물의 약점과 질병에 관한 내용이 상세히 기록되어 있다. 수생동물의 먹이와 질병을 다룬 『동물지』 제8책 21장은 네발 달린 짐승의 습성에 대한 관찰 이외에도 그것들을 식품으로 이용하는 것에 대해 각별한 관심을 보이고 있다.

한 사람이 일생을 다 바쳐도 한 가지 동물에 관한 모든 사항을 관찰하기에는 충분하지 않을 것이라는 데는 이론의 여지가 없다. 그러나 물고기를 먹는 그리스인의 미각과 식탁에 그리스의 강과 바다에서 난 가장 사치스러운 음식을 제공한 저자들이 있었다. 겔론*과 히에론**의 치세 이후로 자연에 대한 지식뿐만 아니라 문학에서도 그리스의 여타 지역을 능가했던 시칠리아에서 특히 그랬다.

플라톤의 『대화』 중 '고르기아스' 편에는 시칠리아 요리에 관한 책을 쓴 미타이코스***와 음식점 주인인 부스에 대해 "한 사람은 가장 맛있는 요리를, 다른 한 사람은 가장 향기로운 와인을 내놓았다"고 언급한 대목이 있다. 미타이코스는 그리스인이 식용으로 이용하는 물고기 종류를 뜻하는 '옵소포이아'****를 사용한 것으로 볼 때 식탁에 올릴 음식을 선택하고 준비하는 기술을 이 책에서 다루었다고 결론지을 수 있다. 이 책에서 테

---

*　　　Gelon(Γέλων, ~기원전 478). 고대 그리스의 시칠리아에 있던 도시국가인 겔라(Γέλα)와 쉬라쿠사이(Συράκοσαι, 시라쿠사)의 지배자.

**　　Hieron(Ἱέρων). 겔론 사후부터 기원전 467년까지 쉬라쿠사이를 지배한 독재자.

***　Mithaecus(Μίθαικος). 기원전 5세기 말에서 4세기 초까지 시칠리아에서 활동한 요리연구가. 시칠리아의 요리를 그리스에 전파한 인물로 알려져 있다.

****　ὀψοποιία(opsopoiia). cookery.

니아*라는 물고기의 요리 방법을 다룬 대목을 아테나이오스가 인용했는데, 그는 이 책의 제목을 요리법을 뜻하는 『옵사르튀티콘(ὀψαρτυτικὸν)』이라고 추정하고 있다.

우리는 미티아코스가 몇 살 때 그 책을 썼는지 확인할 수 없다. 그런데 이런 종류의 책을 가장 오래전에 쓴 사람은 시칠리아의 시인이자 의사인 에피카르무스**다. 그가 쓴 글의 단편들을 아테나이오스가 수집했는데, 우리는 에피카르무스가 수생동물에 대해서 잘 알고 있었다고 단정할 수 있다.

물고기에 관해 말하자면, 우선 「헤베의 결혼」(또는 「정령들」)이라는 희곡에 나오는 일부 구절들을 들 수 있는데 이 구절들은 물고기들의 종류뿐만 아니라 물고기들을 구입하고 요리하는 방법을 알려주고 있다. 1810년에 독일 예나에서 발행된 서지학지 『문헌일지(Ephemeride der Literatur)』(156~157권)에 한 정통한 서지학자가 단편적으로 전해 내려오는 문헌들을 수집하여 정리하려고 했다. 하지만 사서들에 의해 문헌들이 훼손되었고 시칠리아의 어휘들이 다양한 의미로 활용되기 때문에 가장 정통한 학자들도 쉽게 추정해 보정하거나 설명할 수 없었다.

그리고 에피카르무스 이전에도 이오니아 시인인 히포나크토스***와 거의 동시대 사람인 풍자시인 아나니오스****가 지은 시 중에는 아테나이

---

*   tenia. 홍갈치. 학명은 *Cepola macrophthalma*. 길고 가는 형태의 물고기로 대서양과 지중해에 서식한다.

**   Epicharmus Comicus Syracusanus(Ἐπίχαρμος 기원전 500~460년경). 그리스의 코스에서 태어나 쉬라코사이에서 활동한 것으로 알려져 있다.

***   Hipponax(Ἱππώνακτος). 기원전 6세기 말에 에페소스에서 활동한 그리스의 풍자시인

****   Ananius(Ἀνάνιος). 그리스의 풍자시인.

오스가 발췌·인용한 문구를 통해 우리가 알고 있는 것과 유사한 물고기 요리 방법에 대한 시도 있다.* 에피카르무스 이후로는 최초로 요리학(gastrology)에 관한 책을 쓴 시칠리아 사람 테르피시오노스**가 있다. 이 책에서 그는 제자들에게 어떤 음식을 먹지 말아야 할지 가르치고 있다. 아테나이오스의 『현자들의 만찬』에는 아리스토텔레스의 제자인 클레아르코스***가 그의 저서인 『격언들에 대하여(Paroimiai)』에서 에피카르무스를 언급했다는 내용이 나온다.****

클레아르코스는 테르피시오노스의 제자로 시칠리아 사람인 아르케스트라토스도 언급한다. 그는 그리스 전역을 여행하고 식용으로 적합한 물고기들의 종류와 손질하고 요리하는 방법에 대한 장편의 운문으로 된 책을 썼다. 아테나이오스의 증언뿐만 아니라 엔니우스*****의 모방 작품을 통해서 우리는 그 책의 제목이 『에뒤파테이아(ηδυπάθεια)』****** 라고 알고 있다. 아풀레이우스*******가 그의 작품 『변명(Aologia)』에서 전하는 바에 따르면, 아리스토텔레스가 사망하고 152년이 지난 로마기원

---

*   『현자들의 만찬』 책7권, p.282.

**   Terpsion(Τερψίωνος). 기원전 5~4세기에 활동한 소크라테스의 제자 중 한 사람. 플라톤의 『대화』에 도 그의 이름이 등장하며 플루타르코스도 그에 대해 언급하고 있다.

***   Klearkhos ho Soleus(Clearchus of Soli). 아리스토텔레스의 제자로 기원전 4~3세기에 걸쳐 활동한 철학자.

****   『현자들의 만찬』 책8권, p.337.

***** Quintus Ennius(기원전 239~169). 로마 공화정 시대의 시인으로 그리스어에 능통했다.

****** '사치스러운' 또는 '호사스런'이라는 뜻을 가진 '에뒤파테스(ἡδυπαθής)'에서 파생된 말로 '사치스런 삶'을 뜻한다.

******* Apuleius(124~170). 로마 제국 시대 북아프리카의 누미디아에서 활동한 산문 작가이자 수사학자.

584년*에 죽은 엔니우스는 아르케스트라토스의 시를 번역하고 일부 모방하여 작품을 쓰고 『향락의 노래(Carmina Hedypathetica)』라고 제목을 붙였다.

우리는 아르케스트라토스가 아리스토텔레스와 동시대인이거나 좀 더 나이가 들었다고 쉽게 추정할 수 있다. 그는 피타고라스 학파의 디오도로스**를 자신과 동시대인으로 언급하고 있고, 역사학자 티마이오스는 스트라토니코스***가 그에게 편지를 썼다는 사실을 전해주고 있기 때문이다. 따라서 아르케스트라토스, 디오도로스 그리고 유명한 수금 연주자인 스트라토니코스가 동시대 인물이고, 아리스토텔레스와 데모스테네스****도 같은 시대를 살았을 것이다. 이러한 추정은 스트라토니코스가 데모스테네스가 웅변에서 언급한 인물들과 동시대를 살았다고 전하는 아테나이오스가 쓴 책의 여러 구절로 뒷받침된다. 따라서 아리스토텔레스는 『동물지』 가운데 물고기 종류****를 다룬 부분에서 아르케스트라토스의 저술을 인용했을 것으로 추정된다.

병자와 건강한 사람을 위해 음식을 처방하는 의사들의 저술은 그리스인의 식탁에 올라오는 육류와 어류에 대해 유사하면서도 더 광범위한 관찰기록을 남겼다. 이런 기록 가운데 아테나이오스는 디필로스******가 남긴 기록의 여러 편린을 전해주고 있다. 오리바시오스*******는 크세노

---

*   로마는 기원전 753년에 건국되었다. 그러므로 로마기원 584년은 기원전 169년이다.

**   Diodorus of Aspendus(Διόδωρος ὁ Ἀσπένδιος). 기원전 4세기에 활동한 피타고라스 학파 철학자.

***   Stratonicus(Στρατόνικος). 알렉산드로스 시대의 아테네에서 활동한 수금 연주자.

****   Demosthenes(Δημοσθένης, 기원전 384~322). 고대 그리스 아테네의 웅변가이자 정치가.

*****   시칠리아에서 나는 물고기들을 인용했다.

****** Diphilus(Δίφιλος). 기원전 4~3세기에 활동한 에게해 시프노스섬 출신의 그리스 시인.

******* Oribasius(Ὀρειβάσιος, 320~403). 로마 제국 시대의 의사이자 의학서적 저술가로 율리아누스 황제의 주치의를 지냈다.

크라테스*의 작품에서 식품으로 쓰이는 수생동물에 관한 글을 추려 장문의 발췌본을 만들었다. 오래 살 수만 있다면 언젠가 크세노크라테스의 책과 함께 그 발췌본을 펴내고 싶다.

---

*   Xenocrates(Ξενοκράτης, 기원전 396/5~314/3). 그리스의 철학자이자 수학자로 플라톤이 세운 아카데미아의 학장을 지냈다.

강경민 강명구 강미연 강민석 강민지　　문소인 민웅기 민혜정 박규수 박나래　　이동원 이두회 이미나 이범수 이보람
강보윤 강승우 강유진 강인정 강재호　　박동명 박마림 박민아 박민우 박범진　　이보영 이부형 이상희 이서하 이선경
강지영 강지원 강지현 강진현 강현우　　박병관 박상준 박선광 박선영 박선영　　이성권 이성빈 이성찬 이성현 이송이
강혜원 강회원 경순 고가영 고보나　　박성민 박성수 박성원 박성주 박세령　　이승훈 이수빈 이수인 이수진 이승수
고아름 고연주 고효찬 고유영 고하영　　박소라 박소라 박소정 박소해(박초로미)　이승재 이승진 이승회 이아진 이영미
고혜신 공문정 구수경 구정언 구정우　　박소현 박수용 박수현 박숭미 박유　　이영신 이영인 이영진 이예리 이우진
구하준 권동회 권용성 권주연 권효련　　박으뜸 박은경 박재연 박정은 박정현　　이원 이유경 이윤진 이은석 이재혁
기영진 길미회 길민영 길은지 김가령　　박종혁 박지성 박지수 박지애 박지원　　이정선 이정혁 이정호 이제인 이종광
김경민 김경지 김경태 김경호 김기수　　박지원 박지율 박진영 박진우 박찬서　　이종영 이주연 이주영 이주인 이지구
　　이지민 이지숙 이지연 이지영 이지영
이 책의 출간에 도움을 주신 분들
　　이지온 이지윤 이지은 이지헌 이지혜
(가나다 순)　　　　　　　　　　　　　　　　　　　　　　　　　　　　이진권 이진혁 이찬호 이하경 이하나
　　이하나 이하나 이하림 이현규 이현수
　　이현아 이혜린 이혜민 이혜지 이홍우
　　이효선 이회승 임상훈 임수빈 임수영
　　임승찬 임예제 임재형 임재희 임지훈
김기훈 김나영 김나현 김남혁 김남훈　　박채린 박현선 박혜민 박혜미 박효기　　임진하 임하원 장마령 장민수 장시진
김남희 김다미 김다솔 김다연 김다혜　　배남규 배영은 배인수 배지원 백수하　　장아진 장예지 장유경 장유진 장준성
김다회 김대현 김대훈 김도환 김도희　　백일호 백주현 백지민 백현종 백현주　　장지선 장태인 전다은 전석민 전소율
김동규 김동민 김동회 김로아 김미나　　변다은 변혜인 사수현 서경일 서경주　　전은우 전창민 전혜지 전혜란 전혜정
김미진 김미진 김미회 김민겸 김민경　　서덕경 서승환 서유성 서유진 서지민　　정문경 정서윤 정선하 정성화 정성빈
김민섭 김민수 김민지 김민지 김버리　　서효진 석효빈 설소영 손미단 손상명　　정세영 정시온 정연호 정운지 정원영
김보미 김보성 김서언 김서연 김서현　　손영탄 손은선 손혁진 송미나 송민준　　정원제 정유경 정유리 정유선 정유정
김선우 김선희 김성규 김세연 김세영　　송손미영 송수빈 송연주 송재인 송정현　　정유진 정유진 정윤회 정은정 정정아
김세웅 김세진 김소연 김소영 김소정　　송회원 순화화 신나리 신동선 신동아　　정주영 정지이 정진우 정초롱 정태훈
김소정 김소현 김소희 김솔비 김수민　　신동주 신명연 신병훈 신소미 신재란　　정황율 조남현 조다현 조민상 조민형
김수지 김수진 김수현 김수호 김아경　　신주영 신지영 신진미 신필경 심민서　　조수민 조예령 조은선 조은영 조은주
김연아 김연회 김영오 김영일 김영중　　심보금 심성훈 심지윤 심지은 심지현　　조은진 조지희 조진오 조채은 조하연
김영진 김예술 김예지 김예진 김옥영　　안다솔 안다일 안도현 안민지 안민회　　조현혁 조형 주지현 주효빈 지성민
김용오 김용진 김용회 김원 김원회　　안세희 안순영 안애경 안연순 안유나　　지애띠 지예솔 진서유 진주 진현주
김원회 김유림 김유진 김유환 김윤성　　안이슬 안진훈 안채운 양건구 양승우　　차선아 차정주 채현진 천가영 천지성
김윤지 김윤지 김은샘 김은정 김은혜　　양연서 양예원 양유미 양형수 엄다솜　　최경수 최경희 최고운별 최명숙 최방울
김인애 김일현 김재언 김재연 김재인　　엄서윤 엄은영 엄지원 여주영 염혜리　　최세형 최소영 최송애 최송화 최슬기
김재준 김재회 김정민 김정윤 김정희　　예병민 오기쁨 오서정 오세조 오연우　　최시영 최예지 최유나 최은별 최은정
김조은 김종근 김종섭 김지선 김지애　　오유경 오유라 오윤상 오은송 오은지　　최은혜 최재웅 최재혁 최정운 최정원
김지영 김지영 김지윤 김지은 김지현　　오주연 왕효진 우루다 우은경 우지인　　최정인 최준용 최준혁 최준호 최지원
김지혜 김지호 김진수 김진택 김진혁　　우회찬 원수연 유가영 유규연 유보희　　최지해 최형정 최혜민 최홍림 최희수
김채연 김태경 김태곤 김태훈 김하연　　유수민 유슬기 유승재 유시영 유장성　　하늘 한규선 한보경 한성수 한유라
김한솔 김한슬 김해진 김현산 김현수　　유정윤 유지나 유지원 유현욱 유혜연　　한제회 허남윤 허미현 허승엽 허예은
김현아 김현영 김현우 김현주 김현지　　유회성 윤서연 윤석이 윤선회 윤성민　　허지현 허진균 현서아 현진우 형준영
김현진 김휘수 김희준 남상균 남상준　　윤아현 윤영 윤영주 윤은화 윤재식　　홍기영 홍명진 홍선혜 홍종규 홍주아
남연정 남태연 남현주 노랑 노예지　　윤정섭 윤주경 윤주미 윤지섭 은정빈　　홍주회 홍체은 홍태현 홍하율 황민우
노유진 도희선 디양띠 루미곰 류건　　이가빈 이강욱 이경주 이규석 이기찬　　황윤지 황은미 황중업 황지혜 황태영
류민형 류지환 류진주 문경남 문기영　　이다원 이다원 이단비 이도빈 이동규　　황현하 Anne